Zu diesem Buch

«Dieses Katzen-Kompendium ist erstaunlich reichhaltig und vielseitig. Es erschöpft sich nicht in über 2000 genau erläuterten Stichwörtern über Katzen, ihre Biologie, Spielarten, Aufzucht, Ernährung und Krankheiten. Dann wäre es nur ein weiteres Buch unter bereits zahlreichen Katzenbüchern. Das Originelle besteht darin, daß geschichtliche, kunsthistorische, literarische Stichworte in bezug auf die Katze definiert werden. Sonst wäre es eben wiederum nur ein Lexikon, wie es sie dutzendweise gibt ... Man kann in diesem Buch amüsiert und nachdenklich stundenlang blättern; es führt vom Hundertsten ins Tausendste und oft sicher auch dazu, daß der Leser zu anderen Büchern greift, um interessanten Stichworten unter anderen Gesichtspunkten weiter nachzugehen. Gewiß nicht das Dümmste, was mit einem so gescheit gemacht Buch passieren kann.»

Gert Haucke in der ZEIT

Die Autorin

Dr. Gisela Bulla, geboren in Hamburg, promovierte in klassischer Archäologie, war Verlagslektorin bis 1976 und arbeitet seitdem als freie Schriftstellerin. Sie schrieb Bücher über römische Cäsaren, ägyptische Pharaonen, über Aromatherapie, Haustierhaltung – und immer wieder über Katzen –, und Ratten.

Gisela Bulla

Katzen-Lexikon

Von A wie Anschleichen bis
Z wie Zauberkatzen

rororo

Rowohlt

In memoriam
NELLO, KOLJA, ANGEL
und GRISCHA

Wenn der Mensch mit der Katze gekreuzt
werden könnte, würde der Mensch
verbessert, die Katze aber verschlechtert.
Mark Twain

oder

Hüte dich vor Menschen, die keine
Katzen mögen.
Englisches Sprichwort

Veröffentlicht im Rowohlt Taschenbuch
Verlag GmbH, Reinbek bei Hamburg, August 1998
Die Originalausgabe erschien 1986
unter dem Titel «Katzenlexikon»
im Wunderlich Verlag, Reinbek.

Umschlaggestaltung Guido Klütsch
(Fotos: Isolde Ohlbaum)
Satz Life PostScript (PageOne)
Gesamtherstellung Clausen & Bosse, Leck
Printed in Germany
ISBN 3 499 60547 3

A

Aalstriche nennt man schwarze Längsstreifen, die parallel zum Rückgrat verlaufen. Sie stammen aus dem Erbgut der Wildkatze und sind typisch für →Räder- und Tigerkatzen.

AAM, die Abkürzung für Angeborener Auslösemechanismus, ist ein Begriff aus der Verhaltensforschung, der alle Reaktionen umfaßt, die Mensch und Tier von Geburt an beherrschen, ohne Lernvorgang. Dazu gehört bei Katzen z.B. Flucht vor einem übermächtigen Gegner, Verteidigung und Pflege der Jungen, Jagdtrieb, Sich-Putzen.

Abdallahs Katze ist im Arabischen ein Synonym für einen alten Menschen, der zu nichts mehr nütze ist, gleichgültig, wie bedeutend er früher war.

Abendessen ist für Katzen die wichtigste Mahlzeit. Es hat sich bewährt, morgens Dosenfutter und abends selbstbereitetes Futter zu geben.

Aberconway, Christabel, ist die Autorin des informativen und amüsanten Nachschlagewerks «A Dictionary for Cat Lovers», ein «Who is Who» der berühmtesten Katzenfreunde, das in den vierziger Jahren erschien.

Aberglaube In verschiedenen Kulturkreisen galt die Katze als Regenmacherin und Wetterprophetin. In England glaubte man z.B., daß Regen käme, wenn sie niest. Als →Kornkatze war sie der Garant für eine gute Ernte. Als →Bauopfer wurden viele unglückliche Katzen eingemauert. →Schiffskatzen dagegen sollten eine glückliche Seereise gewährleisten. Der vorwiegend mit schwarzen Katzen verbundene A. ist ein Überbleibsel der →Hexenverfolgung. Ob eine schwarze Katze Unglück bringt, hängt davon ab, ob man ein Mensch ist oder eine Maus! →Ammenmärchen, Kaspar.

A. in USA: Ein heiratswilliges Mädchen muß einer Katze drei Haare aus dem Schwanz ziehen, sie in ein Stück Papier falten und auf die Türschwelle legen. Bilden die Haare am nächsten Morgen den Buchstaben N (für no), so muß sie noch warten, bei Y (für yes) steht der Hochzeit nichts mehr im Wege.

A. in Deutschland: Balgen sich zwei Katzen vor der Tür, so gibt es Streit im Haus. Streicht eine Katze vor der Hochzeit um den Altar, so wird die Ehe unglücklich. Wo eine Katze hustet, gibt es Streit. Wer eine miauende Katze verscheucht, dem schwillt Arm und Gesicht an. Putzt sich eine Katze unter

dem Fenster eines Kranken, so muß dieser sterben. Wer einer sich putzenden Katze zuschaut, bekommt Prügel. Stößt eine Schwangere eine Katze mit dem Fuß, so wird sie eine schwere Entbindung haben. Wer eine Katze schlägt oder ertränkt, hat sieben Jahre Unglück. Nimmt ein Fuhrmann eine Katze auf den Wagen, ermüden die Pferde rasch. Putzt sich die Katze, kommen Gäste. Vor dem Haus eines unbeliebten Brautpaars ließen böse Leute zwei an den Schwänzen zusammengebundene Katzen los, als schlechtes Omen für die Ehe. In ein neues Haus ließ man eine Katze vorausgehen, damit alle bösen Geister in sie fuhren und nicht in die Besitzer. Mit der gleichen Absicht wurde eine Katze im Herbst als erste in den Stall geschickt, bevor das Vieh von den Weiden kam.
A. in Ägypten: Läuft einem morgens eine schwarze Katze über den Weg, so darf man sich auf einen glücklichen Tag freuen. *A. in England:* Weiße Katzen bringen demjenigen Unglück, dessen Weg sie kreuzen. *A. in Frankreich:* Ehen unter Katzenfreunden sind die glücklichsten. Hinter dem Rücken von Frauen, die Katzen verabscheuen, wird ein warnendes Kreuzzeichen gemacht. *A. in Japan:* In den Schwänzen der Tiere wohnt der Dämon. Deshalb züchtete man von altersher Katzen ohne Schwänze, die sog. guten Katzen. →Japanische Stummelschwanzkatze, →Nekomata, →Zauberkatzen. *A. in der Schweiz:* Wer Katzen nicht mag, muß mit einem verregneten Hochzeitstag rechnen. Wer einer Katze etwas antut, wird von Hagel heimgesucht. Wenn Katzen sich nur vor den Ohren putzen, kommt gutes Wetter (Kanton Luzern). Wer einer Katze auf den Fuß tritt, bekommt Krampfadern oder lahme Beine.

Abessinien In einigen Landesteilen ist es heute noch üblich, der Braut als Mitgift eine Katze zu geben, als Unterpfand für ihre Liebesfähigkeit und Fruchtbarkeit.

Abessinierkatze, eine englische Züchtung, die auf die nubische →Falbkatze zurückgeht und an altägyptische Katzen erinnert: schlank, zierlich, schmaler Kopf, große Ohren, langer, spitz zulaufender Schwanz, dunkelrosa Näschen, große grüne, gelbe oder bernsteinfarbene Augen. Das kurze feine Fell ist wildfarben, →Aguti, oder rot. Typisch für A. ist das sog. →Tikking, die einzelnen Haare sind mehrfach gebändert. Neueste Züchtungen sind blaue und silberfarbene A. A. gelten als temperamentvoll, eigenwillig, anhänglich und liebebedürftig. Als Folge einer über hundertjährigen Inzucht findet man aber heute oft hypersensible, nervöse und sehr schreckhafte A. →Somalikatzen.

Abführmittel Unschädliche Hausmittel bei Verstopfung sind rohe Rinderleber, gutes Speiseöl, rohe Milz, frische Milch. A., die für Menschen oder andere Tiere bestimmt sind, können für Katzen sehr schädlich sein.

Abhängigkeit Katzen sind keine Rudeltiere und deshalb weniger abhängig oder fremdbezogen als Hunde und Menschen. Sie neigen auch weniger zu

→Verhaltensstörungen. Die abhängigste, aber auch am besten zu erziehende Katze ist die eher «hundeähnliche» →Siamkatze.

Ablenkung Mit geschickten Ablenkungsmanövern erreicht man bei Katzen mehr als mit →Strafen und Schelten. Einige Minuten spielen, und die Katze ist wieder beruhigt →Antiautoritäre Erziehung.

Abmagerung ist meist ein Symptom für eine ernste Erkrankung. Ausnahme: Unterernährung. Hier genügt ein gutes, reichhaltiges Futterangebot.

Abmagerungskuren Leichte Reduzierung der täglichen Futtermenge, alle Extras streichen, kein →Dosenfutter, kein →Trockenfutter, wenig →Fett. Erlaubt sind mageres →Fleisch, Lunge, Herz, Hirn, Fisch. Zum Trost viel mit der Katze schmusen und spielen.

Abnormes Verhalten Psychisch abnorm sind nach F. →Brunner überängstliche und überaggressive Katzen, ferner stubenunreine, temperamentlose und debile. Man kann ihr Verhalten durchaus mit dem menschlicher Psychopathen vergleichen. A. kann verschiedene Ursachen haben: Krankheit, Überforderung in Stress- und Konfliktsituationen, Neurosen, erheblich abnorme Veranlagung oder Aufzuchtschäden als Folge einer zu frühen Trennung von der Mutter.

Aboje bedeutet in der von John Wilkins in den Jahren 1664 bis 1668 geschaffenen «Weltsprache»: Katze, abgeleitet von a Tier, ab Säugetier, abo Fleischfresser, aboj Katzengattung.

Abraham a Santa Clara (1644 – 1709). Der Wiener Bußprediger und Volksschriftsteller schrieb eine ausführliche Neufassung der altgriechischen Fabel vom «Feldmäuschen und Stadtmäuschen». →Äsop, «Die Katze und die Mäuse». →Katzenmärchen 1 b.

Abschlagen Wenn die Jungkätzchen sich bald selber ernähren können und mit ihren scharfen Zähnchen der Mutter beim Saugen weh tun, wehrt diese sie durch Fauchen und Schläge ab.

Absolute Rangordnung oder Dominanzhierarchie: Katzen leben und jagen nicht in Rudeln, brauchen also kein Leittier. Innerhalb der →Bruderschaft der Kater eines Reviers wird die A. in harten Ritualkämpfen ausgefochten, danach aber eher lässig gehandhabt. Rangniedere Kater werden nicht unterdrückt und behalten genügend Rechte, um ein schönes, aufregendes Leben zu führen. Rangkämpfe ums Weibchen haben mehr Show-Charakter, denn oft erwählt *sie* anschließend einen der Unterlegenen. Zum strengeren Aufbau der A. kommt es nur unter extrem unnatürlichen Bedingungen, z. B. in überfüllten Tierasylen. Hier wird der ranghöchste Kater oft zum unduldsamen Despoten, die rangniederen →Parias zu armseligen Unterdrückten. →Alpha-Tiere.

Abstammung Die Ahnen unserer Hauskatzen sind in erster Linie die zierliche, gefleckte Steppenkatze Asiens (felis ornata) und die schlanke, wildfarbene Falbkatze Afrikas (felis silvestris libyca). Die stämmige Europäische Waldwildkatze (felis silvestris) hat sich vielfach mit den in unsere Breiten eingeführten Hauskatzen gekreuzt und für Blutauffrischung gesorgt.

Abszesse oder Geschwüre entstehen als Folge von Bissen oder anderen Verletzungen und müssen behandelt werden. Sie sind schmerzhaft und können zur Blutvergiftung führen. Homöopathisches Mittel: Silicea (Kieselsäure). →Bißwunden.

Abtreibung ist bei Katzenweibchen zum Glück nicht verboten. Ein erfahrener Tierarzt befreit die Katze noch bis kurz vor der Niederkunft von unerwünschtem Nachwuchs und macht sie gleichzeitig unfruchtbar. →Kastration.

Abû Huraira, der Mann mit dem Kätzchen, war ein Gefährte des Propheten →Mohammed. Er trug stets eine schwarze Katze bei sich im Ärmel seines Gewandes. Sie rettete einst dem Propheten, den eine Schlange angriff, das Leben.

Abu l-Faradsch (897–ca. 967). Der arabische Literaturhistoriker und Geschichtsschreiber hatte einen weißen Kater, den er Yaqaqa (Schneewittchen) nannte und der immer zur Tür lief und miaute, wenn jemand klopfte. A. hing mit großer Liebe an dem Tier, gab ihm sogar eigenhändig Klistiere und trennte sich niemals von ihm.

Abwehrangriff Die angegriffene Katze demonstriert ihre Abwehrbereitschaft, indem sie sich auf den Rücken wirft und nach dem Angreifer aus einer Entfernung schlägt, aus der sie ihn gar nicht erreichen kann. Beim A. beißt eine Katze fast nie.

Abwehrbereitschaft drückt eine Katze sehr deutlich mit ihrer →Körpersprache aus. Die Ohren werden angelegt, die Katze duckt sich sprungbereit.

Abwehrbuckel Die geduckte Katze macht mit erhobenem Schwanz und gesträubtem Fell einen Buckel. Das heißt in der Katzensprache: Laß mich in Ruhe!

Abwehrdrohung Fühlt eine Katze sich stark bedroht, so macht sie mit gesträubtem Fell und erhobenem, aufgeplustertem Schwanz stehend einen Buckel und wendet dem Gegner die volle Breitseite zu, um gefährlicher und mächtiger zu wirken. Sie legt die Ohren an und faucht, die Pupille ist weit geöffnet. Bei der A. gegen einen befreundeten Menschen duckt sie sich, legt die Ohren an und peitscht mit der Schwanzspitze.

Abwehrschreie stoßen viele Katzen aus, wenn sie sich in die Enge getrieben fühlen, wie z.B. beim Tierarzt, und erschrecken damit ihre Artgenossen im Wartezimmer.

Abzeichen tragen Katzen nicht am Revers, als A. bezeichnet man vielmehr die dunklen Gesichtsmasken, Ohren, Pfoten und Schwänze bei →Siam-, Colourpoint- und Birmakatzen. Ihre klassische Farbe ist schwarz. Zuchtvarianten: schwarzbraun (seal), blau, lila, schokoladenbraun, rot, schildpatt, tabby (gestreift oder getupft). Neuere Farbschläge: creme, blau-creme, lilacreme und andere Spielereien.

Accornero, Vittorio, schuf 1896 das zauberhafte Bild einer weißen Katzendame im Feststaat, das als Titelbild der modernen Ausgabe des Märchens «Die weiße Katze», 1983, von Madame d'→Aulnoy zu bewundern ist.

Ackerveilchen gehören zu den vielen Blumen, die für Katzen leider giftig sind. →Vergiftungen.

Adam, Julius (1852–1913) gilt als der deutsche Katzen-Raffael. Seine Katzenbilder entstanden in den letzten 20 Jahren seines Lebens. Vorher machte A. sich einen Namen als Landschaftsfotograf in Brasilien.

Adamson, Lydia, mixt in dem Krimi «Eine Katze bittet zum Tee», 1995, gekonnt Arsenik und Spitzenhäubchen mit einer kräftigen Prise Katzentouch.

Aderpresse Bei Arterienverletzungen – hellrotes, stoßweise ausfließendes Blut – einen Stoffstreifen, Gürtel o.ä. oberhalb der Wunde ums Bein binden, einen Bleistift darunterschieben und festdrehen, bis die Blutung aufhört. Dann sofort fachkundige Hilfe aufsuchen.

Adler, Carole. In ihrem Buch «Frei wie eine Katze», dt. 1983, schildert die amerikanische Autorin die Freundschaft zwischen einem einsamen Jungen und einem heimatlosen Kater.

Adoption *Aktive A.:* Säugende Katzenmütter nehmen nicht selten freiwillig fremde Jungkätzchen oder sogar hilflose Junge einer anderen Art (Hunde, Kaninchen, Goldhamster, Eichhörnchen, Ratten, Mäuse) an und ziehen sie mit ihren eigenen Kindern auf. Fast immer sind sie bereit, untergeschobene Tierbabies zu säugen. Die fremdartigen Jungen werden auf die Katze geprägt, sie halten sie für ihre Mutter. →Kümmerkatze, →Kyber, →Prägung.
Passive A.: Katzenkinder, die ihre Mutter verloren hatten, wurden schon oft von Hündinnen oder anderen Tiermüttern aufgezogen. In Argentinien soll sogar eine Glucke Jungkätzchen adoptiert haben!

Adrenalin ist ein Hormon des Nebennierenmarks. Angst und Schrecken führen zur Ausschüttung. Die Pupillen werden riesig, die Katze reagiert mit →Abwehrdrohung.

Aesopus Latinus oder Romulus ist der Titel einer römischen Fabelsammlung, die um 400 n. Chr. aufgezeichnet wurde, und zwar nach den Fabeln des Phaedrus und einer anderen Sammlung äsopischer Prosafabeln. →Äsop.

Affen Im Zoo von Chester in England schloß der Kater Tigger dicke Freundschaft mit dem Schimpansenbaby Henry. Das sprechende Gorillaweibchen Koko aus Woodside in Kalifornien liebt Katzen. Nach dem Tode ihres Grautigerchens All-Ball, einer schwanzlosen →Manxkatze, bettelte Koko nach Wochen der Trauer um eine neue Katze. Jetzt ist sie wieder glücklich mit dem Rottigerchen «Banana», das sie rührend bemuttert. Die Affinität zwischen Menschen, Affen und Katzen soll nach dem amerikanischen Forscher Todaro und Mitarbeitern den Grund haben, daß nur sie in der Genstruktur Viren vom Typ C besitzen, gewissermaßen also artverwandt sind.

Afghanische Märchen «Nasi»: Ein Mädchen hatte eine Katze, die hieß genauso wie das Mädchen Nasi. Ihre beiden älteren Schwestern waren mit einem bösen Dämon verheiratet, der sie zwang, ungenießbar zähes Fleisch zu essen, und sie umbrachte, weil sie es nicht vermochten. Dann heiratete er Nasi. Auch sie konnte das Fleisch nicht essen, ihre Katze würgte es herunter, um dem Mädchen zu helfen, erstickte aber daran. Als der Dämon heimkam und rief: «Fleisch wo bist du?», antwortete es: «In Nasis Magen.» So verschonte er das Mädchen, das später in die Wüste fliehen konnte, wo es schließlich von einem Prinzen entdeckt und geheiratet wurde. →Katzenmärchen 2. «Die treuen Tiere» (auch in Pakistan verbreitet): Ein armer Junge rettet einen kleinen Hund, eine Katze und eine Schlange, die Tochter des Schlangenkönigs, der ihm zur Belohnung den Schlangenstein schenkt, der ihm jeden Wunsch erfüllt. Er wünscht sich einen Palast für sich und seine Mutter und heiratet eine Prinzessin, die ihm den Stein stiehlt und ihn mit Hund und Katze in die Wüste zaubert. Mit Hilfe einer Ratte, der sie das Leben schenkt, holt die Katze, begleitet von dem Hund, den Stein zurück. Sie leben glücklich zusammen mit ihrem Herrn und seiner Mutter bis an ihr Ende. →Katzenmärchen 2c.

Afrikanische Falbkatze (felis silvestris libyca), eine der Ahnen unserer Hauskatze, ist in ganz Afrika und in Vorderasien verbreitet. Sie ist schlank, zierlich, wildfarben (→Aguti), mit Farbvarianten zwischen sand, graugelb, braungelb und rostrot. Länge: mit Schwanz etwa 75 cm. Um 2000 v. Chr. wurden diese Katzen in →Ägypten gezähmt.

Afrikanische Goldkatze (profelis aurata) gehört zu den →Altweltlichen Kleinkatzen und lebt in West- bis Zentralafrika. Sie ist so groß wie ein Luchs, hat dunkle Flecken am Bauch und auf den Innenseiten der Beine. Sie ist eng verwandt mit der →Asiatischen Goldkatze. Goldkatzen werden im Heidelberger Zoo gezüchtet.

Afrikanische Märchen «Die Katze und die Frau»: Die Katze war entschlossen, sich nur mit dem stärksten aller Lebewesen zusammenzutun. So wanderte sie vom Hasen zum Hirsch, vom Hirsch zum Leoparden, vom Leoparden zum Löwen und gelangte schließlich zum Elefanten. Aber als ein Jäger den Elefanten erschoß, blieb sie bei dem Mann. Die Frau des Jägers aber schlug ihren Mann mit der Holzkelle. Da ging die Katze in die Küche und blieb fortan bei der Frau. →Kipling, →Katzenmärchen 11. «Der arme Jäger» (Variante zu «Der Gestiefelte Kater» aus Ghana): Ein Jäger befreit eine Katze, eine Maus und eine Schlange aus einem tiefen Loch. Aus Dankbarkeit macht die Katze ihn zu einem reichen Mann und rettet ihn aus dem Gefängnis, als er des Diebstahls verdächtigt wird. Zu guter Letzt verschafft sie ihm die Königstochter als Braut: →Katzenmärchen 2a. «Katze und Mäuse»: Früher lebten alle Mäuse an einer Stelle, und die Katze fing täglich nur eine von ihnen. Dann versteckten sich die Mäuse in einem Loch, und die Katze stellte sich tot, bis alle Mäuse hervorkamen. Dann sprang sie auf und fing so viele sie erwischen konnte. Die Mäuse liefen in Panik auseinander, jede an einen anderen Platz. Seit der Zeit gibt es überall Mäuse. →Katzenmärchen 1e.

Afrikanische Sage Gott versprach seine schöne Tochter demjenigen seiner beiden Kammerdiener – Katze und Spinne –, der den anderen im Wettlauf besiege. Die Katze gewann, woraufhin die Spinne ihr spinnefeind wurde, heimlich einen Widder schlachtete, der Gott gehörte, und die Überreste im Haus der Katze versteckte. Da die Katze ihre Unschuld nicht beweisen konnte, nahm Gott ihr seine Tochter wieder fort. →Katzenmärchen 5m.

Afterkrallen Eine A. befindet sich zusätzlich zu den vier Pfotenkrallen an der Innenseite der Vorderbeine und entspricht etwa unserem Daumennagel.

Agatha, die Schutzheilige der Katzen, gest. 251, ist auch für Brandkatastrophen zuständig. Sie wird am 5. Februar, ihrem Todestag, gefeiert.

Aggression am Ersatzobjekt: Eine Katze wird z.B. von einer zweiten von der Futterschüssel weggedrängt, dreht sich um und gibt einer völlig unbeteiligten dritten eine Ohrfeige. A auf unbelebte Objekte: Verhaltensgestörte Katzen reißen z.B. Blumenvasen und anderes herunter und zerfetzen Schuhe und Tischdecken. Diese Art neurotischer A. tritt bei Menschen und Schweinen sehr viel häufiger auf als bei Katzen.

Aggressivität (Angriffslust). Gelangweilte Stubentiger reagieren ihren frustrierten Jagdtrieb oft an den Beinen ihrer Besitzer ab. Am besten versucht man, das →Revier zu erweitern, etwa durch einen ausbruchsicheren Auslauf auf Balkon, Terrasse und Garten, spielt viel mit dem Tier und verschafft ihm einen jungen Artgenossen als Gefährten. →Alleinkatze. Auch nach einem Schock kann A. in Verbindung mit Übererregbarkeit auftreten. In diesem

Zustand greifen manche Katzen sogar den Besitzer an. Das Tier braucht dringend →fachkundige Hilfe.

Aguti (auch agouti) heißt wildfarben und stammt aus dem Hasenlatein. Dasyprocta aguti ist der Name des südamerikanischen Goldhasen. Hasenfarbig – rötlich bis gelblich-grün – sind z.B. normalfarbige →Abessinierkatzen.

Ägypten Heilig, heilig, heilig war die Katze, die Retterin des kostbaren Getreides, im alten Ägypten. Sie wohnte innerhalb der Häuser in einem geschmückten Schrein und genoß es, verehrt und verwöhnt zu werden. Der Hauskatze, nicht dem Gastgeber, brachten Besucher kleine Geschenke mit. Geriet das Haus in Brand, so wurde als erstes die Katze gerettet. Die Ausfuhr von Katzen war streng verboten; so gelangte sie erst relativ spät in europäische Mittelmeerländer →Griechenland, Rom. Nach dem Tode wurde die Katze betrauert – so rasierte man sich z.B die Augenbrauen ab –, einbalsamiert und feierlich beigesetzt, nach Möglichkeit in →Bubastis, dem Heiligtum der Katzengöttin →Bastet. Auf die Tötung einer Katze stand die Todesstrafe, selbst bei Fahrlässigkeit. Doch meist wurde der Missetäter schon auf offener Straße gelyncht. Deshalb blieb jeder Ägypter stocksteif stehen, wenn er eine tote Katze sah, und beteuerte laut seine Unschuld. Selbst die Spitzmaus profitierte von dem Ansehen der Katze. Weil diese sie verschonte, galt auch sie als heilig. →Herodot.

Ägypter, anderer Name für Schwangartscher Schlanktyp. →Schwangart züchtete vor dem Zweiten Weltkrieg in Dresden einfarbige, schlanke Katzen in Schwarz und Blau. Keines der Tiere überlebte den Krieg.

Ägyptische Katzenmärchen Das berühmteste Ä. ist «Der Krieg zwischen den Katzen und den Mäusen»: Die Mäuse besiegen und versklaven die Katzen, bis ein roter Kater rebelliert und die Dinge wieder ins Lot rückt. →Katzenmärchen 1a. «Die Maus als Wesir»: Eine kluge Maus regiert als Wesir des Pharao, bis sie einer Katze Unrecht tut ... →Katzenmärchen 1e. «Die Geier- und die Katzenmutter»: Ein Geierweibchen und eine Katzenmutter schworen vor dem Gott →Ra, die Jungen der anderen zu verschonen. Das Geierweibchen brach den Eid. Auf Bitte der Katze rächte der Gott ihre Jungen. →Katzenmärchen 5k.

Ägyptische Malerei In der Ä. finden sich zahlreiche Zeugnisse dafür, daß auch die ägyptischen Katzen schon malten. Man betrachtet Bilder von Katzen, die mit erhobener Pfote vor einer Wand stehen, als Porträts malender Katzen. In Aperia am Nil fand man 1990 die Überreste von zwei Katzen, die zwischen den Vorderpfoten sorgfältig zusammengerollte Papyrusblätter hielten, auf denen noch die Abdrücke von Katzenpfoten zu erkennen waren. →Busch / Silver.

Ägyptische Mau-Katzen gelten als Nachfahren der heiligen Tempelkatzen von →Bubastis. Steckbrief: schlank, schwarze oder dunkelbraune Tupfen auf silber- bis bronzefarbenem Fell. Hellgrüne Augen. Mau Rauch gibt es auch schon. Die Ä. werden in den USA gezüchtet. Ihre Urahnin kam 1953 aus Kairo.

Aiken, Joy Smith, schildert in dem großartigen Roman «Solos Reise», 1987, den Aufbruch eines Katzenvolkes in die Freiheit. Unter Solos Führung erreichen sie das legendäre Mondland.

Ailuros hieß die Katze im alten →Griechenland. Davon abgeleitet wurden die Begriffe «Ailurophilie», Liebe zu Katzen, und «Ailurophobie», Angst vor Katzen. →Catus.

Akne tritt auch bei Katzen auf, und zwar meist bei erwachsenen Tieren. Verhaltensgestörte und überzüchtete Tiere, die sich nach dem Futter das Mäulchen nicht richtig putzen, sind am meisten gefährdet. Zuerst bilden sich →Mitesser, dann entzündete Pickel, es kommt zu Kahlstellen im Fell. Das Tier muß behandelt werden. Vorsorglich sollte man «unsauberen Essern» nach den Mahlzeiten das Kinn mit lauwarmem Wasser, versetzt mit ein paar Tropfen Calendula-Tinktur, abwaschen.

Akkommodation ist die bei Katzen besonders hoch entwickelte Fähigkeit, die Pupillen der Helligkeit anzupassen. Bei Dunkelheit werden sie kreisrund, bei grellem Lichteinfall zu schmalen Schlitzen. →Chinesische Uhr.

Akroleuzismus (Weißscheckung oder partieller →Albinismus) wird dominant vererbt. Vergröbert dargestellt, führt die Linie von Tieren mit weißem Brustfleck über Tiere mit weißem Bauch und weißen Pfoten zu völlig weißen Katzen. →Leuzismus.

Akromelanismus (Schwarzfärung). Schwarze Katzen können auch in der Natur hier und da beobachtet werden. Schwarz wird rezessiv vererbt. Bei siamesischen Katzen tritt A. auf, wenn sie unterkühlt werden, und zwar beginnend an den Fellspitzen.

Aktivität Eine erwachsene Katze schläft oder «meditiert» bis zu 20 Stunden am Tag. Für die gesamte A. bleiben also nur vier Stunden. Junge

Katzen sind wesentlich aktiver, alte Tiere haben ein ausgeprägtes Ruhebedürfnis. Bei erwachsenen Katzen läßt sich die Aktivität steigern, wenn man sich viel mit ihnen beschäftigt. →Siamkatzen sind aktiver als alle anderen Hauskatzen.

Aktivitätsperioden sind jahreszeitlich bedingt. Der Höhepunkt liegt im Vorfrühjahr und Frühjahr, der Tiefpunkt im Spätherbst und Frühwinter.

Aktivitätsrhythmus Normalerweise schläft die Katze nachts und schlummert am Vormittag. Ihre aktivsten Phasen liegen in den frühen Morgenstunden, am Nachmittag und am Abend.

Akupunktur wird in den USA bereits zur Behandlung von Katzen eingesetzt. Dadurch läßt sich der Medikamentenverbrauch senken, was sich positiv auf die grausamen →Tierversuche in der Pharmaindustrie auswirken kann.

Akzeleration (Reifungsbeschleunigung) tritt gelegentlich auf bei «Wohlstandskatzen», die gemeinsam in einer Wohnung gehalten, reichlich oder überreichlich gefüttert werden und zuwenig Ablenkung oder Spielmöglichkeiten haben. Unter diesen Bedingungen kann es zu sexueller →Frühreife kommen.

Albanische Legende Singulär in der christlichen Literatur ist die schöne Legende von einer heimatlosen Katze, die sich vertrauensvoll an Jesus schmiegte. Er übergab sie einer verwitweten Frau, die sie liebevoll pflegte.

Albertus Magnus (1193 oder 1206 bis 1280) gab unserer Hauskatze den Namen Furioz, nach E. Topsell, Naturgeschichte der Vierbeiner, erschienen im 17. Jahrhundert.

Albinismus Auf Grund eines angeborenen Pigmentmangels haben alle Albinokatzen ein schneeweißes Fell, blaßrosa Haut und hellblaue Augen mit roter Pupille, die im Dunkeln rot statt grün leuchtet. Sie sind häufig taub. →Akroleuzismus, →Leuzismus.

Al-Dschâhis (um 776–868) widmete als glühender Mohammedaner der Katze in seinem «Buch der Tiere» besondere Aufmerksamkeit; u.a. stellte er fest, daß sie dem Menschen in vielem gleiche. →Affen, →Mohammed.

Alexander der Große (356–323 v. Chr.). Der griechische Welteroberer war, wie fast alle Diktatoren, ein Katzenfeind.

Alexander, Lloyd. Der amerikanische Autor veröffentlichte in seinem Buch «Die Stadtkatzen», dt. 1983, acht märchenhafte Geschichten von Katzen, die den Menschen an Klugheit und Witz weit überlegen sind. Besonders hübsche Illustrationen von Laszlo Kubinyi.

Allcock, James, englischer Tierarzt, schrieb das Buch «Kurzgefaßte Katzenkunde», dt. 1980, in dem es vor allem um die Gesundheit der Katze geht.

Alleinkatze Bezeichnung für Wohnungskatzen, die ohne Artgenossen gehalten werden. Naturgemäß schließen sie sich besonders eng an Menschen an, werden dabei aber nur glücklich, wenn man ihnen viel Zeit widmet.

Alleinsein Die immer noch verbreitete Ansicht, es mache einer Katze nichts aus, den ganzen Tag allein in der Wohnung zu sein, ist falsch. Katzen sind sehr intelligent und leiden deshalb unter →Langeweile. Junge Kätzchen sind bei Berufstätigen fehl am Platz. Sie verkümmern, werden leicht krank oder auch aggressiv. Wer wenig Zeit hat, sollte unbedingt zwei Katzen nehmen. Mutter und Kind, eine ältere und eine junge Katze oder Geschwister vertragen sich meist am besten.

Allen, Garrison, reiht sich mit dem Roman «Katzen, Killer und Kakteen» in die Reihe der Autoren von Katzenkrimis ein. Die Helden sind Penelope und ihr Kater Big Mike.

Allergien gegen Katzenschuppen können bei Menschen aller Altersstufen auftreten. Aber nur ärztliche Tests bestimmen zuverlässig die Ursache. Nicht immer ist die Katze schuld an einer plötzlich auftretenden A. Echte Katzen-A. lassen sich behandeln. Seltsamerweise fühlen Katzen sich oft zu Allergikern hingezogen.

Allergische Hauterkrankungen bei Katzen äußern sich durch Knötchen, Krusten oder Schuppen, meist in der Halsgegend, die stark jucken. Sie müssen behandelt werden. Es besteht keine Ansteckungsgefahr für Menschen oder andere Tiere.

Alopezie bedeutet Haarausfall. Kahle Stellen im Katzenfell können hormonell oder allergisch bedingt sein oder auf falscher Ernährung beruhen. Oft liegt auch eine →Hautkrankheit vor.

Alpenveilchen gehören zu den beliebtesten Zimmerpflanzen. Vorsicht: Für Katzen sind sie leider giftig.

Alpha-Katzen sind die geborenen Anführer, intelligent, unternehmungslustig und selbstbewußt. In jedem →Nest ist ein Kätzchen den Geschwistern voraus, es muß nicht immer das körperlich stärkste sein. Solange die Katzenfamilie beisammen bleibt, behauptet es seine Stellung. Auch in jeder anderen Katzengemeinschaft gibt es ein Alpha-Tier. →Absolute Rangordnung, →Bruderschaft der Kater.

Alte Katzen (und möglichst häßliche dazu!) gelten in manchen Gegenden Chinas noch heute als Glücksbringer, die man auf keinen Fall verlieren darf. Deshalb hält man sie an langen Leinen. →Aberglaube, →China.

Alternative Biokost für Katzen gibt es seit 1984 in Diätläden für Kleintiere.

Altersbestimmung Die Faustregel «Ein Katzenlebensjahr entspricht sieben Menschen-Lebensjahren» ist überholt. Heute gilt: Nach dem vollendeten ersten Lebensjahr ist die Katze, auf uns übertragen, 20 Jahre alt. Alle weiteren Jahre entsprechen vier Menschenjahren. Eine zehnjährige Katze ist demnach also 56 und nicht 70 Jahre alt.

Altersdiät Gesunde Katzen über zehn Jahre benötigen keine besondere Diät. Abwechslung ist jetzt besonders wichtig, mit Rücksicht auf den Geschmack der Katze. Bei Zahnproblemen verteilt man das Futter über mehrere kleine Portionen am Tag und passiert es durch den Fleischwolf. →Hefeflocken, Vitaminpaste oder -tabletten gewährleisten eine maximale Versorgung mit →Vitaminen und →Mineralstoffen. Wichtig ist, daß die ältere Katze in Ruhe futtern kann, ohne von jüngeren Tieren gestört zu werden. Gönnen Sie ihr öfter ihr Lieblingsfutter, wenn es nicht gerade →Leber oder →Nieren sind.

Alterserwartung Behütete Hauskatzen werden 12 bis 18 Jahre alt; hier und da gibt's auch mal einen Methusalem von mehr als 20 Jahren. Freilebende Katzen und →Auslaufkatzen haben nur knapp die halbe Lebenserwartung, sie werden höchstens acht Jahre alt, im Schnitt, sehr viele überleben nicht einmal das erste Lebensjahr. Zu den ältesten deutschen Hauskatzen dürften das Tigerweibchen Nicki aus Feldkirchen und die schwarze Minka aus Hamburg gehören. Beide feierten bei guter Gesundheit ihren 23. Geburtstag.

Altersheime Nicht alle A. erlauben den Senioren, ihre Katze mitzubringen. Bei allem Verständnis für die eventuelle Mehrbelastung des Personals sollten die Verantwortlichen sich ernsthaft überlegen, wieviel menschliches Leid, welche Verzweiflung sie damit oft auslösen. Es ist grausam, einem alten Menschen sein geliebtes Haustier und oft damit die einzige oder wichtigste «Bezugsperson» zu nehmen. Man raubt ihnen so auch Lebensmut und Lebensfreude. Der therapeutische Effekt, den ein geliebtes Haustier nach Erkenntnissen moderner Ärzte gerade für den günstigen Verlauf von Herz- und Kreislauferkrankungen hat, sollte berücksichtigt werden. Für die armen Katzen, die oft gleichfalls bejahrt sind, kommt das Verbot in der Regel einem Todesurteil gleich.

Alterskrankheiten Alte Katzen können wie Menschen Schlaganfälle erleiden, und zwar sowohl mehrere leichte Schläge, die oft zu Lähmungen führen, als auch einen tödlichen Schlag. Muskelschwund, Arthritis und Arthrose treten bei alten Tieren gleichfalls auf. Die betroffenen Katzen haben morgens nach dem Aufwachen Mühe, ihre Beine zu gebrauchen. Sie stolpern, können nur schwer auf einen Stuhl springen oder fallen immer wieder um. Zu den typischen Altersleiden gehören ferner Zahnstein, der unbedingt regelmäßig entfernt werden muß, sowie Zahnausfall. Die kleinen Schneidezähne fallen oft ohne erkennbare Beschwerden aus, die Reißzähne sind am haltbarsten. Altersbedingte Nierenschäden und Zukkerkrankheit kündigen sich durch großen Durst an. Oft bevorzugt die kranke Katze dann abgestandenes oder sogar schmutziges Wasser, läßt frisches aber stehen. Auch Leber- und Kreislaufschwächen treten bei alten Tieren auf. Immer auf Gewichtsverlust achten. Oft handelt es sich um das erste Anzeichen einer ernsten Erkrankung bei alten Katzen.

Altgriechische Katzenfabeln «Die Mäuse und die Katze auf der Mauer»: Feldmäuse in einem leerstehenden Landhaus ‹hungern die Katze auf der Mauer aus›, indem sie sich so lange verstecken, bis die Katze hungrig und ärgerlich weiterzieht. →Katzenmärchen 1 e. «Die Stadtmaus und die Feldmaus»: Eine Stadtmaus lädt ihre arme Verwandte, die Feldmaus, zu Gast – zu einem Festmahl in der Speisekammer. Da erscheint die Hauskatze und verjagt sie. Die zu Tode erschrockene Feldmaus ist heilfroh, als sie ihr sicheres Erdloch mit den mageren Vorräten wieder erreicht hat. →Äsop, →Katzenmärchen 1 b.

Altweltliche Kleinkatzen, also in Eurasien oder in Afrika beheimatete Wildkatzenarten, sind: →Serval und Servalkatze, →Bengal- oder Leopardenkatze, →Nebelparder, Gepard, →Flachkopf- oder Plattkopfkatze, Karakal oder Afrikanischer Wüstenluchs, →Afrikanische und →Asiatische Goldkatze, →Fischkatze, →Rostkatze, →Marmorkatze, →Borneokatze, →Europäischer und Rot- →Luchs (Nordluchs, Pardelluchs, Wüstenluchs, Kaukasusluchs), Schwarzfußkatze, →Manul oder Pallaskatze, →Rohrkatze, →Gobi- oder Graukatze, →Wüsten-, Sand- oder Sicheldünenkatze (Unterarten: Saharakatze, Turkmenische Sandkatze oder Barchankatze), →Europäische Wildkatze, →Afrikanische oder Nubische Falbkatze, Steppenkatze. Auch unsere Hauskatzen gehören dazu. Die altweltlichen Kleinkatzen sind älter als die Großkatzen wie Löwe und Tiger.

Amaryllisgewächse – dazu gehören u.a. Schneeglöckchen, Narzissen und die Agave – sind für Katzen leider giftig.

Amecht oder Amicht hieß das Erntefeuer in Luxemburg, bei dem eine in einen Korb eingeschlossene Katze lebendig verbrannt wurde. →Brandopfer.

Ameisen Nach einem arabischen Sprichwort kann eine Katze selbst noch eine Ameise hören, die über einen Marmorblock krabbelt. →Gehör, →Ohren.

Amerika In der Encyclopedia Americana finden wir eine Ehrenrettung der Katze: «Dem Einfluß der Hauskatze auf die amerikanische Zivilisation ist weniger Beachtung geschenkt worden, als er verdient hätte. Der Vormarsch der Landwirtschaft und die Besiedlung weiter Waldgebiete und Prärien war nur dank dieser oft mißbrauchten und mißverstandenen Tiere möglich. Wieviel Speisen die Katze rettete, wieviel Besitz sie vor Zerstörung schützte, was für Schädlingsplagen sie in Schach hielt … läßt sich nicht aufzählen!» Allerdings hat es auch in der Neuen Welt zahlreiche →Hexen- und Katzenverfolgungen gegeben. →Salem.

Amerikanische Curi ist der Name einer Katze, deren Ohren infolge von →Mutation halbmondförmig sind. Sie wurde durch Zufall entdeckt und wird nun, selbstverständlich, gezüchtet.

Amerikanische Drahthaarkatze (American Wirehair) ging durch →Mutation aus der →Amerikanischen Kurzhaarkatze hervor. Das Fell ist rauh und hart, eben drahtartig. Die Anlage der Fellstruktur wird dominant vererbt. In Europa hat die A. Seltenheitswert.

Amerikanische Katzenfabel «Ein Kater namens William»: William ist unbändig stolz auf seinen Namen. Er glaubt sogar, die richtige Schreibweise von Cadillac sei Katzillac, ihm zu Ehren. Bei einem Schiffsunglück kann er sich auf eine Insel retten, die nur von Löwen, Jaguaren und Luchsen bewohnt wird. Seinen Namen hat er vergessen, so nennen die anderen Tiere ihn Niemand, und als er schließlich stirbt, bekommt er keinen Grabstein →Katzenmärchen 11.

Amerikanische Kurzhaarkatze (American Shorthair). Die erste dieser Katzen soll 1620 mit der →Mayflower nach Amerika gekommen sein, als →Schiffskatze. Sie repräsentiert den Urtyp der europäischen Hauskatze, da keine Einkreuzungen mit →Perserkatzen erfolgten. Ein kräftiges Tier mit vollem Gesicht und einem prächtigen Schnurrbart. Alle Farben der europäischen Hauskatze sind vertreten. Augen: gelb, gold, kupfer und grün. Eine lustig gezeichnete Spielart ist die sog. →Chinesische Harlekinkatze.

Amerikanische Katzenmärchen Von der unglaublichen Gefräßigkeit und Frechheit der amerikanischen Mäuse berichtet «Die Katze und die Maus»: Sagt der freche Mausejunge Mervyn zu Kralletta, der Katze: «Wenn du etwas Mark in den Knochen hättest, könnte man aus dir eine leckere Suppe kochen.» Der Bluff wirkt. Kralletta ist viel zu vorsichtig, um sich mit einer Maus einzulassen, die, wer weiß, jeden Augenblick explodieren kann… →Katzenmärchen 1 e.

Amerikanisch-Orientalische Kurzhaarkatze Sammelname für einfarbige →Siamkatzen in den USA. Die Augen sind grün oder bernsteinfarben, mit Ausnahme der rein weißen Tiere, die blaue Augen haben. →Orientalische Kurzhaar.

Aminosäuren sind die Bausteine des für Mensch und Tier lebensnotwendigen Proteins (Eiweiß). Sie bestehen aus Schwefel, Kohlenstoff, Wasserstoff, Sauerstoff und Stickstoff. Von insgesamt 22 bekannten A. benötigt die Katze elf. →Arginin, →Ernährung, →Taurin.

Ammenmärchen über Katzen sind immer noch weitverbreitet. Dazu gehört, daß die Katze sich ans Haus gewöhne, nicht aber an den Menschen, (→Freundschaft), daß sie am liebsten →Milch trinke, daß man sie mit dem Nackengriff hochnehmen solle, wie die Katzenmutter es tut, (→Tragstarre), daß Fauchen eine →Angriffsdrohung sei und daß sich Katzen ganz allgemein durch →Falschheit auszeichnen. Nichts davon entspricht der Wahrheit.

Amodeo, Fabio, schrieb das zauberhafte Büchlein «Die Katze», 1992, illustriert mit den schönsten Sammlerobjekten aus vielen Kulturkreisen.

Amputation Nach einem Unfall gibt es manchmal keinen anderen Weg, das Leben der Katze zu retten, als Bein oder Schwanz zu amputieren. Dreibeinige Katzen kommen in der Regel gut zurecht, wenn man sie nicht unbeaufsichtigt ins Freie läßt. Sie können natürlich nicht mehr so gut klettern und springen und dürfen deshalb keinen Gefahren ausgesetzt werden. Im Haus und →Katzengarten aber bewegen sie sich frei und sicher. Das gleich gilt, wenn eine A. des Schwanzes notwendig ist. →Freier Fall.

Amsterdam, Singel-Gracht Nr. 40, ist ein Geheimtip für verstoßene und heimatlose Katzen. Auf den beiden Hausbooten von Henriette van Weelde finden sie Asyl. Mehr als 300 Katzen werden hier liebevoll betreut, gefüttert, verarztet und – nach Möglichkeit – weitervermittelt.

Amulette Weltweit wurde und wird z.T. heute noch die Katze als →Glücksbringerin angesehen. *Ägypten:* Junge Ehefrauen trugen A. um den Hals, die eine Katzenmutter darstellten mit exakt so vielen Jungen, wie Kinder aus der Ehe hervorgehen sollten. Geistige und körperliche Gesundheit sowie ein langes Leben sollten A. garantieren, die mit einem eingravierten Katzenauge verziert waren, dem sog. «utchat». *China:* Zum Schutz der Seidenraupenzucht wurden Katzenbilder aufgehängt. Unter den Dachrinnen der Häuser brachte man Tonformen sitzender Katzen an, um die Bewohner vor Bösem zu bewahren. *Japan:* Das berühmteste Katzenamulett «Maneki Neko» geht auf das →japanische Katzenmärchen «Der Wink mit der Pfote» zurück. Es handelt sich um die Plastik einer sitzenden Katze, die freundlich mit erhobener Pfote Gäste herbeiwinkt. Man findet sie, aus Holz, Ton oder Papiermaché modelliert, vor vielen Restaurants und Geschäften.

Analdrüsen befinden sich bei Katzen rechts und links neben dem After. Sie können sich entzünden, die Katze rutscht dann auf dem Hinterteil am Boden entlang. Dieses «Schlittenfahren» kann man auch bei gesunden Tieren beobachten, und zwar nach dem Gang zur Katzentoilette. Wahrscheinlich fehlt ihnen noch ein Stückchen Toilettenpapier …

Analkontrolle, das gegenseitige Beschnuppern der Rückfront, ist das Ziel aller nicht unter aggressivem Druck stehenden Katzenbegegnungen. Es glückt nur, wenn die Stimmung auf beiden Seiten freundlich bleibt. Befreundete Katzen heben den Schwanz, um dem anderen Tier die A. zu erleichtern. Viele Katzen präsentieren auch ihrem Menschen in der freundlichsten Absicht die Hinterfront.

Anämie Auch Katzen können unter Blutarmut leiden. Symptome sind: blasses Näschen und Zahnfleisch, Apathie.

Infektiöse A. wird von dem Parasiten Haemobartonella ausgelöst, der von Flöhen und anderen Blutsaugern übertragen wird. Schon das ungeborene Kätzchen kann sich im Mutterleib anstecken. Es handelt sich um eine sehr ernste Erkrankung, die auch der Tierarzt nicht immer in den Griff bekommen kann.

Anatomie Als anatomisches Meisterwerk der Natur feierte A. →Brehm die Katze: «Sie ist das höchstentwickelte Raubtier überhaupt. Ihre Wirbelsäule erlaubt Beweglichkeit in allen Richtungen, sehr elastisch ist auch der Brustkorb. Das Schlüsselbein ist zu einem funktionslosen Knöchelchen zurückgebildet. Dadurch sind die Vorderbeine nicht fest mit dem Skelett verbunden, was es der Katze ermöglicht, aus großer Höhe federnd aufzuspringen. Den harmonischen, kraftvollen Bewegungen entspricht ein wohlproportionierter Körper, dessen Kopf, Rumpf, Beine und Schwanz genau aufeinander abgestimmt sind. An den Hals- und Lendenwirbeln sowie am Schulterblatt setzen sehr kräftige Muskeln an, mit deren Hilfe die Katze Beute und ihre Jungen im Mäulchen tragen und hervorragend springen kann. Die Sehnen sind außerordentlich elastisch, etwa 500 freibewegliche Muskeln erlauben der Katze eine unwahrscheinliche Körperbeherrschung.» →Freier Fall, Skelett.

Anaxandrides, griechischer Komödiendichter des 4. Jahrhunderts v. Chr. bestätigt die Beobachtung des →Aristophanes, daß im antiken Griechenland Katzen vorwiegend als Pelzlieferanten galten.

Andenkatze (Andean Cat) oder Bergkatze lebt in den Bergwäldern Chiles, Boliviens und Argentiniens. Sie ist selten und scheu. Der Rücken ist silber- bis aschgrau gefärbt mit orange-bräunlichen Ringflecken, der Bauch ist weiß. Der 45 cm lange Schwanz ist braungebändert. Typisches Kennzeichen: ein dunkler Streifen vom Auge zum Mundwinkel. Die A. erinnert an einen Mini-Ozelot. Sie gehört zu den →neuweltlichen Kleinkatzen.

Andersen, Hans Christian (1805–1875). Der dänische Dichter hat in seinem Märchen «Das häßliche junge Entlein», das von seinen Geschwistern «zur Katze» gewünscht wird, dem «überaus begabten» Kater Söhnchen ein kleines Denkmal gesetzt. Söhnchen ist Herr im Hause der alten Frau, bei der das häßliche Entlein Unterschlupf findet.

Anemonen sind in →Katzengärten leider fehl am Platz, da sie bei unseren Schnurrtigern schwere →Vergiftungen hervorrufen können.

Aneurin →Thiamin, →Vitamin B.

Angelhaken Wenn eine Katze neugierig beim Angeln zuschaut und «mithilft», kann es zu schweren Verletzungen durch den A. kommen. Sollte er in ihrem Mäulchen steckenbleiben, sofort den nächsten Tierarzt aufsuchen. Keinesfalls selbst versuchen, den Haken herauszuziehen!

Angeln a. Viele Katzen ziehen mit der krallenbewehrten Pfote blitzschnell Fische aus dem Wasser. Eine besonders tüchtige und überhaupt nicht wasserscheue Anglerin ist die →Türkische

Van-Katze. b. Als Angeln bezeichnet man auch die charakteristische Art der Katze, mit langausgezogener Vorderpfote eine Beute – es kann sich auch um ein Spielzeug handeln – aus einem Winkel hervorzuziehen.

Angewohnheiten Manche Katzen kratzen permanent an Möbeln, andere zerkauen Zierpflanzen, Wolle, Schuhe u.a., schaukeln an Vorhängen, benutzen statt der Katzentoilette einen Platz auf dem Teppich. Diesen für den Besitzer enervierenden A. liegt meist eine →Verhaltensstörung zugrunde, deren Ursache erforscht und abgestellt werden muß.

Angorakatze In Deutschland bis 1965 gebräuchliche Bezeichnung für →Perserkatzen. Die langhaarigen Katzenschönheiten kamen im 17. Jahrhundert aus der Türkei nach Europa und erhielten den Namen der dortigen Hauptstadt (Ankara heißt auf griechisch Angora). →Ankarakatzen oder Türkische Angorakatzen.

Angriff Man unterscheidet den A. auf Beutetiere, auf Artgenossen (→Rangordnungs-, Territorial- oder Rivalenkämpfe) und auf andere Tiere, vorwiegend Hunde (stets in dem Sinn: Angriff ist die beste Verteidigung, wobei es der Katze zugute kommt, daß sie wesentlich reaktionsschneller ist als der Hund).

Angriffsdrohung geht jedem Angriff voraus. Die Pupille ist zu einem schmalen Schlitz zusammengezogen, die Ohren sind aufgestellt und seitlich nach außen gedreht, Kopf und Schwanz gesenkt, der Schnurrbart ist nach vorn gesträubt. Die Katze präsentiert sich dem Gegner schräg von vorn. Zum Ritual gehört der auf- und abschwellende →Katergesang (Drohgesang), kurz vor dem Beißangriff geht er in einen langgezogenen, lauten, hohen Ton über. Das →Drohstarren soll den Gegner in Schach halten. Das Angriffsgrollen und Knurren ist typisch für Mutterkatzen, die ihre Jungen verteidigen, und für Kater, die im Clinch kämpfen.

Angriffshemmung Eine zuverlässige, spezifische A. unter Katzen (wie etwa unter Hunden in Form einer Demutsstellung) gibt es anscheinend nicht. Allerdings erinnert die passive Kauerstellung einer bedrohten Katze, die sich unterlegen fühlt, an die Demutsgeste des Rotluchses und ist nach Michael →Fox auch im gleichen Sinne zu verstehen. Jüngere Kater unter einem Jahr werden nur äußerst selten von erwachsenen Katern angegriffen, das mag z.T. daran liegen, daß sich das jüngere Tier dem älteren meist «kindlich» nähert, es zum Spielen auffordert. Angriffshemmend wirkt auch das direkte Anstarren des Gegners, das Dompteure gleichfalls als Trick verwenden. →Blickkontakt, →Drohstarren.

Angst vor dem Tierarzt haben rund 70 Prozent aller Hauskatzen, z.T. erstarren sie vor Entsetzen, z.T. gebärden sie sich wie Tobsüchtige. Es besteht →Schockgefahr. Ganz großen «Angsthasen» sollte man vorbeugend ein leichtes Beruhigungsmittel speziell für Katzen geben.

Angstaggressivität ist, von der Katze aus gesehen, Selbstverteidigung und typisch für Katzen, die zu spät Kontakt zu Menschen bekamen oder deren Vertrauen zu Menschen schwer enttäuscht wurde.

Ängstlichkeit Gesunde Katzen, die keine schlimmen Erlebnisse mit Menschen oder Tieren hinter sich haben, sind mutig. Ängstliche Katzen neigen oft zu übertriebener, unangebrachter →Aggressivität aus Furcht. Auch kranke (→Tollwut) oder →neurotische Katzen neigen zu Ä. Die →Homöopathie hilft mit Aconitum (Blauer Eisenhut) oder Ignatia (Ignatiusbohne).

Angstnässen ist immer ein Alarmzeichen. Die Katze steht unter starker seelischer Spannung und braucht Hilfe. A. tritt z.B. auf bei Bedrohung des →Heims erster Ordnung, bei Tierarztbesuchen, bei unzumutbarer Käfighaltung, bei akuter Gefahr. Nicht die Nerven verlieren. Wer sein Tier in einer derartigen Situation anschreit oder bestraft, verliert sein Vertrauen – und erreicht gar nichts.

Angstspiel →Antippen.

Angstverhalten Angepaßtes A. zeigen viele Asylkatzen, die mit Menschen schlechte Erfahrungen gemacht haben, oft bereits in der Jugend herumgestoßen wurden. Hier handelt es sich nicht um →Verhaltensstörungen, sondern im Gegenteil um eine höchst zweckmäßige Reaktion. Diese Katzen verkriechen sich oft ihr Leben lang vor Fremden, während sie einem liebevollen Besitzer nach der Eingewöhnung große Anhänglichkeit bezeugen. Unangepaßtes A. führt nach F. →Brunner zu den häufigste Verhaltensstörungen bei Katzen. Angst vor anderen Tieren, auch vor Mäusen, tritt besonders bei Katzen auf, die als Einzeltier von Menschen großgezogen wurden. Angst vor Menschen beobachtet man vor allem bei Katzen, die ohne menschlichen Kontakt aufgewachsen sind. Auch erbliche Veranlagung kann schuld sein an situationsangepaßtem A.

Angstzustände können den Stoffwechsel der Katze stark beeinflussen, die Temperatur erhöhen und die Blutzuckerwerte ansteigen lassen. In schweren Fällen kommt es zum →Schock.

Anhänglichkeit Katzen schließen sich «ihrem» Menschen enger an als einer anderen Katze, wenn er sie liebevoll behandelt und nie ihr Vertrauen enttäuscht. Echte, dauerhafte →Freundschaft zwischen einer Katze und «ihrem» Menschen gehört für einen Katzenfreund zu den schönsten Erfahrungen. Kätzchen, die zu früh die Mutter verloren haben und von Menschen aufgezogen wurden, können überanhänglich werden. Siamkatzen neigen ebenfalls dazu. →Abhängigkeit.

Ankarakatzen oder Türkische Angorakatzen. Um 1930 versuchte der «Katzenforscher» Prof. →Schwangart, die türkische Dorfkatze in Deutschland heimisch zu machen, stieß aber auf wenig Gegenliebe. 1962 wurde ein

Pärchen in die USA gebracht, aus dem Zoo von Ankara, wo diese Tiere heute durch Nachzüchten vor dem Aussterben bewahrt werden. Von diesem Pärchen stammen die in Amerika inzwischen sehr beliebten A. ab. Das halblange, glänzende Fell bedeckt in «Hosenform» auch die Oberschenkel der Hinterbeine. Es verfilzt nicht. Der Schwanz ist buschig. Die klassische A. ist schneeweiß, es gibt sie inzwischen in Amerika aber in allen Farbschlägen.

Anklopfen →Auslaufkatzen machen durch Rufe oder A. auf sich aufmerksam, wenn sie ins Haus wollen. Katzen, die schwerhörigen älteren Leuten gehören, veranstalten oft einen regelrechten Trommelwirbel an Tür oder Fensterscheibe.

Anmut Die sprichwörtliche A. ihrer Bewegungen sichert der Katze ein Heer von Bewunderern. Wie kein anderes Tier fasziniert sie den Künstler und alle, deren Auge sich nach ursprünglicher Schönheit sehnt.

Anomalien wie Skelettdeformationen, Wolfsrachen, Taubheit, Verengung des Tränen-Nasenkanals, eingerollte Augenlider und Organschäden sind häufig eine Folge von Vitamin- oder Kalkmangel oder von Medikamentenschäden im Mutterleib. Viele A. sind erbbedingt und treten überwiegend bei →Zuchtkatzen auf. So geht z.B. die Schwanzlosigkeit der →Manxkatze oft mit schweren inneren Mißbildungen einher. →Erbkrankheiten.

Anpassung Die Katze ist das höchstentwickelte Raubtier. Die Anpassung an ein Leben als behüteter Salontiger ist deshalb nicht leicht für sie. Da sie auf Jagd und Beutefang weitgehend verzichten muß, braucht sie viel Spielzeug, viel Ablenkung und möglichst einen Artgenossen zum Herumtollen. Man kann ihr die A. erleichtern, indem man sie →kastrieren läßt.

Anpassungsfähigkeit Die A. der Katze ist erstaunlich. Von Haus aus eher ein Einzelgänger, der als freilebender Jäger nur an sein Territorium oder →Revier gebunden ist, kann sie zu «ihrem» Menschen eine enge soziale Beziehung eingehen, die sogar stärker ist als die Bindung ans Revier (Wohnung, Haus). Katzen besitzen darüber hinaus eine hochgradige, aber nicht unbegrenzte Fähigkeit, sich unliebsamen Verhältnissen anzupassen.

Anpassungsprobleme Je besser der Mensch die Katze versteht und je mehr Zeit er ihr widmet, desto weniger A. werden auftreten. Dazu gehört vor allem, daß er die →Katzensprache, die Ausdrucksmittel der Katze, erlernt und ihr die Anpassung in jeder Weise erleichtert. Für uns ist es normal, in einer Zwei- oder Dreizimmerwohnung zu leben, für die Katze nicht. Für uns ist es normal, daß sich stundenlang nichts bewegt in der Wohnung, für die Katze nicht. Aber mit dieser Umstellung wird sie fertig, wenn nicht andere Schwierigkeiten hinzukommen, wie z.B. launische oder ungerechte Behandlung, zu viele Verbote, quälende Langeweile. Auch ein Übermaß an Zärtlichkeiten kann eine Katze verunsichern. Respekt vor dem So-Sein der Katze, gleichbleibende Freundlichkeit, Toleranz und Geduld von seiten des Menschen sind die besten Garanten für die Vermeidung von A.

Anregung aller Art ist für die intelligente Hauskatze lebenswichtig. Sie braucht von klein auf Spielmöglichkeiten und →Spielzeug, viel Kontakt mit Menschen, anderen Katzen und Tieren. Man muß ihr erlauben, alles zu beobachten, was im Haus passiert. Katzen, die ohne A. aufwachsen oder leben müssen, verkümmern vor →Langeweile.

Anschaffung Es gibt viele Möglichkeiten, zu einer Katze zu kommen. Ein gutes Werk tut jeder, der sich eine Katze aus dem Tierheim holt. Diese Tiere sind dem Menschen, der sie gerettet hat, sehr dankbar und zeigen es durch große →Anhänglichkeit. Junge Hauskätzchen werden meist verschenkt. Man beachte die Anzeigen in der Tageszeitung. Wählen Sie das Tierchen, das Ihnen am besten gefällt. Geht allerdings eines schnurstracks auf Sie zu, so hat es Sie ausgewählt. Greifen Sie zu, es wird garantiert eine lebenslange, ganz dicke Freundschaft. In Tierhandlungen sollte man keine Katze kaufen. Diese Tiere sind oft krank. Wer es aus Mitleid dennoch tut, mache sich auf entsprechende Tierarztrechnungen gefaßt. Zu bedenken ist auch, daß der Unfug, Katzen wie irgendeine leblose Ware ins Schaufenster zu setzen, nie aufhören wird, solange sich Käufer finden. Wenn man ein Tier mitnimmt, sitzen morgen zwei neue hinter der Glasscheibe. Wer eine →Zuchtkatze mit Stammbaum will, wende sich an den Edelkatzenzüchterverein und lasse sich Anschriften von wirklich seriösen Züchtern geben. Schauen Sie sich das Kleine genau an: Das Hinterteil muß sauber sein, das Fell glänzen, ohne Schorf und kahle Stellen, die Äuglein dürfen nicht verklebt sein, das Kätzchen muß lebhaft, zutraulich und verspielt wirken. Sonst zahlt man drauf, und zu dem stolzen Preis kommen von vornherein hohe Tierarztkosten. Wer noch kein Haustier hat, nimmt am besten gleich zwei Kätzchen aus dem gleichen →Nest, ganz besonders, wenn wegen Berufstätigkeit tagsüber niemand daheim ist. Kleine Kätzchen leiden ganz besonders unter Einsamkeit, man würde ja auch kein Kind den ganzen Tag allein lassen. Aber es muß nicht immer ein Katzenkind sein, das ja auch rasch erwachsen wird. Große Katzen, die aus irgendeinem Grund ihr Zuhause verloren haben, brauchen besonders dringend einen guten neuen Platz. Wenn sie genügend Liebe bekommen, gewöhnen sie sich in der Regel rasch und problemlos ein. Ein wirklicher Katzenfreund sollte keine Luxuskatze kaufen, sondern lieber einen der vielen Unglücksraben zu sich nehmen, die abgeschoben und von verantwortungslosen Menschen im Stich gelassen wurden. Jeder, der sich eine Katze anschafft, sollte sich darüber im klaren sein, daß er →Verantwortung übernimmt für zehn, fünfzehn oder sogar zwanzig Jahre. Das Tier braucht eine →Grundausstattung, abwechslungsreiche, vollwertige →Ernährung, Spielmöglichkeiten und bei Krankheiten →fachkundige Hilfe. Rechtzeitig zu überlegen ist, wer im →Urlaub für die Katze sorgt. →Welche Katze paßt zu mir?

Anschleichen ist die erste Phase des Beutefangverhaltens, →Schleichlaufen. Wohnungstiger schleichen auch Spielbällchen an, wehende Vorhänge, Fliegen, Mitkatzen und gelegentlich die Beine ihrer Menschen.

Ansprechen →Kontaktaufnahme.

Anstandshappen Fast jede Katze läßt einen A. auf dem Tellerchen zurück – in Erinnerung an die ungenießbare Mäusegalle, wie viele Katzenkenner meinen.

Ansteckungsgefahr Nur sehr wenige Krankheiten sind von der Katze auf den Menschen übertragbar: →Tollwut (durch Biß), →Toxoplasmose bedeutet Gefahr für das Kind im Mutterleib, wird aber meist durch Umgang mit rohem Fleisch übertragen, →Katzenkratzkrankheit, →Räudemilben, →Flöhe (die allerdings Katzen als «Wirt» bei weitem vorziehen), →Hautpilz. Bei →Tuberkulose steckt der Mensch die Katze an.

Antennen Liebevoll-ironische Bezeichnung für die langen Schnurr- und Brauenhaare der Katzen, die in der Fachsprache Tasthaare heißen. →Tastsinn.

Anthurien gehören zu den für Katzen giftigen Zimmerpflanzen.

Antiautoritäre Erziehung Was immer man sonst davon hält, bei Katzen wird man sich damit anfreunden müssen. →Befehle machen sie kopfscheu, →Strafen zerstören das Vertrauensverhältnis. Mit Liebe und →Tricks kann man dagegen (fast) alles erreichen. →Autoritäre Erziehung, →Dressur, →Zirkuskatzen.

Antibabypille Es gibt verschiedene Präparate für Katzen. Das geschlechtsreife Weibchen bekommt eine Pille pro Woche. Unerwünschter Nachwuchs wird so zwar zuverlässig verhindert, aber die A. hat, wie alle Medikamente, schädliche Nebenwirkungen. Es kann zu schweren →Gebärmutterentzündungen kommen, und zwar nicht erst nach jahrelanger Anwendung. Deshalb ist die →Kastration der Katzendamen bei weitem vorzuziehen.

Antibabyspritze Sie wird vom Tierarzt alle drei bis vier Monate verabreicht, wenn eine Katze vorübergehend keine Jungen bekommen soll. Vorsicht: A. führen häufig zu Gebärmuttervereiterungen. Die Pille ist vorzuziehen, besser noch ist eine →Kastration.

Antikatzenverein Einen A. gründete 1886 ein Zoologieprofessor und Geistlicher in Münster namens H. Landois, der sich auch Iselmott nannte. Dieser Herr besaß einen Privatzoo. Um billiges Futter für seine Tiere zu beschaffen, appellierte er an alle Vogelliebhaber, Katzen einzufangen, umzubringen und ihm die toten Tiere zuzustellen. Das Fleisch gab er seinen Zootieren, die Felle verkaufte er nach Leipzig. 20 Jahre lang durfte der Katzenfeind ungeschoren diesen bösartigen Unfug treiben. Der A. hat übrigens nur auf dem Papier existiert. Einziges Mitglied war der saubere Herr Landois alias Iselmott.

Antikörper sind lebenswichtige Immunstoffe in der Vor- und Kolostralmilch, die die Katzenmutter bis zu 36 Stunden nach der Entbindung hervorbringt. Kätzchen, die vor diesem Zeitpunkt die Mutter verlieren, sind besonders anfällig für Infektionskrankheiten. Bei erwachsenen Tieren bilden sich bei Infektionskrankheiten A. zur Neutralisierung der Erreger. Überschüssige A. erzeugen dabei sogar eine Immunität gegen neue Infektionen. So ist z.B. eine Katze, die einmal die →Katzenseuche überstanden hat, zeit ihres Lebens immun dagegen.

Antipathie Rund dreizehn Prozent der Bundesbürger mögen keine Katzen. Seltsamerweise ist diese Abneigung einseitig: Katzen haben oft keinerlei Abneigung gegen Katzenfeinde, leider. Auch Antipathien zwischen zwei Katzen gehen meist nur von einem der Tiere aus, haben aber in der Regel sehr handfeste Gründe wie z.B. Eifersucht, Krankheit, ungelöste Probleme der Rangordnung.

Antippen Beim sog. Angstspiel mit einem unbekannten großen Beutetier tippt die Katze es nur kurz mit der Pfote an und springt dann erschrocken zurück. →Hemmungsspiel.

«Antique Cats for Collectors» lautet der Titel eines 1974 in London erschienenen Buches für Sammler wertvoller Katzen-Objekte. Herausgeber: McClinton u. K. Morrison.

Antonakos, Toula. Die geborene Australierin schrieb und illustrierte das originelle Buch «Mit den Augen einer Katze», 1990.

Antonello da Messina (um 1430–1479) stellte um 1450 auf einem berühmten Gemälde den hl. Hieronymus in Begleitung einer Katze dar.

Apathie ist ein auffälliges Symptom bei einer physischen oder psychischen Erkrankung. Sie tritt besonders bei →Vergiftungen oder schweren Infektionskrankheiten auf. Bis zur völligen Reaktionslosigkeit kann A. sich bei →Trauerverhalten (reaktiver Depression) steigern, z.B. nach dem Verlust einer geliebten Bezugsperson. In diesem Fall dauert die A. drei Tage an, manchmal aber auch erheblich länger, sie kann sogar bis zum Tode der Katze währen. →Hungerstreik.

Aphrodisiakum Wegen der sagenhaften Fruchtbarkeit der Katze glaubte man in arabischen Ländern früher folgenden Unsinn: «Wenn ein Mann Katzenblut trinkt, müssen ihn alle Frauen lieben» und «Wenn ein Mann vor dem Beischlaf sein Glied mit Katzenblut einreibt, wird seine Partnerin ihn besonders leidenschaftlich lieben». Für diesen Humbug mußten zahllose Katzen ihr Leben lassen. →Arabische Volksmedizin, →Dreckapotheke.

Apollinaire, Guillaume (1880–1918), französischer Dichter und Katzenfreund, war Besitzer einer schwarz-weißen Hauskatze, die auf den Namen Pipe hörte.

Appell Mit etwas Geduld kann man Katzen durchaus dazu erziehen, auf einen bestimmten Ruf herbeizukommen. Man ruft das Tier leise und freundlich bei seinem Namen, der nicht zu lang sein und möglichst ein «i» enthalten sollte, das in Katzenohren besonders verführerisch klingt. Wichtig: Nie den Namen rufen, wenn etwas Unangenehmes bevorsteht, sondern nur zum Futtern, Schmusen, Spielen. Geht's im Endeffekt doch mal um den gefürchteten Besuch beim Tierarzt, so ruft man die Katze schon eine halbe Stunde vorher – zu etwas sehr Verlockendem – und spielt oder schmust noch ein wenig mit ihr. →Namen.

Appetenzhandlungen sind Einzelaktionen, aus denen sich →Instinkthandlungen zusammensetzen. Sie werden durch →Schlüsselreize ausgelöst und können durch Lernakte beeinflußt werden. Zu A. gehören z.B.: Krallenwetzen, unruhiges Umherschweifen vor der Jagd, das Untersuchen von Schlupflöchern, Spalten und unbekannten Räumen u.v.a.m.

Appetit Katzen haben in der kalten Jahreszeit mehr A. als im Sommer. In vernünftigem Rahmen darf man dem ruhig nachgeben, besonders bei →Auslaufkatzen. Eine zusätzliche Speckschicht schützt auch vor Erkältungen.

Appetitbremse Eine gesunde Katze hört von allein auf zu futtern, wenn sie satt ist. Im Gegensatz zum Hund haben Katzen eine «eingebaute» A. und überfressen sich nicht. Ausnahme: Katzen, die in der Jugend viel hungern mußten. Sie leiden oft ihr Leben lang unter dem Trauma, verhungern zu müssen. Am besten gibt man leichtes, kalorienarmes Futter: Fisch, Lunge, Hirn, mageres Rindfleisch. Mit viel Liebe und Spielen läßt sich einiges kompensieren. Eine weitere Alternative: Man ermuntert die Katze, sich ein paarmal total zu überfressen. Eine Radikalkur, die – vielleicht – bewirkt, daß die Katze sich in Zukunft vor allzuviel Futter ekelt.

Appetitlosigkeit ist ein Symptom, das bei vielen Katzenkrankheiten auftritt. Man sollte die Katze beobachten, ob weitere Anzeichen für eine Erkrankung sprechen. Ältere Katzen zeigen oft unechte A., in Wirklichkeit machen ihnen Zahnschmerzen oder Zahnstein die Futteraufnahme zur Qual. A. kann auch psychische Gründe haben und ist dann ein Protest der Katze, die sich vernachlässigt fühlt. Aus diesem Grund tritt A. oft in Tierheimen, Katzenpensionen und ähnlichen Anstalten auf. Ein weiterer Grund für A. ist zu einseitiges Futter. Katzen lieben und brauchen einen abwechslungsreichen Speisezettel. Viele Katzenweibchen leiden während der →Rolligkeit an A. →Hungerstreik.

Apportieren ist keine Domäne der Hunde. Auch viele Katzen a. mit Leidenschaft kleine Bällchen, Spielmäuschen u.ä. Wer sich viel Zeit für eine junge Katze nimmt, kann ihr spielerisch kleine Kunststücke beibringen. Gesunde Kätzchen sind gelehrig und sehr stolz auf ihre Leistungen. Nie mit Lob sparen und am besten am späten Abend üben. →Aktivitätsrhythmus, →Ausbildung, →Dressur, →Zirkuskatzen.

Aquarium Katzen lieben alles, was sich bewegt. Ein A. ist sehr dazu geeignet, Stubentigern, die oft allein sind in der Wohnung, die Langeweile zu vertreiben. Selbstverständlich muß man es so absichern, daß die Katzen nicht →angeln können.

Arabische Kalligraphen gaben dem Buchstaben h die Form eines Katzengesichts und bildeten das Wort Baraka (Segen) in Form einer Katzengruppe.

Arabische Katzenfabel (aus 1001 Nacht) «Die Krähe und die Katze»: Die beiden lebten freundschaftlich zusammen. Eines Tages sitzen sie unter einem Baum, als ein Leopard sich anschleicht. Die Krähe fliegt auf den Baum, die Katze aber bleibt sitzen und bittet sie um Hilfe. Die Krähe erweist sich als wahrer Freund. Sie stellt sich krank und flattert so lange «hilflos» vor einem Schäfer und seinen Hunden herum, bis sie sie zu dem Leoparden gelockt hat, der von ihnen erlegt wird. So rettete sie ihre Freundin, die Katze. →Katzenmärchen 5q.

Arabische Katzenmärchen «Der Zauberring»: Ein frommer Pilger hatte seinen Zauberring verloren. Er beschwor die Geister und bat sie um Hilfe. Einer von ihnen, in Gestalt einer Katze, wußte Rat. Er schickte eine Maus in das Haus des Juden, der den Zauberring hatte, um ihn zu holen. So bekam der Pilger seinen Ring zurück. →Katzenmärchen 2c.
«Hund und Katze»: Beide haben verbriefte Sonderrechte. Pferd, Esel und Ochse beneiden sie darum und stiften die Ratten an, das Papier zu vernichten, das der Hund in der Erde vergraben hat, bei seinen alten Knochen. Die Folgen: Der Hund wird in Zukunft angebunden, und die Katze hat ihm nie verziehen. →Katzenmärchen 4a.

Arabische Legenden Beim Jüngsten Gericht wird Gott die Katzen fragen, wie es ihnen auf Erden ergangen ist. Sie werden antworten müssen: «Unsere Herren gaben uns nie etwas zu essen und nie etwas zu trinken.» →Beduinen.
«Wo ist die Katze?»: Der heilige Scheich al-Ahdal liebte seine Katze Lulua sehr und fütterte sie immer, bevor er zu Abend aß. Eines Nachts aber schlug sein Diener das Tier so, daß es starb. Wohlweislich verschwieg er seine Untat. Drei Abende später fragte der Scheich ihn: «Wo ist die Katze?» – «Das weiß ich nicht», antwortete der Diener. Da rief der Heilige die Katze: «Lulua, Lulua!» Und sie kam herbei und ließ sich von ihm füttern.

Arabische Magie Die Beschwörung eines mächtigen Katzengeistes lehrte der mittelalterliche arabische Magier al-Buni. Diese Katze ist «groß wie die Welt, und sie wächst, bis sie schließlich groß wie der Mond ist». Wem es gelang, sie zu beschwören, dem erfüllte sie alle seine Bedürfnisse.

Arabische Redensart «Frömmer als eine Katze».

Arabische Sprache Die A. kennt 19 verschiedene Wörter für Katze; nur drei wurden aus nichtarabischen Sprachen entlehnt. Al Quittu, Al Hiru, Al Sinauru, Al Dajwanu, Al Hajdau, Al Hajalu, Al Dimmu, Al Maschisch – das alles heißt Katze. →Catus.

Arabische Sprichwörter «Alle Träume der Katze spielen unter Mäusen.» – «Wer mit dem Unterhalt für die Katze geizt, dem frißt die Maus die Ohren ab.» – «Die Tyrannei der Katze ist besser als die Gerechtigkeit der Maus.»

Arabische Volksmedizin «Wer das Fleisch einer schwarzen Katze ißt, kann nicht verzaubert werden», diesem Aberglauben wurden viele arme Katzen geopfert, obwohl →Mohammed streng verboten hatte, Katzenfleisch zu verzehren. Andere Beispiele: «Wer sich mit Katzengalle einreibt, sieht nachts so gut wie am Tage» oder «Die Milz einer Katze ist gut für Menstruierende. Sie hilft besonders bei starken Blutungen.» →Aphrodisiaka, →Dreckapotheke.

Arbeit Viele Katzen verdienen sich ihren Lebensunterhalt, oft nur ein Schälchen Milch, als Mäuse- und Rattenfänger auf Bauernhöfen und in Speichern. Auf viereinhalb Millionen Dollar wird der Nutzen geschätzt, den amerikanische Katzen in Lagerhäusern und Getreidesilos jährlich der Wirtschaft des Landes erbringen. Die britische Postbehörde beschäftigt auch heute noch Katzen. Da sie lange Zeit «unterbezahlt» wurden, traten sogar einmal ihre menschlichen Kollegen für ihr tägliches Futter in Streik. Hungrige Katzen sind schlechte Mäusefänger, arbeitende Katzen brauchen gute, kräftige Nahrung. Auch in Dänemark werden bei vielen Behörden Katzen als Beamte angestellt und besoldet. Im Dezember 1983 forderte die Journalisten-Gewerkschaft wegen einer Mäuseplage in der Redaktion des «Wall Street Journals» in New York die sofortige Einstellung einer Katze. Zum Schutz vor Mäuseschäden arbeiten Katzen in Bahnhöfen, Museen, bei der Post, in Theatern, Speichern, Büros, am Hafen und sogar in öffentlichen Bedürfnisanstalten; →Tiddles. Das Berliner Telefonnetz wurde mit Hilfe von Katzen verlegt, die darauf dressiert wurden, mit einem Faden um den Hals in die engen Röhren zu kriechen. Am Ausgang nahm man ihnen den Faden ab und zog daran zuerst einen Strick, dann das Kabel durch die Röhre. Tradition haben die →Bibliothekskatzen und die →Schiffskatzen. Es gibt aber auch andere Jobs für unsere Haustiger: Mannequin (→Higeo), Filmstar (→Film, Rhubarb), Balljungen auf Tennisplätzen, Fotomodelle, Zirkusartisten (→Zirkuskatzen). Sie wurden als lebende →Seismographen eingesetzt (→Erdbeben), als Gesundheitspolizei bei der Bekämpfung von Seuchen, und im Ersten Weltkrieg zog man sie sogar zum →Fronteinsatz heran. →Bobby, →King Arthur, →Minnie, →Peter, →Klosterkatzen, →Rattenkatzen, →Gruber. Ein Kuriosum ist in diesem Zusammenhang die Katze von Ruknuddaula, der im 10.

Jahrhundert im Irak und Iran herrschte. Wenn bei einer Sitzung jemand mit seinem Anliegen nicht zu Wort kam, schrieb er einen Zettel, hängte ihn der Katze um den Hals. Die brachte ihn dem Herrscher, der auf dem gleichen Weg antwortete.

Archangelsk-Katze Unter diesem Namen des russischen Polarhafens wurde im vorigen Jahrhundert die Russisch Blaue Katze bekannt, deren Fell – für Pelzwerk bestimmt - dort verschifft worden sein soll.

Arche Noah Die Entstehung der Katze wird in vielen Legenden in die A. verlegt. *Orientalische Fassungen:* a. Ein galanter Affe und eine junge Löwin vertrieben sich die Langeweile mit zärtlichen Spielen. Aus dieser Liaison gingen die ersten Katzen hervor, ein Zwillingspärchen. b. Trotz Noahs Verbot gelang es dem Katzenpärchen, sich in der A. fortzupflanzen. Als Noah die sechs Jungen entdeckte, machte er der Giraffe, die als Anstandsdame fungierte, Vorwürfe. «Sie haben sich geliebt?» fragte die Giraffe höchst erstaunt. «Ich dachte, sie raufen miteinander.» c. In der A. kam es zu einer Mäuse- und Rattenplage. Noah bat den Löwen, den König der Tiere, um Rat. Sein Vertrauen wurde belohnt. Die Löwin nieste – und aus ihren Nasenlöchern sprang ein Katzenpärchen hervor, das sich sofort an die Arbeit machte. Die Hungersnot in der A. war gebannt. *Berbersage:* In der A. entstand eine Ratte aus dem Niesen des Ebers, eine Katze aus dem Niesen des Löwen. So wie der Löwe den Eber frißt, so frißt die Katze die Ratte. Bei osteuropäischen Sagen kommt der Teufel ins Spiel. *Ungarische Fassungen:* a. Die Maus nagt, angestiftet vom Teufel, ein Leck in die Arche. Die Schlange verstopft das Loch mit ihrem Schwanz, und die Katze fängt die Maus. b. Der Teufel verwandelt sich in eine Maus, um ein Leck in die A. zu knabbern. Noah warf einen Handschuh nach der Maus, der sich in eine Katze verwandelte. *Böhmische Sage:* Der Teufel schuf die Maus, damit sie ein Leck in die Arche nage. Gott aber erschuf die Katze, damit sie die Mäuse fange. *Rumänische Version:* Nach der Sintflut entdeckte Noah, daß die Mäuse ein Loch in die A. genagt hatten. Er warf einen Handschuh unter die Mäuse, er verwandelte sich in eine Katze. In einer *polnischen Legende* verstopft Noah das Leck mit einem Schnupftuch, das sich in eine Katze verwandelt. In der *weißrussischen Fassung* erlaubt Noah der Katze nicht, die Maus zu fressen, sondern sperrt sie in einen Käfig, den die Katze bewachen muß. In einer *russischen Sage* verwandelt der Teufel sich in eine Maus und schwimmt übers Meer, um Noahs Frau zu versuchen. Maria warf ihren Handschuh nach der Maus, der sich in eine Katze verwandelte. →Katzenmärchen 3 a.

Ärger drücken Katzen mit wedelndem oder peitschendem Schwanz aus. Vorsicht: Jetzt ist nicht gut Kirschenessen mit dem aufgebrachten Katzentier. Auch ein tiefes, kehliges Maunzen, fast schon ein Knurren, zeigt Ä. an.

Arginin ist eine der elf für Katzen lebensnotwendigen Aminosäuren. Fehlt sie in der Nahrung, so treten schwere →Vergiftungen auf, die zum Tode führen können. Bei einer ausgewogenen, abwechslungsreichen →Ernährung kann kein Mangel an A. auftreten.

Aristocats Der →Zeichentrickfilm von Walt Disney wurde 1981 mit der «Goldenen Leinwand» ausgezeichnet. Das gleichnamige Kinderbuch erschien bei uns bereits 1973. Es handelt sich um die Abenteuer der verwöhnten Katzendame Duchesse, ihrer drei Kinder und eines goldgelben Katers namens O'Malley. Weiter spielen mit: Madame Adelaide aus Paris, ein intriganter Butler und eine Katzenjazzband.

Aristokratie «Die Katze ist eine anarchistische Aristokratin mit gesundem proletarischem élan vitale», sagte A. →Eggebrecht, ein Katzenfreund und -kenner par excellence.

Aristophanes (um 445–nach 388 v. Chr.). Der berühmteste Komödiendichter im alten Griechenland berichtete von Pelzhändlern aus Böotien, die auf dem Markt von Athen Katzenfelle verkauften. →Anaxandrides.

Armbrust, Wolfgang, und Gerd Ludwig untersuchen in ihrem Buch «Die Geheimnisse des Katzenlebens», 1995, die Verhaltensweisen der Katzen – mit oft verblüffenden Ergebnissen.

Armenische Sage Christus erschuf die Katze aus einem Tuch, um ein Dorf von einer Rattenplage zu erretten. Deshalb darf niemand eine Katze töten. →Katzenmärchen 3 b.

Arndt, Ernst Moritz (1769–1860), deutscher Dichter und Historiker der Befreiungskriege, schrieb 1817 die Märchen seiner Kindheit auf, darunter die originelle Erzählung «Mieskater Martinichen». Der schöne dreifarbige Kater bringt die Bäuerin Trine Pipers auf Rügen überall in Mißkredit und unter den Verdacht der Hexerei. Aber sie hält ihm die Treue.

Arndt, Karin, verfaßte ein «Katzenkochbuch», 1982, für alle, die ihre Katze(n) gesund ernähren, aber auch nach Kräften verwöhnen wollen.

Arnika (Bergwohlverleih), eine geschätzte Heilpflanze, ist für Katzen giftig. Als homöopathisches Mittel aber leistet es gute Dienste bei Verletzungen, Blutergüssen und Zerrungen.

Aronstabgewächse enthalten die für Katzen gefährlichen Gifte Aroin und Coniin, die zu starkem Speichelfluß, Atem- und Schluckbeschwerden führen. Dazu gehören →Dieffenbachie, Kalla, Philodendron.

Arras Die französische Stadt weigerte sich 1477, dem neuen König, Ludwig XI., den Treueid zu leisten. Der Bürgermeister verkündete: «Der König wird A. beherrschen, wenn die Ratten die Katzen fressen.» Der Sieg der königlichen Truppen wurde auf einem Kupferstich festgehalten, auf dem eine Katze in Stiefeln und Halskrause triumphierend in A. einzieht.

Arsen ist für Katzen in kleinsten Mengen tödlich. Ungeziefervertilgungsmittel, Mäuse- und Rattengift sowie manche Medikamente sind arsenhaltig. Die Symptome werden oft mit Magen-Darm-Entzündungen verwechselt: Magenkrämpfe, unstillbarer Durst, Erbrechen, Durchfall, flache Atmung. Auf keinen Fall Milch geben! Wenn sicher ist, daß die Katze Arsen erwischt hat, eine lauwarme Kochsalzlösung einflößen oder einen Teelöffel Salz hinten auf die Zunge geben, als Brechmittel, Unbedingt sofort →fachkundige Hilfe holen. →Vergiftungen.

Artemidoros von Ephesos, ein griechischer Wahrsager und Traumdeuter des 2. Jahrhunderts n. Chr., schrieb: «Träumt man von Katzen, so bedeutet es Ehebruch. Jemand stellt deinem Weib nach, so wie die Katze den Vögeln nachstellt.» Und weiter: «Wie die Vögel sind die Frauen hübsch, lieblich und freundlich. Sie schwatzen viel und singen anmutig und locken damit die Katze an.»

Artemis, die griechische Mond- und Naturgöttin, soll die Katze erschaffen haben, um ihren Bruder Apoll lächerlich zu machen, der den Löwen erschaffen hatte, um seine Schwester zu erschrecken. Beim Kampf der Giganten gegen die Götter des Olymps soll A. wertvolle Spionagedienste verrichtet haben – in Gestalt einer Katze. In spätklassischer Zeit wurde A. mit →Bastet verschmolzen. In der berühmten A.-Grotte bei Beni-Hassan-el-Amar fand man Bildnisse der Bastet und viele Katzengräber.

Artenschutz, ein wichtiger Zweig des Natur- und Tierschutzes, der sich vorwiegend mit der Erhaltung vom Aussterben bedrohter Tiere befaßt, hat sich große Verdienste erworben um den Schutz und die Neuansiedlung von →Feliden wie →Wildkatzen, →Luchse, →Ozelots.

Arterhaltung Der A. dient die Beißhemmung der Katzenmutter gegenüber ihren Jungen. Sie faßt sie – wie Beutetiere – im Nackenfell, greift dabei aber so zart zu, daß den Kleinen nichts passiert. Auch die Toleranz erwachsener Kater gegenüber jungen dient der A. →Angriffshemmung, →Bruderschaft der Kater, →Tragstarre.

Artgenossen Die Beziehungen von Katzen untereinander sind schwierig und sehr abhängig von gegebenen Umständen. Es kommt oft vor, daß zwei Katzen eine enge, oft lebenslange Freundschaft schließen, obwohl sie doch als Einzelgänger gelten. Aber auch absolute Unverträglichkeit zwischen zwei Katzen ist leider keine Seltenheit, wobei oft Eifersucht eine Rolle spielt. Sicher ist auch, daß Katzen das Bedürfnis nach Katzengesellschaft haben →Katzenversammlungen. Auf den Verlust eines vertrauten A. reagieren Katzen mit dem typischen →Trauerverhalten. Man tut Katzen unrecht, wenn man sie als asoziale Eigenbrötler betrachtet.

Artgerechte Haltung von Katzen ist heute leider vielfach ein Ding der Unmöglichkeit. Verweigert man der Katze, aus zwingenden Gründen, den freien Auslauf, so hindert man sie an der Ausübung einer Reihe von arttypischen Verhaltensformen wie z.B. dem Anschleichen und Fangen von Beute, freier Partnerwahl, Teilnahme an →Katzenversammlungen u.a.m. Kastriert man sie, so beschneidet man ihre Lebensqualität noch mehr und nimmt dem Weibchen die Möglichkeit, ihrem hochentwickelten Muttertrieb nachzukommen. Behütete Hauskatzen werden zwangsweise ihr Leben lang infantil gehalten und können viele spezifische Fähigkeiten kaum jemals anwenden. Läßt man den Katzen ihren Geschlechtstrieb und freien Auslauf, so beschränkt man das individuelle Katzenleben quantitativ. Auslaufkatzen werden kaum älter als acht Jahre, die meisten erreichen nicht einmal das vollendete erste Lebensjahr. Die wichtigsten Gefahrenquellen sind: Autounfälle, Erschießen durch Jäger, Hundebisse, Vergiftung, Wegfangen von Versuchstier- und Pelzhändlern, individuelle Tierquälerei durch Kinder oder Erwachsene. Ein Ende ist (fast) so grausam wie das andere. A., dieses Schlagwort, das nicht nur unter Tierschützern, sondern auch unter Züchtern grassiert, ist eine Illusion. Machbar ist, ihnen einen goldenen Käfig zu bauen, voller Annehmlichkeiten, die sie über die verlorene Freiheit und Libido möglichst hinwegtrösten. Je nach Größe der Wohnung oder des Hauses kann man zwei, vier oder auch sechs Katzen halten, ihnen ein kleines Katzenparadies schaffen, mit viel Spielzeug, der Möglichkeit, in zwei oder drei Ebenen (Boden, Tische und Sessel, Schränke, Regale und Kletterbaum) zu leben. Ein katzensicherer Auslauf auf Balkon, Terrasse oder im Garten gehört ebenso dazu wie viel Liebe, Einfühlungsvermögen und Investition von Zeit seitens der Besitzer. Eine A. können wir in den Betondschungeln unserer Städte den armen Katzen nicht bieten, nur eine möglichst angenehme.

Arthritis *Akute A.* ist eine schmerzhafte Gelenkentzündung. Das betroffene Gelenk ist geschwollen, sehr warm oder beides. Schmerzen treten auch auf, wenn der Mensch das Katzengelenk bewegt (passive Bewegung). *Chronische A.* ist nicht mehr schmerzhaft. Bei passiver Bewegung hört oder fühlt man oft ein Knirschen. Bei A. muß die Katze daran gehindert werden, sich viel zu bewegen. Sehr lebhafte Patienten sperrt man am besten in einen Transportkäfig, bis die Behandlung Erfolg verzeichnet.

Arthur war ein berühmter englischer Fernsehkater, der es verstand, seine Pfote in rasantem Tempo als Löffel und Werkzeug für alle nur denkbaren Fälle zu gebrauchen.

Artprägung erfolgt bei Katzen, die zu den Nesthockern gehören, relativ spät, etwa zwischen dem 17. und 21. Lebenstag, wenn ihr Gesichtssinn voll entwickelt ist. Optische, akustische und olfaktorische (Geruchssinn-)Reize spielen bei der A. eine Rolle. Lebt ein Kätzchen in diesem Alter bei einer Tieramme, z.B. einer Hündin, oder bei Menschen, so erfolgt die A. auf diese. Das wird besonders auffällig im späteren Sexualleben. Die Katze oder der Kater bemüht sich um «seinen» Menschen als Sexualpartner.

Arttypische Handlungen sind angeboren und entwickeln sich bei Jungkatzen völlig unabhängig davon, wo sie aufwachsen. So können isoliert aufgezogene Kätzchen ebenso fauchen, schnurren, sich hinter dem Ohr kratzen und mit dem Schwanz peitschen wie bei der Katzenmutter aufgewachsene Tiere. →Instinkt.

Asiatische Goldkatze (profelis temnicki), eine →altweltliche Kleinkatze, lebt in den Wäldern Malakkas, Indonesiens und des Himalaja. Größer noch als die →Afrikanische Goldkatze, erreicht sie eine Gesamtlänge von 150 Zentimetern. Farben: goldbraun bis fuchsrot, auch gelbgrau bis schwarz, heller gefleckter Bauch, schön gezeichneter Kopf. Gefleckte A. kommen in China vor.

Asiatische Steppenkatze (felis ornata). Sie gehört zu den Ahnen unserer Hauskatze. Relativ zierlich, mit einem langen, spitz zulaufenden Schwanz, erreicht sie eine Körperlänge von 70 Zentimetern (ohne Schwanz). Auf hellem Grundton – Creme, Sand oder Okker – zeichnet sich ein Fleckenmuster ab. Bauch und Flanken sind gelbgrau bis gelbweiß.

Aškenazy, Ludwík (geb 1921). Der tschechische Schriftsteller verfaßte das Märchen «Wie ein Kater König werden sollte»: Es geht um zwei Frauen, die es auf den Thron abgesehen haben und den neugeborenen Sohn des Königs gegen einen kleinen Kater austauschen. Daraus ergeben sich haarsträubende Verwicklungen.

Asnières heißt der Pariser Tierfriedhof auf einer Seine-Insel. →Katzenfriedhöfe.

Äsop Der griechische Fabeldichter des 6. Jahrhunderts v. Chr. schrieb eine Reihe von Fabeln über die damals in seiner Heimat noch relativ seltene Katze. «Die Katze und die Mäuse»: Eine alte graue Katze stellt sich tot, um die Mäuse in Sicherheit zu wiegen. Aber eine besonders gewitzte Maus durchschaut den Trick und warnt die anderen. →Katzenmärchen 1e. «Die Katze und das Glöckchen»: Die Mäuse wollen der Katze ein Glöckchen umhängen, damit der Klang sie rechtzeitig warnt. Aber es findet sich niemand, der den Mut hat, das Werk auszuführen. Daher stammt das Sprichwort: «Wer hängt der Katz' die Schelle um.» →Katzenmärchen 1d. «Venus und die Katze»: Eine Katze verliebt sich leidenschaftlich in einen jungen Mann und verwandelt sich mit Hilfe der Göttin Venus in ein Mädchen. Die beiden heiraten. Aber eines Nachts trippelt eine Maus ins Schlafzimmer, die junge Frau vergißt alle Vorsicht und stürzt sich auf sie. Da läßt Venus sie wieder zur Katze werden. →Katzenmärchen 9. «Die Katze und die Fledermaus»: Zweimal fängt eine Katze eine Fledermaus, und zweimal läßt sie sie frei. Einmal, weil sie ihr erklärt, sie sei ja kein Vogel, einmal, weil sie ihr erklärt, sie sei ja keine Maus. →Katzenmärchen 2n. «Die Katze und der Hahn»: Eine hungrige Katze versucht, den Gockel erst von seiner Nutzlosigkeit und Sittenlosigkeit zu überzeugen, ehe sie ihn verspeist. →Katzenmärchen 2o. «Die

Katze bittet zu Gast»: Zu ihrer Geburtstagsfeier lädt die Katze Vögel, Hasen, Kaninchen, Eichhörnchen und Mäuse ein – als Festtagsschmaus. →Katzenmärchen 2p. Eine gute Meinung von Katzen hatte der Grieche nicht, aber er kann sie, wie gesagt, auch kaum gekannt haben. Die irrige Ansicht, daß Katzen erwachsene Hühner schlagen, war im alten Griechenland und auch in Rom lange verbreitet. «Der Kater und die Mäuse»: Ein Kater fing in einer Mühle viele Mäuse, bis die so vorsichtig geworden waren, daß er keine einzige mehr erwischte. Da hängte er sich regungslos an einen Balken, als sei er ausgestopft. Aber die Mäuse blieben auf der Hut. Da suchte der Kater sich ein anderes Jagdrevier. →Katzenmärchen 1e. →Altgriechische Fabeln, →Wiesel, →Frettchen, →Katzenmärchen.

Asoziales Verhalten Die an sich toleranten und in Fragen der →absoluten Rangordnung eher großzügigen Katzen werden erst in überfüllten Käfigen (z.B. Tierheim, Versuchstierzucht) asozial. Unter den völlig unnatürlichen Bedingungen in qualvoller Enge bildet sich eine absolute (und absolut negative) Rangordnung heraus. Die schwächeren Tiere werden zu gnadenlos unterdrückten →Parias, sie verfallen in Depression, Apathie oder erleiden den Käfigkoller. Der stärkste und frechste Kater schwingt sich zum Despoten auf.

Asparagus, eine für Katzen nicht giftige Grünpflanze, kann im Winter, wenn kein Gras wächst, als gut geeigneter Ersatz an Katzen verfüttert werden. Am besten sind zwei Töpfe, einer, den die Katze jederzeit erreichen kann, und einer, der sich eine Weile von ihr «erholen» darf.

Aspirin ist für Katzen reines Gift. Schon in kleinsten Mengen führt es zur Auslösung von schweren Krämpfen, denen der Tod folgt, wenn nicht sofort →fachkundige Hilfe zur Stelle ist. Deshalb darf man Katzen niemals und unter keinen Umständen Aspirin geben. Wer seine Katze(n) liebt, verwahrt alle Arzneimittel grundsätzlich sicher unter Verschluß.

Astarte, eine phönizische Göttin, liebte und beschützte die Katzen ebenso wie ihre ägyptische «Kollegin» →Bastet und die germanische →Freya.

Asthma Die Symptome sind: trockener Husten, Erstickungsanfälle, Kurzatmigkeit. A. ist eine allergische Bronchitis, die bei Nichtbehandlung chronisch werden kann.

Asturias, Miguel Angel (1899–1974). Der 1967 mit dem Nobelpreis ausgezeichnete Dichter aus Guatemala besang die Katzen von Venedig, das «Entzücken dieser Stadt».

ASW *a*ußersinnliche *W*ahrnehmungen. →PSI.

Asylkatzen in Tierheimen, Tierversuchszuchten u.ä. Anlagen, unter völlig unnatürlichen Bedingungen gehalten, neigen zu Verhaltensstörungen und sind besonders anfällig für Infektionskrankheiten. Je eher diese Katzen aus ihrer Streßsituation befreit werden, desto größer ist die Chance für eine baldige →Eingewöhnung in normale Verhältnisse. Gesunde erwachsene Asylkatzen sind dem Menschen, der ihnen ein neues Heim bietet, ganz besonders dankbar und hängen mit großer Liebe an ihm. →Anschaffung, →Absolute Rangordnung, →Pariakatzen, →Tierheime.

Atabi nennt man eine besonders schön gezeichnete Seide aus der berühmten früheren Seidenweberstraße Atab in Bagdad. Davon wird das Wort →Tabby abgeleitet, die Bezeichnung für jedes dunklere Streifen- oder Tupfenmuster im Katzenfell.

Atemnot mit Krämpfen, Speicheln und Berührungsempfindlichkeit ist meist ein Symptom für →Vergiftung. Auch bei vegetativen Störungen kann A. auftreten, ebenso im Endstadium von →Tollwut, bei Lungen- und Bronchienerkrankungen sowie bei schwerem Wurmbefall.

Äther Früher wurden Jungkätzchen oft mit Äther getötet. Genau wie beim Ertränken oder Erschlagen handelt es sich um →Tierquälerei. Zu unerwünschten Würfen sollte man es gar nicht erst kommen lassen. Ist das Unglück einmal geschehen, so kann man die Katzenbabies gleich in der ersten Stunde vom Tierarzt schmerzlos einschläfern lassen. Ein Junges muß man der Katzenmutter lassen, am besten ein Katerchen.

Atmung Die Katzenlunge besitzt eine hohe Atemfrequenz. 20–30 Atemzüge pro Minute sind normal, beim Menschen nur 15–20.

Atrophie heißt zu deutsch Gewebeschwund, eine im Alter bei Mensch und Tier normale Erscheinung. A. kann bei Katzen auch durch Unter- oder Fehlernährung auftreten, als Folge von Eiweißmangel. →Ernährung.

Attár, Farido (etwa 1136–1220). Der persische Dichter erzählt in seinem Ilahinama (Gottesbuch) in Versform die Geschichte einer Klosterkatze, die ein einziges Mal ein Stückchen Fleisch stahl und von einem Diener bestraft wurde. Als der Meister sich der Sache annahm, stellte sich heraus, daß die Katze drei Junge hatte; für die hatte sie das Fleisch genommen, nicht aber für sich. Der Diener mußte sich bei der Katze entschuldigen, aber sie verzieh ihm nicht. Erst als der Meister für den Diener bat, kam sie vom Baum herunter und schmiegte sich an seine Füße.

Attila Der Hunnenkönig (434 bis 453) soll in seiner Jugend schwermütig gewesen sein und die Absicht gehabt haben, zum Christentum überzutreten und ins Kloster zu gehen. Als er aber eine Katze beobachtete, die mit dem goldenen Reichsapfel spielte, den die Hunnen in Byzanz erbeutet hatten, rief er spontan: «Nein! Ich will mit der Weltkugel spielen wie diese Katze mit dem Reichsapfel und mir alle Völker unterwerfen.» Die Kugelgestalt der

Erde war damals allerdings noch unbekannt … →Wappen.

Attrappen nennt man alle Stoff- und Plüschtiere, die man Hauskatzen zum Spielen gibt, auch Ersatzmäuse einfachster Machart wie Korken o.ä. Sie dienen bei Wohnungskatzen, deren Beutefangtrieb ständig frustriert ist, zum Entlastungsspiel. Um als Beuteobjekt anerkannt zu werden, müssen die A. sich von der Katze weg bewegen, also «davonlaufen».

Aubrey, John. Der englische Altertumsforscher des 17. Jahrhunderts beschreibt die typische englische Hauskatze als weiß mit bläulichen Flecken. Gestromte Katzen galten damals als Seltenheit und wurden hoch bezahlt. Zwei dieser kostbaren Tiere erhielt 1630 der Erzbischof von Laud als Geschenk. →Zypernkatzen.

Auburtin, Victor (1870–1928). Der deutsche Feuilletonist und Katzenfreund zieht in «Der Philosoph oder Über das Wesen der Dinge» einen für den Philosophen nicht unbedingt schmeichelhaften Vergleich zwischen ihm und seiner Katze …

Aufforderung zum Spiel. Katzen rollen sich auf die Seite; sind sie mit ihrem Besitzer sehr vertraut, so setzen sie sich auch hin und starren ihm in die Augen. Besonders begabte Katzen bringen das Spielbällchen oder die Spielmaus und legen sie ihrem Menschen vor die Füße →Spielen, →Spielzeug.

Auflehnung Katzen zeigen es sehr deutlich, wenn sie vom Spielen und Schmusen genug haben: Angelegte Ohren, peitschender Schwanz und geduckte Haltung bedeuten in der →Körpersprache: «Jetzt reicht's mir. Laß mich in Ruhe.» Wer diese Signale übersieht, hat selber schuld, wenn er einen Kratzer erwischt.

Aufregungsspeicheln Bei vielen Katzen erhöht sich bei Aufregungen der Speichelfluß; das kann ebensogut aus Freude geschehen wie aus Angst. A. ist unbedenklich und klingt rasch wieder ab. Probleme kann es nur bei der Eingabe von →Medikamenten geben, da die Tabletten leicht wieder aus dem Mäulchen herausgeschwemmt werden.

Aufzucht Babykatzen, die die Mutter verloren haben, aufzuziehen, ist ein Full-time-Job; deshalb sollten Sie unbedingt versuchen eine Amme zu finden, evtl. auch eine Hündin oder Häsin. Sonst muß der Winzling in der ersten Woche alle zwei Stunden gefüttert werden, auch nachts, am besten mit einem Puppenfläschchen. Handwarme Ziegen- oder Katzenaufzuchtmilch ist am besten geeignet, im Notfall tut's auch 7 %ige Dosenmilch, unverdünnt. Anschließend muß man sehr sanft das Bäuchlein massieren, um die Verdauung anzuregen. Das gleiche tut die Katzenmutter, wenn sie die Kleinen abschleckt. Ins Katzenklo, das so ein Baby natürlich noch nicht selbständig aufsuchen kann, gehört weiches Material, Papierwindeln z.B., an normaler Katzenstreu kann das Kleine sich leicht verletzen. Übrigens haben die Ausscheidungen keinen üblen Geruch, solange das Kätzchen nur Milch bekommt. Auch Putzen muß die menschliche Ersatzmutter das Baby, sehr vorsichtig mit einem leicht angefeuchteten Wattebausch. Wer nur ein Katzenkind aufzieht, sollte es soviel wie möglich bei sich haben, auf dem Schoß, direkt neben dem Bett. Jungkätzchen brauchen viel, viel Nestwärme. In der zweiten Woche reicht es im allgemeinen, tagsüber alle zwei und nachts alle drei Stunden zu füttern. Im Alter von vier Wochen, wenn das Kleine anfängt, selbständig zu trinken und zu futtern, wird Babynahrung zugefüttert, Grießbrei oder Haferschleim mit Milch, Quark, Eigelb (ein- bis zweimal pro Woche), auch mal Kartoffelbrei mit Fleisch- oder Gemüsesoße. Mit sechs Wochen gibt es außerdem kleine Fleischbröckchen, etwas Hackfleisch, Fisch, Dosenfutter. Jetzt ist es soweit, mit der Erziehung zu beginnen. Setzen Sie das Katzenkind immer, wenn es mit hochgerecktem Schwanz und verklärtem Gesichtsausdruck «erstarrt», auf sein Kistchen. Nicht schelten, wenn's danebengeht, aber sehr loben und streicheln, wenn es klappt. Und viel spielen, damit das Kleine sich rundum gut entwickelt. In der siebten Woche ist die Wurmkur fällig. Der Raum, in dem das Kätzchen aufwächst, muß sehr warm sein, 22 bis 24 °C sind gerade richtig. Es braucht ein weiches, warmes Bettchen, z. B. in einem Karton, der mit weichen alten Textilien ausgepolstert ist. Auf keinen Fall darf er in der →Zugluft stehen. Vorsicht, wenn Kinder unter acht Jahren im Haushalt sind. Sie dürfen das Kätzchen ansehen, aber nur selten mal unter Aufsicht ganz zart streicheln. Die Gefahr, daß sie ihm völlig unabsichtlich vor lauter Liebe die noch sehr zarten Knochen brechen, ist groß.

Aufzuchtschäden Isoliert von Menschen aufgezogene Einzelkatzen neigen später zu oft abnormen Angstreaktionen. Sie fürchten sich vor allem und jedem, sogar vor Mäusen. Um keinen Preis wollen sie ihr →Heim erster Ordnung verlassen. Häufig zeigen sich Störungen im Sexualverhalten, die auf den Menschen geprägte Katze akzeptiert keinen Artgenossen als Partner, sie erwartet, daß ihr Mensch ihr in ihrer sexuellen Not hilft. Kater beginnen oft zu masturbieren, z. B. an einem Kissen oder einer Decke. Bei Kätzinnen hilft u. U. eine leichte Stimulierung mit einem Wattestäbchen. Besser ist natürlich die →Kastration.

Augapfel Bei Unfällen kann es vorkommen, daß der A. aus der Augenhöhle tritt. Legen Sie einen feuchten Umschlag um das Auge und verbinden Sie es leicht – dann rasch zum Tierarzt.

Augarten ist der Name einer Wiener Porzellanmanufaktur, die bereits um 1850 sehr schöne, naturalistisch gestaltete Porzellankatzen herstellte. Heute werden sie zu Liebhaberpreisen gehandelt.

Augen Das Katzenauge ist ein Wunderwerk der Schöpfung. Katzen sehen sechsmal so scharf wie Menschen, bei totaler Finsternis, die in der Natur selten vorkommt, allerdings genausowenig wie wir. Sie können direkt in die Sonne schauen, ohne zu blinzeln. Ihre Sehschärfe ist vor allem auf Objekte eingestellt, die sich bewegen. Katzen können auch Farben erkennen, ihre Lieblingsfarbe ist Rot. Nach neuesten Forschungen sollen sie sogar in der Lage sein, mit den Augen auch akustische Reize aufzunehmen, also zu hören. Diese erstaunliche Fähigkeit hilft ihnen, sich in der Fremde zu orientieren und rasch den kürzesten Heimweg zu finden. Als akustischer Leitstrahl, der über das Auge aufgenommen wird, kann etwa das Glockengeläut der heimatlichen Dorfkirche dienen oder die Sirene einer benachbarten Fabrik. →Heimfindevermögen, →Orientierungssinn. Jungkatzen öffnen normalerweise zwischen dem siebten und zwölften Tag ihres Lebens die Augen.

Augendiagnostik für Laien. Verklebte, verkrustete oder tränende Augen können auf →Katzenschnupfen oder →Augenleiden hindeuten. Vorsichtig mit warmem Kamillentee abtupfen, bei anhaltender Irritation →fachkundige Hilfe zu Rate ziehen. Wenn die →Nickhaut vorfällt, das dritte Augenlid der Katze, besteht Gefahr einer inneren Erkrankung. Ein geschlossenes oder halbgeschlossenes Auge deutet auf eine Augenverletzung oder -entzündung hin, ebenso das häufige Bepfoten eines Auges.

Augenfarben Junge Kätzchen haben immer blaue Augen. Bei erwachsenen Tieren ist es die Ausnahme; →Siamkatzen. Weiße Katzen mit blauen Augen sind meist taub. Dunkelbraune Katzenaugen gibt es nicht. Das Spektrum reicht von gelb über gold, topas- oder bernsteinfarben bis orange, kupferfarben und haselnußbraun, von gelbgrün über hellgrün und leuchtendgrün. Rötliche Augen treten bei →Albinos auf. →Ausfallmutation.

Augenhintergrund Der A. ist bei Katzen mit einer reflektierenden Schicht (tapetum ludidum) ausgekleidet. Das auf die Netzhaut fallende Licht wird dadurch verstärkt. Deshalb können Katzen auch bei geringer Helligkeit noch gut sehen, eine wichtige Fähigkeit für Nachtjäger. Die reflektierende Schicht im A. ist auch verantwortlich für die sog. Photoluminiszenz, das nächtliche Leuchten der Katzenaugen.

Augenleiden entstehen oft durch Verletzungen, →Bindehautentzündung, Hornhautentzündung und Hornhautgeschwür. Die infektiöse Bindehautentzündung wird durch einen Virus hervorgerufen; der →Graue Star befällt meist, aber nicht nur ältere Katzen. Symptome: Rötung und Tränen des Auges, häufiges Blinzeln, Lichtscheuheit, Linsentrübung, Eiterabsonderung.

Augenlider Eingerollte A. (Entropium) treten bei Siamesen, Orientalischen Kurzhaarkatzen und normalen Hauskatzen selten auf, häufiger aber bei Persern und anderen Langhaarkatzen. Es handelt sich um eine angeborene, erbliche Mißbildung, die behandelt werden muß.

Augenpflege Ein sauberes Läppchen (keine Watte) wird mit lauwarmem, abgekochtem Wasser angefeuchtet. Damit wischt man sehr sanft und vorsichtig die Augen der Katze aus. Auf diese Weise lassen sich Schlafreste und Härchen auf dem Augapfel am besten beseitigen. Bei leichten Augenentzündungen nimmt man Kamillentee für die Reinigung.

Augensprache Es gibt Katzen, die dirigieren ihre Menschen (und Mitkatzen) nur mit den Augen. Einige Beispiele: Sie setzen sich vor eine Tür und sehen ihren Menschen an. Das heißt natürlich: Ich will raus. Komplizierter: Sie setzen sich mitten in die Stube und starren ihren Menschen an. Das kann heißen: Ich langweile mich, spiel mit mir. Oder: Es ist spät, laß uns endlich schlafengehen. Oder: Ich brauche ein sauberes Kästchen. Oder: ... Schaut die Katze einen an und schließt dabei langsam die Augen, so drückt sie damit Zufriedenheit und friedliche Absicht aus. →Katzensprache, →Mimik, →Körpersprache.

Augenverletzungen →Augenleiden

Augenzuckungen Wenn – bei geöffneten Augen – einer oder beide Augäpfel zucken – ein gräßlicher Anblick –, liegt mit Sicherheit ein Gehirnschaden vor, auch wenn das Tier sich sonst ganz normal verhält. Mögliche Ursachen: Sturz, Gift, Tumor. Die Katze in einem ruhigen, abgedunkelten Zimmer unterbringen und sofort den Tierarzt holen.

Aujeszky, Aladár (1868–1933), war Bakteriologe an der Tierärztlichen Hochschule in Budapest. 1902 entdeckte er ein neues Herpes-Virus, das später nach ihm benannt wurde, und zwar bei der Untersuchung von Tieren, die angeblich an →Tollwut gelitten hatten.

Aujeszkysche Krankheit oder Pseudowut. Das Herpes-Virus «Aujeszky» kommt vor allem in rohem Schweinefleisch vor. Für Menschen ungefährlich, löst es bei Katzen und Hunden eine stets tödlich verlaufende Erkrankung aus, die in der Regel mit Gehirn- und Gehirnhautentzündung beginnt. Symptome: Ständiger Juckreiz am Kopf, Mattigkeit, Erbrechen, Appetitlosigkeit, schwere Atmung, gelegentlich auch vorübergehende Aggressivität, Krämpfe. Die Krankheit bricht drei Tage nach der Infektion aus und führt innerhalb von 48 Stunden zum Tode. Sie ist absolut unheilbar. Vorbeugung: Nie rohes Schweinefleisch oder rohe Schweineinnereien verfüttern. Gar gekocht ist beides unschädlich.

Aulnay An der Apsis der romanischen Kirche von A. aus dem 11. Jahrhundert ist eine Katze dargestellt, die sich die Pfoten putzt, eine der außerordentlich seltenen Katzendarstellungen der romanischen Zeit. →Parthenay-le-Vieux, →Poitiers.

Aulnoy, Marie-Catherine d', (um 1650–1705). Die französische Erzählerin wurde vor allem durch ihre Märchen bekannt. In «Die weiße Katze», einem der klassischen Katzenmärchen der Weltliteratur, schildert sie die Abenteuer eines jungen Prinzen, der dreimal, um die exzentrischen Wünsche seines Vaters zu erfüllen, in das Schloß der weißen Katze kommt, die ihn gastfreundlich aufnimmt und ihm alles besorgt, was sein Vater verlangt. Schließlich bittet sie ihn inständig, ihr Schwanz und Kopf abzuschlagen. Nach langem Zögern tut er es, mit zitternden Händen, und sie verwandelt sich in ein wunderschönes Mädchen. Sie erzählt ihm die Geschichte ihrer Verwandlung, die beiden treten vor seinen Vater und heiraten. →Katzenmärchen 9a.

Ausbildung Im Unterschied zur →Erziehung, die in der Regel die Katzenmutter besorgt, wird unter dem Begriff A. alles zusammengefaßt, was wir der Katze beibringen können. →Appell, im →Auto mitfahren, an der →Leine geführt werden, →stillhalten. →Dressur.

Ausdrucksmittel einer Katze ist ihre →Sprache. Dabei handelt es sich nicht nur um Lautäußerungen, sondern auch um →Mimik, →Körper- und →Augensprache, bestimmte Verhaltensweisen u.a.m. Wer die Katzensprache versteht, weiß, daß jede Katze sich sehr gut verständlich machen kann und immer ganz genau ankündigt, was sie vorhat.

Ausfallmutation Katzenkinder werden mit blauen Augen geboren. Bleibt das Blau der Iris auch bei dem erwachsenen Tier erhalten, so hat keine Einlagerung von Farbstoffen (Melaninen) stattgefunden. Es handelt sich um eine A. →Mutation, →Augenfarben.

Ausfluß aus Nase, Augen oder Scheide ist stets Symptom einer ernsten Erkrankung, die →fachkundiger Hilfe bedarf. A. aus Nase und Augen kann für →Tuberkulose, →Lungenentzündung, →Katzenschnupfen oder →Katzenseuche sprechen. A. aus der Scheide deutet auf eine →Gebärmutterentzündung hin. Bedenklich ist starker A. bei werdenden Katzenmüttern, ohne daß es zur Niederkunft kommt.

Ausgangssperre In den meisten Bundesländern ist es nach § 16 der Naturschutzverordnung verboten, Katzen vom 15. März bis zum 15. August ins Freie zu lassen, damit die Vögel ungestört brüten und ihre Jungen aufziehen können. A. herrscht vielfach auch im Winter, wenn Schnee liegt. →Auslaufkatzen.

Ausgeglichenheit Die A. einer Katze ist nicht leicht zu erschüttern. Sehr hektische, launenhafte Menschen bringen das Kunststück dennoch fertig, und die Katze wird neurotisch. Statt die Katze mit unserer Rastlosigkeit anzustecken, sollten wir von ihr A. lernen.

Auslauf Wer seine Katze liebt und behalten will, hält sie unter Verschluß. Freier A. ist für Katzen lebensgefährlich; →Freiwild, →Katzenklau. Da sie andererseits viel Bewegung und Sauerstoff brauchen, empfiehlt sich ein abgesicherter A. im →Katzengarten, auf dem abgesicherten →Balkon oder der Terrasse. →Freier Fall.

Auslaufkatzen müssen früher sterben. Von fünf Jungkätzchen mit freiem Auslauf überleben höchstens zwei das erste Lebensjahr. Dabei sind junge Kater gefährdeter als Weibchen, die sich meist vorsichtiger verhalten. Älter als acht Jahre werden A. selten. Auch routinierte A. kommen oft genug unter ein Auto. Sie müssen gegen →Tollwut geimpft werden und häufig auf →Parasiten und Würmer untersucht werden. →Tätowierung und ein Adressentäschchen sind ein Mindestschutz, aber keine Garantie gegen Katzenfänger.

Ausschlag wird entweder durch →Milben oder durch Pilze hervorgerufen. Auch Akne und allergischer A. treten bei Katzen auf. →Allergische Hauterkrankungen.

Aussetzen Das A. von Katzen ist nach dem Tierschutzgesetz verboten und wird mit Strafe belegt. Trotzdem kommt es immer wieder vor. Ausgesetzt werden a) Jungkätzchen, oft noch vor der Entwöhnung, b) Katzen aller Altersstufen in der Urlaubszeit und nach Weihnachten (unerwünschtes Geschenk) und c) sporadisch und aus allen möglichen Gründen, von der Allergie des Besitzers bis zu seinem Tod, von der Intoleranz eines neuen Lebenspartners bis zu Beanstandungen am veränderten Verhalten der Katze (→Unsauberkeit, Aggressivität). Auch bei Umzügen werden Katzen häufig ausgesetzt. Das Schicksal der verlassenen Tiere ist nach vielerlei Leiden und Qualen meist ein vorzeitiger und grausamer Tod. Sie werden überfahren, sterben an nicht behandelten Verletzungen, an Infektionskrankheiten, an Gift. Oder sie werden eingefangen, an Versuchslaboratorien oder Pelzhändler verkauft. Kleine Kätzchen verhungern und verdursten meist schon nach wenigen Tagen. Wer ein Tier zu sich nimmt, sollte sich darüber im klaren sein, daß er die volle Verantwortung für dessen Zukunft trägt und auch für das Schicksal der Nachkommen. Kann man eine Katze unter keinen Umständen länger behalten, so sollte man – notfalls über Anzeigen, besser mit Hilfe von Tierschutz- oder speziellen Katzenschutzvereinen – einen guten neuen Besitzer suchen, die Katze persönlich in ihr neues Heim bringen und nach einigen Wochen mindestens einmal vorbeischauen und sich vergewissern, daß sie es dort gut hat. Der letzte und kaum empfehlenswerte Ausweg ist, die Katze ins →Tierheim zu bringen. →Asylkatzen.

Austernmuster ist die Bezeichnung für eine bei →Zuchtkatzen erwünschte Zeichnung, die beim →Tabbymuster gestromter Katzen symmetrisch zu beiden Seiten der Brust, hinter der →«Halskette», auftritt.

Australien Hier kommen in der Natur weder →Wild- noch Schleich-, noch Großkatzen vor. Die Hauskatzen wurden überwiegend aus England eingeführt. Für die Einreise bestehen strenge →Quarantänevorschriften (Isolierung und Beobachtung von sechs Monaten), damit keine →Tollwut eingeschleppt wird.

Austrocknung des Körpergewebes (Exsikkose) ist eine sehr ernste Gefahr für Katzenpatienten, die nicht mehr trinken wollen. →Zwangsfütterung.

Ausweichdistanz →Fluchtdistanz.

Ausweichobjekt Wird eine Katze durch nicht erreichbare Beutetiere, z. B. vorbeifliegende Vögel, erregt, so reagiert sie das Beuteverhalten an einem A. ab. Das kann ein Spielzeug sein, eine Fliege, eine andere Katze oder – das Bein des Besitzers. Katzenweibchen geraten oft einige Wochen nach der Niederkunft in eine Art Scheinbrunst. Versucht ein Kater, sie zu begatten, so wehren sie ihn meist energisch ab. Auf der Suche nach einem A. versucht der Kater dann häufig, die erst wenige Wochen alten Jungen zu begatten. Da er damit keinen Erfolg haben kann, schon wegen der Größenverhältnisse, verstärkt er oft den →Nackenbiß so sehr, daß er die Jungen unabsichtlich tötet. Das hat nichts mit →Kannibalismus zu tun. Kommt in eine Gruppe von Katzen ein Neuling, so verstärken die alten Gruppenmitglieder untereinander die →Nasen- und Analkontrolle, sie dienen einander als A.

Auswurf ist, zusammen mit Husten oder rasselndem Atem, ein Zeichen für →Tuberkulose, zusammen mit gelblichem Durchfall, Apathie und struppigem Fell ein Zeichen für →Katzenseuche.

Auto contra Katze. Schon des öfteren mußten Gerichte sich mit folgendem «Problem» beschäftigen: Eine Hauskatze sonnt sich auf einem fremden Autodach, eine für manche Autofans offenbar unerträgliche Zumutung. Sie könnte ja dem Spiegellack einen kleinen Kratzer zufügen. Im Mai 1982 untersagte aus diesem Grunde das Bundesvermögensamt München die Haltung des dreijährigen Katers Whisky. Ein Präventivschlag gegen ein fühlendes, geliebtes Lebewesen zugunsten eines bis dato völlig unbeschädigten Statussymbols – leider kein Einzelfall.

Autobesitzer haben oft schon versehentlich ihre eigenen Katzen überfahren. Die Katzen sitzen nämlich mit Vorliebe unter, vor oder hinter dem ihnen vertrauten Fahrzeug. Mit etwas Umsicht lassen sich diese Unfälle vermeiden.

Autofahren Die meisten Katzen haben zunächst Angst davor, aber durch geduldiges Training kann man sie ihnen nehmen. Frei im Auto herumlaufen sollte die Katze nicht, sonst sitzt sie plötzlich im ungeeignetsten Augenblick auf der Bremse oder dem Fahrer im Nacken. Am Anfang nimmt man die Katze im Transportkorb ins Auto mit und stellt nur mal kurz den Motor an. Dann unternimmt man kurze Fahrten mit ihr. Wenn sie nicht mehr lauthals protestiert, nimmt man sie aus dem Korb heraus, leint sie im Geschirr lokker an, so daß sie bequem auf einem der hinteren Plätze sitzen kann. Die meisten Katzen werden mit der Zeit gute Beifahrer, einige allerdings vertragen das A. nicht. In diesen Fällen kann man es noch mit leichten Beruhigungsmitteln gegen Reisekrankheit vom

Tierarzt versuchen. Nützt das auch nichts, muß das Experiment aufgegeben werden.

Autoreisen mit Katze: Am besten kommt die Katze in einen luftigen, geschlossenen Katzenkorb oder →Kennel. Ist sie an Autofahrten gewöhnt, kann man sie auch anleinen. Türen und Fenster müssen geschlossen bleiben, Katzen vertragen keine →Zugluft. Vier Stunden vor Antritt der A. zum letztenmal füttern. Unterwegs gibt's nur Wasser und vielleicht ein wenig →Trockenfutter oder ein paar Vitamintabletten. Fährt die Katze sehr ungern Auto, so hilft vielleicht ein leichtes Beruhigungsmittel oder etwas gegen Reisekrankheit. →Autofahren. Vorsicht bei Fahrtpausen, damit die Katze nicht entwischt. Legen Sie ihr immer Geschirr und Leine um. →Belüftungsgitter.

Autoritäre Erziehung bei Katzen darf sich nur die Katzenmutter erlauben. So liebevoll sie ihre Kleinen umsorgt, wenn Gefahr droht und die Jungen dem Befehl «volle Deckung» nicht sofort folgen, setzt es «Katzenköpfe». Wer partout nicht im Körbchen bleiben will, wird schon mal derb am Schwänzchen zurückgezogen. Aber was der Katzenmutter erlaubt ist, darf der menschliche Betreuer sich unter keinen Umständen herausnehmen. Jede Handgreiflichkeit im Umgang mit Katzen ist verboten, schon wegen der völlig unterschiedlichen Größen- und Kräfteverhältnisse. Außerdem wird das Vertrauen der Katze zu «ihren» Menschen durch autoritäres Auftrumpfen ein für allemal zerstört. →Antiautoritäre Erziehung.

Autounfälle enden für Katzen fast immer tödlich. Rund 300000 Katzen sterben Jahr für Jahr auf unseren Autobahnen und Straßen. Aber selbst wenn eine überfahrene Katze noch am Leben ist, hat sie mit großer Sicherheit schwere innere Verletzungen davongetragen und braucht umgehend →fachkundige Hilfe. Das Tier warmhalten, da es in der Regel unter Schock steht.

Aversion durch Reizübersättigung spielt eine Rolle bei der gezielten Behandlung von verhaltensgestörten Katzen. Man läßt die Katze so lange das tun, was sie eigentlich nicht tun sollte, bis sie es satt bekommt. F. →Brunner.

Ayverdi, Samiha, eine moderne türkische Schriftstellerin, schrieb die sehr schöne Kurzgeschichte von Baba Ramo, dem alten Schuhputzer, der niemanden hat als seine geliebten drei Katzen. Er wird schwerkrank, sein Bein schwillt an, wird schwarz. Es muß amputiert werden, sagt der Arzt. Baba Ramo zögert. Was soll aus seinen lieben Katzen werden, wenn er nicht mehr für sie sorgen kann? Da springt eines Nachts seine Lieblingskatze Bahtiyar voller Wildheit auf sein Bett und schlägt die Krallen in die schreckliche Wunde. Der alte Mann wird ohnmächtig, die Katze aber leckt den Eiter von der aufgeplatzten Wunde. Und eine Woche später ist der alte Baba Ramo wieder gesund und kann seiner Arbeit nachgehen.

Azad, Abul Kalam, ein moderner indischer Mohammedaner, macht die göttliche Lenkung (hidaya) deutlich am Beispiel der Katzenmutter, die aus Sorge um deren Sicherheit ihre Jungen von einem Platz zum anderen trägt.

Azaleen gehören zu den für Katzen giftigen Pflanzen, an denen sie auf keinen Fall als Grasersatz knabbern dürfen.

Az-Zahir Baybars Der Mameluckensultan stiftete im 14. Jahrhundert in Kairo einen →Katzengarten, in dem heimatlose Katzen bis ins 19. Jahrhundert gefüttert wurden. Für den Mohammedaner ist das Füttern von Katzen so verdienstvoll wie das Spenden von Almosen. →Hunger.

B

Babschadh, Ibu, arabischer Grammatiker (gest. 1076). Als B. eines Abends mit einem Freund aß, kam eine Katze herbei. Sie gaben ihr einen Bissen, sie trug ihn fort und kam zurück. Das wiederholte sich, bis die beiden neugierig wurden und der Katze folgten. Sie fanden auf dem Dach eines halbverfallenen Hauses eine blinde Katze, die von der anderen gefüttert wurde. B. war davon so beeindruckt, daß er im Vertrauen auf Gott alle weltlichen Beschäftigungen aufgab und den Rest seines Lebens im Gebet verbrachte.

Baby und Katze? Warum nicht, wenn beide zu ihrem Recht kommen. Man kann das Kinderbett vorsorglich mit einem Drahtnetz absichern, damit die Katze nicht hinaufspringen kann. War die Katze vor dem Baby da, so muß man ihr zeigen, daß man sie genauso lieb hat wie vorher, sonst kann sie eifersüchtig werden und zu →Verhaltensstörungen neigen. Man sollte der Katze von Anfang an erlauben, das Baby abzuschnuppern. Wer oft Baby und Katze gleichzeitig streichelt und freundlich mit ihnen spricht, legt mit hoher Wahrscheinlichkeit den Grundstein für eine innige Freundschaft.

Babypelz Das Fellchen junger Katzen ist dicht und weich. Das typische glatte, glänzende Katzenfell ist erst bei erwachsenen Tieren voll entwickelt.

Bachblüten zeigen ihre wohltuende Wirkung auch bei Katzen. Nach Unfall oder Schock mehrmals einige Unfalltropfen einfach aufs Näschen träufeln.

Bachem, Bele. Die Münchner Künstlerin erklärte: «Katzen liegen mir.» Auf vielen ihrer Bilder kommen Katzen vor, auf Ischia hat sie ein ganzes Skizzenbuch mit Katzenzeichnungen gefüllt. W. →Prym.

Baden sollte man Katzen nur in Notfällen, bei äußeren Vergiftungen, Verätzungen, Verbrühungen oder bei sehr starker Verschmutzung. Binden Sie ihr locker ein Halsband, ein Katzengeschirr oder ein Stück Mullbinde um. Daran halten Sie die Katze mit einer Hand fest, mit der anderen feuchten Sie das Fell reichlich mit lauwarmem (etwa 38 °C) Seifenwasser (bei Vergiftungen) oder mit kaltem Wasser (bei Verbrühungen) an. Die Katze sollte dabei stehen. Ist sie rundum naß, bei Vergiftungen und starker Verschmutzung gründlich einseifen, dann mit viel klarem Wasser abspülen. Bei Vergiftungen und Verschmutzungen hinterher sanft abfrottieren und evtl. fönen. Bei Verbrühungen nur die heilen Partien abtupfen und alles weitere dem Tierarzt überlassen. Ein altes chinesisches Rezept empfiehlt, eine Handvoll Pfefferminzblüten und -blätter ins Badewasser zu streuen, damit die Katze sich nicht gegen das Bad sträubt. Wehrt die Katze sich wütend gegen ein dringend notwendiges Bad, so kann man Shampoo oder Seife in einen alten Kissenbezug geben, die Katze hineinstecken, so daß nur der Kopf hervorschaut, und den «Sack» in körperwarmes Badewasser tauchen. Rundum sanft reiben. Dann gründlich nachspülen. Bei weniger renitenten Samtpfoten empfiehlt es sich, auf den Boden der Wanne oder Schüssel ein dickes Frotteetuch zu legen, damit die Katze einen besseren Halt hat.

Bahnfahrt Katzen dürfen die Bundesbahn kostenlos benutzen, wenn sie sich in einem geschlossenen Korb oder Behälter befinden. Selbstverständlich nimmt der Katzenfreund seine Katze(n) ins Abteil mit, im Gepäckwagen ängstigt das arme Tier sich unnötig.

Balancieren können alle Katzen von Haus aus mit schwindelerregender Sicherheit. Der Schwanz dient dabei als natürliches Gegengewicht, wie der Seiltänzerin die Balancestange. Man sollte jedoch Katzen, die in großer Höhe auf schmalem Sims balancieren, nicht anrufen. Sie könnten erschrecken und herunterfallen.

Baldrian ist Katzenhasch. Ein Teelöffel voll Baldriantee – ungekocht, versteht sich – versetzt jeden Stubentiger in Ekstase. 2 Tropfen B.-Tinktur bei →Unsauberkeit in die Katzentoilette geben.

Balet, Jan (geb. 1913), verewigte seine Katzen Kassandra, Psipsina, Kaspar Mauser, Nina Katz und viele andere in zauberhaften Aquarellminiaturen: «Katzenskizzen», 1980.

Balinesen sind langhaarige →Siamkatzen, die durch Mutation entstanden sind und Bali nie gesehen haben. Mit ihrem immerhin 5 cm langen Fell wirken sie katzenähnlicher als die Siamesen. Farbschläge und Abzeichen wie bei den →Siamkatzen, Augen blau, Schwanz buschig.

Balkon Auslauf auf dem Balkon ist für Wohnungskatzen eine echte Alternative. Aber: er muß abgesichert werden, mit einem Vogelnetz oder Gitter. Es ist leider ein →Ammenmärchen, daß Katzen aus jeder Höhe sicher auf ihren vier Pfoten landen. →Freier Fall.

Ball, H., ist in dem Buch «Wohlüberlegte Pfotenspuren», 1992, der Magie und Bedeutung von Reliefmustern in der Katzenstreu nachgegangen. →Busch/ Silver.

Ballaststoffe regen die Verdauung an, ohne Nährwert zu besitzen. Sie sind als Zellulose oder Rohfaser in pflanzlicher Nahrung enthalten (→Gemüse), die auch in kleinen Mengen dem Katzenfutter zugefügt werden sollten.

Ballen Die Katze hat an den Vorderpfoten ein großes dreieckiges Mittelpolster und fünf kleinere Polster für die Zehen, an den Hinterpfoten einen großen Mittelballen und vier Zehenpolster. →Zehengänger. Die Katze besitzt an den Ballen Schweißdrüsen, die einen Duftstoff absondern. Daran erkennt die Katze die Spuren ihrer Artgenossen.

Ballenrisse Wenn Katzen auf hartem Boden hinken, auf Gras und Teppich aber normal laufen, liegen oft B. vor. Hier hilft sanftes Einreiben mit Oliven- oder Babyöl. Aber erst nachsehen, ob keine andere Verletzung zu erkennen ist (Fremdkörper, Schnitte, Krallenverletzung).

Balzac, Honoré de (1799–1850). Der große französische Schriftsteller schrieb den von →Grandville illustrierten Briefroman «Der →Herzenskummer einer englischen Katze», der in unseren Tagen von →Henze als Oper vertont wurde. Im «Haus zur ballspielenden Katze» beschrieb er ein altes Pariser Geschäftsschild und vermutet, daß es ursprünglich auf eine lebendige Katze hinwies, die mit einem Schläger Ball spielte und damit Kunden anlocken sollte.

Bamberger Sage «Der Teufelsweber»: Ein Webergeselle hatte eine große schwarze Katze, die schneller und geschickter als jeder Mensch zu weben verstand. Da sie ihre Arbeit nur nachts verrichtete, war sein frommer Meister überzeugt davon, es mit dem Leibhaftigen zu tun zu haben. Der Geselle aber machte sich wohlweislich rechtzeitig aus dem Staube – mit seiner Katze! →Kobolde.

Bandscheibenleiden sind bei Katzen selten, können aber nach Unfällen und bei Übergewicht auftreten. Symptome: Schwierigkeiten beim Gehen, steife Hinterpfoten, verspannte Bauchdecke, Harnverhalten und Verstopfung. Im fortgeschrittenen Stadium plötzliche, unwillkürliche Entleerung.

Bandwürmer können a) durch Mäuse und Ratten, b) durch Flöhe oder c) durch rohen Fisch auf die Katze übertragen werden. a. Der Hydatigera o. Taenia tainiaeformis legt seine Finnen in der Leber von Mäusen und Ratten ab. Eifrige Mäusejäger können sich so immer wieder neu infizieren. b. Der Diphylidium caninum oder Gurkenkernbandwurm, der auch bei Hunden auftritt, infiziert die Katze, wenn sie beim Putzen einen Floh verschluckt. In seltenen Fällen kann er auch auf Menschen übergehen. c. Der Dibothriocephalus latus oder Fischbandwurm tritt bei Katzen nur sehr selten auf. Symptome: Abmagerung bei starkem Appetit, Durchfall. Man erkennt am After die sog. Reiskörner, abgestorbene Bandwurmglieder. Es gibt chemische und homöopathische Wurmkuren.

Barbiturate (Beruhigungsmittel) werden besonders von →Burma- und Siamkatzen oft sehr schlecht vertragen.

Bard, E. M., füllte mit ihrem «IQ-Test für Katzen», 1982, eine Lücke in der Katzenliteratur. Ein vergnüglicher

Leitfaden zur Lösung der brennenden Frage: Ist meine Katze ein verkanntes Genie?

Bardot, Brigitte, Weltstar und engagierte Tierschützerin, kämpft seit 1984 gegen die Vergiftung heimatloser Katzen in Saint Tropez mit der lapidaren, aber überzeugenden Begründung: «Katzen sind weniger platzraubend, weniger dreckig und weniger vulgär als manche Touristen.»

Barfußgehen ist eine Weltanschauung, heißt es. Und gesund. Im Katzenhaushalt empfiehlt sich das B., weil man aus Versehen einer Katze auf den Schwanz oder das Pfötchen treten kann. Das gilt besonders für Neulinge unter den Katzenfreunden und für alle, die junge Kätzchen im Haus haben. →Rücksicht.

Barkow, Nick, gab in moderner Sprache neu formuliert heraus: «Katzenmärchen aus aller Welt», 1981, und «Katzenmärchen aus Deutschland», 1982. Die farbigen Illustrationen schuf Marlis →Hoops.

Barrès, Maurice (1862–1923). Der französische Schriftsteller erzählt die erschütternde Geschichte vom →Selbstmord einer Katze. Er hatte das Tier ungerechtfertigterweise angeschrien. Die Katze stürzte sich aus dem Fenster.

Barthaare →Schnurrhaare.

Bartputzer ist ein liebevoll-ironischer Spitzname für die Katze in dem Märchen «Die →Bremer Stadtmusikanten».

Baruch Ein einziges Mal wird die Katze in der Bibel erwähnt, und zwar im Buch B., in einem Brief, den der Prophet Jeremia (tätig 627–586 v. Chr.) an die Gefangenen des Königs von Babylon schickte. Darin ermahnt er sie, ihrem Gott treu zu bleiben und nicht zu Götzenstatuen zu beten, auf denen sich Fledermäuse, Schwalben und Katzen niederlassen, woran zu erkennen sei, daß sie keine Götter sind.

Basile, Giambattista (1575–1632). Der italienische Dichter erzählt in seinem 1634 postum erschienenen «Pentamerone» die Geschichte des Gagliuso, dem sein Vater nur eine Katze hinterließ. Aber diese Katze machte ihn reich und verschaffte ihm eine Königstochter als Braut. Als die Katze sich aber eines Tages tot stellte, um Gagliuso, der ihr einen goldenen Sarg versprochen hatte, zu prüfen, meinte er gleichgültig: «Besser sie stirbt als wir. Laß sie auf den Mist werfen.» Woraufhin die empörte Katze ihn verließ. «Der →Gestiefelte Kater», Katzenmärchen 2a.

Bastard →Hybriden.

Bastet Altägyptische Göttin mit dem Körper einer Frau und dem Kopf einer Katze, Tochter des Sonnengottes →Ra. In ihrem Tempel in →Bubastis wurden zahlreiche kostbare Katzenstatuen als Weihgeschenke aufgestellt. Die ursprüngliche Mondgöttin B. beschützte vor allem die Frauen, schenkte ihnen Kinder und half ihnen bei der Geburt. Im Tempelbezirk lebten ihre heiligen Katzen, zu den Anlagen gehörte ein großer →Katzenfriedhof. Wer irgend dazu in der Lage war, ließ seine mumifizierte Katze dort beisetzen. →Heliopolis, →Sachmet.

Bauchspeicheldrüsenerkrankungen gehen einher mit Abmagerung trotz Heißhunger. →Homöopathische Jodtabletten verschaffen Linderung.

Bauchwunden mit austretenden Eingeweiden können bei Kämpfen, Unfällen und nach Operationen auftreten, wenn die Katze selber «die Fäden zieht». Das Tier vorsichtig in ein sauberes Handtuch wickeln und sofort zum Tierarzt bringen. Hilfe muß innerhalb von einer halben Stunde erfolgen. Ist so rasch kein Tierarzt erreichbar, die Gedärme mit abgekochtem und abgekühltem Wasser überspülen, steriles Verbandsmaterial darübergeben und einen Schutzverband anlegen. Alles weitere muß der Tierarzt übernehmen.

Baudelaire, Charles (1821–1871). Der französische Poet und Katzenliebhaber hat in seinen Gedichten die schöne, geheimnisvolle Katze gefeiert. In «Die Uhr» sagt er: «Die Chinesen lesen die Zeit aus den Augen der Katze. Der Dichter liest in ihnen die Ewigkeit.»

Baumann, Hans, veröffentlichte in «Das große A-B-Cebra-Buch», 1977, zwei kleine Stücke für Kinder zum Selberspielen, in denen es um Katzen geht: «Schwarze Katze von links oder rechts» und «Kasperl und das Katzenkind».

Baumwollstrauchratte Bei der Bekämpfung der B. in China und Japan leistete die Katze unschätzbare Dienste, was ihr ein hohes Ansehen und gute Behandlung sicherte.

Bauopfer Dem über ganz Europa verbreiteten Aberglauben, es bringe Glück, eine tote oder lebendige Katze in die Fundamente oder Keller neuer Gebäude einzumauern, wurden zahllose Katzen geopfert. Man fand Katzen als B. im Tower in London, in der Kathedrale von Dublin, unter Haustüren im mittelschwedischen Värmland, in Deutschland, Frankreich, Spanien, Portugal und anderswo. In England war diese Unsitte bis weit ins 19. Jahrhundert verbreitet.

Bayer, Ludwig, erzählt in «Katzensprechstunde», 1990, anschaulich von seinen vierbeinigen Patienten und erteilt gute Ratschläge.

Bayr, Antoine Louis (1796–1875), war Mitglied der Gruppe französischer Tierplastiker und schuf zahlreiche schöne Katzenplastiken.

Bazing, Hugo, veröffentlichte 1886 das Buch «Die Katze in Ortsnamen». Er hatte allein in Württemberg 236 Orts- und Flurnamen gezählt, die mit dem Wort Katze zu tun haben. →Ortsnamen.

Beardsley, Aubrey (1872–1899). Der englische Jugendstilmaler zeichnete zu

E. A. Poes Erzählung «Die schwarze Katze» das Bildnis einer Frau, auf deren Kopf eine riesige schwarze Katze thront.

Beaugency Der Bürgermeister des französischen Städtchens ließ sich vom Teufel eine steinerne Brücke über die Loire bauen. Aber der erste, der hinüberging, sollte dem Teufel gehören. Als die Brücke fertig war, jagte der Bürgermeister ein Kätzchen hinüber. Seit der Zeit nennt man die Einwohner von B. «Die Katzen von Beaugency». →Joyce, James.

Bechstein, Ludwig (1801–1860), sammelte wie die Brüder →Grimm «Deutsche Märchen», 1844, darunter folgende Katzenmärchen: «Das Kätzchen und die Stricknadeln»: Eine arme, alte Frau gelangt zu Wohlstand, weil sie ein krankes Kätzchen rettet. →Katzenmärchen 2c. «Die Katze und die Maus»: Eine Katze schließt mit einer Maus einen Waffenstillstand für drei Tage. Als die Maus nach Ablauf der Frist nicht wegzieht, fängt die Katze sie. →Katzenmärchen 1e.

Beckenbrüche treten als Folge von Verkehrsunfällen oder Stürzen vom Balkon oder aus dem Fenster auf. Das verletzte Tier darf sich nicht bewegen und muß in einem geschlossenen Behälter zum Tierarzt gebracht werden. Am Röntgenbild erkennt er, ob eine Operation notwendig ist. Häufig heilen B. auch ohne chirurgischen Eingriff.

Beckmann, Max (1884–1950), bedeutendster Maler des deutschen Expressionismus. Eines seiner letzten Werke ist das Triptychon «Der →Gestiefelte Kater», so der ursprüngliche Name, heute heißt es «The Beginning», 1946–49. Auf der Mitteltafel sieht man an der Decke kopfüber einen großen goldgelben Kater in riesigen Stiefeln – eine Haltung, in der er laut Märchentext Mäuse und Ratten fing. Auch auf anderen Bildern tauchen Katzen auf, 1948 gab B. der Frau auf seinem Bild «Maskerade» eine goldgelbe Katzenmaske.

Becvar, Wolfgang. Mit seinem Buch «Naturheilkunde für Katzen», 1995, füllte der Tierarzt eine Lücke in der Katzenliteratur. Die sanfte Medizin hilft unseren Stubentigern ebenso wie ihren menschlichen Besitzern – und garantiert ohne Nebenwirkungen.

Beduinen Die kontroverse Haltung zu Katzen in arabischen Ländern hat ihren Ursprung in der gemischten Bevölkerung. Die noch heute vielfach nomadisch lebenden B. haben im Gegensatz zu den fest ansässigen Arabern eine tief eingewurzelte Abneigung gegen Katzen. Da sie keine größeren Vorräte lagern, brauchen sie auch keine Katzen, die sie vor den Mäusen und Ratten beschützen.

Beduinenmärchen Ein reicher Ägypter heiratet die Tochter eines nomadischen Hundezüchters. Er liest ihr jeden Wunsch von den Augen ab, aber sie sehnt sich zurück in das Wüstenzelt. Mit den Katzen ihres Mannes kann sie sich nicht anfreunden. →Katzenmärchen 4b.

Befehle nimmt keine Katze entgegen. Bestenfalls ignoriert sie sie, schlimmstenfalls reagiert sie mit Flucht. →Antiautoritäre und →autoritäre Erziehung, →Dressur, →Strafen, →Tricks, →Zirkuskatzen.

Begegnungen mit Artgenossen. In einem für beide Katzen fremden Raum wird erst die Umgebung erkundet, dann erfolgt die →Begrüßung, wobei jede Katze versucht, die andere als erste abzuschnuppern und sich damit die Herrschaft im neuen →Revier zu sichern. Vor allem bei Katern kann es dabei zu Kämpfen kommen. Ist der Raum einer Katze bekannt, so fühlt sie sich als Revierbesitzer, stört die neue beim Auskundschaften des Raums und will sie als erste beschnuppern. In der Regel hat sie damit Erfolg; ist die neue allerdings sehr selbstbewußt oder wesentlich erfahrener, so tritt diese die «Herrschaft» an.

Beginen, nannten sich die Anhängerinnen eines um 1200 in Flandern gegründeten Frauenordens, die als Wanderpredigerinnen durchs Land zogen und den Pfarrern Konkurrenz machten. Ob diese Damen tatsächlich Katzen mit sich führten, ist nicht sicher. Jedenfalls diffamierte man sie als «Huren des Teufels und der Katz», verfolgte und verbrannte sie. Heute gibt es nur noch vereinzelte B.-Höfe. →Hexenverfolgungen.

Begrüßung Die perfekte B. à la Katz ist der →Erkennungskuß. Kommt es nicht dazu, so streicht sie den Menschen um die Beine und stupst sie. Anschließend ist ausgiebiges Schmusen erwünscht. Es gibt viele Varianten, jede Katze hat ihr eigenes Ritual. Manche bestehen darauf, an einem Mantelknopf oder Ring zu knabbern, andere wollen sofort spielen, für andere gehört das Köpfchengeben unbedingt dazu.

Beinbrüche zieht die Katze sich meist beim Absturz von Fenster, Baum, Balkon oder Dach zu oder bei Verkehrsunfällen. Glatte Brüche heilen oft von selbst, wenn die Katze stillgelegt wird und keine Möglichkeit zum Herumlaufen hat. Komplizierte Brüche werden operiert.

Beißkatzen nannte man zur Zeit der →Hexenverfolgungen große Tonnen, in die der Hexerei verdächtige Frauen gesteckt wurden, so daß nur noch die Köpfe herausschauten. Die Unglücklichen mußten sich gegenseitig beschimpfen, bis es einer zuviel wurde. Wer zuerst aufgab, kam auf den Scheiterhaufen. Die Schimpfgewaltigere galt als geheilt und war gerettet.

Beliebtheit Über 3,5 Millionen Katzen leben in deutschen Haushalten, sie haben die Hunde (3,3 Millionen) bereits überrundet.

Bellay, Joachim du (1522–1560), französischer Dichter, schrieb einen Epitaph auf seinen geliebten grauen Kater Belaud: «Die schönste Katze weit und breit und würdig der Unsterblichkeit.» B. gehörte zu den ersten Franzosen, die nach den grausamen Verfolgungen zur Rehabilitierung der Katze beitrugen.

Belohnen ist besser als →Strafen – und wesentlich wirkungsvoller. Belohnen Sie Ihre Katze, wenn sie etwas richtig gemacht hat, aber bitte nicht immer mit Leckerbissen, sonst wird sie bald zu dick. Streicheln, Spielen, Loben und Schmusen sind empfehlenswerte Alternativen.

Belüftungsgitter für alle Autotypen, leicht zu montieren, lösen das Problem der Lüftung bei Autofahrten mit Katze(n) an heißen Tagen. Man kann unbesorgt die Fenster herunterkurbeln, das B. im oberen Teil verhindert zuverlässig ein Entweichen der mitreisenden Samtpfoten →Autoreisen, →Zugluft.

Belzner, Emil (1901–1979). Deutscher Romancier und Lyriker, schrieb das Katzenbuch «Glück mit Fanny», 1973.

Bender, Hans, und Hans Georg Schwark stellten eine literarische Anthologie von Katzen und ihren Freunden zusammen: «Das Katzenbuch», 1982.

Bengalen Fünf Kilo Salz mußte derjenige den Armen geben, der eine Katze getötet hatte, eine empfindliche Strafe, denn Salz war damals eine große Kostbarkeit.

Bengalkatzen (prionailorus bengalis) gehören zu den →Schmuckkatzen und leben in Indien, Nordchina, der Mandschurei, auf Taiwan, den Philippinen, Java, Sumatra und Borneo. Sie haben ozelotartige Flecken auf ockergelbem, braunem oder silbergrauem Fell und sind etwa so groß wie unsere Hauskatzen.

Beni Hassan in Mittelägypten war neben →Bubastis eine bevorzugte Bestattungsstätte für mumifizierte Hauskatzen.

Benét, Stephen Vincent (1898–1943). Der amerikanische Dichter, zweimal mit dem Pulitzerpreis ausgezeichnet, schrieb 1942 unter Berufung auf Sir Walter Scott und Shelley die phantastische Story «Der König der Katzen»: Tommy Brooks, der die siamesische Prinzessin Vivrakanarda liebt, wird von seinem Nebenbuhler Mr. Tibault ausgestochen, einem katzenhaften Dirigenten, der das Orchester mit seinem Schwanz leitet. Tommy erzählt ihm die alte Geschichte vom →Katzenkönig, als habe er sie selber erlebt, woraufhin der Musiker ausruft: «Aber dann bin jetzt ich der König der Katzen» und verschwindet. Die Prinzessin begibt sich auf eine Seereise, von der sie nie zurückkehrt. →Keats.

Benzin darf nie zur Säuberung von Katzen verwendet werden, man würde die Haut damit verätzen. →Petroleum, →Terpentin.

Berger, Kathia, (geb. 1938), Hamburger Malerin mit einer vielköpfigen Katzenfamilie, ist berühmt geworden mit ihren poetischen, naiven Katzenbildern, die auch als Kalender- und Postkartenmotive verbreitet sind. Sie spiegeln eine schöne, heile Welt, Katzen mit Blumen, mit Vögeln, in blauem, schwarzem oder weißem Fell, ein bewußter Kontrast zur Wirklichkeit. B. ist eine engagierte Tierschützerin und Tierversuchsgegnerin.

Berger, Roman, ist sicher, das Geheimnis der Katzensprache gelöst zu haben: «Und Katzen sprechen doch», 1996.

Bergsch, Dieter (geb. 1940). In dem Roman «Das lange Sterben der Katze», 1981, zieht ein deutscher Lehrer sich nach Irland zurück, um mit sich selbst ins reine zu kommen. Ein wichtiger Punkt unter seinen unbewältigten Problemen: Er hat versehentlich eine Katze überfahren. Das Bild der sterbenden Katze verfolgt ihn.

Bergsteiger unter den Katzen sind, wen wundert's, in der Schweiz zu Hause. Die Walliser Katze Mitza bestieg sogar das Matterhorn, beim Abstieg mußte sie allerdings ein italienischer Bergführer in seinen Rucksack packen.

Berna, Paul. Für den Kinderkrimi «Die schwarze Katze ist Zeuge», 1963, erhielt der französische Schriftsteller den «Grand Prix de littérature du Salon de l'enfance». Die schwarze Katze ist übrigens ein stolzer Kater namens Kasimir.

Berthold von Regensburg (1210–1272), Franziskanerpater, verfolgte zum Auftakt der Inquisition gnadenlos die abscheulichen drei K: «Ketzer, Kröten, Katzen», und das nur knapp 50 Jahre nach dem Tode des hl. →Franz von Assisi …

Berührungsempfindlichkeit ist bei einer Schmusekatze immer ein Symptom für eine Erkrankung oder einen Schock.

Beruhigungsmittel (Tranquilizer) sollten nur auf Anordnung des Tierarztes gegeben werden, z.B. vor einer Reise. Die Wirkung hält in der Regel 24 Stunden an. Während dieser Zeit ist die Katze in ihren Reaktionen beeinträchtigt und darf auf keinen Fall unbeaufsichtigt ins Freie gelassen werden.

Besitztum Katze In Europa ist das Tier rechtlich eine Sache. Ausnahme: England, dort hat es den Status eines Lebewesens. →Testament. In China und in mohammedanischen Ländern durften Katzen früher nicht als privates Eigentum betrachtet werden. Jede Katze hatte das Recht, sich selber auszusuchen, wo sie leben wollte und bei wem. Wenn sie ein Haus verließ und sich in der Nachbarschaft niederließ, durfte man sie nicht zurückholen.

Bessant, Claire, und Bradley Viner: «Ein langes Leben für meine Katze», 1993. Die englischen Autorinnen geben in ihrem Buch viele wertvolle Ratschläge für die Haltung und Pflege älterer Katzen in kranken und gesunden Tagen. Ein Muß für alle, die lange Freude an ihren Katzen haben wollen.

Bestechung Im Gegensatz zum Menschen sind Katzen absolut unbestechlich.

Betteln Katzen sind in dieser Beziehung weniger aufdringlich als Hunde, aber es interessiert sie natürlich schon, was die Zweibeiner auf ihren Tellern haben. Die beste Methode, Katzen das B. abzugewöhnen, ist, sie zu füttern, bevor man selber ißt. Fein raus sind Vegetarier, Gemüse- und Salatschüsseln reizen unsere Stubentiger nicht. Bei hartnäckigem B. setzt man die Katze(n) in einen anderen Raum, während man ißt.

Betthupferl lieben Katzen sehr. Ein paar Bröckchen Hartfutter, einige Vitamintabletten oder hier und da etwas Baldrian vor dem Schlafengehen garantiert süßen Schlummer und gute →Träume.

Bettkatzen Soll, darf man eine Katze im oder auf dem Bett schlafen lassen? Das ist eine uralte Streitfrage. Sehr viele Katzen schlafen am liebsten im Bett. Daran hindern kann man sie nur, wenn man sie konsequent aus dem Schlafzimmer aussperrt. Nötig ist es nicht. So ein schnurrender Miniaturtiger auf dem Bett verströmt Gemütlichkeit, und eine gesunde, gepflegte Hauskatze schleppt weder Krankheiten noch Schmutz in unsere geheiligten Schlafhöhlen.

Bewußtlosigkeit Nicht jede bewegungslose Katze ist tot. Fühlen Sie den Puls und versuchen Sie es, wenn der Körper noch nicht steif und kalt ist, eine halbe Stunde lang mit →künstlicher Beatmung. Anschließend zum Tierarzt.

Beutefangen lernen kleine Katzen von ihrer Mutter. Sie bringt ihnen bei, wie man die erjagte Maus mit den Zähnen richtig im Genick packt. Dieser Biß verletzt die Maus nicht, sie verfällt in →Tragstarre wie ein junges Kätzchen, das die Mutter herumträgt. Auch den Todesbiß muß die Katzenmutter ihren Sprößlingen zeigen. Katzen, die ihn nicht von der Mutter gelernt haben, spielen lange mit der Beute herum oder tragen sie lebend nach Hause.

Beyaz nennt man in der Türkei rein weiße oder rein schwarze langhaarige türkische Angorakatzen. →Ankarakatzen, →Sarmans, →Tekir.

Beziehungswahn Die meisten Katzen sind felsenfest davon überzeugt, daß alles in ihrer Umgebung nur ihretwegen geschieht: Fernsehen, damit sie ein warmes Plätzchen haben. Staubsaugen – um sie zu ärgern. Gardinen aufstecken, damit sie turnen können. Wohnung putzen – um sie zu unterhalten usw.

Bezoare (Haarballen) entstehen im Katzenmagen, wenn das Tier beim Putzen zu viele Haare verschluckt hat. Da diese B. natürlich unverdaulich sind, muß die Katze sie wieder ausbrechen, ein harmloser Vorgang, den Sie durch Bereitstellen von →Gras o. ä. unterstützen. Gelingt es der Katze nicht, die B. zu erbrechen, so gelangen sie in die engen Därme und blockieren ganz oder teilweise den Durchgang der Nahrung. Die Folgen: chronische Verstopfung, schlechter Appetit, Mattigkeit und häufiges Erbrechen, vor allem kurz nach dem Futtern. In schweren Fällen hilft nur noch eine Operation, in leichteren oft schon die Eingabe von 1/2 Teelöffel →Paraffinöl. Unter keinen Umständen →Rizinusöl geben! Das Verschlucken von Haaren in kleineren Mengen dient der Katze zur Gewinnung von Lecithin und wertvollen B-Vitaminen, die sie vor Erkrankungen schützen.

Bialas, Günter (geb. 1917), deutscher Komponist, →Dorst, Tankred.

Bibliothekskatzen Zum Schutz wertvoller Manuskripte vor Ratten und Mäusen wurde im 6. Jahrhundert n. Chr., so die Überlieferung, die erste Katze von einem gelehrten japanischen Priester von China nach Japan gebracht. Sie erhielt den Ehrentitel «Goldene Katze», wegen ihrer Fellfarbe und ihres hohen Wertes als Rarität und als Wächter der heiligen Schriften. Seither bewachen Katzen in vielen Ländern wertvolle Bibliotheken, so z. B. die Nationalbibliothek in Paris. →France, Anatole, →Arbeit.

Bicolor-Katzen sind zweifarbig: weiß und rot, schwarz oder grau. Man spricht auch von weißer Scheckung mit einer Farbe. →Schwäbische Katze.

Bierce, Ambrose (1842 – um 1914), amerikanischer Meister des schwarzen Humors, dürfte wohl einer der letzten Autoren gewesen sein, die Tierfabeln verfaßten, z. B. von der Katze, die sich kranken Vögeln gegenüber als Arzt ausgab – Spezialgebiet: Miaulopathie.

Bierhefe enthält in verschwenderischer Menge gerade die →Vitamin-B-Komplexe, die Katzen dringend benötigen. Wer kein Geld für teure →Hefeflocken oder -tabletten hat, bröckelt einfach täglich etwas B. ins Futter (Backhefe tut's auch). Bierhefe ist auch ein gutes Hausmittel gegen Katzenflöhe. Man gibt täglich ein wenig B. ins Futter, dadurch verändert sich der Geruch der Katze, die Flöhe finden ihn weniger anziehend. →Pfefferminze.

Bindehautentzündungen beginnen einseitig, ohne Behandlung erkrankt das andere Auge innerhalb einer Woche gleichfalls. Es handelt sich um eine Infektion, die Bindehaut ist stark gerötet, hinzu kommt eitriger Ausfluß. Erste Hilfe: Das Auge alle zwei Stunden mit Kochsalzlösung beträufeln, ein Teelöffel Salz auf einen halben Liter kochendes Wasser, abkühlen lassen. Zeigt sich nach 24 Stunden keine Besserung, ist eine Behandlung erforderlich. B. sind für andere Katzen ansteckend, nicht aber für Menschen.

Biotin →Vitamine.

Birma-Bobtail-Katzen, eine von Charles Darwin bereits beschriebene Katzenart, ist nicht verwandt oder gar identisch mit der →Birmakatze. Es handelt sich vielmehr um eine Kurzhaarkatze mit Stummelschwanz, die an die →Japanische Stummelschwanzkatze erinnert.

Birmakatze Die sagenumwobene heilige B. sieht der →Colourpoint zum

Verwechseln ähnlich, bis auf einen Unterschied: ihre Pfötchen sind schneeweiß. Die →Abzeichen an Gesicht, Schwanz und Beinen sind schokoladenbraun, blau oder sealfarben, der Körper ist goldbeige. Das Fell ist halblang, verfilzt aber nicht, der Schwanz ist buschig. Blaue Augen. Der Legende nach ursprünglich eine burmesische Tempelkatze, die nach dem Tode die Seelen buddhistischer Priester in himmlische Gefilde trug, wurde die B. tatsächlich in Frankreich gezüchtet, aus Persern und Siamesen. →Buddhismus, →Handschuhe, →Sinh, →Schuhe, →Sporen.

Bisexualität ist als Anlage bei Katern und Kätzinnen vorhanden. Findet sich kein Partner des anderen Geschlechts, so kommt es zur gleichgeschlechtlichen «Paarung». →Vergewaltigung.

Bismarck, Otto Fürst von (1815–1898). Der Eiserne Kanzler hatte eine Abneigung gegen Katzen. Seine Tierliebe beschränkte sich auf Hunde.

Bißwunden Die Katzen fügen sie sich bei Kämpfen gegenseitig zu, werden aber auch von Ratten und Hunden gebissen. Das Gebiet um die Wunde vorsichtig mit Wasser und Seife reinigen und die Katze zum Tierarzt bringen. Sehr gefährlich sind kleine, stichartige B., weil sie oft unbemerkt bleiben und oberflächlich heilen, bis sich später →Abszesse bilden.

Bittersüß, ein Nachtschattengewächs, ist für Mensch und Katze gleichermaßen hochgiftig.

Black Cat ist eine bekannte englische Zigarettenmarke.

Blähungen treten meist bei falschem Futter auf oder bei älteren Katzen. Ein wenig Aktivkohle im Futter schafft meist Abhilfe.

Blake, William (1757–1827). Der englische Dichter schrieb eines der berühmtesten Katzengedichte. Es beginnt mit den Zeilen: «Tiger! Tiger! Lodernd Licht, das aus Nacht und Dschungel bricht.» Das Leuchten der Katzenaugen im Dunkeln faszinierte viele Schriftsteller.

Blasenbeschwerden werden häufig durch zuviel Trockenfutter verursacht. Nur wenn die Katze reichlich Wasser trinkt, wird verhindert, daß der Harn zu konzentriert wird und die darin enthaltenen Salze bereits in der Blase auskristallisieren. Es entsteht der sog. Blasengrieß, der bei der Kätzin zu schmerzhaften Entzündungen führt, beim Kater aber sogar den Harnleiter verstopfen und zum lebensgefährlichen →Harnverhalten führen kann. Deshalb sollte man Trockenfutter nur gelegentlich, als →Belohnung oder unter starkem Zeitdruck, und in kleinen Mengen anbieten.

Blasenentzündung Wenn eine Katze sich beim Wasserlassen plagt und Blut im Urin erscheint, liegt oft eine B. vor. Helfen kann nur der Tierarzt. Füttern Sie die Katze nicht vor der Untersuchung, stellen Sie ihr nur frisches →Wasser hin.

Blauäugigkeit Blaue Augen haben alle jungen Kätzchen, Siamkatzen und viele weiße Katzen verschiedener Rassen. Weiße Katzen mit blauen Augen sind fast immer taub. Es handelt sich um eine →Ausfallmutation. →Augenfarben, →Taubheit.

Blaucreme ist eine Farbe, die normalerweise ebenso wie →Schildpatt und Schildpatt mit Weiß nur bei Weibchen vorkommt. B.-Katzen sind gleichmäßig in Blau und Creme gefleckt, das Blau ist dabei eher als Schiefergrau zu bezeichnen →Blaue Katzen. Es gibt Perser-, Maine-Coon-, Manx-, Rex- und Hauskatzen in B., außerdem Amerikanische und Europäische Kurzhaarkatzen. Kater in B. sind sehr selten und in der Regel unfruchtbar.

Blaue Katzen gibt es nur im Märchen. Züchter sprechen allerdings von blauen →Persern, →Burmakatzen usw. In Wirklichkeit sind diese Katzen grau, bestenfalls blaugrau.

Blaustern, eine in der freien Natur bei uns geschützte Pflanze, die zu den →Liliengewächsen gehört, ist für Katzen giftig.

Blechkatzen wurden früher als Vogelscheuchen eingesetzt, um die Kirschbäume zu bewachen.

Blendling →Bastard, →Hybriden.

Blesse nennt man die weiße Zeichnung auf dem Nasenrücken von weiß gescheckten und mehrfarbigen Katzen. Sie läuft nach oben spitz zu.

Blickkontakt Direkter B. gilt in Katzenkreisen als unfein. Vor allem darf der Unterlegene nie den Überlegenen anstarren. Fixiert eine Katze die andere, so will sie sie verunsichern, so z. B. vor einem drohenden Kampf. →Augensprache.

Bliedung, Ulrike, gibt in «Meine erste Katze – Katzenlehre für die Jugend», 1978, in Form einer spannenden Erzählung wichtige Tips für den Umgang mit Katzen.

Blinddarm ist bei Katzen nicht vorhanden. Deshalb schadet es ihnen nichts, wenn sie Beerenobst essen. Nur haben sie meist nicht den geringsten Appetit darauf …

Blinde Passagiere Drei Tage lang flog eine Katze unbemerkt in der Klimaanlage eines Flugzeugs mit – von Chicago über Zürich nach Monrovia in Liberia und wieder zurück nach Zürich. Dort wurde sie endlich erlöst. 41 Tage dauerte die Schiffsreise einer Katze, die im Hafen von Detroit in eine Frachtkiste gekrochen war. Als man die Kiste endlich öffnete, fand man einen Dieselmotor und – fünf Katzen. Die Katze aus Detroit hatte unterwegs Junge bekommen. Wovon sie die ganze Zeit gelebt hatte, blieb ein Rätsel. Nur das Öl und die Schmierstoffe der Maschine standen ihnen zur Verfügung. Am 26. 3. 1969 wurde auf dem Kopenhagener Flughafen Kastrup das schwarze Kätzchen Kise nach einer fast vollständigen Demontage einer DC-8 aus dem Ventilationssystem befreit. Kosten der Katzenrettung: 80 000 DM. Kise war in Nairobi bei einer neugierigen Inspektion des Flugzeugs offenbar in die Ventilation eingesogen worden.
Weniger dramatisch verlaufen Flugreisen als blinder Passagier, wenn jemand im Urlaub eine heimatlose Katze adoptiert hat und sie, ohne viel zu fragen, in einer schicken Korbtasche mit ins Flugzeug nimmt. Katzen verhalten sich bei solchen Gelegenheiten meist mucksmäuschenstill, als wüßten sie, was auf dem Spiel steht.

Blindheit, angeborene oder erworbene, gleichen Katzen erstaunlich gut aus mit Hilfe des →Gehör- und Tastsinns. Im Alter erblinden Katzen oft allmählich. Plötzliches Erblinden hängt mit einer →Vergiftung, einem Unfall oder einer Hirnblutung zusammen. Zu vorübergehender B. kann eine →Hornhautentzündung führen. Die erblindende Katze läuft gegen Möbel, zögert beim Springen usw. Sofort das Tier dem Tierarzt zeigen. →Grauer Star, →Netzhauterkrankungen.

Blinzeln gehört zur →Augensprache der Katze. Sie zeigt damit friedliche Stimmung und Absicht an.

Blitzschlag a. Die Gefahr, vom B. getroffen zu werden, wuchs, so glaubte man früher, wenn eine Katze in der Nähe war, die angeblich den Blitzschlag auf sich zog. b. Der betroffenen Katze, soweit sie nicht bewußtlos ist, lauwarmen starken Tee oder Kaffee einflößen. →Zwangsfütterung, →Schock, →Verbrennungen. Den Tierarzt hinzuziehen.

Blumen An eine ästhetische Sendung der Katzen glaubt Axel →Eggebrecht, der das Entzücken von Katzen über Blumen beschreibt, die sie sorgfältig im Munde herumtragen und auf Stühlen und Schränken «arrangieren», eine Beobachtung, die schon viele Katzenfreunde machten. Leider sind aber viele Blumen für Katzen giftig.

Blumenkohlohren oder Schrumpfohren wie ein Boxer kann auch eine Katze bekommen. Ursache ist ein Bluterguß an der Ohrmuschel, ein sog. Othämatom, das bei einer Ohrenerkrankung auftreten kann. Durch Kratzen oder heftiges Kopfschütteln platzt ein kleines Blutgefäß zwischen Haut und

Knorpel der Ohrmuschel, die innerhalb von 24 Stunden stark anschwillt. Wird das Othämatom vom Tierarzt aufgeschnitten und ausgekratzt, so bleibt nur eine kleine Operationsnarbe zurück. Ohne Operation entsteht in der Ohrunterhaut ein Narbengewebe, das die Ohrmuschel zusammenzieht und schrumpfen läßt. So entsteht das B., das den Gehörgang ganz oder teilweise verschließen kann.

Blumenzwiebeln müssen in einem Katzenhaushalt unter Verschluß gehalten werden, da sie für unsere Minitiger oft giftig sind. Das gilt besonders für Amaryllis, Clivie, Kaiserkrone, Märzbecher, Narzisse, Osterglocke und Schneeglöckchen. Symptome: Erbrechen, Durchfall, Krämpfe. Ohne sofortige Behandlung durch den Tierarzt droht Herzstillstand. Nicht erst Hausmittel ausprobieren. →Vergiftungen.

Blutdruck Einwandfrei nachgewiesen wurde, daß unser B. sinkt, wenn wir eine Katze streicheln.

Blutungen Kleine Schnittverletzungen hören meist schon nach fünf Minuten auf zu bluten. Bei größeren, stark blutenden Wunden einen Druckverband anlegen und gut bandagieren.

Blutübertragung Auch Katzen haben verschiedene Blutgruppen. Trotzdem kann man ihnen bedenkenlos das Blut jeder anderen Katze, ja sogar von Hunden übertragen, wenn es notwendig ist.

Blutvergiftung entsteht häufig durch →Abszesse, die sich in Folge von →Bißwunden gebildet haben.

Blyton, Enid (1896–1968), englische Autorin von Kinderbüchern, in denen Katzen oft eine Hauptrolle spielen, so z. B. in «Das törichte Kätzchen» und «Geheimnis um eine siamesische Katze», 1954. In «Mein großes Enid Blyton Buch», 1980, veröffentlichte sie die Gutenachtgeschichte «Die Katze ohne Schwanz» von einer kleinen →Manxkatze, die mit einem Hund Marke Promenadenmischung innige Freundschaft schließt. Um die Freundschaft zwischen einem Hund und einer Katze geht es auch in ihrem Buch «Bonzo und Topsy, die frechen Freunde», dt. 1982.

Bobby, ein roter Kater, tut auf Bahnsteig 10 des Londoner Bahnhofs King's Cross Dienst als Mäusefänger. Sein Vorgänger Sammy verschwand nach neunjähriger Amtszeit auf Nimmerwiedersehen. Seither steht sein Katzenhaus leer, denn Bobby weigert sich einzuziehen.

Bobtail →Japanische Stummelschwanz- und →Manxkatze.

Bodden, Ilona (geb. 1940). Die deutsche Autorin schrieb sehr schöne Katzengedichte: «Katzentanz», «Die verschwundene Katze». Sie machte sich auch als Verfasserin von Kinderbüchern einen Namen: «Die Katze mit der Brille» und «Die Katze mit dem roten Schal», 1980.

Böckler, Guido. Der deutsche Autor und engagierte Tierschützer erzählt in seinem Buch «Geliebte Tiere», 1970, von seinem Leben mit acht Katzen und anderen Vierbeinern.

Bohdal, Susi, deutsche Kinderbuchautorin, verfaßte das Bilderbuch «Kater Valentin», 1977, die Geschichte eines Katers, der weder Mäuse noch Vögel fangen kann, aber ihre Sprache versteht. 1981 entstand «Selina, Pumpernickel und die Katze Flora». Es geht darum, wie ein kleines Mädchen, das einen Mäuserich beschützt, seine Angst vor Flora, der besten Mäusefängerin der Stadt, überwindet.

Böhmische Sagen Der Teufel schuf die Maus, damit sie das Getreide vernichte. Da schuf Gott die Katze, um es zu retten. «Hund und Katze»: Die eifersüchtigen Katzen stehlen den Hunden ein verbrieftes Privileg, das die Menschen ihnen gegeben hatten. Die Mäuse aber fressen es auf. Die Folgen: Haß zwischen Hund und Katze, zwischen Katze und Maus. →Katzenmärchen 4.

Bolivianisches Märchen «Wie Dohit die Menschen und Tiere machte»: Dohit, der Schöpfer, verwandelte die Menschen wegen ihrer Undankbarkeit in Tiere. Auch die Vögel enttäuschten ihn. Sie ließen ihn in ein Dornengestrüpp fallen, aus dem ihn eine Wildkatze befreite. Zum Dank gab er ihr die Fähigkeit, ihre Fellfarbe zu verändern. So entstand die Vielfalt der Kleinkatzen. →Katzenmärchen 3b.

Böll, Heinrich (1917–1985). Der mit dem Nobelpreis ausgezeichnete deutsche Schriftsteller lebte in friedlicher Koexistenz zusammen mit einer Katze und einem Hund: «Ich liebe es, abends das Fell unseres Hundes zu kraulen, während die Katze auf meinem Schoß sitzt.» B. erklärte einmal, daß hundert vom Krieg verschonte Abteibauten nicht den Verlust eines einzigen geliebten Lebewesens aufwiegen.

Bombaykatzen ist der Phantasiename für eine Kreuzung zwischen → Burmakatzen und schwarzen Hauskatzen in den USA, mit gelben oder kupferfarbenen Augen und lackschwarzem Fell.

Bonheur, Isidore (1827–1901), hatte sich als Mitglied der französischen Künstlergruppe «Les Animaliers» auf Katzenplastiken spezialisiert, die heute bei Sammlern sehr gefragt sind.

Bonnard, Pierre (1867–1947). Der französische Maler schuf eine Reihe reizvoller Katzenstudien und malte den Pariser Galeristen Ambroise Vollard mit seiner grauweißen Katze auf dem Schoß (um 1906).

Bordellkatzen, aus Porzellan, werden in einschlägigen Straßen in Soho/London ins Fenster gestellt. Weisen sie dem Freier den Rücken zu, so ist «besetzt», schauen sie ihn an, so darf er läuten.

Borneo 1961 war die Reisernte durch Mäusefraß aufs höchste gefährdet. Aus Singapur wurden 500 Katzen eingeflogen und, da es dort keinen Flugplatz gab, per Fallschirm über den bedrohten Feldern abgesetzt. Nach der Landung gingen sie sofort an die Arbeit …

Borneokatze (pardo felis badia) ist eine hauskatzengroße →altweltliche Kleinkatze mit rundlichem Schädel und rötlich schimmerndem Fell.

Borodin, Alexander (1834–1887). Die Frau des russischen Komponisten hatte zwei Katzen, die einfach alles durften. Mittags schleckten sie sogar Suppe aus dem Teller des Hausherrn. Alle Vorstellungen Borodins nützten nichts, seine Frau hielt immer zu den Katzen und brachte oft noch heimatlose Kostgänger mit ins Haus …

Boucher, François (1703–1770), einer der berühmtesten Maler des französischen Rokoko, hat mehrfach das Thema «Frau und Katze» gestaltet: leicht bekleidete Schönheiten im Boudoir, mit einer Katze spielend.

Boviserin, ein in der Apotheke erhältliches Rinderblutserum, eignet sich sehr zur Appetitanregung und Kräftigung kranker Katzen. Man gibt ihnen alle drei Stunden einen Teelöffel voll.

Bowen, Elizabeth (1899–1973). Die englisch-irische Schriftstellerin schilderte die sich anbahnende Tragödie einer jungen Ehe auf dem Umweg über den einäugigen Kater Polyphem, der dem Ehemann als junges, gesundes Katerchen geschenkt wurde …

Brahms, Johannes (1833–1897). Der deutsche Komponist war ein Katzenfeind. In seiner Wahlheimat Wien soll er die armen Haustiger sogar mit Pfeil und Bogen verfolgt haben.

Brand, Wolfgang, zählt zu den zeitgenössischen deutschen Malern, die sich auf Katzen spezialisiert haben.

Brände können dadurch entstehen, daß unkastrierte Kater und Kätzinnen entweder in eine Steckdose oder in ein elektrisches Heizgerät spritzen. Die Flamme folgt der Urinspur und ergreift selbstverständlich alles brennbare Material. Tragbare elektrische Heizgeräte gehören deshalb nicht in Räume, in denen sich rollige Katzen oder unkastrierte Kater aufhalten. Steckdosen müssen unbedingt mit festen Metallklappen für Außenwände abgesichert werden (Kunststoffklappen reichen nicht aus, auch sie fangen leicht Feuer). Bei kastrierten Tieren ist die Gefahr wesentlich geringer, obwohl manche kastrierte Kater auch noch spritzen. Auch offenes Kaminfeuer ist eine Gefahrenquelle. Viele Katzen legen sich so dicht ans Feuer, daß die Flammen aufs Fell überspringen. Die natürliche Furcht vor Feuer scheinen viele Hauskatzen verloren zu haben. →Unfallquellen.

Brandopfer sind so zu erklären, daß die verbrannten Tiere als Hexen und Zauberer galten. Im Elsaß warf man lebende Katzen ins Osterfeuer, am 1. Passionssonntag. Manchmal ließ man sie auch an einer Stange aufgehängt über dem Feuer rösten, denn «die

Katze, die den Teufel darstellte, konnte nie genug leiden». In Paris, Metz, Gap wurden beim →Johannisfeuer lebender Katzen in Körben, Säcken oder Fässern verbrannt – zur Volksbelustigung. Hinterher sammelte man Kohle und Asche ein, die makabren Überreste sollten angeblich Glück bringen. →Ludwig XIV.

Brandwunden und Verbrühungen deckt man sofort mit Olivenöl ab, die Weiterbehandlung kann mit Borsalbe erfolgen. Keine für den Menschen bestimmten Brandsalben verwenden! Bei größeren B. unbedingt →fachkundige Hilfe hinzuziehen. Auch die sofortige Behandlung mit kaltem Wasser aus der Leitung, eine halbe Stunde lang, hat sich bewährt.

Brauchitsch, Helga und Victor von, gaben 1984 das schöne Katzenbuch «Auf leisen Pfoten» heraus, mit suggestiven eigenen Fotos und Katzentexten aus der Weltliteratur.

Braukatze war der Name eines →Kobolds, der sein Unwesen angeblich in Brauereien trieb, vorwiegend in Sachsen und Ostpreußen, und es besonders auf die armen Nachtwächter abgesehen hatte. Die B. war, dem Aberglauben zufolge, schuld daran, wenn das Gebräu verdarb.

Braun, Lilian Jackson, schrieb eine bis jetzt 18teilige Krimiserie um den Reporter Qwilleran und seine Katzen. Unveränderliche Kennzeichen: Alle Romantitel beginnen mit «Die Katze, die ...» – für Käse schwärmt, Detektiv spielt, Alarm schlug usw. Ein reines Lesevergnügen für Katzen- und Krimifreunde.

Brauntiger Der B. ist der Europäischen →Wildkatze am ähnlichsten, häufig hat er sogar kleine Ohrbüschel (→Pinsel), immer einen ausgeprägten →Aalstrich. Das Fell ist braun-grau, die Zeichnung schwarz, der Bauch heller, beige oder rötlich, und schwarz gefleckt. Viele B. tragen →Halsketten. Typisch ist auch der kleine weiße Fleck am Kinn. Die →Ballen sind schwarz, ebenso die Lippen und die Schwanzspitze. Das Näschen ist rötlich.

Brechmittel für Katzen ist nie →Milch, sondern Kochsalz. Man gibt es auf einen Teelöffel und schüttet es der Katze auf die Zunge, so weit nach hinten wie möglich. Nur anwenden, wenn sicher eine →Vergiftung vorliegt, aber nie bei bewußtlosen Tieren.

Brecht, Bertolt (1898–1956), sozialistischer «Stückeschreiber» und Bürgerschreck, war ein verschämter Katzenliebhaber. In seinem Werk kreidet er der Katze ihre angebliche Asozialität an, in seinen vier Wänden aber durfte seine schwarzweiße Katze ihm Wurst und Butter vom Brot wegfuttern und in der Mitte seines Bettes schlafen ...

Brehm, Alfred E. (1829–1884), berühmter deutscher Zoologe, bemühte sich um den Abbau der Vorurteile gegen Katzen. Seine eigene Katze hat junge Eichhörnchen, Kaninchen, Ratten und Hunde gesäugt und aufgezogen. →Anatomie.

Breitblättrige Kalmie gehört zu den für Katzen ausgesprochen giftigen Zierpflanzen.

Brentjes, Burchard, gab 1965 in Wittenberg das Büchlein «Die Haustierwerdung im Orient» heraus. In dem Kapitel «Katzen als Nutz- und Haustiere» weist er nach, daß die Hauskatze in Vorderasien schon lange gezähmt war, bevor sie in →Ägypten ihre Glanzzeit erlebte.

Brežan, Jurij (geb. 1916), ein sorbischer Autor, schrieb das Kinderbuch «Die Abenteuer des Katers Mikosch». Es geht um einen schwarzen Kater, der zum Zirkus kommt und Freundschaft mit dem Löwen Hassan schließt. Illustrationen von Květa Pacovská.

Briefmarken mit schönen Katzenmotiven brachten u. a. heraus: Albanien, Australien, Bulgarien, Dahomey, Dänemark, Frankreich, Fujeira, Großbritannien, Holland, Japan, Jugoslawien, Luxemburg, Monaco, Mongolei, Polen, Ras-al-Khaima, Rumänien, Sharjak, Stroma, Südwestafrika, Surinam, Tschad, Tschechoslowakei, Thailand, Türkei, Ungarn. →Der gestiefelte Kater, Vogelschutz.

Briefträger In Lüttich ließ man – als Experiment – 1879 von Katzen Briefe befördern. 37 Katzen wurden 30 Kilometer außerhalb der Stadt losgelassen, jeder hatte man einen Brief um den Hals gebunden. Die erste Katze brauchte fünf, die letzte 24 Stunden, bis sie zu Hause ankam. Alle brachten die Briefe brav mit.

Briggs, Phyllis. Die englische Autorin erzählt in «Schnurrs Abenteuer», wie Schnurr davonläuft, weil Peter, der Junge, den er liebt, ihn geschlagen hat. Bis tief in den Winter hinein lebt er in den Wäldern Kanadas und wird buchstäblich in letzter Minute von dem Hund Barry gerettet, zusammen mit seiner Katzenfrau Kaja und dem letzten überlebenden Jungen.

Brindling, eine weiße Sprenkelung, tritt bei →Siamesen vorübergehend während oder nach einer Krankheit und Behandlung mit Medikamenten auf, und zwar nur an den →Abzeichen.

Britische Kurzhaarkatzen sind den →Amerikanischen Kurzhaarkatzen recht ähnlich. Vergleiche sind schwierig, da wegen der strengen →Quarantänebestimmungen auf den Britischen Inseln nur gelegentlich einzelne Tiere herauskommen. Am meisten Ähnlichkeit besitzt die →Exotische Kurzhaarkatze, eine in den USA gezüchtete Rasse.

Brixner, Saskia, und Hildegard Joy geben in «Meine Katze wird älter» wertvolle Tips für die Senioren unter unseren Katzen.

Brokatkatzen (brocarts) nennt man unsere →Schildpattkatzen in Bern und der französisch sprechenden Schweiz.

Bromfield, Louis (1896–1956), amerikanischer Bestseller-Autor, sagte: «Die Katze ist das würdevollste aller Tiere, und kein anderes haßt so wie sie jede Verletzung seiner Würde.» Sein

Kater Lester lebte in permanentem Kleinkrieg mit einem Rudel von Boxern, die er gekonnt an der Nase herumführte …

Bronchitis verläuft bei Katzen mit Husten, Fieber bis 40 Grad und beschleunigter Atmung. Sie wird durch Viren oder Bakterien ausgelöst. Aus einer verschleppten B. mit ständigem Husten und →Auswurf entwickelt sich leicht eine →Lungenentzündung. →Homöopathie: Bryonia (Weiße Zaunrübe).

Brown, Rita Mae, und ihre Katze Sheaky Pie Brown gehen auf Gangsterjagd in «Schade, daß du nicht tot bist», «Ruhe in Fetzen» und «Virus im Netz». Waschechte amerikanische Krimis im Katzenmilieu.

Brüche (Hernien). Leisten-, Nabel- und Hodenbrüche äußern sich bei Katzen durch deutlich erkennbare Schwellungen unter der Haut. Oft ist eine Operation erforderlich.

Bruderschaft der Kater nennt man nach einem Ausdruck von →Lorenz und →Leyhausen die Gemeinschaft der Kater in einer Gegend, einem Straßenzug, einem Revier. Sie machen in Rangkämpfen untereinander aus, wer der Stärkste ist, →absolute Rangordnung. Junge Kater unter einem Jahr werden als «Kinder» betrachtet und ignoriert. Danach fordern die älteren Kater sie zum Kampf auf. Wenn sie ihren Platz in der Rangordnung gefunden haben, gehören sie zur B. Kastrierte Kater haben eine Sonderstellung. Sie brauchen sich den oft recht harten Rangkämpfen nicht unbedingt zu stellen, gehören aber auch nie so recht zur B.

Brueghel, Jan (1568–1625), niederländischer Maler, setzte bei seinem Bild «Anbetung der Könige», 1598, eine blaugraue Katze in den Dachfirst der Scheune. Auch auf den Paradiesbildern des Malers tummeln sich Katzen.

Brummen, sehr tief und ausdrucksvoll, lassen Katzen ertönen, wenn sie vor etwas warnen wollen (Fremde im Hausflur), oder auch bei Schmerzen.

Brummkater Bezeichnung für einen mürrischen, wortkargen Menschen.

Brunner, Ferdinand. Der Wiener Tierarzt und Tierpsychologe schrieb zusammen mit dem Journalisten Kurt Hlawacek das für jeden Katzenfreund fast unentbehrliche Buch «Die Katze – richtig verstanden», 1976, mit wertvollen Erklärungen zur Psychologie gesunder und verhaltensgestörter Stubentiger sowie Ratschlägen zur Stubenhaltung der Hauskatze. 1978 erschienen als Taschenbuch unter dem Titel «Wie sag ich's meiner Katze». 1989 folgte das Buch «Unverstandene Katze».

Brüsseler Katzenkonzert Eine unglaublich scheußliche Veranstaltung der Stadt Brüssel bei einem Besuch Kaiser Karls V. (1500–1558) und seines Sohnes Philip: Bei einem Umzug wurde ein Bär mitgeführt, der auf einer Orgel spielen mußte, deren Pfeifen durch 20 Katzen ersetzt worden waren. Die armen Tiere hockten in langen Holzkästen, die empfindlichen Schwänze waren an Tasten und Register angeknüpft. Die Schmerzensschreie dieser Unglücklichen, wenn der Bär auf die Tasten hieb, «entzückten» die hohen Gäste ebenso wie den Pöbel …

Brustdrüsenentzündungen treten bei Mutterkatzen auf, deren Junge sofort getötet wurden oder starben, aber auch durch Verletzungen. Das Gesäuge ist heiß und geschwollen. Erste Hilfe: Geschwollene Zitzen mit leicht angewärmtem Olivenöl einreiben, rot entzündete mit Umschlägen von warmem Salzwasser behandeln, jede Stunde fünf Minuten lang. Unbedingt den Tierarzt rufen.

Brustfellentzündung →Lungenentzündung.

Brutpflegetrieb ist der wissenschaftlich unterkühlte Name für Mutterliebe im Tierreich, die bei Katzen ganz besonders stark ausgeprägt ist und sich u. a. in der bedingungslosen Bereitschaft äußert, die Jungen auch gegen stärkere Gegner zu verteidigen.

Bubastis (abgeleitet von Pi-Bastet = Haus der Bast) im östlichen Nildelta war im Reich der alten Ägypter das wichtigste Kultzentrum der Katzengöttin →Bastet. Im Tempel lebten die heiligen Katzen, sorgsam gepflegt und behütet von Priestern. Einmal im Jahr strömten unübersehbare Menschenmengen dort zusammen, um das große Fest des Bastet zu feiern. Viele brachten mumifizierte Hauskatzen mit, die auf dem großen Katzenfriedhof bestattet wurden.

Bubu Der zweijährige schwarze Kater aus Passau macht im Sommer 1983 Schlagzeilen. Unerlaubter Ausflüge in Nachbars Garten überführt, wurde er vom Amtsrichter zu lebenslanger Ausgangssperre verurteilt – andernfalls droht dem Besitzer eine Strafe von 500 000 DM. →Mucki.

Buchenwald der Katzen nannte →Colette die Stadt Paris, in der zahllose verlassene Tiere, die sog. Kübelkatzen, sich aus Abfalleimern ernähren müssen, in ständiger Angst, verjagt und mißhandelt zu werden. →Heimatlose Katzen.

Buchsbaum ist für Katzen hochgiftig wegen des darin enthaltenen Cyclobuxins. Symptome: Erbrechen, Durchfall, Krämpfe, Tod durch Atemlähmung. →Vergiftungen.

Buddhismus Weiße Tiere werden im B. als mögliche Inkarnation Buddhas verehrt. Die japanische Legende berichtet jedoch, eine Katze habe Buddhas Gebot der Liebe unter allen Lebewesen mißachtet und unmittelbar nach seinem Tod eine Ratte getötet, die von dem Öl trank, das aus der Totenlampe tropfte. Die Katze wollte die Ratte bestrafen für ihren Mangel an Pietät. Die Kommission für astronomische Kalkulation und Kalender am Hofe des Kaisers von Japan nahm diese Legende aber zum Anlaß, die Katze aus dem Tierkreis zu streichen. →Coatsworth. Im →Gotokuji-Tempel bei Tokio gedenken die Mönche singend der verstorbenen Katzen und bitten um ewige Ruhe für ihre Seelen.

Buffon, George Louis Leclerc Graf von (1707–1788), schrieb eine vierzigbändige Naturgeschichte. Er vertrat die Meinung, daß die verschiedenen Farben der Katze verschiedenen Regionen der Erde zuzuordnen seien. So stammten seiner Ansicht nach die →Kartäuser aus Südafrika. Im übrigen beurteilte er Katzen voreingenommen und ungerecht. Ganz offensichtlich war der Graf ein Hundefreund. Seine Vergleiche der Katze mit dem Hund laufen darauf hinaus, daß die Katze falsch, hinterlistig und egoistisch sei.

Bulgakow, Michail (1891–1940). Der russische Schriftsteller schrieb den großen Roman «Der Meister und Margarita», 1938, in dem der Teufel Moskau in Angst und Schrecken versetzt. Zu seinem Gefolge gehört der große schwarze Kater Behemoth, der über ebenso erstaunliche wie unheimliche Fähigkeiten verfügt. Als der Spuk verschwindet, werden an die hundert friedfertiger, nützlicher schwarzer Kater verfolgt und ermordet. Der Stoff wurde verfilmt von dem jugoslawischen Regisseur Aleksander Petrovic. Der Film enthält einige der besten Katzenszenen der Filmgeschichte.

Bulgarisches Märchen «Der menschliche Undank oder Kater Bey und Zar Peruschljan», eine Variante zum Gestiefelten Kater: Der Kater macht einen armen Jungen zum reichen Mann und verheiratet ihn mit einer Zarentochter. Als er aber krank wird, läßt sein Herr ihn auf den Misthaufen werfen. →Der Gestiefelte Kater, →Katzenmärchen 2a.

Bulgarische Sagen a. Christus erschuf aus seinem Handschuh die Katze, um einer armen Frau zu helfen, der Ratten alle Vorräte auffraßen. →Katzenmärchen 3b. b. Eines Tages hatte der Teufel sich in die Kirche geschlichen, als der Pope die Messe las. Bei den Worten «Dein Reich sei gesegnet» barst er, aus seinem Leib liefen Ratten heraus. Der Pope warf seine Handschuhe auf den Boden, sie verwandelten sich in Katzen, die die Ratten verfolgten →Katzenmärchen 3b.

Bulla, Gisela, deutsche Autorin mit zeitweise vier lieben Hauskatern – Nello, Kolja, Angel und Grischa – schrieb u. a. «Katzen», 1980, «Katzenkorb und Vogelkäfig», 1983, zusammen mit Sina Walden: «Endzeit für Tiere», 1984. Seit 1986 ist in der Sammlung «Tiere unsere Freunde» die Katzenstory «Angel von Sant' Angelo» zu lesen. 1993 erschien «Meine Katze», Neuauflage unter dem Titel «Die Katze, das rätselhafte Wesen» 1996.

Bullkater ist ein alter norddeutscher Name für Gewitterwolken, →Murrkater. Später wurde der B. zum Korndämon, →Kornkatze. Bullkatern hieß noch im 19. Jahrhundert in Norddeutschland das besonders ausgiebige und wilde Feiern des Weihnachtsfestes.

Bungartz, Leopold. Der Tiermaler und Schriftsteller veröffentlichte um die Jahrhundertwende ein «Illustriertes Tierbuch», in dem wir folgende Erklärung für die Entwicklung der Chinesischen Hängeohrkatze finden: Sie wurde über viele Generationen in Bambuskäfigen gemästet, und so verloren ihre Ohren, die nicht mehr gebraucht wurden, um die leisesten Bewegungen der Beutetiere aufzufangen, ihre Straffheit. →Katzenfleisch, →Chinesische Küche.

Bunny-Katzen sind hasenfarbige Nachkommen von buschigen, halblanghaarigen englischen Wildkatzen und getigerten Bauernkatzen. Ein B.-Kater gehört höchstwahrscheinlich zu den Vorfahren der →Somalikatze.

Buntkatze ist ein anderer Name für den afrikanischen →Serval.

Bürger, Manfred, schrieb «Das große Katzenbuch», erstmals erschienen 1978 in Leipzig, mit Fotos von Erich und Isabella Tylinek, Pinselzeichnungen von Joseph Hegenbarth und Zeichnungen von Michael Lißmann – ein mit Liebe und Katzenverstand zusammengestelltes Werk über Haltung, Pflege, Ernährung, Krankheiten und Zuchtkatzen, das 1980 als «rororo-Katzenbuch» herauskam.

Burmakatzen wurden in den dreißiger Jahren zuerst in Amerika gezüchtet. Die Vorfahren waren Wong Mau, eine dunkelbraune Katze aus Birma, und ein dunkler Siamkater. Die braune Burma hat im Gegensatz zur →Havanakatze gelbe Augen. Burmas gibt es heute in Braun, Blau, Creme, Lila, Rot, Champagner, Platin, Blaucreme und Schildpatt. Sie haben ein kurzes, feines glänzendes Fell. →Ticking tritt bei den B. nicht auf. Etwas stämmiger als die Siamkatzen, haben sie eine leisere, angenehmere Stimme. Sie gelten als intelligent und zärtlich. →Barbiturate, →Burmilla, →Tiffany Cats.

Burmesische Katzenmärchen «Der Katzenprinz»: Der jüngste Königssohn verliebt sich in ein kleines braunes Kätzchen und gewinnt mit seiner Hilfe das Königreich. →Katzenmärchen 9a. «Der Streit»: Hund und Katze sollen für ihren Herrn ein Kaninchen fangen. Bei der erfolglosen Jagd kommt es zum Streit. Der Herr gibt der Katze recht, daraufhin ziehen alle Hunde unter Protest aus den Häusern der Menschen aus. →Katzenmärchen 4a.

Burmilla Neueres Zuchtergebnis aus der Kreuzung zwischen lebhaften, kurzhaarigen →Burmakatzen und sanften, langhaarigen →Chinchillas.

Bürsten →Fellpflege.

Bus, Busi oder **Büseli** Alemannisch-schwyzerischer Kosename für Katzen. →Poes, →Pussycat.

Busch / Silver stellen in ihrem reich illustrierten Buch «Warum Katzen malen», 1995, eine verblüffende Theorie der Katzen-Ästhetik auf.

Busch, Wilhelm (1832–1908), schrieb ein reizendes Gedicht über die

Freundschaft zwischen einer Katzen- und einer Hundemutter. Am 10.2.1984 wurde aus der Münchener Stuck-Villa sein Skizzenbuch «Hunde, Katzen und ein Huhn» gestohlen. Es ist nicht größer als eine Zigarrenkiste.

Busfahrt →Bahnfahrt.

Butter naschen viele Katzen gern. Gönnen Sie ihnen ab und zu ein Stückchen, Katzen brauchen relativ viel →Fett.

Byron, Lord George Gordon Noël (1788–1824), englischer Dichter, von Goethe als «größtes Talent des Jahrhunderts» gerühmt, gehörte zu den Freunden der Katze. In seinen Tagebüchern finden sie des öfteren Erwähnung. 1820 schrieb er aus Ravenna an seine Halbschwester Augusta: «Ich habe hier … eine blühende Familie, zwei Katzen, sechs Hunde, einen Dachs, einen Falken, eine zahme Krähe und einen Affen … Von einem gelegentlichen Bürgerkrieg ums Futter abgesehen, vertragen sie sich bewundungswürdig.»

C

Cain, August Nicolas (1821–1894), gehörte zu der französischen Künstlergruppe «Les Animaliers» und schuf zauberhafte Katzenplastiken, die heute von Sammlern hoch bezahlt werden.

Caithness ist der Name einer schottischen Grafschaft und bedeutet soviel wie «Katzenland».

Calico (buntbedruckter Kattun) nennt man →Amerikanische Kurzhaarkatzen in möglichst gleichmäßig ausgefärbtem Rot ohne Creme.

Cambazard, Michel, Fotograf und «Katzenchef» aus Leidenschaft, führte 1977 eine Kampagne zur Rettung der freilebenden Katzen vom Friedhof Montmartre durch, die wegen →Katzenschnupfen ausgerottet werden sollten. Er verschaffte ihnen das verbriefte Recht auf Leben, Futter und Pflege. In Marseille, im Schloß von Vincennes, im Museum Cluny und andernorts wurden gleichfalls Reservate geschaffen, die Rettungsaktion geht weiter. →Nicolas, →Marius, →Katzenschule.

Camping mit Katzen ist problematisch. Natürlich möchte die Katze auch mal den Wohnwagen verlassen, und ob man sie dann jemals wiederfindet, ist mehr als fraglich. Katzen, die an die →Leine gewöhnt sind, könnte man – unter Aufsicht – an der langen Leine die Umgebung erkunden lassen. Nicht auf allen Campingplätzen sind Haustiere zugelassen, die Bestimmungen ändern sich rasch. Also bitte vorher Erkundigungen einziehen.

Camus, Albert (1913–1960), Nobelpreisträger von 1957, vergleicht in «Licht und Schatten» das Elend einer schwarzen Katzenmutter, deren Kinder vor Hunger sterben, mit einem Ausmaß der Not, der Verzweiflung im Menschenleben, wo «nicht mehr zu nichts mehr führt und das ganze Leben sich in einem Bild erschöpft».

Camuti, Louis J., verfaßte das ebenso lesenswerte wie amüsante Buch «Alle meine Patienten sind unterm Bett. Erinnerungen des Katzendoktors» (1981).

Čapek, Josef (1887–1945), tschechischer Schriftsteller und Graphiker, schrieb und illustrierte das reizende Kinderbuch «Vom Hündchen und vom Kätzchen», in deutscher Sprache wiederaufgelegt 1982.

Čapek, Karel (1890–1938), Schriftsteller, erklärt sich in «Meine Hunde, meine Katzen», dt. 1960, bereit, in jeden beliebigen Verein einzutreten, sofern der ihm nur ein Kätzchen abnimmt. Seine Katze charakterisiert ihn folgendermaßen: «Er nimmt eine scharfe Kralle in die Hand und bekratzt weiße Blätter. Andere Spiele kennt er nicht ...»

Capote, Truman (1924–1984). Der amerikanische Schriftsteller schildert in «Musik für ein Chamäleon», dt. 1980, die Begegnung mit einer alten Dame, die mit ihren vielen Katzen in einem einsamen Haus lebt. Sie zeigt dem verblüfften Gast schließlich den Inhalt ihrer Kühltruhe: gefrorene Katzen, ihre verstorbenen Lieblinge, die sie nicht «ganz verlieren wollte ...»

Caras, Roger A., verfaßte mit «Mythos Katze», 1991, eine über 200 Seiten lange Liebeserklärung an alle Samtpfoten, amüsant, informativ und hinreißend illustriert mit den besten Zeichnungen aus 4000 Jahren. Fast schon eine Pflichtlektüre für jeden Katzenfan.

Carmiggelt, Simon, holländischer Schriftsteller, erzählt in «Alles für die Katz» von seinem mißglückten Versuch, eine dauerhafte Katzenehe zu stiften, und von den Problemen mit dem reizenden Nachwuchs, dt. Ausgabe 1954.

Carnivora Lateinischer Name für alle Raubtiere zu Wasser und zu Lande. Dazu gehören auch unsere Hauskatzen. Laut Alfred →Brehm ist die Katze das vollkommenste Raubtier überhaupt.

Carossa, Hans (1878–1956), war ein ausgesprochener Katzenfreund. «Wenn ich die Stirn dir berühre, fühl ich auf einmal den Mond», heißt es in seinem berühmten Gedicht «An eine Katze». In seinem «Rumänischen Tagebuch» schildert er ergreifend den Tod eines Kätzchens.

Carroll, Lewis – eigentlich Charles Dodgson – (1832–1898), Mathematiker und Autor von «Alice im Wunderland» und «Alice im Spiegelland», erster Illustrator war John Tenniel. Im Wunderland begegnet Alice der →Cheshire Cat (Grinsekatze), ins Spiegelland begleitet sie ein rotes Tigerkätzchen, das sich in die rote Königin eines Schachspiels verwandelt.

Casanova (1725–1798) liebte nicht nur Frauen, sondern auch Katzen. «In der Katze sehe ich die Frau mit ihrer ewig beweglichen, sensiblen Seele», meinte er.

Cäsar, Gaius Julius (100–44 v. Chr.), wollte überall der Erste sein. Da Katzen sich nun einmal nicht beherrschen lassen, wurde der große Diktator unrühmlich bekannt als Katzenfeind ...

Castonier, Elisabeth. Die in England lebende deutsche Autorin und Kämpferin für die Rechte der Katzen machte den goldgelben Kater Rum und die blaue Perserkatze «Herzogin Nana», dt. 1960, unsterblich.

Cat, das englische Wort für Katze, hat im Schottischen eine Doppelbedeutung, es heißt Kämpfer und Katze.

Cats →Musical.

Catgut (Katzendarm) heißen Fäden, mit denen Chirurgen Wunden vernähen. In Wirklichkeit stammt das Material jedoch von Pferden und Schafen.

Catti nannte sich ein teutonischer Stamm, der in Schottland die Gegend von →Caithness besiedelte und die Katze zum Wappentier erkoren hatte.

Catus (evtl. von cattare = sehen) ist das spätlateinische Wort für Kater. Davon wird abgeleitet: chazza (althochdt.), Katze (mittelhochdt.), Katte (altfriesisch), Kat (nordfriesisch), Kat (holländisch und dänisch), cat (englisch und irisch), Katta (schwedisch), chat (französisch), gato (spanisch), gatto (italienisch), caz (bretonisch), câth (welsch), kot und koschka (russisch und polnisch), koĉka und kocor (wendisch und serbisch), kátè (litauisch), kattins (lettisch), katti (finnisch), kat (estnisch), katto (lappländisch), kati (georgisch), kedy (türkisch), citto (armenisch), cica (ungarisch), gata und katzi (neugriechisch), kata (rumänisch), katt (sarazenisch), ḉattus (maltesisch) catull (hebräisch, neben Schanar und Schunara). →Kadis.

Cecchi, Emilio (1884–1966). Die Liebe des italienischen Essayisten gehörte den ganz normalen Hauskatzen: «Eine herumvagierende, eine Gammlerkatze ... Sie möge sich unser bestes Kissen wählen. Und sie behüte uns vor der Langeweile und den neunmalklugen und tückischen Mäusen» (aus «Goldfische», dt. 1977).

Céline, Louis-Ferdinand (1894–1961). Der Kater Bébert des französischen Schriftstellers verursachte im Zweiten Weltkrieg fast einen Flakangriff. Auch im Exil trennte C. sich nicht von seiner Katze.

Cellospielen wird nach E. →Belzner die Haltung der Katzen genannt, wenn sie bei ihren intimen Toilette eine Hinterpfote schräg in die Luft strecken.

Cenn Cait (Katzenkopf) nannte sich um 50 n. Chr. ein irischer Fürst. →Patrick.

Cervantes, Miguel (1547–1616), spanischer Dichter. In «Don Quijote» wird eine Gruppe Katzen der Hexerei angeklagt, eine Anspielung auf die Inquisition.

Cézanne, Paul (1839–1906). Der französische Maler schuf eine Reihe schöner Katzenzeichnungen.

Chagall, Marc (1889–1985). Der russische Maler hat auf seinen phantastischen, farbenprächtigen Bildern sphinxartige Katzen mit oft menschlichen Gesichtszügen verewigt.

Chamisso, Adalbert von (1781–1838), schrieb das Gedicht «Katzennatur», in dem ein naseweiser Mäusejunge sich – zu seinem Unglück – in die Katzenkönigin verliebt ...

Champfleury, Jules (1821–1889), französischer Schriftsteller, schrieb eines der ersten großen Katzenbücher: «Les Chats», 1869. «Nur feinfühlige Naturen verstehen die Katzen», heißt es da, «grobe Menschen werden sie stets verkennen.»

Chance, W., ein englischer Maler, schuf 1897 hinreißende Katzenstudien.

Chandler, Raymond (1888–1959), der weltbekannte amerikanische Kriminalschriftsteller, war untröstlich über den Verlust seiner Katze Taki I.

Chapman, Jean. Die australische Autorin veröffentlichte das liebenswerte Jugendbuch «Die Wunschkatze», 1969.

Charakterstärke Katzen haben mehr C. als Hunde und viele Menschen. Zu ihren wertvollsten Charaktereigenschaften gehören Freiheitsliebe, Geduld, Mut, Treue, Unabhängigkeit und Unbestechlichkeit. Sie schenken ihre Zuneigung, wem sie wollen, und ziehen sich zurück, wenn ihr Vertrauen enttäuscht wird.

Chateaubriand, François-René de (1768–1848), französischer Offizier, Staatsmann und Dichter, erbte Micetto, die große, graurote Katze des Papstes →Leo XII. C. wurde zum glühenden Anwalt der Katzen: «Ich arbeite an ihrer Rehabilitierung und hoffe, aus ihr ein geachtetes Tier zu machen.»

Chat Noir (Schwarze Katze) wurde zum Symbol von Pariser Malern und Schriftstellern um die Jahrhundertwende. Ursprünglich Name eines Künstlercafés, wurde «Chat Noir» zum Vorbild litararischer Kabaretts, auch eine Kunstzeitung erhielt diesen Namen.

Chats d'Argent (Geldkatzen), auch Matagots (Zauberkatzen), werden rein schwarze Katzen in der Bretagne genannt. Man glaubt, daß sie Geld in das Haus bringen, in dem sie liebevoll aufgenommen werden. Ein unfehlbares Rezept: Man nimmt eine Börse mit zwei Fächern und füllt eins davon mit neuen Goldstücken. Dann nimmt die Dame des Hauses die Katze an ihre Brust, damit sie sich satt trinken kann. Vor dem Schlafengehen legt man die Börse neben die Katze, die damit verschwinden wird, um nach ein paar Tagen zurückzukehren. Und dann sind beide Fächer der Börse mit Gold gefüllt …

Chätzi ist der alemannische Name für Katzen. Im Verlauf der Verketzerung der →Katharer nannte man diese «Chätzer». Und daraus entstand unser Wort Ketzer.

Chaucer, Geoffrey (um 1340–1400). Der englische Dichter erwähnt bereits des öfteren Katzen in seinen berühmten «Canterbury Tales» (1385–1400).

Chavinkultur 1200 Jahre vor Chr. war eine Katze die höchste Göttin in der südamerikanischen C.

Cheshire ist der Name der wunderbaren Katze aus «Alice im Wunderland», die lächeln und sich unsichtbar machen kann. L. →Carroll. In dem Ort C. wurde früher Käse in Form von lächelnden Katzen hergestellt.

Chicago Der Bürgermeister des Stadtteils Broadview in C. erließ 1983 das Verbot, mehr als zwei erwachsene Katzen zu halten. Für die erste muß der Besitzer fünf, für die zweite 25 Dollar Steuer im Jahr berappen.

Chilenische Waldkatze →Nachtkatze

China Schon im 8. Jahrhundert v. Chr. wurden in C. Hauskatzen als Beschützer der Feldfrüchte verehrt und galten als Symbol für ein langes Leben. Auch zum Schutz der Seidenraupenzucht vor Mäusen leisteten sie wertvolle Dienste. Vor 2000 Jahren glaubte man dann, daß der Mensch sich nach seinem Tode in eine Katze verwandeln könne. Die Kaiserin Wu verbot Katzen den Zutritt zum Palast, weil eine Hofdame, die von ihr hingerichtet wurde, ihr gedroht hatte, sie in eine Ratte zu verwandeln. In C. wurde auch der Beruf des →Katzenexperten erfunden. →Li, →Mao, →Peking, →Katzenfarmen. Besonders beliebt sind schwarze Katzen mit weißem Hals und Bäuchlein. Sie haben den poetischen Namen «Schwarze Wolke über dem Schnee».

Chinchilla-Perser gelten als die unübertroffenen Schönheiten unter den Katzen. Ihren Namen bekamen sie von den südamerikanischen Hasenmäusen, die allerdings ein aschgraues Fell haben. C. sind im Normalfall eher weißlich mit einem schwarzgrauen Schimmer, der durch die schwarzen Haarspitzen entsteht (→Tipping). Die mit schwarzem «Lidstrich» umrahmten Augen sind smaragd- bis blaugrün. Konstrastierend zum ziegelroten Nasenspiegel sind die Ballen im Idealfall schwarz oder dunkelbraun. Der Schwanz ist sehr buschig. Die Eltern der ersten bekannten C. waren ein Rauchperser und ein Silber-Tabby. Sie kam um 1880 in London zur Welt. In der Jugend sind C. auf dem Rücken und an den Seiten gemustert. Neuerdings werden auch rote und Kurzhaar-C. gezüchtet.

Chinesische Harlekinkatzen (Calico Harlequin) nennt man nach berühmten Tuschzeichnungen alter chinesischer Meister weißgescheckte →Amerikanische Kurzhaarkatzen. Das weiße Fell darf nur vereinzelte, runde, nicht miteinander verbundene Flecke an Kopf und Rücken aufweisen, in Schwarz, Rot, Blau oder Schildpatt, mit oder ohne Tabbymuster. Die Pupillen sollen grün leuchten, nicht rot (→Albinismus). Der Schwanz hat die Farbe der Abzeichen, manchmal ist er im oberen Teil weiß. →Einfleckkatzen.

Chinesische Katzenfabel «Schicksal einer Schönheit»: Ein reicher Mann hatte eine ungewöhnlich schöne Katze, die ihm viele abkaufen oder ablisten wollten. Mehrmals mußte er mit ihr fliehen. Als er mit einem Schiff den Hoang Ho überqueren will, stürzt er unterwegs ins Wasser und ertrinkt. Die

Katze springt ihm nach und versucht, ihn zu retten. In der Nacht träumt sein Freund, die Katze und ihr Herr hätten sich in einen nahen Tempel gerettet. Er geht hin und findet auf der Tempelterrasse beide, tot. Sie werden zusammen in einem Sarg beigesetzt.

Chinesische Katzenmärchen «Die vier Pfoten der Katze»: Ein Taubenzüchter schnitt im Laufe der Zeit zehn Katzen alle vier Pfoten ab, weil sie jeweils eine seiner Tauben gerissen hatten. Seine Frau brachte zweimal hintereinander Kinder ohne Hände und Füße zur Welt. →Katzenmärchen 10. «Die Katze als Lehrmeister»: Eine kleine Katze bringt dem Tiger alles bei, was zum Jagderfolg führt. Aber der Undankbare will am Ende die Katze fressen. Zum Glück kann sie sich auf einen Baum retten, denn wie man da hinaufkommt, das hat sie dem Tiger natürlich nicht beigebracht! →Katzenmärchen 2d. «Die dreizehn Kugeln»: Ein Jäger entlarvt und erlegt Maomata, den Katzendämon. →Katzenmärchen 10. «Der Glücksring»: Ein armer Bauer rettet eine Schlange, die ihm zum Dank einen Glücksring schenkt. Ein diebischer Händler raubt den Ring. Hund und Katze des Bauern holen ihn nach vielen Abenteuern gemeinsam zurück, aber Lob und Dank erntet allein die Katze, die zuerst wieder daheim ist. Seither ist der Hund ihr Feind. →Katzenmärchen 4.

Chinesische Küche Auf mindestens 40 verschiedene Arten wird im Land der Mitte Katzenfleisch zubereitet. Da vergeht wohl jedem Katzenfreund der Appetit. Haustierhaltung ist in den Städten Chinas verboten, Katzen und Hunde werden aber extra für den Verzehr gezüchtet. →Dachhase, →Schlachtung.

Chinesische Uhr Die Chinesen lasen früher, so heißt es, die Tageszeit aus den Augen der Katzen ab, denn je nach dem Lichteinfall verengen oder erweitern sich die Pupillen. C. →Baudelaire erinnert daran in seinem Gedicht «Die Uhr».

Chinesische Weisheit, die man früher jungen Männern mit auf den Lebensweg gab: «Wer Katzen nicht mag, bekommt keine schöne Frau.»

Chinesische Weißkatzen sind →Albinos und besitzen rezessiv die Anlage zu jeder beliebigen Färbung.

Chinesisches Sprichwort: «Jede Katze ist gern dort, wo man sie streichelt.»

Chingaku, Awashima (1822–1888). Der japanische Maler verewigte auf hinreißenden Tuschzeichnungen seine geliebten Katzen – mit und ohne Schwanz. →Aberglauben, →Japanische Stummelschwanzkatze.

Chopin, Frédéric (1810–1849). Der polnisch-französische Komponist und Klaviervirtuose komponierte einen «Katzenwalzer».

Chorassan Provinz im Iran. Dort begegnete der Italiener Pietro della →Valle im 17. Jahrhundert zum erstenmal Langhaarkatzen.

Chou Wen-chü Aus der Schule des berühmten chinesischen Malers des 10. Jahrhunderts stammt das Bild «Hofkonzert», auf dem eine graue Langhaarkatze gemütlich zusammengerollt unter dem Tisch schläft.

Christentum Im germanischen Raum betrachtete man im Zuge der Christianisierung Katzen, die ehemals heiligen Tiere der Göttin →Freya, als Verkörperung des Heidentums, als das Böse schlechthin. Aber ganz so eindeutig negativ war die Beziehung des C. zur Katze nicht immer und überall. Papst →Gregor liebte Katzen, in vielen Klöstern wurden sie liebevoll betreut (→Klosterkatzen). Trotzdem kam es zu den schrecklichen →Hexen- und Katzenverfolgungen im Mittelalter. Besonders schwarze Katzen wurden als angebliche «Teufelstiere» gnadenlos verfolgt und vielerorts zu Tode gemartert. Der Religionskampf gegen die heidnischen Götter, im Norden Deutschlands nie eindeutig zugunsten des C. entschieden, hatte auch eine erotische Komponente: Freya, die Göttin der Fruchtbarkeit, wurde verantwortlich gemacht für das leidenschaftliche Liebeswerben der Katzen, ein schlechtes Beispiel für die im Sinne des C. zu erziehenden Menschen. Die Dämonisierung der germanischen Götter erfaßte auch die Katzen, interessant ist aber, daß sie in der christlichen Tiersymbolik nie direkt als «Teufelstier» auftraten wie z. B. der Fuchs. →Ketzer, →Luther, →Judas.

Christoph, Horst-Joachim, gab 1963 das Standardwerk «Klinik der Katzenkrankheiten» heraus. Die zweite vollständig überarbeitete Auflage erschien 1977. Viele Beiträge namhafter Tiermediziner, für Laien nur bedingt geeignet.

Christrosen oder Schwarze Nieswurz stehen unter Naturschutz. Sie enthalten das giftige Helleborin, das bei Katzen zu Erbrechen, Durchfall, Atemnot bei erweiterten Pupillen und Erregungszuständen führt. Nur der Tierarzt kann helfen. →Vergiftungen.

Christusdorn gehört zu den für Katzen giftigen Zierpflanzen.

Chromosomen Katzen besitzen 19 Chromosomenpaare (Hunde 39, Menschen 24). Diese für die Vererbung verantwortlichen Kernschleifen befinden sich in jedem Zellkern.

Chruschtschow, Nikita, russischer Politiker (1894–1971), war – im Gegensatz zu Stalin – ein Katzenfreund.

Chrysanthemen (Wucherblumen)

stammen aus Japan und China. Sie sind reines Gift für Katzen.

Churchill, Sir Winston (1874–1965), englischer Staatsmann (Nobelpreis für Literatur 1953), nannte seinen berühmten schwarzen Kater, der seinen festen Platz am Familieneßtisch hatte, →Nelson.

Chwast, Seymour. Der moderne amerikanische Künstler schuf eine Reihe ausdrucksvoller Holzschnitte von dominierenden Katzen, die in einem empfindsamen Betrachter durchaus beklemmende Gefühle auslösen können.

Clematis In südeuropäischen Ländern sehr verbreitete Zierpflanze mit üppigen blauen und rosa Blüten, ist für Katzen leider giftig.

Clemenceau, Georges (1841–1929), französischer Staatsmann, betrachtete seine schwarze Perserkatze Prudence als sein Maskottchen. Sie soll ihn nie enttäuscht haben.

Clemens August von Gottes Gnaden Erzbischof von Köln, befahl 1747 allen Untertanen, ihren Katzen die Ohren abzuschneiden, und zwar glatt am Kopf. Dieser reizende Mensch war ein leidenschaftlicher Jäger und neidete den Katzen ihren bescheidenen Anteil an jungen Hasen und Feldhühnern.

Coatsworth, Elizabeth. Die amerikanische Schriftstellerin verfaßte 1930 das hinreißende moderne Katzenmärchen «Von der Katze, die in den Himmel kam», dt. 1963: Ein armer japanischer Maler bekommt eine kleine weiße Katze und wenig später seinen ersten großen Auftrag, ein Buddhabild für den Tempel. Er malt den Heiligen inmitten von Tieren, nur die Katze fehlte. Denn Katzen sind auf einem Buddhagemälde verboten. Vor Kummer verweigerte seine Katze das Futter und wurde von Tag zu Tag schwächer. Da entschloß der Maler sich voller Mitleid, sie doch auf dem Bild festzuhalten. Vor lauter Glück starb die Katze, ganz versunken in den Anblick des Gemäldes. Doch der Priester wurde sehr zornig, als er die Katze auf dem Bild erblickte. «Morgen wird es im Tempel verbrannt», erklärte er. Doch in der Nacht geschah ein Wunder. →Buddhismus.

Cocteau, Jean (1889–1963), legte seiner Katze ein Halsband um mit der Inschrift «Cocteau gehört mir». →Keats.

Colette, Sidonie-Gabrielle (1873–1954). Die französische Schriftstellerin liebte Katzen über alles. Ihre Katzengeschichten gehören zur Welt-(Katzen)-Literatur. In «Eifersucht» siegt die Kartäuserkatze Saha im Kampf um «sein» Herz über ihre menschliche Rivalin, die so töricht war, sich zu einem Mordversuch an der Katze hinreißen zu lassen. 1985 erschien ein Band mit Tiergeschichten unter dem Titel «Die Katze aus dem kleinen Café». Relativiert wird die Katzenliebe der C. allerdings durch →Léautaud, der berichtet, daß ihre berühmte Kiki la Doucette nach dem Tode im Wallgraben landete, wie Abfall …

Colourpointkatzen (früher Khmerkatzen) wurden um 1930 in den USA aus Perser- und Siamkatzen gezüchtet, dort heißen sie Himalayan. Das halblange Fell und den Körperbau verdanken sie den Persern, die blauen Augen und →Abzeichen den Siamesen. Es gibt sie heute in allen Siamfarben. C. sind selten und entsprechend teuer. Sie gelten als sehr anhänglich und brauchen viel Zuwendung. Im Temperament ähneln sie mehr den Persern, sind aber nicht ganz so ruhig.

Comic-Katzen Die Katze, vorwiegend der Kater als Comic-Held hat eine lange Tradition. Krazy Kat, C. des Amerikaners George Herriman (gest. 1944), entstand 1910 und gilt noch heute als künstlerischer Höhepunkt der Comic-Produktion. Sie liebt die Maus Ignaz, die ihr 34 Jahre lang Ziegelsteine auf den Kopf wirft. Der Hund Offissa Pup liebt Krazy Kat und bringt Ignaz schließlich ins Gefängnis. 1922 als Ballett inszeniert von John Alden Carpenter. Ab 1963 Zeichentrickfilmserie. →Felix the Cat war der legitime Nachfolger von Krazy Kat. Er wurde von dem Australier Pat Sullivan (1887/88–1933), für den →Zeichentrickfilm geschaffen, 1923 erschienen die ersten Comic Strips. Ab 1935 signierte Sullivans Nachfolger Messmer die weiteren Folgen, 1954 übernahm Joe Oriolo die Serie. «Nard n'Pat», Comic-Serie von Jay Lynch, gilt als Nachfolger der weltberühmten Krazy Kat im Underground-Comic. Zu den «Un»katern der Comics gehört wie «Sylvester», (→Zeichentrickfilme) – auch →«Garfield» von dem Amerikaner Jim Davis. «Fritz the Cat» ist ein weiteres Beispiel für Underground-Comics, kreiert von dem Amerikaner Robert Crumb, zweimal verfilmt. «Fat Freddy's Cat» ist ein von Gilbert Shelton erfundener Underground-Comic-Kater. «Heathcliff» ist der unerschrockene Held einer Comic-Serie des Amerikaners G. Gately. In Europa machte sich Maarten Toonder einen Namen als Schöpfer des weltberühmten Comic-Katers «Tom Poes». «Richard und sein Kätzchen» ist eine liebenswürdige Comic-Serie des schwedischen Zeichners Rune Andreasson. Die liebenswerteste deutsche Katzen-Comic-Serie war «Oskar, der Familienvater» des Frankfurter Mundmalers Cefischer. Sehr berühmt wurden in letzter Zeit die Abenteuer des «Katers Jakob» von Sven Hartmann und Thomas Härtner. Richard Scarry zeichnete die lustigen Bildgeschichten «Matz Katz und seine Familie», eine Comic-Serie für Kinder. Peyo, der Vater der «Schlümpfe», kreierte auch die Comic-Serie um das Kätzchen Poussy.

Confrey, Zez, amerikanischer Ragtime-Musiker, schrieb 1921 das berühmte Klaviersolo «Kitten on the Keys». Auf dem Titelblatt sah man ein wolliges, kleines Kätzchen, das eilig über die Tastatur lief.

Conradt, Alexander, wurde bekannt durch seine reizvollen Bücher um den Kater «Irmchen», der aus den Bergen Mallorcas kam. Der Erlös dient dem Bau des Tierheims Avalon in Irmchens Heimat.

Cooper Gay, Margaret. Die amerikanische Katzenspezialistin schrieb den zuerst 1946 erschienenen Klassiker «Umgang mit Katzen», ein großartiges, liebenswertes Buch, in dem ihre Lieblingskatze Ma die Hauptrolle spielt: «Sie würde einen Dichter zum Wahnsinn bringen, einen Bankier zu nervöser Erschöpfung, und ich wage nicht auszudenken, was sie mit einem Maler anstellen würde ... Sie ist nutzlos, mürrisch, grob und häuslich. Sie ist auch tapfer und treu und lieb.»

Cosimo ist der Held des Romans «Gelieber Kater Cosimo» von Marcel Valmy. Er wird entführt, kann fliehen und schließlich zusammen mit seinen Freunden, dem Kater Cao und der Schäferhündin Cora, dem Katzenfänger das Handwerk legen.

Couldry, Horatio, machte sich gegen Ende des vorigen Jahrhunderts, als die Katze salonfähig wurde, einen Namen als einfühlsamer Katzenmaler.

Courths-Maler, Hedwig (1867–1950), verfaßte über 200 Unterhaltungsromane. Angeregt zum Schreiben wurde sie von ihrem Kater Felix, schwarz mit drei weißen und einem schwarzen Pfötchen.

Covercat ist – frei nach Covergirl – eine Katze, die als →Fotomodell das Ziel der Klasse erreicht hat und auf Titelseiten von Illustrierten und Katzenbüchern abgebildet wird. Unsere C. erinnert mich an meinen unvergessenen Nello.

Cowley, Stewart. Das amüsante Lehrbuch des amerikanischen Autors für Katzen, die sich ihre Menschen erziehen wollen, erschien in Deutschland unter dem Titel «Der Klügere hat scharfe Krallen», 1981.

Creme Hier geht es weder um Kosmetik noch um Torten, sondern um Farben. Der typische Cremeton bei bestimmten Zuchtkatzen entsteht durch Pigmentverdünnung von Rot.

Cresskill, eine Stadt im amerikanischen Staat New Jersey, schreibt ihren Bürgern vor, daß jede Katze ein Halsband mit drei Glöckchen tragen muß, damit die Vögel gewarnt werden, wenn sie sich nähert.

Crottet, Robert, ist der französische Autor des hinreißenden Katzenromans «Negri – Tagebuch einer Katze», der 1977 in deutscher Übersetzung erschien. Es handelt von einer schönen, schwarzen Katze mit gottähnlichen Fähigkeiten ...

Cumarine Mittel, die das Gerinnen des Blutes verhindern, sind oft in →Rattengift enthalten und auch für Katzen lebensgefährlich. →Vergiftung.

Curtis, Patricia. Die amerikanische Autorin informiert in «Die Wohnungskatze», 1983, umfassend darüber, wie man Katzen in Haus und Wohnung hält – zu beiderseitiger Freude.

Cuvier, Georges, Baron de (1769–1832). Der große französische Zoologe war ein erklärter Katzenfreund.

D

Dachhase Berliner Jargonausdruck für Katze. «In mancher Küche schauet

Der Hase von dem Spieß.
Doch ob er hat miauet,
Das weiß man nicht gewiß.»

Dackelkatzen mit extrem kurzen Beinen sollen laut O. →Fehringer gelegentlich gezüchtet worden sein, eine blödsinnige Idee, die sich nicht durchsetzte, bis sie vor kurzem in Amerika wieder aufgegriffen wurde →Munchkins.

Daisy, eine Katze aus Mannheim, beherrschte die Klopfsprache, um ihre Gedanken und Gefühle auszudrücken. Angeblich löste sie auf diese Weise sogar komplizierte Rechenaufgaben. So berichtet jedenfalls O. →Fehringer.

Damjan, Mischa, und Rudolf Schilling veröffentlichten 1969 «Mau Mao Miau – Die Katze durch die Jahrtausende», eine kleine Kulturgeschichte der Katze mit zahlreichen Illustrationen namhafter Künstler. Damjan gab 1970 das Kinderbuch «Zwei Katzen in Amerika» heraus.

Dämmerungsaktive Tiere sind Katzen ebenso wie Ratten und Mäuse, ihre bevorzugte Jagdbeute.

Damnit, eine vierjährige Tigerkatze, übertraf jede Luftschutzwarnung. Auf den Salomonen-Inseln warnte sie die Amerikaner vor dem Auftauchen japanischer Flugzeuge. Auf amerikanische Flieger reagierte sie nicht.

Dampfbäder helfen bei verstopftem Näschen. Kamillentee mit kochendem Wasser übergießen und die Katze für zehn Minuten mit der dampfenden Schüssel in einen möglichst kleinen Raum einsperren.

Dante Alighieri (1265–1321), soll seiner Katze beigebracht haben, nachts die Kerze zwischen den Pfoten zu halten. Einem seiner Freunde gelang es, die Katze mit einem eingeschmuggelten Mäuschen unverzüglich von ihrer Aufgabe abzulenken. «Die Katze läßt das Mausen nicht», erkannte der Dichter – und ein neues Sprichwort war entstanden.

Darmverschluß droht der Katze, wenn sie etwas absolut Unverdauliches gegessen hat, z. B. Stanniolkugeln, Ohropax, Kaugummi, Schnürbänder, das Radiergummi, Teile einer Plastiktüte u. v. a. m. Symptome: Verstopfung, Appetitlosigkeit, Apathie.

Darwin, Charles Robert (1809–1882). Der englische Naturforscher unterschied schon sechs oder sieben Lautäußerungen, mit denen Katzen ihre Wünsche oder Gefühle ausdrücken. Heute hat man viel mehr feststellen können. →Katzensprache.

«Das Stundenbuch des Herzogs von Berry» ist eine der schönsten Handschriften des Mittelalters. Im Monatsbild «Februar» sieht man zu Füßen einer Bäuerin, die sich am Feuer wärmt, eine weißgraue Katze sitzen. Das Werk entstand in Frankreich, Anfang des 15. Jahrhunderts.

Däubler, Theodor (1876–1934), gehörte zu den vielen Dichtern, die Katzen lieben. Im Gedicht «Katzen» beschreibt er ihr graziöses Spiel im Mondschein.

Dauerrolligkeit kann bei unkastrierten Katzendamen auftreten, die in der Wohnung gehalten werden und keinen Kater finden. Es kommt zu Hormonstörungen, die zu →Scheinschwangerschaft oder →Gebärmutterentzündung führen können. →Kastration, →Rolligkeit.

Daumier, Honoré (1808–1879), stellte in einer Lithographie einen Katzendieb dar, der eine Katze von einem Mauersims lockt – ein leider noch immer aktuelles Thema. →Katzenklau.

Deckhaare nennt man die straffen, langen →Leithaare und die kurzen, geschmeidigen →Grannenhaare im Katzenfell. →Unterwolle.

Degeneration tritt bei der erfreulich ursprünglich gebliebenen Katze gelegentlich als Folge von Züchtungen auf, so z. B. bei →Manxkatzen. Als psychische D. ist Schwäche oder Dämpfung der typischen Reaktionen zu nennen.

DeJong, Meindert. Der amerikanische Kinderbuchautor schrieb eine Reihe liebenswürdiger Katzenbücher: «Das schneeweiße Kätzchen», 1961, «Das siebente Kätzchen», 1969, und «Die blaue Katze, die Oliven ißt», 1973.

Dekkers, Midas, erzählt in seinem Buch «Miau», 1996, von der Liebe zwischen Katzen und Menschen und dem Spielchen, das die Katze mit dem Menschen spielt.

Delacroix, Eugène (1798–1863), malte – wie ein Porträt – den Kopf einer Tigerkatze sehr realistisch und ausdrucksvoll.

Demutsgesten wie Hunde kennen Katzen nicht. Wenn sie in einem Kampf unterlegen sind, versuchen sie zu fliehen.

Dendera, etwa 60 km nördlich von Luxor auf dem linken Nilufer gelegen, war ein Zentrum des Katzenkultes im alten Ägypten.

Denneborg, Heinrich Maria, schrieb für kleine Katzenfreunde die Bücher «Kater Kaspar», 1961, «Wohin mit der Katze?», 1970 und «Hauptsache, ein Kätzchen», 1976.

«Der Gestiefelte Kater» ist ohne Übertreibung das berühmteste Katzenmärchen der Welt. Die älteste uns bekannte Fassung stammt aus Italien, und zwar von Giovanni Francesco →Straparola aus Caravaggio, der Ende des 15. Jahrhunderts lebte. Dann nahm ein Franzose sich des Themas an: Charles →Perrault (1628–1703). Der deutsche Dichter Ludwig →Tieck (1773–1853) dramatisierte den Stoff. Und selbstverständlich taucht das Märchen auch bei der Sammlung der Brüder →Grimm wieder auf, die deutsche und englische Ausgabe von 1844 wurde von Otto →Speckter illustriert. Zahlreiche weitere Veröffentlichungen und Neudichtungen folgten, darunter von →T. Dorst, Erich →Kästner, Paul Galdone und →Janosch. Künstlerische Darstellungen: Ein Denkmal wurde dem Gestiefelten Kater in den Gärten der Tuilerien in Paris gesetzt. Er trägt das Mäusehalsband und eine Ratte am Gürtel, zur Betonung seiner hervorragenden Qualitäten als Ratten- und Mäusefänger, und ähnelt sehr der berühmten Illustration von Gustave →Doré. Schneeweiß stellte Moritz von →Schwind ihn dar auf dem kolorierten Münchener Bilderbogen Nr. 48, 1850. Sogar der große deutsche Expressionist Max →Beckmann schuf ein Triptychon «Der Gestiefelte Kater», 1946–1949. Als Beispiel für die Beliebtheit des Motivs in der Kleinkunst: um 1900 erschien als Sammelbilder der Firma Liebig (Fleischextrakt) eine Serie «Der Gestiefelte Kater». Auch als Briefmarkenmotiv feierte der G. seine Renaissance: 1971 erschien eine Jugendmarke der deutschen Bundespost, 1973 kam in der DDR eine sechsteilige Serie heraus. Verfilmt wurde der beliebteste Märchenkater der Welt in Deutschland 1938 und 1959 (in Farbe). →Katzenmärchen 2a, →Basile.

«Der Herzenskummer einer englischen Katze» Die Novelle von →Balzac wurde von der französischen Autorin Geneviève Serreau 1978 für die Bühne bearbeitet. Die Aufführungen wurden in ganz Europa zu einem Riesenerfolg. →Grandville, →Henze.

Der Stricker, so nannte sich ein fahrender Ritter, der zwischen 1215 und 1250 die Märchen von der «Stadtmaus und Feldmaus», vom «Fuchs und Kater» und vom «Kater auf Brautschau» aufzeichnete. →Katzenmärchen.

Desinfektionsmittel, die Kohlen- oder Holzteer enthalten, wie Karbolseife und Lysol, sind für Katzen hochgiftig und dürfen für Gegenstände, mit denen die Katze unmittelbar in Berührung kommt, nicht benutzt werden. →Vergiftungen.

Deutsch Langhaar Unter dieser Bezeichnung versuchte schon F. →Schwangart vor dem Zweiten Weltkrieg eine Langhaarkatze ohne die Degenerationsmerkmale der Perserkatzen (verkürzter Kopf, zu kleines Näschen) zu züchten. Dieser Typus entspricht der →Türkischen Angora- oder Ankarakatze, die heute in Amerika gezüchtet wird.

Deutsche Katzenmärchen «Hund und Katze»: Als die Menschen Hund und Katze nur noch Knochen gaben, liefen beide zum Richter. Er gab ihnen das Urteil schriftlich, auf Pergament: «Die Menschen müssen Hund und Katze jederzeit Fleisch abgeben.» Die Katze versteckte das Dokument auf dem Dachboden. Als sie es nach einer Weile holen wollte, weil die Menschen ihr und dem Hund wieder nur Knochen gaben, hatten die Mäuse das Pergament zernagt. Seither haßt der Hund die Katze, und die Katze verfolgt die Mäuse. →Katzenmärchen 4a.

«Die Brautschau»: Ein junger Kater sucht eine schöne Frau aus edlem Geschlecht. Eine alte Katze berät ihn. Als sie die Tochter der Sonne, des Windes, des Hauses und der Maus verworfen haben, hat der Freier eine zündende Idee: Ich heirate eine Katze. Der →Stricker, →Katzenmärchen 11.

«Der Kater als Bischof»: Der Löwe, der König der Tiere, macht einen Kater zum Bischof. Als aber bei dem großen Festmahl Mäuse freigelassen werden, verzichtet der Kater auf Amt und Würden und setzt ihnen nach. →Gerhard von Minden, →Katzenmärchen 7.

«Katze und Sperling»: Eine Katze läßt einen Sperling entkommen, weil sie sich vor dem Essen noch rasch das Mäulchen putzen will. →Katzenmärchen 5h, →Niederländische K.

«Unruhe im Katzenwald»: Das schöne friedliche Leben ist vorbei, als ein Wolf in den Katzenwald eindringt und Jagd auf die Katzen macht – bis alle sich zusammenschließen und den Wolf gemeinsam besiegen. →Nürnberger Meistersinger, →Katzenmärchen 5c.

«Der Orden»: Eine ausgezeichnete Mäusefängerin erhielt von den dankbaren Nonnen einen Orden. Da setzte sie sich hinter den Ofen und war zu keiner Arbeit mehr zu bewegen. →Katzenmärchen 7b.

«Der Geizhals»: Ein Geizhals leiht sich beim Nachbarn eine Katze aus, weil in seiner Speisekammer die Mäuse Polka tanzen. Aber da er sie nicht füttert, hält sie sich gemeinsam mit den Mäusen an den Vorräten schadlos, bis es ihr gelingt, nach Hause zu entkommen. H. W. →Kirchhof, →Katzenmärchen 11.

«Die Einladung»: Ein Vogel besteht darauf, daß die Katze sich davon überzeugt, in welcher Bedrängnis er lebt, in einem Baum, an dessen Fuß eine Schlange wohnt. Den Weg markiert er für die Katze mit frisch gefangenen Fischen. Nach dem 16. Fisch rollt die Katze sich zusammen und schläft ein. Der empörte Vogel aber erzählte überall herum, wie falsch und hinterlistig sie sei. H. W. →Kirchhof, →Katzenmärchen 5j.

«Der Ratsherr und der Kater»: Ein Bauer läßt sich von einem Lübecker Ratsherrn übers Ohr hauen. Aber sein Kater Karo überlistet den Ratsherrn und verhilft dem Bauern zu einem hüb-

schen Sümmchen Geld. →Katzenmärchen 2c.
«Der Aufstand»: Bedrängt von der Katze, beschließen die Mäuse, ihr ein Glöckchen umzuhängen. Aber niemand hat den Mut, den Plan auszuführen. →Äsop, →Katzenmärchen 1d.
«Der Listensack»: Ein älterer Fuchs und eine Wildkatze jagen zusammen Mäuse. Der Fuchs brüstet sich mit seinem Sack voll Listen. Als eine Jagd stattfindet, flieht die Katze auf einen Baum, der Fuchs aber erliegt der Hundemeute. Der →Stricker, →Katzenmärchen 5b.
«Der Papst» ist wahrscheinlich die älteste deutsche Fassung des Märchens von der Stadtmaus und der Feldmaus: Die Stadtmaus lädt eine Feldmaus zum Essen ein. Vor Begeisterung holt die Feldmaus ihre ganze Verwandtschaft ins Haus. Da greift der Kater ein, von der Stadtmaus respektvoll als «Papst» bezeichnet. Listig erklärt sie der Feldmaus, alle ihre Lieben müßten ihn demütig gebeugt um seinen Segen bitten. Das geschieht – und der «Papst» verspeist eine nach der anderen. Nur die beiden letzten können fliehen. Der →Stricker, →Katzenmärchen 1b.
«Die Katze und der Habicht»: Ein Habicht packt ein Junges, die Katzenmutter stürzt sich auf ihn. Nach langem, hartem Kampf besiegt sie den Habicht. Ohne auf ihre eigenen Wunden – sie hat u.a. ein Auge eingebüßt – zu achten, läuft sie zu ihrem verletzten Jungen und schleckt es liebevoll. →Katzenmärchen 5r.
«Der Katzenveit vom Kohlenberg»: Mit einem Zauberspruch befreite er die Stadt Tripstrill von einer Mäuse- und Rattenplage. Als man ihm aber seinen Lohn vorenthielt, zog er mit allen Katzen aus der Stadt. Die Nager kehrten zurück, und die Bewohner mußten tief in den Geldbeutel greifen, um Katzen zu kaufen. →Katzenmärchen 2b.
«Der arme Müllersbursch und das Kätzchen»: Sieben Jahre lang diente Hans treu einem bunten Kätzchen, einer verwunschenen Prinzessin. Dann wird er reich belohnt. →Katzenmärchen 9a.
→Bechstein, →Grimm, →Katzenmärchen, Der →Gestiefelte Kater, Die →Bremer Stadtmusikanten.

Diabetes →Zuckerkrankheit.

Dicke Katze, dünne Katze Oft hört man im Urlaub im sonnigen Süden: «Den Katzen geht's doch gut, die haben ja ganz dicke Bäuche.» Ja, von Würmern, von Wassersucht, unverträglichem Futter oder →infektiöser Bauchfellentzündung. Dicke Bäuche bei magerem Rücken und dünnen Pfoten sind ein Alarmsignal. Katzen mit Übergewicht sind rundum mollig. Junge Kätzchen mit aufgeblähten Bäuchlein haben in der Regel →Würmer.

Dickens, Charles (1812–1870), war fasziniert von seinem Kater William, der in Williamina umgetauft werden mußte, als «er» eines Tages Junge bekam. Eines der Kätzchen behielt der Schriftsteller. Es wurde bekannt als «The Master's Cat» und löschte nachts mit der Pfote die Kerzen aus, wenn D. zu lange am Schreibtisch saß.

Dickmilch ist für Katzen durchaus empfehlenswert, eiweißhaltig und leicht verdauungsfördernd. Man sollte die Stubentiger aber frühzeitig daran gewöhnen. →Joghurt.

Diderot, Denis (1713–1784). Der französische Schriftsteller und Philosoph war ein großer Katzenfreund. →Krüger.

Die Bremer Stadtmusikanten Das Grimmsche Märchen, nach I. Fetscher die Geschichte der ersten Hausbesetzung durch ein Rentnerkollektiv, in der Fassung von →Janosch bis zum bitteren Ende von einer Schallplattenfirma ausgebeutet, beschreibt, wie ein Esel, ein Hund, eine Katze und ein Hahn, die «ausgedient» und vom Menschen nichts anderes als Schläge und Tod zu erwarten haben, sich zusammenschließen, um in Bremen ihr Glück als Straßenmusikanten zu versuchen. Ihr Glück ist, folgt man der modernen Version von Janosch, daß sie Bremen nie erreichen, sondern vorher ein einsames Haus im Wald entdecken, aus dem sie eine Räuberbande mit ihrem Konzert mühelos vertreiben. Bei einem nicht ganz überzeugten Versuch der Räuber, das Haus zurückzuerobern, tut sich besonders die Katze hervor bei der Verteidigung ihres →Reviers. Vor dem Bremer Rathaus steht ein Denkmal der vier. →Katzenmärchen 5 a. Varianten aus anderen Ländern →Portugiesische, →Russische, →Schwedische Katzenmärchen.

Die Katze hieß die Mutter eines ägyptischen Würdenträgers unter dem Pharao Mentuhotep I., (2040–2006 v. Chr.), 11. Dynastie.

«Die schönsten Katzengeschichten» – dieser Sammelband mit schönen Illustrationen von Peter Engel erschien 1979 in Wien.

Dieffenbachie →Aronstabgewächse.

Dinictis, ein Nachkomme des →Miacis, heißt ein katzenähnliches Tier, das vor etwa 40 Millionen Jahren lebte. Es war ungefähr so groß wie ein Luchs, ähnelte unserer Katze, hatte aber sehr lange Reißzähne und ein kleines Gehirn. Dieses Tier gilt heute als direkter Vorfahre aller →Feliden. →Smilodon.

Diodor Der griechische Historiker bereiste von 60–57 v. Chr. Ägypten. Er berichtete, daß die Ägypter vor den heiligen Katzen von →Bubastis Gelübde ablegten, das Haar ihrer Kinder schoren und mit Silber aufwiegen ließen. Den Gegenwert bekamen die →Katzenpfleger, die den kleinen Gottheiten warme Bäder bereiteten und sie salbten(!).

Disraeli, Benjamin, Earl of Beaconsfield (1804–1881), englischer Staatsmann, war seiner Königin ergeben – und seiner Katze Mary, die neben ihm auf einem zweiten Kopfkissen schlafen durfte.

Diuc Cat, der Katzenherzog, das ist noch heute einer der Titel des Herzogs von Sutherland, Schottland.

Domestikation und ihre Folgen. Hauskatzen besitzen im Vergleich zu Wildkatzen ein um etwa 23 % reduziertes Hirngewicht. Sie werden früher geschlechtsreif, bekommen häufiger und mehr Junge. Die Wildkatze wird nur einmal im Jahr rollig und bringt im Schnitt jeweils zwei Junge weniger zur Welt als die Hauskatze. Der Darm wurde länger, da Hauskatzen nicht ausschließlich von Fleisch leben. Der «Wortschatz» nahm zu, als habe sie den Menschen zuliebe «sprechen» gelernt. Von der noch relativ kurzen D. der Katze zeugen ihre aufgerichteten Ohren. Hunde und Hausschweine, die schon länger beim Menschen leben, haben meist Schlappohren.

Domin, Hilde (geb. 1912). Die deutsche Lyrikerin schildert in ihrer Geschichte «Die andalusische Katze» eine typische →Urlaubsfreundschaft zwischen Touristen und einer heimatlosen Katze.

Doppelfell Wenn sowohl die →Unterwolle als auch die →Deckhaare besonders dicht und dick sind, wie z. B. bei →Manxkatzen, spricht man von einem D.

Doppelleben Nicht wenige Katzen pendeln buchstäblich zwischen zwei Häusern hin und her. Meist haben die dazugehörigen Menschen keine Ahnung davon, daß sie sich «Peter» oder «Mohrle» teilen. Was Katzen dazu veranlaßt, ein D. zu führen, läßt sich nur erraten. Vielleicht bekommen sie in dem einen Haus besseres Futter, im anderen mehr Streicheleinheiten o. ä. Vielleicht finden sie auch bei der einen Familie mehr Ruhe, bei der anderen mehr Spielmöglichkeiten. →Grzimek, B.

Doré, Gustave (1832–1893). Der französische Zeichner schuf prächtige Lithographien zu dem «Gestiefelten Kater» von →Perrault, Ch.

Dorst, Tankred (geb. 1925). Der deutsche Schriftsteller bearbeitete 1963 →Tiecks «Gestiefelten Kater» neu für die Bühne unter dem Titel «Der Kater oder Wie man das Spiel spielt». Günter →Bialas hat das Stück als Libretto für seine Oper benutzt. «Der →Gestiefelte Kater», →Katzenmärchen.

Dosenfutter sollte man nicht öfter als einmal am Tag geben. Wir leben ja auch nicht ausschließlich von Konserven. →Abendessen, →Ernährung.

Dosenmilch mit Wasser wirkt oft Wunder bei Durchfall. Ein Versuch lohnt sich. Unverdünnte D. ist geeignet zur →Aufzucht mutterloser Kätzchen (ich hab's ausprobiert!). Die geöffnete Dose sofort umfüllen in ein Glas- oder Porzellankännchen und zugedeckt in den Kühlschrank stellen. Die Vergiftungsgefahr durch Oxydation der geöffneten Blechdose ist groß, auch für Menschen.

Douglas, Carole N., macht den schwarzen Kater Midnight Louie zum Star in ihren Krimis: «Neun Leben sind genug», «Nachts sind alle Katzen schlau» und «Coole Katzen im Casino».

Dreckapotheke Katzenkot, Katzenfett, Katzenhaare und vor allem der Katzenschwanz galten vom römischen Kaiserreich bis weit in die Neuzeit als Heilmittel bei allen möglichen Erkrankungen. Unzählige Katzen wurden deshalb gefangen und umgebracht. Katzenblut wurde gegen Epilepsie verordnet. Wiederholt sollen Mädchen, die man zwang, es zu trinken, wahnsinnig geworden sein und sich eingebildet haben, eine Katze zu sein. Sie gingen auf Mäusefang!

Dressur Das amerikanische Ehepaar Jo und Paul Loeb veröffentlichte in dem Buch «Katzen lernen spielend», dt. 1981, seine empörenden Dressurmethoden, die aus jeder gesunden Hauskatze in Kürze ein total verschüchtertes Tier machen – und aus der Wohnung eine Folterkammer für Katzen. Sie werden mit Tomatensoße übergossen, bekommen zahlreiche Gläser Wasser ins Gesicht, werden mit Schlüsselbund und explosiven Bällchen attackiert und müssen destillierten Essigdampf einatmen. Wozu das alles? Zum Schutz der Möbel und Zierpflanzen, im wesentlichen. Die Loebs tun jedenfalls alles, um eine Katze an einem artgerechten, erfreulichen Leben zu hindern. Ob →Zirkuskatzen trotz aller gegenteiligen Behauptungen nicht auf ähnlich brutale Weise dressiert werden?

Drohgebärden Eine Katze kündigt stets vorher an, wenn sie schlagen, kratzen oder beißen will. Bei der Beißdrohung werden die steil aufgestellten Ohren etwas nach außen gedreht. Die Pupillen werden schmal, die Schwanzspitze peitscht hin und her. Fremden Menschen droht die Katze, indem sie sich auf den Rücken wirft und mit allen vier Pfoten Lufthiebe austeilt. Meist bleibt es bei der Drohung, wenn sie nicht weiter bedrängt wird. →Angriffsdrohung, →Abwehrdrohung.

Drohstarren gehört zum Repertoire der Angriffsdrohung. Friedlich gestimmte Katzen vermeiden den direkten Blickkontakt untereinander.

Dröscher, Vitus B. (geb. 1925). Der

bekannte deutsche Tierschriftsteller erklärt in «Mit den Wölfen heulen», 1978, wie die angebliche Feindschaft zwischen Hund und Katze durch eine Reihe von Mißverständnissen und falsche Erziehung der Hunde entstand.

Dschingis Khan (1154–1227) war ein Katzenfeind, denn Katzen lassen sich auch von Welteroberern nicht beeindrucken.

Dschin-Katzen ist die arabische Bezeichnung für angeblich in Katzengestalt auftretende Dämonen (Dschinnen). Vor allem schwarze Katzen gerieten in Verdacht. Andererseits sollen die Glieder von D. vor Dämonen schützen. Deshalb trugen Abergläubische immer eine Katzenpfote, einen Katzenzahn o. ä. bei sich und hängten sie ihren Kindern als →Amulett um den Hals. Der arabische Aberglaube, demzufolge Dämonen in einen Katzenkörper schlüpfen können, hat auch Vorteile für die Samtpfoten gebracht: Man darf Katzen, vor allem nach Einbruch der Dunkelheit, nicht schlecht behandeln, denn man könnte ja einen Dschinn schlagen – und das hätte verheerende Folgen! →Zwillinge.

Dschungelkatze →Rohrkatze.

Duftdrüsen besitzt die Katze nicht nur am After und Schwanz, sondern auch um Lippen und Kinn sowie an den Schläfen. Wenn sie Köpfchen gibt, markiert sie die menschliche Hand mit ihrem Duft. Er ist aber so fein, daß wir ihn nicht wahrnehmen können.

Duftmarken setzen Kater und rollige Katzen durch Spritzen und markieren damit Büsche, Zäune und Möbel – als Signal für einen Liebespartner oder auch zur Orientierung für andere Katzen, die das gleiche Revier benutzen. Kastrierte Tiere spritzen weit weniger, das für unsere Nasen unerträgliche Aroma ist gedämpfter.

Durchfall als einziges Symptom bei einer sonst gesunden Katze bedeutet nichts weiter, als daß ihr etwas nicht bekommen ist. Geben Sie der Katze als Gegenmittel Quark oder in etwas Fleischbrühe gekochten Haferschleim. Trinkwasser leicht salzen. Treten weitere Symptome wie Mattigkeit, Appetitlosigkeit o. a. hinzu, so kann eine ernstere Erkrankung vorliegen. Die Homöopathie kennt verschiedene Heilmittel, zuvor muß aber die Ursache abgeklärt werden. Bewährt hat sich vor allem Arsenicum album. Auch →Würmer können D. hervorrufen.

Dürer, Albrecht (1471–1528), stellte 1504 auf dem Kupferstich «Adam und Eva» eine Katze dar, die ihren Schwanz um Evas Beine rollt.

Dürckheim, Graf K. Zum 100. Geburtstag des Autors erschien sein Klassiker «Wunderbare Katzen und andere Zen-Texte» jetzt neu als Taschenbuch.

Durst Der normale D. ist bei Katzen sehr unterschiedlich; manche nehmen die notwendige Flüssigkeit vorwiegend mit der Nahrung auf. Katzendurst wird immer mit Wasser gestillt. →Milch. Anhaltender, starker Durst mit gleichzeitigem Rückgang des Appetits deutet auf →Fieber hin. Auch →Zuckerkrankheit und Nierenleiden äußern sich durch starken D. Jeder Katze muß stets ein Schälchen mit frischem Wasser zugänglich sein.

Dysautonomie Die erst 1981 entdeckte Krankheit des autonomen Nervensystems ist auf den Menschen nicht übertragbar. Symptome: Erweiterte Pupillen, Lichtscheuheit, Verstopfung, Appetitmangel, Erbrechen. Zufuhr von viel Flüssigkeit erforderlich. Die Heilungschancen sind leider gering.

Dysplasie, eine erbliche Fehlbildung des Hüftgelenks, ist vor allem aus der Hundezucht bekannt. Viele große Hunderassen sind heute davon betroffen. Sie tritt allerdings auch bereits bei Katzen auf, und zwar besonders bei dem Leichtgewicht Siamkatze. Das Gelenk knarrt bei jedem Schritt, die Katze hinkt und leidet Schmerzen. Mit solchen Tieren weiterzuzüchten ist kriminell.

E

Ebony-Katzen →Orientalische Kurzhaar-Katzen.

Echte Katzen sind die →alt- und neuweltlichen Kleinkatzen und die Großkatzen wie Löwen und Tiger, nicht aber die →Schleichkatzen.

Edda In dem altgermanischen Epos E. war festgelegt, daß für die Tötung einer Katze ein Blutgeld entrichtet werden mußte.

Edelkatzen Unedle Katzen gibt es nicht. →Zuchtkatzen.

Edelweiß Die völlig geschützte und bei uns außerordentlich selten gewordene Alpenblume ist für Katzen giftig.

Edney, Andrew Der englische Autor veröffentlichte 1993 das Buch «Moderne Katzenhaltung» viele Farbfotos.

Efeu enthält das für Katzen giftige Hederin, das zu einer schleichenden Krankheit führt, die sich über drei Monate hinziehen kann. Symptome: Speichelfluß, Apathie, Zittern. Im Endstadium versagen die Leber- und Nierenfunktion. Also: Vorsicht!

Eggebrecht, Axel (1899–1991), schrieb das als Klassiker in die Katzenliteratur eingegangene Buch «Katzen», das schon von →Tucholsky besprochen wurde. →Aristokratie, →Katzenrennen.

Ehebruch Ja, auch dafür machte man im Mittelalter die armen Katzen verantwortlich. Ehebrecher und -innen sowie Eltern-, Gatten- und Kindesmörder wurden mit Katzen zusammen in einen Sack eingenäht und ertränkt. Die letzte Urteilsvollstreckung dieser Art erfolgte 1715 in Dresden an einem Richter aus dem sächsischen Goldscheid, der seine Frau erdrosselt hatte. →Artemidoros von Ephesos.

Ehrenstein, Albert (1886–1950). Der österreichische Dichter erzählte die bittere Geschichte vom «Selbstmord eines Katers», dessen Vertrauen er enttäuscht hatte. In «Briefe an Gott» schreibt er: «Rein sind unsere Ohren, wenn sie den Gesang der Vögel hören oder die schnurrende Freude eines Katers.» →Barrè, →Selbstmord.

Eiben gehören zu den geschützten Pflanzen und enthalten die nicht nur für Katzen gefährlichen Gifte Taxin,

Melossin und Ephedrin. Vergiftungen äußern sich durch Erbrechen, Durchfall, erweiterte Pupillen, Krampfzustände. Kreislauf- und Atemlähmung droht. Sofort →fachkundige Hilfe holen.

Eich, Günter (1907–1972), der bedeutendste deutsche Hörspieldichter, schildert in dem Fragment «Die Katze vom Pantheon» mit großem Einfühlungsvermögen die Sehnsucht einer einsamen, räudigen Katze nach einem Menschen, der sie liebt.

Eier liefern preiswert lebenswichtiges Eiweiß: weichgekocht, als Rühr- oder Spiegelei. Roh darf man Katzen nur das Dotter geben, sonst bekommen sie Verdauungsstörungen. Rohes Eiweiß enthält Avitin, das Vitamin B zerstört. Ein Ei pro Woche und Katze genügt, mehr als zwei sind ungesund. Jeder Tierfreund sollte auch seiner Katze nur Eier aus artgerechter Freilandhaltung geben.

Eifersucht Katzen sind sehr eifersüchtig und leiden schwer, wenn sie sich durch eine neue Katze, ein Kind, einen neuen Partner oder einen Hund ihres Menschen zurückgesetzt fühlen. Sie können dann regelrecht krank werden, vor Kummer das Futter verweigern oder unsauber werden. Während man einem Menschen erklären kann, heut und morgen habe ich keine Zeit für dich, aber am Sonntag fahren wir zusammen ins Grüne, ist das bei einem Tier nicht möglich. Bei unseren sensiblen Katzen muß man da ganz besonders vorsichtig sein. Nehmen Sie sich auch im schlimmsten Streß immer zwischendurch ein paar Minuten Zeit für sie, sprechen Sie im Vorbeigehen mit ihr, zeigen Sie ihr, daß sie geliebt wird. Und schmusen Sie in ihrer Gegenwart nicht dauernd mit dem Neuankömmling, der vielleicht besonders viel Zuwendung braucht. Wer selber schon unter Eifersucht gelitten hat, sollte sie seiner Katze ersparen – ihr Kummer ist noch viel direkter und viel größer.

Eigensinn gehört zu den stark ausgeprägten Charaktereigenschaften einer richtigen Katze. Sie weiß, was sie will, und sie läßt sich nicht so leicht davon abbringen. Das ist normal und bei einem so kleinen Geschöpf beachtlich und liebenswert. Hüten Sie sich, den E. Ihrer Katze zu brechen. Bewundern Sie ihn als Selbstbewußtsein und arbeiten Sie mit →Tricks, um ihr etwas anderes schmackhaft zu machen als das, wonach ihr gerade der Sinn steht. →Wille.

Einäugigkeit Wenn eine Katze bei einem Unfall ein Auge verliert oder die Sehfähigkeit auf einem Auge einbüßt, gewöhnt sie sich erstaunlich schnell daran, sich mit nur einem Auge in ihrer Welt zurechtzufinden. Es besteht also kein Grund zum →Einschläfern. Eine leere Augenhöhle kann der Tierarzt so vernähen, daß der Schaden kaum noch auffällt.

Einfleckkatzen sind Harlekinkatzen mit einem einzigen großen, geschwungenen Farbfleck auf dem Rücken und farbigem Schwanz. →Chinesische Harlekinkatze.

Einfrieren Katzenfutter kann man auf Vorrat portionsweise in der Tiefkühltruhe einfrieren, darf es aber nur vollständig aufgetaut und lauwarm servieren.

Eingewöhnungszeit Es dauert etwa zehn bis vierzehn Tage, bis eine junge Katze sich in ihrer neuen Umgebung heimisch fühlt, bei erwachsenen Tieren auch etwas länger. Erst dann darf man sie – wenn überhaupt – ins Freie lassen, vorher findet sie nicht zurück. Die E. verläuft problemlos, wenn man sich liebevoll mit dem Tier beschäftigt, ihm aber auch viel Zeit und Gelegenheit gibt, auf eigene Faust die neue Umgebung – alle Räume – kennenzulernen.

Einschläfern →Euthanasie.

Einstein, Albert (1879–1955). Der berühmte deutsche Physiker und Begründer der Relativitätstheorie (bekanntestes Hobby: Geigespielen) war zeitlebens auch den Katzen sehr zugetan.

Einstreu für die Katzentoilette: Sand, Torf, Sägespäne, Zeitungspapierschnipsel, Fertigstreu vom Zoohandel – der Katze ist es egal, zunächst jedenfalls. Ältere Tiere können unsauber werden, wenn man plötzlich die E. wechselt.

Einzelgänger sind Katzen nur bedingt. Freundschaften zwischen Artgenossen kommen häufig vor bei Katzen, die gemeinsam gehalten werden. Sie suchen aber auch Geselligkeit in größerem Rahmen. In aufgelassenen Scheunen, Fabrikgebäuden und anderen Geländen kommt es zu regelrechten →Katzenversammlungen, die von Katern und Kätzinnen gleichermaßen besucht werden.

Einzelkatze ist die Bezeichnung für eine Wohnungskatze, die ohne Artgenossen gehalten wird. Naturgemäß schließt sie sich besonders eng an den Menschen an, wird dabei aber nur einigermaßen glücklich, wenn dieser sehr viel Zeit für sie hat, und zwar regelmäßig. →Alleinsein, →Zweitkatze.

Eipper, Paul (1891–1964), schildert mit viel Katzenverstand in «Du, liebe Katze», 1953, das Zusammenleben mit einigen Generationen von Katzen – von dem graugestromten Peter-Raule seiner Kindheit bis hin zu Buele, dem kampferprobten schwarz-weißen Kater aus dem Allgäu, dem Gefährten seines Alters. Nachwort von Konrad →Lorenz.

Eisen, eines der auch für Katzen lebenswichtigen →Spurenelemente, ist vorwiegend in Frischfleisch, Leber und Herz, aber auch in Eigelb enthalten. →Anämie.

Eisenhut (auch Sturmhut), eine in der Natur gefährdete und teilweise geschützte Pflanze, kann für Katzen lebensgefährlich werden. E. enthält das hochgiftige Aconitin. Katzen, die daran genascht haben, reagieren mit Erbrechen, Durchfall, niedriger Temperatur. Ohne rasche →fachkundige Hilfe tritt der Tod durch Herz- und Atemlähmung ein. →Vergiftungen.

Eitelkeit Weiß eine Katze, wie schön sie ist? Kaum, sonst würde sie viel öfter vor dem Spiegel stehen. Wer einer Katze alle möglichen menschlichen Eigenschaften (und Untugenden) andichtet, vermenschlicht sie, nicht aber, wer sie gut behandelt.

Eiweiß (Protein). Der Eiweißbedarf von Katzen ist sehr hoch, weit höher als beim Menschen und beim Hund. Besonders viel E. braucht das tragende und säugende Weibchen. →Ernährung.

Eklampsie (Milchfieber) ist eine sehr ernste Krankheit, die Katzenmütter nach der Niederkunft befallen kann, wenn sie unter →Kalziummangel leiden. Symptome: Hohes Fieber, Appetitlosigkeit, Rastlosigkeit, Keuchen, steifer Gang, Krämpfe.

Ekstase Katzen geraten in E., wenn man ihnen Katzenhasch, sprich →Baldrian, gibt.

Ekzeme Unter diesem Begriff werden verschiedene Hautentzündungen zusammengefaßt, die jucken, aber auch schmerzhaft sein können. Wenn die Katze sich viel kratzt und Rötungen, Nässen oder Schuppen an der Haut zu erkennen sind, ist eine fachkundige Behandlung notwendig. Manche E. entstehen auch durch zuviel Fischnahrung. Homöopathische Mittel: Calendula (Ringelblume) und Sulfur (Schwefel).

Elektrokabel Katzen sind zwar keine Nagetiere, aber einigen macht es offenbar Spaß, auf E. herumzubeißen. Um sie davon abzuhalten, empfiehlt es sich, die Kabel so gesichert zu verlegen, daß die Katze nicht herankommt. Wo das nicht möglich ist, kann man die E. mit Bitter Apple einreiben.

Elektroschock kann auftreten, wenn die Katze an einem Kabel knabbert. Sie wird bewußtlos und läßt oft Wasser. Erst den Strom abstellen, dann erst die Katze berühren, denn Nässe leitet Elektrizität. Oder das Tier mit einem hölzernen Besenstiel vorsichtig von dem Kabel und der Pfütze wegschieben. Sofort künstliche Beatmung anwenden und →fachkundige Hilfe herbeirufen. →Elektrokabel.

Elektrozaun →Katzengarten.

Eliot, Thomas Stearns (1888-1965), schrieb das großartige «Old Possums Katzenbuch», 1939, einen echten Klassiker der Katzenliteratur. Der englische Dichter meditierte tiefsinnig über die drei Namen der Katzen – einen für den Hausgebrauch, einen, der ihre besonderen Fähigkeiten festhält, und einen unaussprechlichen, für immer geheimen Namen, den nur die Katze kennt …

Elizabeth I. Bei der Krönung der englischen Königin (1558) wurde im Festzug ein großer Korb mit Katzen mitgeführt, der außen ein Bild des verhaßten Papstes trug. Dieser Korb wurde dann öffentlich verbrannt. Die Schreie der armen Katzen deutete man als die Schreie des Teufels im Körper des Papstes.

Elliott, Roberta. Die englische Autorin schrieb das zauberhafte Buch «Die Katzen der Frau Arcamone», 1971. Es geht um die kleine Antonie aus Florenz, die einer alten Dame mit 14 Katzen zu einer schönen Wohnung verhelfen will. Zuerst läuft alles schief, aber dann bringt eine große Überschwemmung die Wende: Die 14 Katzen der Frau Arcamone haben nämlich durch ihr Warngeschrei vielen Menschen das Leben gerettet …

Elsaß Hier warf man früher eine lebendige Katze ins Osterfeuer, im Glauben, damit die Hexen zu vertreiben. →Brandopfer.

Embolien Blutgerinnsel in einer Arterie oder der Aorta, können auch bei Katzen auftreten, oft als Folge von Verletzungen an der Wirbelsäule. Häufig sind die Hinterpfoten spastisch gelähmt. Weitere Symptome: blasse Schleimhäute, kühle Haut an den betroffenen Stellen, beschleunigte Atmung und Herztätigkeit. Das Tier sofort zum Tierarzt bringen.

Empfindlichkeit Katzen sind sehr empfindlich gegen →Feuchtigkeit, Kälte und Zugluft sowie gegen kaltes und heißes Futter, gegen Gifte aller Art und gegen Infektionen.

Energie Gesunde kleine Katzen sind Energiebündel, die unermüdlich herumtoben und wie die Weltmeister futtern. Die große E. erwachsener Katzen zeigt sich z. B. beim Angriff auf einen Feind, beim Sprint auf der Flucht, aber auch bei der Aufzucht von Jungen. Die Energieleistungen der Katze sind imponierend, können aber meist nicht über längere Dauer durchgehalten werden. Katzen ermüden relativ rasch.

Englisches Katzenmärchen «Dick Whittington und seine Katze»: Ein armer Waisenjunge wird reich, weil er seine schwarze Katze Puss an Bord eines Schiffes mit Kurs auf die Piratenküste gibt. Der dortige König zahlt ein Vermögen dafür, denn Katzen gibt es in seinem Land nicht, aber um so mehr Mäuse und Ratten. Dick Whitlington heiratet seine Alice und wird später Bürgermeister von London. →Katzenmärchen 2 b. →Katzenkönig.

Englische Redensarten «Warten, bis die Katze springt» (die Ereignisse abwarten). «Er hat so viele Leben wie eine Katze.» «Es regnet Katzen und Hunde.»

Englische Sprichwörter «Eine Katze kann die Königin ansehen» (was früher zweibeinigen Sterblichen als Respektlosigkeit angekreidet wurde). «Die Katze möchte Fisch essen, sich aber nicht die Füße naß machen.» «Eine erkältete Katze fürchtet das kalte Wasser» (entspricht unserem Sprichwort vom gebrannten Kind, das das Feuer scheut).

Entschuldigung Zivilisierte Zeitgenossen entschuldigen sich, wenn sie etwas angerichtet haben. Für einen fortgeschrittenen Katzenfreund ist es selbstverständlich, sich auch bei der Katze zu entschuldigen, wenn man sie etwa versehentlich auf den Schwanz getreten hat. Man redet ihr beruhigend zu, leise und freundlich, geht – langsam – auf sie zu, hält ihr die Hand hin zum Abschnuppern, bis sie sich streicheln läßt. Wenn sie leicht in die Hand beißt, muß man das halt hinnehmen als gerechte Strafe und etwas später einen zweiten Versöhnungsversuch machen.

Entspannung Katzen sind Meister der E., ganz ohne Yogatraining. Dieser beneidenswerten Fähigkeit verdanken sie möglicherweise ihre geringe Anfälligkeit für →Herzkrankheiten.

Entwöhnung Die E. ihrer Jungen nimmt die Katzenmutter unter eigene Regie. Bieten Sie den Kleinen im Alter von drei bis vier Wochen erstmals winzige Mengen von gehacktem Fleisch, gekochtem Fisch ohne Gräten, gekochtem und feingeschnittenem Hühnerfleisch, Babyfertigbrei, Quark und Dosenmilch an, das erleichtert ihnen die Umstellung. →Aufzucht.

Enzian Der gelb oder blau blühende E., als Heilpflanze und zur Gewinnung von Likör geschätzt, ist für Katzen ausgesprochen giftig. →Vergiftungen.

Enzyme oder Fermente sind lebenswichtig für den Stoffwechsel. Bei einer artgerechten, abwechslungsreichen →Ernährung ist die Versorgung mit E. gesichert. Beim Grasessen versorgt die Katze sich mit Folat. Mangel an Folat entsteht besonders bei Katzen, die überwiegend mit gekochtem Fleisch gefüttert werden, und kann zur Mißbildung der ungeborenen Jungen führen. Auch Leber enthält Folat.

Epilepsie Wenn Katzen →Krämpfe bekommen, liegt oft eine →Vergiftung vor. Aber es kommt auch vor, daß Katzen an der «heiligen Krankheit» leiden. Beim Anfall haben sie dann Schaum vorm Mäulchen, verlieren auch oft Harn und Kot. →Augenzuckungen sind u. U. ein Hinweis auf durch Gehirnschädigung hervorgerufene E.

Erbberechtigt sind Katzen und Haustiere in England und den USA, aber nicht bei uns. →Testament.

Erbkrankheiten →Letalfaktor, →Taubheit, →Vererbung.

Erbgrind (favus) ist eine häßliche Hautkrankheit, die von Mäusen übertragen wird und vorwiegend bei heimatlosen oder ungepflegten – Auslaufkatzen vorkommt. Symptome: Graugelbliche nässende und borkige Flekken an Kopf, Ohr, Nacken und Zehen.

Erbrechen ist nicht unbedingt ein Grund zur Besorgnis. Viele Katzen e., weil sie zu rasch oder kurz vor der Mahlzeit Gras gefuttert haben. Auch →Bezoare und manchmal Würmer werden erbrochen. Ist Blut dabei, braucht die Katze sofort →fachkundige Hilfe. Plötzliches E. mit Durchfall, Mattigkeit und Fieber ist ein Alarmsignal.

Erdbeben «Wenn Mäuse zu den Katzen fliehen, bebt bald die Erde», sagt ein Sprichwort. Es ist oft beobachtet worden, daß in Erdbebengebieten erst die Katzen und dann die Mäuse die Häuser verließen, bevor es zu einem neuen Ausbruch kam. Im 17. Jahrhundert wurden Katzen von den Portugiesen in ihren Niederlassungen auf den Molukken, den Gewürzinseln im südlichen Pazifik, als lebende →Seismographen eingesetzt. Unmittelbar vor dem großen E. von Messina im Jahre 1783 gab eine Katze bei ihrem Herrn nicht eher Ruhe, bis er ihr vor die Tore der Stadt gefolgt war, und rettete ihm so das Leben. Das schweizerische Kirchdorf Elm im Kanton Glarus wurde 1881 von einem schweren E. heimgesucht. Am Vortag hatten alle Katzen den Ort fluchtartig verlassen. Leider sind die Menschen ihrem Beispiel nicht gefolgt: Unter den Trümmern lagen 115 Tote. Am 9. Februar 1971 weckte die rote Tigerkatze Josie schon um 5 Uhr 30, statt um 7 Uhr, ihre Besitzer in San Fernando Valley in Kalifornien. Zehn Minuten später brach ein E. aus.

Erdmännchen oder Surikate (suricata tetradactyla Schreber) gehören zur Familie der →Schleichkatzen und leben in Südafrika. Besonderheit: Sie richten sich auf den Hinterbeinen auf, um ihre Umgebung besser beobachten zu können. Ich kenne eine Reihe von Hauskatzen, die das auch können.

Eremiten lieben die Gesellschaft einer Katze. Das war schon in frühchristlicher Zeit so, besonders bei den ägyptischen E. →Gregor der Große. Der amerikanische Biologe Tom Hildebrandt lebte nun 1983 mutterseelenallein in einer Buschhütte in der nördlichen Kalahariwüste, um Paviane zu beobachten. Auch ihm leistete eine Katze Gesellschaft.

Erfrierungen Die Katze bekommt ein weißes Näschen, weiße Ohrenspitzen und Zehen. Auch der Schwanz ist häufig betroffen. Später fallen die Haare aus, in schweren Fällen kommt eine Rötung oder sogar Ablösung der Haut hinzu. →Erste Hilfe: die betroffenen Partien leicht reiben, dann Vaseline auftragen.

Erhardt, Heinz (1909–1979), dichtender deutscher Kabarettist, hat mit freundlichem Spott gelegentlich auch Katzen aufs Korn genommen. Eine Kostprobe: «Die Katze»: «Oft bleibt sie meiner Kate fern, dann weilt sie gegenüber. Sie hat zwar meine Kate gern, doch ist ihr 'n Kater lieber.»

Erkältungen Leichte E. wie beim Menschen sind bei Katzen selten. Die entsprechenden Symptome – Niesen, Frösteln, Nasenausfluß, verklebte Äuglein – zeigen oft ernstere Erkrankungen an. →Katzenschnupfen, →Lungenentzündung. Bewährte homöopathische Mittel: Lachesis und Hepar sulfuris.

Erleichterungsspiel tritt bei Katzen dann auf, wenn sie eine sehr große oder gefährliche Beute, z. B. eine Ratte, erlegt haben, vor der sie Furcht hatten. Nach dem Sieg schleudern sie dann die tote Beute eine Weile herum.

Erkennungskuß ist das freundliche Abschnuppern der Näschen zwischen zwei Katzen, die einander gut kennen. Viele Schnurrtiger begrüßen auch ihre Menschen mit einem E. →Anstoßkontrolle, →Tastsinn; →Begrüßung.

Ernährung Erwachsene Katzen, etwa ab neun Monaten, brauchen zweimal täglich 100–150 Gramm gutes, nahrhaftes Futter, das überwiegend aus Eiweißträgern (Fleisch und Innereien, gekochtem Fisch, Quark) bestehen soll. Zugaben: kleine Mengen (pro Mahlzeit nicht mehr als ein Eßlöffel) an Kohlenhydraten wie gekochten Haferflocken oder Reis, ein wenig gekochtem Gemüse, rohen Hefeflocken oder Weizenschrot. Als Extras sind zu empfehlen: ein bis zwei Eier pro Woche, das Eiklar nur gekocht, etwas milder Käse, mal ein bißchen Butter, Vitamintabletten oder -paste. Schweinefleisch und -innereien immer gar kochen →Aujeszkysche Krankheit. Dosenfutter ist vollwertig, sollte aber nur einmal täglich gegeben werden. Falsch ist es auch, Katzen nur mit gekochtem Fleisch und Innereien zu füttern, denn einige Vitamine werden beim Kochen ganz oder teilweise zerstört. Die Folgen dieser Mangelernährung sind: Seh- und Wachstumsstörungen, häufiges Erbrechen, Krämpfe. Fastentage nur auf ärztliche Verordnung einlegen. Satte Katzen sind bessere Mäusefänger als hungrige, der Jagdtrieb ist nicht identisch mit dem Futtertrieb. Satte Katzen fangen ebenso viele Mäuse oder mehr, verzehren sie aber meist nicht. Darüber sollte man froh sein, denn Mäuse können gefährliche Krankheiten übertragen oder vergiftet sein. Wichtig ist abwechslungsreiche Nahrung. →Milch wird nicht von allen Katzen vertragen, →Trockenfutter besser nur ausnahmsweise oder als Belohnung geben. →Aufzucht.

Ernteopfer In Deutschland und Nordfrankreich wurde früher vielerorts nach dem Einbringen des Getreides eine Katze totgeschlagen. Bei Amiens z. B. hieß es kurz vor Beendigung der Erntearbeit: «Sie werden die Katze töten»; wenn die Ernte eingebracht war, wurde eine Katze auf dem Hof umgebracht. Häufig wurden Katzen auch beim Ausdreschen des letzten Getreides mit dem Dreschflegel totgeschlagen – und am nächsten Sonntag als Braten serviert! In den Vogesen sprach man gegen Ende der Heu- und Getreideernte vom «Fangen der Katze». Varianten: In Pommern und Siebenbürgen vergrub man Katzen unter Obstbäumen, damit die Früchte gut reiften. Wurde Obst gestohlen, so schuf man angeblich Abhilfe, indem man eine Katze lebendig unter dem Baum begrub, denn mit ihr, so glaubte man, starb der Dieb. →Kornkatze.

Ersatzkinder werden erwachsene oder halb erwachsene Katzen genannt, die von einer trächtigen Katze oft rührend umsorgt werden, sobald der mütterliche Pflegetrieb einsetzt.

Ersatzlager Wenn einer Katzenmutter das Lager für ihre Jungen nicht mehr sicher genug erscheint, quartiert sie die ganze kleine Gesellschaft um in ein E. Das kann auch mehrmals geschehen.

«Erschmeicheltes Lesevergnügen für schnurrverwöhnte Katzenfreunde» – uff – ist der Titel eines 1980 erschienenen Büchleins mit Amüsantem und Wissenswertem aus der

Katzenwelt. Herausgeber: Günter Scholz.

Erste Hilfe Durch Erste-Hilfe-Maßnahmen kann man in Notfällen das Leben der Katze retten oder zumindest ihre Überlebenschancen wesentlich verbessern. Ausführliche Ratschläge mit erklärenden Zeichnungen gibt das Buch «Erste Hilfe für meine Katze», dt. 1984, von Sheldon Rubin. →Bißwunden, →Blitzschlag, →Blutungen, →Brandwunden, →Durchfall, →Elektroschock, →Erstickungsanfälle, →Ertrinken, →Knochenbrüche, →Künstliche Beatmung, →Rattenbisse, →Unfälle, →Verbrennungen, →Verbrühungen, →Vergiftungen, →Verstopfung.

Erstickungsanfälle treten auf, wenn die Katze einen Fremdkörper verschluckt hat und die Zunge den Eingang zur Luftröhre versperrt. Ist das Tier bewußtlos, Mäulchen öffnen, Zunge hervorziehen, nach einem Fremdkörper Ausschau halten und ihn mit den Fingern oder einer stumpfen Pinzette vorsichtig herausziehen. Dann →künstliche Beatmung anwenden. Ist die Katze bei Bewußtsein, muß man sie an beiden Hinterbeinen hochheben und ihr auf den Rücken klopfen. Hilft das nicht, Mäulchen öffnen und den Fremdkörper herausholen, s. o. Dabei auftretender Brechreiz ist zu begrüßen, beim Erbrechen kommt der Fremdkörper heraus.

Ertränken kleiner, «überzähliger» Katzen wird leider, vorwiegend auf dem Lande, immer noch praktiziert. Die Lungen der Katze füllen sich nur sehr langsam mit Wasser, sie sterben langsam und qualvoll. E. von Katzen ist nach unserem Tierschutzgesetz verboten.

Ertrinken – alle Katzen können schwimmen – ist vor allem in einem Swimmingpool möglich, wenn es der Katze nicht gelingt, sich an dem glatten Rand hochzuziehen. Das Tier an beiden Hinterbeinen hochheben, damit das Wasser aus dem Mund fließt. Ist es bewußtlos, legt man es auf die Seite, zieht die Zunge hervor, säubert das Mäulchen und beginnt mit →künstlicher Beatmung.

Erwachsen ist eine Katze im Alter von einem Jahr, geschlechtsreif leider schon wesentlich früher.

Erziehung ist Sache der Katzenmutter, →Ausbildung Sache des Menschen. →Antiautoritäre und →autoritäre E.

Es-Dahar-Beybars Der türkische Sultan setzte testamentarisch die Gründung eines großen Katzengartens in Istanbul fest, der alles Erforderliche zur Behaglichkeit der Katzen bieten sollte. Selbst für Mäuse war vorgesorgt, täglich mußte ein Gehilfe sie herbeischaffen. Im Sinne →Mohammeds tat E. damit ein gottgefälliges Werk. →Az-Zahir-Baybars, →Islam.

Eßgewohnheiten Die E. der einzelnen Katzen sind verschieden. Die meisten setzen sich vor ihr Tellerchen und nehmen das Futter mit dem Mäulchen auf. Es gibt aber auch Katzen, die sich die festen Bissen mit der Pfote vom Teller holen und ins Mäulchen stecken. Manche schlecken sogar weiches Futter und Milch am liebsten von den Pfoten ab.

Essig ist besonders zu empfehlen für das Reinigen der Katzentoilette und evtl. einmal vorkommender kleiner Pfützen in der Wohnung. Man gibt einen guten Schuß E. in heißes Wasser. Herkömmliche Putzmittel enthalten fast immer für Katzen gefährliche Giftstoffe.

Estnische Märchen «Katze und Maus»: Die beiden leben friedlich zusammen und sammeln für den Winter ein Tönnchen Fett. Die Maus gibt vor, zur Taufe einer Krähe zu gehen, trifft sich statt dessen mit ihren Freundinnen in der Speisekammer, wo sie das Tönnchen leerschlecken. Die Katze entdeckt den Betrug und verfolgt seither wütend alle Mäuse. (Variante zu: «Katz und Maus in Gesellschaft» von →Grimm, mit Umkehrung von Schuldigem und Betrogenem). «Fuchs und Katze»: Ein Fuchs heiratet eine Katze und verlangt von Wolf und Bär üppige Brautgeschenke. Trotzdem verläßt die Katze ihn, weil es ihr im Wald zu unheimlich ist. Das hat der Fuchs ihr nie verziehen. (Varianten: →Katzenmärchen 5 b)

Estnische Sage «Der Hund und die Katze»: Gott erlaubte dem Hund, alles fallende Vieh zu verzehren. Zum Streit kommt es, als er ein junges Fohlen fraß, das sich nur fröhlich im Gras gewälzt hatte. Der Fall konnte nicht geklärt werden, denn der Hund hatte das Dokument der Katze in Verwahrung gegeben, aber die Mäuse hatten es zernagt. Seit dieser Zeit hassen die Hunde die Katzen, und die Katzen jagen die Mäuse. →Katzenmärchen 4 a.

Eukalyptusöl ist ein bewährtes vorbeugendes Hausmittel gegen →Zekken. Zwei bis drei Tropfen zwischen den Händen zerreiben und die Katze damit «parfümieren». Man kann E. auch zur Geruchsbindung für die Katzentoilette verwenden. Drei bis fünf Tropfen genügen; sonst wird es der Katze womöglich zuviel, und sie sucht sich ein anderes Plätzchen für ihre Geschäfte.

Eumelanine heißen dunkle Pigmente oder Farbstoffe, die in die einzelnen Fellhaare eingebettet sind. →Phänomelanine.

Europäisch Kurzhaar sind im Grunde ganz normale Hauskatzen – mit Stammbaum: E. K. Weiß mit orangefarbenen oder blauen Augen, auch mit zwei verschiedenfarbigen. E. K. Schwarz und E. K. Creme mit orange- bis kupferfarbenen Augen. E. K. Silbergestromt mit grünen oder haselnußbraunen Augen. E. K. Rotgestromt mit orange- oder haselnußfarbenen Augen, E. K. Braungestromt mit orange-, haselnußfarbenen oder grünen Augen. E. K. getigert in Rot, Braun oder Silber. E. K. Schildpatt in drei (Schwarz, Hell- und Dunkelrot) oder vier (Schwarz, Rot, Creme und Weiß) Farben mit orange-, kupfer- oder haselnußfarbenen Augen.

Europäische Wildkatze oder Waldwildkatze →Wildkatzen.

Euter wird von Katzen meist verschmäht, obwohl (oder weil?) es nach →Milch riecht. Schade, denn Kuheuter ist auch heute noch preisgünstig zu bekommen.

Euthanasie (zu deutsch Gnadentod) darf der Tierarzt im Gegensatz zum Humanmediziner geben, wenn ein krankes Tier sehr leidet und keine Hoffnung auf Heilung besteht. Alten, schwerkranken Katzen, für die das Leben nur noch eine Qual ist, sollte man die erlösende Spritze gönnen. Der Besitzer muß aber die Kraft aufbringen, seinen langjährigen vierbeinigen Freund dabei auf den Schoß zu nehmen und bis zuletzt beruhigend zu streicheln. Es ist herzlos und alles andere als eine Gnade, die arme leidende Katze in ihren letzten Minuten Fremden zu überlassen.

Eva wurde nach alten Überlieferungen aus Belgien, Portugal und Ungarn nicht aus Adams Rippe, sondern aus dem Schwanz einer Katze gebildet – die ursprünglich vorgesehene Rippe Adams hatte die Katze nämlich gestohlen …

Exeter Die ledernen Blasebälge der Orgel in der ehrwürdigen Kathedrale von E. waren von Mäusen zernagt worden. Aber der kluge Bischof wußte Rat. Er ließ eine →Katzentür in das Kirchenportal sägen, um den Katzen jederzeit freien Zugang zu ermöglichen. Das geschah im finsteren Mittelalter, zur Zeit der →Hexen- und Katzenverfolgung, ein schönes Beispiel für den Sieg der Vernunft.

Exkommunikation drohte im Mittelalter jedem, der eine Katze im Haus hatte oder Katzenfleisch aß, denn «die Katzen sind die Söhne des Teufels, wie dieser sehen sie in der Finsternis».

Exotisch Kurzhaar wurde in den USA gezüchtet aus →Amerikanisch Kurzhaar und Perserkatzen. Das Fell ist dicht und weich, der Körper stämmig, der Kopf rund. Alle Farbschläge sind erlaubt.

Exotische Katzen Eine in den USA gezüchtete Rasse mit mittellangem, dichtem Fell. Der Körperbau entspricht dem der Langhaarkatzen, die Augen sind groß, die Ohren klein, der Schwanz ist kurz.

Eyering Von einem Autor namens E. stammt, bereits um 1604 geschrieben, die siebente Fassung des Themas von der Feindschaft zwischen Hund und Katze: «Nach einem großen allgemeinen Streit der Tiere wurde Frieden geschlossen. Der Affe setzte ein Dokument auf, das der Esel verlas. Die Hunde sollten es aufbewahren, gaben es aber an die Katzen weiter. Die Mäuse fanden es und fraßen es auf. Das Ergebnis: Alle Tiere sind den Hunden feind, die Hunde den Katzen, die Katzen den Mäusen.» →Katzenmärchen 4.

F

Fabel, Renate, Schriftstellerin, besitzt Münchens dicksten Kater. 12 Kilo bringt Kracherl auf die Waage. Seine Lieblingsspeise: gekochtes Huhn. Die Katzenfreundin machte Kracherl zum Helden ihres Buches «Mit Kind und Kater», 1983. In «Machen wir's den Katzen nach» gibt die Autorin tausend heitere Tips zur Streßbewältigung.

Fachkundige Hilfe – dieser Ausdruck ist in unserem Katzenlexikon häufig anzutreffen. Darunter verstehe ich Hilfe vom →Tierarzt oder →Tierheilpraktiker.

Falbkatzen (felis silvestris libyca) sind in Nordafrika zu Hause. Die zierliche, fahlgelbe oder fahlgraue F. gehört zu den Vorfahren unserer Hauskatze.

Fallen, die Jäger oder Wilderer aufstellen, sind schon mancher freilaufenden Katze zum Verhängnis geworden.

Falschheit Falsche Katzen gibt es nicht, nur Menschen, die sie nicht verstehen. Eine Katze kündigt es sehr deutlich an, wenn sie angriffslustig ist. →Angriffsdrohung, Konrad →Lorenz, →Körpersprache, →Mimik. Nur →neurotische Katzen sind manchmal unberechenbar. Wenn man von einem Jungkätzchen gekratzt wird, so deshalb, weil das Kleine den Unterschied zwischen Menschen- und Katzenfell noch nicht kennt. Wenn man von einer gesunden erwachsenen Katze gekratzt wird, hat man sie falsch behandelt.

Faltohrkatzen, zuerst aus China gemeldet, dann in Schottland, USA und jetzt leider auch bei uns gezüchtet, sind recht befremdlich aussehende Hauskatzen mit am Kopf eng anliegenden Hängeohren.

Familienmitglied Als F. betrachten nach einer neuen Umfrage 98 % aller amerikanischen Katzenbesitzer ihre schnurrenden Hausgenossen.

Familiennamen, die von dem Wort Katze abgeleitet werden, sind häufig. Im Münchener Telefonbuch von 1997 finden sich folgende Beispiele: Katz, Katzameier, Katzameyer, Katzas, Katzauer, Katzbach, Katzbauer, Katzbichler, Katzdobler, Katze, Katzemich, Katzenberger, Katzenbogen, Katzenbogner, Katzendobler, Katzendubler, Katzenellenbogen, Katzenhofer, Katzenleitner, Katzenleuchter, Katzenmeier,

Katzenmüller, Katzenschwanz, Katzer, Katzier, Katzinger, Katzjäger, Katzky, Katzl, Katzlberger, Katzler, Katzlinger, Katzlmair, Katzlmeier, Katzmair, Katzmann, Katzmarczyk, Katzmarek, Katzmarzik, Katzmayr, Katzmeier, Katzorke, Katzung, Katzur →Ortsnamen.

Farbflecke mit trockenem Lappen aus dem Fell reiben. Dann mit Wasser und Seife waschen, trockenreiben. Verfilzte Stellen mit einer vorn abgerundeten Schere abschneiden. Hartnäckige F. mit etwas Schnaps oder Franzbranntwein säubern, trockenreiben. Bei sehr starker Farbverschmutzung kann nur der Tierarzt helfen. Niemals →Benzin, →Petroleum oder →Terpentin verwenden.

Farne als Zimmerpflanzen sind in Katzenwohnungen fehl am Platze, da sie ein für unsere Stubentiger gefährliches Gift enthalten.

Farras, Marquis de, war der erste Aristokrat, der in der Französischen Revolution hingerichtet wurde. Seine todtraurige Katze wühlte an seinem Grab die Erde auf. Zur Strafe wurde auch sie zum Tode verurteilt, wegen «aristokratischer Umtriebe», und vor 5000 jubelnden Zuschauern erhängt.

Fastentage brauchen die Katzenbesitzer meist dringender als die Katze, deren Organismus für die Aufnahme mehrerer kleinerer Mahlzeiten pro Tag eingerichtet ist. F. nur einschalten, wenn der Tierarzt es anordnet.

Fauchen ist kein Zeichen von Angriffslust, sondern gehört im Gegenteil zum Repertoire der →Abwehrdrohung. Katzen fauchen dann, wenn sie sich bedroht fühlen, und kündigen so ihre Bereitschaft an, sich ihrer Haut zu wehren.

Federrupfen Katzen, die größere Vögel erjagen (ab Amselgröße) – das sind absolute Ausnahmen! –, setzen ihre Vorderpfoten dem Beutetier auf die Brust und rupfen mit den Zähnen die unverdaulichen Federn heraus.

Fehlgeburt Tritt bei Katzen zum Glück selten auf und geht meist ohne Komplikationen vonstatten. Gefahr besteht nur, wenn starke Blutungen auftreten. Mit Watte versuchen, die Blutung zu stillen, die Katze ruhig halten und sofort den Tierarzt alarmieren.

Fehringer, Otto, bekannt durch sein Buch «Die Vögel Mitteleuropas» (1956/1964), gab bereits 1942 unter dem Titel «Unsere Katze» ein illustriertes Katzenbuch heraus, in dessen Verlauf der Autor sich zum Katzenanwalt mausert, der ein glänzendes Plädoyer für die zu Unrecht so oft verleumdete und falsch behandelte Hauskatze hält.

Feindschaft Unüberwindliche Abneigung, das gibt es leider auch bei Katzen. Genauso wie eine rollige Katze sich den Partner selbst aussucht, (→Katzenhochzeit, →Vergewaltgung) wählen Katzen sich auch im normalen Alltag ihre Freunde und Feinde selber. Wenn zwei Katzen in einem Haushalt sich absolut nicht ausstehen können, ist es die Pflicht ihrer Menschen, die schwächere zu schützen, indem sie anderswo einen guten Platz für sie suchen oder auch für ihren Gegner. Wir wären schließlich auch nicht gern mit unserem Intimfeind lebenslang in eine Wohnung eingesperrt. Besonders häufig als «Feinde» empfinden andere Katzen Siamesen oder Halbsiamesen. Wahrscheinlich ist ihr Phänotypus, ihr äußeres Erscheinungsbild, vielen Katzen zu fremdartig, zu wenig katzenähnlich. Hinzu kommt, daß gerade Siamkatzen besonders selbstbewußt und aktiv sind. Deshalb empfiehlt es sich, Siamkatzen nach Möglichkeit unter sich zu lassen. →Freundschaft.

Feld, Friedrich, deutscher Kinderbuchautor, schrieb das Kinderbuch «Vom Kätzchen, das seinen Schatten verlor», 1969, und das moderne Märchen «Die Katze, die alle Sprachen kannte», in dem es fast zu einem Krieg um eine sprechende Katze kommt. Schließlich einigen sich die feindlichen Parteien aber und kreieren einen «Feiertag der Katze», an dem alle Menschen den Katzen Gutes tun müssen – eine sehr begrüßenswerte Einrichtung!

Feldstiefmütterchen sind für Katzen leider giftig.

Felicitas ist der Titel einer Abenteuerserie für Kinder (auf Schallplatte und Kassette) um die Katze F., herausgegeben zur Unterstützung der Arbeit des Deutschen Tierschutzbundes.

Felicula oder Felida (Kätzchen) war im vorchristlichen Rom ein beliebter Modename für Mädchen aus besseren Familien.

Felidae (eingedeutscht Feliden) ist der Sammelname für die große zoologische Familie der Katzen. Dazu gehören die Großkatzen (pantherini), die Luchse (lyncinae), die Geparden (Acenonychinae) und die →Kleinkatzen (Felinae). →Felis.

Felis ist der ältere lateinische Name für die Hauskatze. →Catus.

Felis domesticus Diesen Namen gab der schwedische Naturforscher Carl von Linné (1701–1778) 1758 der Hauskatze. Scherzhaft nannte er sie «Mäuselöwe».

Felix, die erste berühmte Trickfilmkatze Amerikas, machte um 1920 Karriere, zusammen mit ihrem Erfinder Pat Sullivan.

Fell als Indikator für Erkrankungen. Besonders bei →Kurzhaarkatzen steht das Fell unordentlich und trocken vom Körper ab, wenn das Tier nicht gesund ist.

Fellpflege Kurzhaarkatzen werden einmal in der Woche gekämmt und/oder gebürstet, Langhaarkatzen täglich. →Baden, →Bezoare. Katzenkinder werden von der Mutter gewaschen, und zwar gründlich. Befreundete erwachsene Katzen putzen sich oft gegenseitig und berücksichtigen dabei besonders die dem einzelnen Tier schwer zugänglichen Ohren sowie die Stirnpartie. Häufig kommt es dabei zum Wettstreit «Wer darf wen putzen?» mit anschließender →Katzbalgerei. Auch bei →Katzenversammlungen findet manchmal gegenseitige F. statt. →Soziales Verhalten. Hat die Katze aus unerklärbaren Gründen irgendeine verklebte Stelle im Fell, die sich trotz Kämmen und Bürsten nicht beseitigen läßt, so nehmen Sie eine Schere und schneiden das Zeug einfach weg. Die Katze merkt es gar nicht, wenn Sie schnell und geschickt vorgehen, und das Fell wächst rasch nach.

Fellwechsel findet bei Katzen periodisch statt, im Frühjahr und im Herbst. In dieser Zeit ist die →Fellpflege wichtig.

Fels, Ludwig (geb. 1946), deutscher Schriftsteller, schreibt über seine Katze Lily: «Auf die Straße können wir sie nicht lassen, weil dort die Autos alles überfahren dürfen ... Wir überlegen schon, ob wir Gras auf den Teppich säen sollen.»

Fensterplätze lieben so ziemlich alle Katzen, zum Sonnenbaden und als Ausguck. Geben Sie ihnen ein Kissen, eine Decke oder auch einen alten Pullover als Unterlage. Aber öffnen Sie das Fenster nur, wenn es katzensicher mit einem Vogelnetz oder Gitter abgesichert ist. Katzen landen leider keineswegs immer sicher auf ihren vier Pfoten. →Freier Fall.

Ferdinand, König von Neapel, der im 17. Jahrhundert lebte, ließ auf der kleinen Insel Procida alle Katzen töten. Als fanatischer Jäger wollte er allein den Vorzug genießen, dort auf Fasanenjagd zu gehen. Aber die böse Rechnung ging nicht auf: Die Ratten nahmen so überhand, daß sie nicht nur die Fasanen vernichteten, sondern alles nur irgend Eßbare annagten. Auf inständige Bitten der Insulaner erlaubte F. ihnen gnädig, wieder Katzen zu halten ...

Fermor, Patrick L. (geb. 1915), berichtet aus seinem Griechenlandbuch, daß ein griechischer Kapitän einen Priester auf sein von Ratten wimmelndes Schiff rief, damit er sie durch Segen und Weihrauch vertriebe. Der Priester vollzog den Ritus und gab dem Kapitän den guten Rat: «Besorgen Sie sich eine Katze» – was seither in Seemannskreisen soviel bedeutet wie: «Gehen Sie auf Nummer Sicher.»

Fernsehen Auf die flimmernde Mattscheibe reagieren Katzen ganz verschieden. Manche ignorieren den Kasten, andere lieben ihn als warmen Schlafplatz, wieder andere haben ihre ausgesprochenen Lieblingssendungen (Tierfilme, aber auch Fußballübertragungen). →Nello versuchte, die in Werbesendungen mitwirkenden Vögel mit der Pfote von der Glasscheibe zu angeln ...

Fertigfutter →Dosenfutter.

Fett Katzen brauchen relativ viel Fett. Der Fettanteil im Futter darf bis zu 40 % betragen. Normalerweise kommen sie mit 25 % Fettgehalt in der Nahrung aus.

Fettgelbsucht entsteht durch Mangel an →Vitamin E, vor allem, wenn Jungkätzchen mit zuviel Fischkonserven, besonders Thunfisch, oder zuviel Lebertran gefüttert werden.

Fettschwanz Zu vermehrter Talgproduktion kommt es manchmal bei unkastrierten Langhaarkatzen. Die Oberseite des Schwanzes fühlt sich ölig an, besonders am Ansatz. Die Katze sollte täglich gebürstet werden. Außerdem kann man die betroffene Region mit Alkohol reinigen, einmal täglich mit Kartoffelmehl einpudern und gründlich ausbürsten. →Trockenshampoo.

Feuchtigkeit bekommt Katzen schlecht. Wenn Ihre Katze von einem Spaziergang mit nassem Fell heimkommt: trockenrubbeln, evtl. fönen. Katzen lieben und brauchen trockene Wärme.

Feuerdorn, ein Zierstrauch mit feuerroten Früchten, der aus Südeuropa zu uns kam, ist für Katzen leider giftig.

Feuerkatze hieß früher ein Feuermörser, aus dem große Steinkugeln abgeschossen wurden.

Feuerwehr Wenn eine Katze sich nicht vom Baum oder Dach heruntertraut, hilft die Feuerwehr. Diesen Einsatz muß der Katzenbesitzer allerdings bezahlen.

Fickentscher, Kurt, (1935–1983), Professor der Pharmazie in Bonn, leidenschaftlicher Tierversuchsgegner und Katzenfreund, gründete einen Verein zum Schutze der Hauskatze. →Katzenschutz.

Fieber hat eine Katze ab 39,3 °C, Untertemperatur bei weniger als 37 °C. Normal sind 38–38,5 °C. Bei →Rexkatzen liegt die normale Körpertemperatur um etwa ein halbes Grad höher. Erhöhte Temperatur zeigt meist eine Infektionskrankheit an. Noch besorgniserregender aber ist Untertemperatur, die oft die Funktionsstörung lebenswichtiger Organe begleitet.

Fiebermessen Man benutzt ein unzerbrechliches Fieberthermometer für Kinder, cremt das Ende leicht mit Vaseline oder Babyöl ein, stellt die Katze auf einen Stuhl oder Tisch (gut ist es, wenn eine zweite Person sie festhalten kann), hebt den Schwanz hoch und schiebt das auf 35 Grad heruntergeschlagene Thermometer mit einer leichten Drehbewegung vorsichtig etwa zwei Zentimeter tief in den After. Mindestens eine Minute warten, der Katze gut zureden, herausziehen, abwischen und ablesen. Dann in kaltem Wasser waschen und in 70%igem Alkohol sterilisieren.

Fiedelmeier, Leni, räumt in ihrem liebenswerten Buch «Die Familienkatze», 1966, mit dem Vorurteil von der Erbfeindschaft zwischen Hund und Katze auf und gibt viele nützliche Tips für Katzenhalter. Außerdem verfaßte sie das ebenso sympathische wie sachkundige Buch «Katzen – kennen und lieben», 1980, illustriert mit ausgezeichneten Fotos.

Fielding, Henry (1707–1754). Der englische Autor schildert in «Tagebuch einer Reise nach Lissabon» die zärtliche Zuneigung des rauhen Kapitäns zu einem kleinen Kätzchen. →Schiffskatzen.

Filme a. *Katzen als Darsteller:* «Superstition» (Fernsehfilm). Bei den Aufnahmen lief der schwarze Filmkater Bimbo frei durch die Straßen Londons, ständig bewacht von dem Kamerateam, das sein Körbchen mit sich führte. In «Endless Night» und «Dr. Doolittle» wirkten die Siamkatzen Kay und Tuptin erfolgreich mit. In «Frühstück bei Tiffany» spielte eine schöne rote Katze den weiblichen Star, Audrey Hepburn, buchstäblich an die Wand. In dem märchenhaften Ballettfilm «Wenn der Kater kommt» des tschechischen Regisseurs Vojtěch Jasný geht es um einen Kater, der mit Hilfe seiner Zauberflöte das Treiben der Menschen entlarvt. «Harry und Tonto» heißt ein amerikanischer Spielfilm, in dem die Abenteuer eines vergnügten Reisekaters erzählt werden. Clarissa, eine Chinchillakatze, war der heimliche Star in dem James-Bond-Film «Diamantenfieber». In einer Szene allerdings streikte sie: Direkt neben ihrem Ohr sollte ein Revolver abgefeuert werden. Als Double sprang eine weiße Perserkatze mit blauen Augen ein. Sie war stocktaub. In «Unglückliche Menschen» mit Shirley McLaine geht es um eine Ehekrise. Der Mann liefert eine Katze, die seiner Frau zugelaufen ist, dem sicheren Tod aus. Er bringt sie in eine Tierklinik, um feststellen zu lassen, ob sie Tollwut hat. Die junge Frau meint zum Schluß: «Vielleicht würde ich, wenn ich Tollwut hätte, besser in diese irre Gesellschaft passen.» Eine Hauptrolle übernahm eine Katze in dem modernen Film «Die Katze aus dem Weltraum». Auch in «Der lange Abschied», nach einem Kriminalroman des Katzenfans R. →Chandler, ist eine Katze mit von der Partie. →Simenon.

b. *Die Katze als Bestandteil der Titelformulierung.* «Neun Leben hat die Katze» heißt ein Film von Ulla Stöckl, in dem es um spezifische Frauenprobleme geht. «Die Katze mit dem roten Haar» ist ein Westernfilm von John Ford. Der finnische Film «Heiße Katze» von Erkko Kivikovski beschäftigt sich mit den Problemen eines Jungen, der aus der Schule fliegt. «Die Katze läßt das Mausen nicht» ist der deutsche Titel des französischen Spielfilms «L'eau à la bouche» von J. Doniol-Valcroze.

Fingerhut (digitalis purpurea) gehört zu den auch für Katzen außerordentlich giftigen Pflanzen. Symptome: Erbrechen, bläulich gefärbte Schleimhäute, Krämpfe. Nur der Tierarzt kann noch helfen, wenn er unverzüglich alarmiert wird.

Fini, Leonor (geb. etwa 1918), französische Malerin, bezeichnet es als das vollkommene irdische Glück, «wenn meine Katzen für mich singen». Ihr liebster Romanheld ist der →Gestiefelte Kater, ihr Lieblingsmaler Gottfried →Mind, ihr Lieblingsschriftsteller →E. T. A. Hoffmann (Kater Murr). Sie malt Katzen, lebt und reist mit Katzen, träumt mit Katzen ... 1980 erschien in Italien ihr Buch «Minski follies – Zeichnungen Katzenzirkus».

Finnische Katzenmärchen Eine große Katze tötete sehr viele Mäuse. Die übriggebliebenen beratschlagten und kamen auf die Idee, der Katze eine Glocke umzubinden. Sie sammelten Geld und kauften die Glocke. Aber dann fand sich niemand bereit, sie der gefährlichen Katze umzuhängen ... →Äsop, →Katzenmärchen 1 d. «Das verlorene Dokument»: Hund, Katze und Ratte hatten freien Tisch beim König. Das Schriftstück darüber gab der Hund der Katze in Verwahrung, die reichte es an die Ratte weiter. Als der König starb, war das Dokument verdorben, denn die Ratte hatte es in die Traufrinne gelegt, wo das Regenwasser es aufgeweicht hatte. Alle drei wurden aus dem Palast gejagt und sind seither unversöhnliche Feinde. → Katzenmärchen 4 a. «Der alte Hund»: Ein alter Hund soll getötet werden. Als er aber ein Kind rettet, das ins Wasser gefallen war, bekam er einen Kontrakt, der ihm das Gnadenbrot garantierte. Den ließ er von der Katze verwahren. Nach einiger Zeit soll der Hund wieder dran glauben, er verlangt seinen Kontrakt, aber den hatten die Mäuse gefressen. Die Katze tötet die Mäuse, der Hund die Katze, der Herr den Hund. →Katzenmärchen 4 a.

Finnische Sagen a. Der Teufel schuf die Maus, da schuf Gott die Katze und warf sie hinter der Maus her. Der Teufel aber packte sie an Kopf und Schwanz und bog sie zusammen. Daher hat die Katze einen krummen Rükken. →Böhmische Sage.
b. Bei einer Hochzeitsfeier erschien ein Gespenst und warf eine Maus auf den Boden. Die Braut riß das Tischtuch herunter, daraus entstand die Katze. Deshalb sitzen Katzen so gern auf Tischen.

Fisch muß immer gekocht oder gedünstet serviert werden, damit schädliche Enzyme zerstört werden, die zu →Thiamin-Mangelerscheinungen führen würden.

Fischer-Fabian, Siegfried, schrieb ein schönes Brevier «für alle Katzenfreunde und solche, die es werden wollen» unter dem Titel «Geliebte Tyrannen», 1973.

Fischer, O. W. (geb. 1915), berühmter Filmstar der fünfziger Jahre und Professor für Philosophie, gehört zu den ganz großen Katzenfreunden. In seinem Haus lebten, liebevoll umsorgt, zeitweise bis zu 18 Samtpfoten.

Fischerkatzen fischen nicht selber, sondern erwarten die Fischerboote am Ufer, in der Hoffnung, daß ein wenig von dem Fang für sie abfällt. Auf der griechischen Insel Samos, der Heimat des Philosophen und Tierschützers Pythagoras, haben sie ein «verbrieftes» Anrecht darauf.

Fischkatzen (prionailurus viverrinus) sind die größten sog. →Schmuckkatzen. Sie werden bis zu 1,20 Meter lang. Das Fell ist olivbraun bis grau, gezeichnet mit schwarzen Ringelflecken.

Sie haben grüne Augen, schwimmen gut und fangen Fische, Frösche und Krebse. Die Hauptnahrung sind aber Mäuse und Ratten. F. werden heute im Zoologischen Garten von Frankfurt am Main gezüchtet.

Fischkonserven können wegen der darin enthaltenen Konservierungsstoffe für Katzen giftig sein.

Fischleber enthält viel →Vitamin D gegen Rachitis und sorgt für gesunden Knochenaufbau. Überdosierung führt aber zu Vergiftungen. Eine kleine Menge gekochter F. einmal pro Woche ist ausreichend.

Flachkopf- oder **Plattkopfkatzen** (prionailurus planiceps) sind →Schmuckkatzen, die auf der Malaiischen Halbinsel und Borneo leben. Besonderheiten: kurzbeinig, kurzer, sehr dicker Schwanz, nicht ganz einziehbare Krallen →Gepard, spitze Zähne. F. jagen Fische, Frösche und Krebse.

Flämischer Schwank Ein Hund will eine Katze heiraten, aber ein eifersüchtiger Kater ißt den Heiratskontrakt auf, bevor die Ehe geschlossen wird. →Katzenmärchen 4 a.

Flämisches Katzenmärchen «Katzen und Mäuse»: Die hungrige Katze beklagte sich bei Christus. Währenddessen liefen Ratten und Mäuse vorüber, ohne den Heiland zu grüßen. Da erlaubte er der Katze, sie fortan zu jagen. →Katzenmärchen 1 e.

Flankenreiben →Begrüßung.

Flaubert, Gustave (1821–1880), Der große französische Dichter besang die Katze als «unvergleichliches Kleinod».

Flavismus (von lateinisch flavus = gelb, rötlich, blond) wird vom sog. Gelbfaktor bestimmt und tritt in Erscheinung bei allen roten oder gelbrot gezeichneten Katzen. Wahrscheinlich handelt es sich um eine →Mutation, die durch Inzucht ausgelöst wurde.

Fledermausohren hat die Oregon-→Rexkatze, die in den USA gezüchtet und dort wegen der riesigen Ohren Butterfly-Cat genannt wird.

Flehmen Wenn die Katze einen besonders interessanten Geruch intensiv aufnehmen will, öffnet sie leicht das Mäulchen, schürzt die Oberlippe und entblößt etwas die Zähne. Ihre Haltung wird starr, die Augen sind leicht verdreht. Dieses F. hat sie übrigens mit den Pferden gemein.

Fleuron, Sven (1874–1966). Der dänische Schriftsteller schrieb einen regelrechten Katzenroman unter dem Titel «Katzenvolk». In einem Hünengrab zieht eine verwilderte Stallkatze ihre sechs Jungen auf und bringt ihnen alles bei, was eine Katze wissen muß, um sich über Wasser zu halten. F. gilt als der Schöpfer des modernen Tierromans.

Fliegendraht kann ernste Krallenverletzungen verursachen, wenn die Katze daran hochgeht. Die feinmaschigen

Sorten sind besonders gefährlich. Deshalb ist F. zum Absichern von Balkons, Fenstern und Katzengärten ungeeignet.

Fliegenpilze sind für Katzen ebenso giftig wie für uns. Symptome: starker Speichelfluß, Erbrechen, Darmkoliken, Pupillenstarre bis hin zu Bewußtlosigkeit und Atemstillstand. →Vergiftungen. Kaninchen übrigens können F. verspeisen, ohne Schaden zu nehmen.

Flöhe Katzenflöhe sind ein bis zwei Millimeter lang, dunkelbraun und hinterlassen im Katzenfell sandkorngroße schwarze Kügelchen. Sie übertragen →Bandwürmer, verursachen →Allergien und die lebensgefährliche →infektiöse Anämie und können auch auf Menschen überspringen, aber Katzen sind ihnen lieber. →Flohhalsband, →Flohpulver.

Flohhalsband Ein speziell für Katzen bestimmtes F. schützt recht zuverlässig gegen Flöhe, Läuse und Zecken. Man muß es so locker umlegen, daß noch zwei Finger dazwischen passen. Allerdings sind viele Katzen allergisch gegen die Chemikalien vom F. Bei Anzeichen von Entzündungen am Hals, Speicheln, Erbrechen, Koordinationsstörungen das F. sofort abnehmen. Nasse F. dürfen nie an der Katze trocknen. Alternativen: →Flohpulver, →Bierhefe, →Pfefferminze.

Flohpulver Nur ein speziell für Katzen geeignetes F. verwenden. Man stellt die Katze auf einen mit Zeitungspapier bedeckten Tisch und pudert das Fell sorgfältig überall ein. Vorsicht, damit nichts in Augen, Mund und Nase gerät. Nach einigen Minuten wird das Fell sehr sorgfältig gekämmt und gebürstet. Die herausfallenden Haare und Flöhe verbrennt man mit der Zeitung oder bringt alles schleunigst in den Müllkübel. Diese Prozedur wird je nach Vorschrift ein- oder mehrmals wiederholt. Das F. dient auch zur Desinfektion von Katzenkorb, -lager und allen Ruheplätzchen. Textilien und Decken dann in die Wäsche geben, Polster gründlich absaugen.

Florian, Jean-Pierre Claris de (1755 bis 1794), französischer Schriftsteller, schrieb 1792 die reizende Fabel von der Katze und dem Spiegel – ein Lob auf den «weisesten aller Kater», der das Unmögliche (das Geheimnis des Spiegels zu ergründen) rasch aufgibt und sich lieber praktischen Dingen zuwendet, dem Mäusefang.

Florian heißt der schönste, prämiierte deutsche Hauskater, ein prächtiger Rottiger, den die Familie Mroczek 1980 aus dem Tierheim holte, für ganze 10 DM.

Flucht ist die beste Verteidigung – nach diesem Motto jagen Katzen im Galopp davon, wenn sie z. B. von einem Hund attackiert werden, und bringen sich auf dem nächsten Baum in Sicherheit. Gelingt es dem Hund allerdings, sie auf eine baumlose Wiese zu hetzen, bleibt er Sieger. Die Katze ist im Sprint atemberaubend schnell, aber sie kann das Tempo nicht lange durchhalten. →Geschwindigkeit.

Fluchtdistanz Eine Katze braucht mindestens fünf Quadratmeter als Ausweich- oder Fluchtdistanz, d. h., mehr als höchstens fünf Katzen dürfen auch vorübergehend nicht in einem Raum von 25 Quadratmetern untergebracht werden.

Flugreisen mit Katzen sind nicht ganz einfach zu organisieren. Man braucht die feste, am besten schriftliche Zusage der Fluggesellschaft. Meist ist es nur erlaubt, ein Tier in die Kabine mitzunehmen, in einem fest verschlossenen Korb oder →Kennel, den man am Flughafen und in Zoohandlungen kaufen kann. Die aufgeregte, geräuschempfindliche Katze leidet vor und beim Abflug/Landung sehr unter dem mörderischen Motorenlärm. Freundliches Zureden hilft, außerdem empfiehlt es sich, ihr vorher eine vom Tierarzt verschriebene leichte Beruhigungstablette zu geben. Auf keinen Fall sollte man eine Katze in die klimatisierten Gepäckräume geben, dort ängstigt sie sich zu Tode. Außerdem ist es schon vorgekommen, daß die Klimaanlage unterwegs ausfiel und die Tiere an Bord erfroren. Die Flugkosten für eine Katze sind gering, sechs Stunden vor dem Abflug zum letztenmal füttern, dann nur noch Trinkwasser hinstellen.

Flury, Burkhard (1862–1928). Der Schweizer Maler wurde wegen seiner stimmungsvollen Katzenporträts als «Katzen-Flury» bekannt.

Folat →Enzyme.

Fön Normalerweise ist es falsch und unnötig, Katzen zu →baden. In Ausnahmefällen (sehr starke Verschmutzung, Berührung mit Kontaktgift, Terpentin, Petroleum, Kerosin, Lack o. ä.) wird die Katze nach dem Bad frottiert und geföont. Dabei muß man sie gut festhalten und den Fön ständig hin- und herbewegen, um das Fell nicht anzusengen.

Fontane, Theodor (1819–1898), deutscher Dichter und Romancier, rühmte seine schneeweiße Katze Blanche mit den Worten: «Sie ist mir Schauspiel, Augenweide, Zirkusschönheit.»

Förderkreis Im «F. Katzenmuseum» haben sich Katzenfreunde mit dem ehrgeizigen Ziel der Gründung eines Katzenmuseums zusammengeschlossen. Sitz Frankfurt am Main.

Forellenmuster nennt man die feine Tüpfelung des Fells bei getupften Katzen.

Fotografieren Katzen sind schwer zu f., weil die meisten Katzen nicht daran denken, stillzuhalten. Meist artet es in eine Materialschlacht aus: Man knipst den Film leer und hofft, daß ein paar hübsche Aufnahmen dabei sind. Man muß ganz nah herangehen an das Modell, so nah die Kamera – und die Katze – es zuläßt, und warten, bis der richtige Moment gekommen ist.

Fotomodell Katzen posieren für Postkarten, Pralinenschachteln, Werbe- und andere Filme, Abbildungsmaterial für Katzenbücher, Kalender u.v.a.m. Bis zu tausend Mark am Tag bringt eine geduldige Fotokatze ihrem Besitzer ein. Am meisten gefragt sind Langhaarkatzen. →Arbeit, →Covercat.

Fox, Michael, amerikanischer Tierarzt, Verhaltensforscher und Katzenexperte, erkannte der Katze neun Sinne zu: Geruch, Geschmack, Tastsinn, Gefühl für Temperatur und Gleichgewicht, Sinn für Zeit und Richtung, Hören und Sehen. In seinem ausgezeichneten Buch «Versteh deine Katze», dt. 1976, geht es um die Verhaltensweisen der Katze.

Fragezeichen Das F. soll bereits in ägyptischer Zeit hergeleitet worden sein vom aufgerichteten, an der Spitze gekrümmten Katzenschwanz. Auf dem Xois-Papyrus sieht man neben einer malenden Katze ein durchgestrichenes Fragezeichen. Die Botschaft könnte lauten: Stell nicht zu viele Fragen. →Ägyptische Malerei.

France, Anatole (1844–1929), französischer Dichter und Nobelpreisträger (1921), wurde von seiner Katze stets pünktlich daran erinnert, daß es Zeit war, schlafen zu gehen. Seinen Kater Hamilkar lobte er als «Fürst der Bücherburg», als treuen Wächter seines kostbarsten Schatzes vor den Mäusen.

Frank, Anne (1929–1945), berichtet in ihrem «Tagebuch» von den Katzen Mouchi und Moffi, die auf dem Speicher in Amsterdam lebten, hinter dem die Familie F. sich vor den Nazis versteckt halten mußte.

Frankreich Die ersten Katzen wurden zu Cäsars Zeiten von den Römern ins Land gebracht. Seit der Französischen Revolution von 1789 gilt die freiheitsliebende Katze als Symbol der Befreiung.

Franz von Assisi (um 1181–1226). Der Legende nach schuf Christus die Katze, um dem Heiligen im Kampf gegen den Teufel zu helfen. Der hatte Scharen von Mäusen in die Zelle des heiligen Franz von Assisi geschickt, die ihn fürchterlich plagten. Auf sein Gebet hin erschien ein prächtiger Kater, der den Mäusen den Garaus machte. Der Heilige bat dann um eine Gefährtin für seinen Kater. Von diesem Paar stammen alle Katzen ab.

Französische Katzenmärchen «Drei weiße Bällchen»: Drei weiße Kätzchen beschützen eine Prinzessin und verhelfen ihr zu ihrem Glück. Ganz nebenbei lernen sie noch das Schnurren. →Katzenmärchen 2c. «Die Söhne des Müllers»: Sie erben eine Sense, einen Hahn und eine Katze und machen damit in der Fremde ihr Glück. →Katzenmärchen 2b. «Das Waldhaus»: Der durch Mildtätigkeit verarmte Andres kommt mit Frau und Kindern nachts zu einem einsamen Waldhaus, in dem eine schöne Fee mit über 100 Katzen lebt. Durch die Verwandlung eines Kätzchens in eine →Geldkatze kommt Andres wieder zu neuem Besitz. →Katzenmärchen 2c.

Französische Redensarten «Der guten Katze (gebührt) eine gute Ratte.» «Eine Katze in der Kehle haben» (heiser sein). «Schlafende Katzen wecken» (alte Geschichten wieder aufrühren).

Französische Sage: Gott wollte die Katze erschaffen, aber der Teufel kam dazu und erklärte, der Kopf gehöre ihm. Seitdem soll der Leib der Katze Gott gehören, der Kopf aber dem Teufel. →Katzenmärchen 3 b.

Französische Sprichwörter: «Miauende Katzen jagen nicht» (entspricht ungefähr unserem Sprichwort von den bellenden Hunden, die nicht beißen). «Gebrannte Katzen fürchten das Feuer.» «Ein Mädchen, das Katzen gut pflegt, wird zu seiner Zufriedenheit vermählt.»

Freedley, George. 16 Jahre lang begleitete den dänischen Schriftsteller sein vierbeiniger Freund «Herr Katz», ein gelber Perserkater, der einmal sechs Wochen lang unter einem neu zu verlegenden Fußboden eingesperrt war und dabei 14 Pfund an Gewicht verlor (von insgesamt 15 Pfund!).

Freiburg Im und nach dem Zweiten Weltkrieg bewahrten die Katzen die zerstörte Stadt vor den Ratten. Deshalb nennt man sie dort heute noch «die Helden von Freiburg». →Nossack, E.

Freidank, Anne – die Münchener Miezen-Malerin wurde 1935 geboren. Markenzeichen: Katzen. Technik: Naive Hinterglas- und Acryl-Malerei. Lieblingsmodelle: ihre beiden Haustiger. Hobbys: Katzen und Blumen.

Freie Liebe wird bei Katzen ganz groß geschrieben. Die Kater dürfen sich bewerben, die Entscheidung fällt das Weibchen allein. Oft erhört sie auch mehrere Freier. Die Kinder der freien Liebe sind in der Regel wohlgeraten, gesund und lebenstüchtig, was man von den Kleinen, die die →Zuchtkatzen zur Welt bringen, die zwangsweise von einem reinrassigen Zuchtkater «gedeckt» wurden, leider nicht immer behaupten kann.

Freier Fall Die amerikanische Weltraumbehörde ließ den freien Fall an Katzen beobachten und filmen. Die Astronauten wurden nach diesem Vorbild für den Aufenthalt im Weltraum trainiert. Katzen drehen sich während des Falls vom Rücken auf den Bauch, wobei der Schwanz als Steuerruder dient. Kurz vor der Landung strecken sie alle vier Beine vor und schauen aufmerksam auf die «Landefläche». So landen sie oft (aber leider keineswegs immer) sicher auf ihren vier Pfoten. Bei zu großer Absturzhöhe ist der Aufprall so hart (vor allem bei Betonoder Steinboden), daß sie sich oft die Beine brechen. Bei zu geringer Absturzhöhe fehlt ihnen die Zeit, das Wendemanöver in der Luft durchzuführen, und es kommt oft zu schweren Verletzungen.

Freiheitssymbol war die Katze im alten Rom →Libertas, in Burgund →Wappen, im holländischen Unabhängigkeitskrieg im 16. Jahrhundert, für →Mazarin und in der Französischen Revolution.

Freiwild ist die Katze, sobald sie das Haus und den Garten verläßt. Sie wird von Hunden gehetzt, von Autofahrern überrollt, von Tierfängern gejagt und von Jägern abgeknallt. Niemand würde seinen Hund unbeaufsichtigt auf die Straße schicken. Es wird Zeit, daß wir endlich lernen, unsere Katzen ebenso sorgfältig zu beschützen.

Fremdkörper im Mäulchen, in den Augen oder Ohren, im Magen oder Darm sind für Katzen ebenso gefährlich wie für Kinder. Wenn die Katze am Mäulchen reibt oder herumpfotet, kann ein Knochen oder ein anderer F. zwischen den Zähnen, im Gaumen oder der Zunge stecken. Schauen Sie in die Mundhöhle. F. im Ohr führen leicht zu Erkrankungen der Gehörgänge – die Katze schüttelt häufig den Kopf und reibt oder kratzt an den Ohren. Verschluckte F. können den Magenausgang blockieren, die Speiseröhre oder den Darm verletzen. Verweigert die Katze das Lieblingsfutter, ist sie apathisch, empfindlich gegen Berührungen, verstopft, so kann nur noch der Tierarzt helfen. F. im Ballen kommen relativ häufig vor (Steine, Scherben, Dornen o. ä.). Man wickelt die Katze so in ein Tuch, daß nur die verletzte Pfote hervorschaut, und entfernt den F. mit einer Pinzette.

Frémier, Emanuel (1824–1910), gehörte zu der französischen Künstlergruppe «Les Animaliers» und wurde bekannt durch seine Katzenplastiken.

Frettchen (vulgärlateinisch: furittus = Räuberchen) wurden vor dem Siegeszug der Katze in Altgriechenland, in Rom und im übrigen Europa bis ins 8. Jahrhundert n. Chr. als Haustiere gehalten, zur Vertilgung von Ratten und Mäusen. Jetzt feiert das F. ein Comeback als Streicheltier.

Frettkatze oder Fossa (cryptoprocta ferox), eine auf Madagaskar lebende Schleichkatze, ist ein Bindeglied zwischen →Schleichkatzen und echten Katzen. Sie ist ziemlich groß, einfarbig rötlichgelb und hat grünliche Augen. F. werden zahm wie Hauskatzen.

Freundschaft Katzen sind in hohem Maße fähig, F. mit dem Menschen zu schließen. Sie hängen mit großer Liebe und Treue an einem Besitzer, der ihr Vertrauen genießt. Nach →Leyhausen ist die freundschaftliche Bindung der Katze an den Menschen viel inniger, als sie es je zwischen zwei Katzen werden kann. Das heißt allerdings nicht, daß nicht auch Katzen untereinander sehr enge Freunde werden könnten. Ich selber habe zwei Kater, die vom Augenblick ihrer ersten Begegnung an F. fürs Leben schlossen. Wie sorgfältig Katzen sich ihre Freunde aussuchen, das erkennt man nicht an den freundlichen, braven Stubentigern, die so ziemlich jede andere Katze akzeptieren, sondern an den «unverträglichen» Ausnahmen. Einige Beispiele: Eine Münchener Tierärztin hatte einen gestromten heimatlosen Kater nach einem schweren Unfall zusammengeflickt und bei sich behalten. Er ließ buchstäblich keine andere Katze in die Wohnung, jahrelang. Bis sie es eines Tages mal wieder versuchte mit einem roten Kater, der von dem ersten adoptiert wurde. Die beiden sind ein Herz und eine Seele. Eine sehr eigenwillige, verwöhnte Halbangorakätzin «starb» fast vor Eifersucht, als ihr Frauchen eine ausgesetzte Katze mit fünf Jungen in die Wohnung brachte. Sie verfolgte noch das letzte Tigerkaterchen wütend, bis es endlich vermittelt war. Zwei Jahre später brachte die Besitzerin ein halbwüchsiges heimatloses Katzenmädchen heim. Die Halbangoradame war begeistert. Wie gut Katzen sich miteinander anfreunden können, das merkt man oft erst bei irgendwelchen Veränderungen wie Reise, Umzug o. ä. In ungewohnten Situationen halten sie zusammen wie Pech und Schwefel, nach dem Motto «Ein Glück, daß du wenigstens noch da bist!» Das gilt auch bei Krankheiten. Viele Katzen zeigen deutlich Mitleid und Sorge, wenn eine Mitkatze krank ist.

Vielfach belegt sind auch F. zwischen Katzen und anderen Tieren. Schon Fresken aus dem alten →Ägypten zeigen Katze, Gans und manchmal auch Äffchen in freundschaftlicher Umarmung. Innige Freunde waren Timmie, die schwarzweiße Hauskatze des Washingtoner Journalisten B. Timmons, und ein zugeflogener Kanarienvogel namens Caruso, der dem amerikanischen Präsidenten C. Coolidge (1923–1929) gehörte. Mr. President sagte dazu: «Die beiden haben uns eine gute Lektion erteilt, wie man in Frieden miteinander leben kann, auch wenn man eine ganz andere Weltanschauung hat.» Bekannt wurden F. zwischen Katzen und Waldkäuzchen, Ratten, Mäusen, Affen, Hunden, Enten, Küken, Häschen, Kaninchen, Schildkröten, Schweinen, Wellensittichen, Papageien, Kanarienvögeln, Tauben, Eulen, Schlangen, Füchsen und anderen Tieren. Besonders enge F. schließen oft Hund und Katze, die in einem Haushalt leben. Merkwürdig ist dabei, daß der Hund oft fremde Katzen jagt, obwohl er daheim mit «seiner» Katze – es kann auch ein Kater sein – aus einer Schüssel frißt. →Feindschaft, →Brehm, →Topsch.

Freya, die germanische Göttin der Fruchtbarkeit, war auch die Schutzgöttin der von den Germanen hochgeachteten Katze. Freyas Wagen wurde von einem Gespann grauer Katzen gezogen.

Friedrich III., deutscher Kaiser (1415 bis 1452), schlug feierlich einen Mann zum Ritter, der sich einer großen Heldentat rühmen konnte – er hatte drei Katzen totgebissen …

Frischkäse →Weißkäse.

Fritzsche, Helga, schrieb mit viel Katzenverstand das Buch «Katzen» (1978) mit dem Sonderteil «Katzen verstehen lernen» im Anhang.

Frömmigkeit Der hl. →Franz von Assisi predigte den Tieren. Der islamische Meister Aschraf Dschahangir, der in Indien lebte, hielt in Anwesenheit einer Katze eine Rede über ein heiliges Thema. Die Katze war so überwältigt, daß sie in Ohnmacht fiel. In Zukunft kam sie immer zu dem Meister, wenn er über göttliche Geheimnisse sprach.

Fronteinsatz Im Ersten Weltkrieg wurden aus England Katzen an die Front geschafft, als Einsatzkommando gegen die Rattenplage. Zahllose Katzen hatten so die zweifelhafte Ehre, den Heldentod zu sterben.

Frostschutzmittel aller Art sind für Katzen reines Gift und unbedingt unter Verschluß aufzubewahren.

Fruchtbarkeit Sagenhaft ist die Fruchtbarkeit der Katzen. Ein einziges Pärchen bringt es (theoretisch) in zehn Jahren auf 80 Millionen(!) Nachkommen, bei zwei Würfen und 5,6 überlebenden Jungen pro Jahr. So viele gute Plätze gibt es nicht. Die «überzähligen» Jungen erwartet ein trostloses Schicksal. Deshalb sollte jede Katze kastriert werden, und zwar bevor sie zum erstenmal Junge zur Welt bringt.

Frühlingsopfer In England wurde früher das Erwachen der Natur mit der Tötung einer Katze «gefeiert». So sollte die Fruchtbarkeit der Erde garantiert werden …

Frühreif sind alle Katzenmädchen der Schlankform: →Siamesen, →Orientalische Kurzhaarkatzen. Die erste →Rolligkeit tritt meist schon im zarten Alter von fünf bis sieben Monaten auf. Vierzehn Tage später ist der beste Zeitpunkt für die →Kastration.

Furunkel können bei Katzen durch Infektionen kleiner Hautverletzungen auftreten. Man findet sie vor allem im Gesicht, am Rücken und an der Schwanzwurzel: kleine harte Knötchen mit Eiterkopf. Gute abwechslungsreiche →Ernährung stärkt die Abwehrkraft gegen F., die deshalb bei unterernährten Katzen am häufigsten auftreten.

Futterzeiten Katzen sind keine Soldaten. Es ist nicht nötig, ihnen immer genau zur gleichen Zeit das Futter zu servieren, wenn es auch gewisse Regeln geben sollte, etwa Frühstück gegen neun Uhr morgens und die Hauptmahlzeit gegen sechs Uhr abends. Aber in jedem Haushalt treten mal Störungen auf. Katzen, die nicht auf die Minute ihr Futter erwarten, finden sich mit gelegentlichen Verzögerungen leichter ab. Wichtig aber ist Pünktlichkeit, wenn man freilebende Katzen füttert. Wenn diese Tiere längere Zeit warten müssen, resignieren sie, gehen auseinander und leer aus.

G

Gádiska ist der antike nubische Name der →Falbkatze, die – einer Theorie zufolge – von den alten Ägyptern importiert und gezähmt wurde.

Gainsborough, Thomas (1727 bis 1788). Der englische Maler war ein großer Tierfreund. Auf vielen seiner berühmten Kinderporträts hat er die Lieblingskatze der Kleinen mit dargestellt.

Galeophilie (Katzenliebe) wurde zur Zeit Friedrichs des Großen als eine gefährliche, erbliche Krankheit definiert: Atem, Blick und Haare der Katzen trügen «ein wahres Gift in sich», eine tödliche Bedrohung für all die «Wahnsinnigen», die sich mit ihnen einließen. Das behaupteten angesehene Mediziner und Zoologen.

Galin, Dagmar, ist die Autorin des reizenden Katzenbuches «Von den sieben Arten, eine Katze zu lieben», 1977. Es ist die Geschichte einer Pariser Dachkatze, die nach dramatischen Abenteuern das Mädchen Cérise findet, das die einzig richtige Art kennt, eine Katze zu lieben.

Gallico, Paul (1897–1976). Den Nobelpreis bekam der weltbekannte amerikanische Schriftsteller nicht. Die Katzen hätten ihn ihm verliehen für: «Meine Freundin Jenny», dt. 1950, «Thomasina», dt. 1965, und «Miau sagt mehr als tausend Worte», dt. 1981.

Gambiakatze wird eine schwarze Wildkatzenart genannt, die in Afrika beheimatet ist.

Gandy, Franz Freiherr v. (1800–1840), ist der Biograph von Gottfried →Mind, dem Schweizer Katzenmaler. Er beschrieb sein Leben und Werk in dem Buch: «Der Katzen-Raphael».

Garbo, Greta (geb. 1905), als «die Göttliche» gefeierter Filmstar der dreißiger Jahre, war ein Katzenfan.

Garfield, überfütterter Unkater aus Amerika, Geschöpf des Comic-Zeichners Jim Davis, spiegelt alle typischen Untugenden der zweibeinigen Amerikaner: «Faul, fett und bequem, kultiviert er das Böse. Mit seiner Grimasse könnte er einen kaputten Rasenmäher wieder anwerfen.» →Comics. Sein Unwesen treibt er bereits in zahlreichen Büchern wie: «Die Garfield-Galerie I»

(1984); «Garfield tritt ins Rampenlicht» (1984); «Garfield langt zu» (1984); «Garfield überlebensgroß» (1985); «Garfield geistert durch die Stadt» (1985).

Gartenbesitzer gehören nicht unbedingt zu den Katzenfreunden. Manche fürchten um die Vogelnester im Baum, andere um ihre sorgfältig in Reih und Glied ausgerichteten Beete. Denn Katzen graben gern ein wenig, und sie verrichten ihr Geschäft oft im Freien, allerdings nicht, ohne es sorgsam zu verscharren. Der «Schaden», den eine Katze in Nachbars Garten anrichtet, mag noch so geringfügig sein, verziehen wird er oft nicht. Die Strafmaßnahmen reichen von Drohungen und Steinwürfen, vom Abspritzen mit dem Gartenschlauch und Einfangen bis zu gezielten Schüssen und Strafanzeigen gegen den Besitzer. →Bubu, →Nachbarn, →Vogelschutz.

Gast, Lise, Jugendbuchschriftstellerin, erzählt in «Alles dreht sich um die Tiere», 1977, die Geschichte vom Kätzchen Miesemau, das Julchens Leben von Grund auf verändert.

Gäste Wegen Katzen sollen schon Freundschaften zerbrochen sein. Wenn ein «Hundemensch», ein «Vogelmensch» oder ein «Menschenmensch» in ein Katzenhaus kommt, ist er oft schockiert, auch wenn alles blitzblank ist und nur nach Sauberkeit duftet. Aber die Katze! Sie springt einfach auf einen Sessel! Darf sie denn das? Und hinterläßt dort drei weiße (oder schwarze) Härchen. Oder springt gar auf den Gastschoß. Entsetzlich! Eine Laufmasche! So kommt es, daß Katzenmenschen bald nur noch mit Katzenmenschen befreundet sind. Bei Pflichteinladungen sollte man die Katze(n) in einem ruhigen Zimmer oder bei einer freundlichen Nachbarin einquartieren, bis die Luft wieder rein ist.

Gastfreundschaft ist auch für Katzen kein Fremdwort. «Wohlhabende» Haustiger sind in der Regel schnell dazu bereit, hungrige Artgenossen an den Futternapf zu lassen. Das gilt nicht nur für verlassene Jungkätzchen, die von dem erwachsenen Tier →adoptiert wurden. Nur Katzen, die selber nicht viel zu beißen haben, oder verhaltensgestörte Tiere versuchen, fremde Katzen vom Futter wegzubeißen.

Gasvergiftung äußert sich bei Katzen ebenso dramatisch wie bei Menschen! Man findet sie mit offenem Mäulchen vor, mühsam nach Atem ringend. Zahnfleisch, Zunge und Augen sind schwarzblau verfärbt. Sofort das Fenster öffnen, den Gashahn abdrehen, die Katze in einen anderen Raum tragen und mit →künstlicher Beatmung beginnen. Dann das Tier – nach telefonischer Voranmeldung: Notfall! – sofort zum Tierarzt bringen. Es braucht dringend Sauerstoffzufuhr.

Gattamelata, die gefleckte Katze, war der Spitzname des venezianischen Condottiere Erasmo de' Narni (gest. 1443). Sein bronzenes Reiterstandbild des großen italienischen Renaissancekünstlers Donatello (1453) kann man heute noch in Padua bewundern.

Gattare nennt man Venezianerinnen, die sich aufopferungsvoll der heimatlosen Katzen Venedigs annehmen.

Gaumenspalte ist eine erbliche Mißbildung. Das Kätzchen kann nicht richtig trinken und schreit vor Hunger. Oft läuft ihm die Milch zum Näschen wieder heraus. Der Tierarzt kann helfen, durch eine Naht.

Gautier, Théophile (1811–1872), französischer Schriftsteller, war ein Katzennarr. In «Ménagerie intime» beschrieb er liebevoll seine Katzenfamilie: Madame Théophile, Don Pierrot, Séraphita, Enjolras, Eponine u. v. a. «Eine Katze will gern dein Freund sein, wenn du dessen würdig bist», sagte er einmal, «aber nie dein Sklave.» →Massenet.

Gebärmutterentzündung liegt oft vor, wenn die Katze Ausfluß hat. Manchmal tritt kein Ausfluß auf, aber der Unterleib ist hart, geschwollen, und die Katze hat Fieber. Sofort →fachkundige Hilfe holen.

Gebärmutterinfektionen können vorliegen, wenn eine weibliche Katze häufig und sehr intensiv rollig wird oder wenn die →Rolligkeit sehr selten oder überhaupt nicht auftritt.

Gebiß →Zähne.

Geburt Die G. erfolgt in der Regel 63 Tage nach der Katzenhochzeit, manchmal einige Tage früher oder später. Sie verläuft meist komplikationslos auch ohne fremde Hilfe. Die Katzenmutter weiß genau, was sie zu tun hat, liebt aber die beruhigende Nähe ihrer Menschen. Die Eihaut, in der die Kätzchen zur Welt kommen, zerbeißt sie ebenso wie die Nabelschnur, die Nachgeburt verspeist sie. Das ist völlig normal. Wenn eine unerfahrene Katze die Jungen auffrißt, weiß sie meist nicht, wo die Plazenta aufhört und die Jungen anfangen. Man nimmt ihr dann die noch unversehrten Jungen fort, wärmt sie gut und gibt sie der Mutter zurück, wenn alles überstanden ist. Sowie sie zum erstenmal trinken, ist alles in Ordnung. Für die Niederkunft braucht die Katze ein geschütztes, warmes Lager, am besten einen geräumigen festen Karton, der mit mehreren Lagen Zeitungspapier ausgepolstert wird, darüber kommen saugfähige Papierwindeln. Nach der G. wird die Unterlage ausgewechselt. Katzen sind heikel, nicht jedes ihnen angebotene Lager wird auch akzeptiert →Ersatzlager. Sorgen Sie dafür, daß die Kätzin während der G. ungestört bleibt. Andere Haustiere, unruhige Kinder und Gäste haben in der Katzenwochenstube nichts zu suchen. Nach der G. erhält die Katzenmutter zur Stärkung eine Schale Dosenmilch, mit Eigelb verquirlt. Die stillende Katze muß gut und reichlich gefüttert werden, bis zu sechs Mahlzeiten am Tage sind erlaubt. Sie braucht auch zusätzlich →Vitaminpaste oder -tabletten.

Geburtsschwierigkeiten sind bei Katzen zum Glück selten. Wenn eine Katze längere Zeit Preßwehen hat (starke Kontraktionen des Unterleibs), aber nichts passiert, muß der Tierarzt helfen. Manchmal ist ein →Kaiserschnitt erforderlich. Normal ist es dagegen, daß es insgesamt etwa 24 Stunden dauert, bis die Katze alle Jungen zur Welt gebracht hat.

Geburtstermin Die Katze trägt ihre Jungen von der Empfängnis bis zur Niederkunft im Durchschnitt 63 Tage. Wer nicht genau weiß, wann die Katze Hochzeit feierte, muß von der letzten →Rolligkeit ausgehen. Dadurch kann sich eine Ungenauigkeit von einigen Tagen ergeben.

Geduld gehört zu den Kardinaltugenden der Katze. Kater zeigen mehr G. bei der Jagd als Weibchen, so das erste Ergebnis einer Forschungsstudie von Dennis →Turner. Er untersucht an der Universität Zürich das Verhalten der Hauskatze bei Ausflügen ins Freie, und zwar mit Hilfe von winzigen Radiosendern, die am Geschirr von acht erwachsenen Tieren befestigt wurden. →Intelligenz.

Gefangenenbetreuung haben in der Schweizer offenen Strafanstalt Saxerriet Katzen übernommen, mit ausdrücklicher Genehmigung des Direktors. Die Gefangenen dürfen in ihren Zellen Katzen halten und selbständig versorgen. Seither hat sich das Klima wesentlich gebessert, die Arrestzelle konnte, mangels Benutzung, zur Vorratskammer für Katzenfutter und -streu umfunktioniert werden. Die Rückfallquote der in die Freiheit Entlassenen sank beträchtlich. Die Katzen haben ihre Bewährungsprobe als «Erzieher» mit Auszeichnung bestanden.

Gedächtnis Katzen vergessen es im Gegensatz zu Hunden nicht, wenn sie ungerecht behandelt oder gar geschlagen werden. Sie haben ein sehr gutes G. Meinem Kater Grischa aus Ischia mußte ich über einen längeren Zeitraum Tabletten gegen Kokzidien geben. Ich nahm ihn dazu immer auf den Schoß. Das liegt jetzt über drei Jahre zurück, aber bis heute kommt er nicht auf den Schoß und strampelt, wenn ich ihn draufsetzen will. Ihr Ortsgedächtnis ist sagenhaft. Sie speichern auch über lange Zeit Erinnerungen an Personen, an schöne Erlebnisse, an Gerüche und Geräusche.

Gehirn Das Gehirn der Hauskatze wiegt im Durchschnitt 30 Gramm und macht rund ein Prozent des Körpergewichts aus. Beim Menschen sind es zwei Prozent. Wildkatzen besitzen ein größeres Gehirnvolumen, auch prozentual. Den →Siamkatzen wird dagegen immer mehr Gehirnmasse weggezüchtet, damit der Kopf möglichst schmal wird. →Domestikation.

Gehirnerschütterung kommt bei Katzen vor als Folge von Sturz, Autounfall oder auch Schlägen! Das Tier liegt bewegungslos da, mit erweiterten Pupillen, und verliert Kot und Urin. Nach dem Erwachen beobachtet man oft Gleichgewichtsstörungen oder Lähmungen, manchmal auch Beißwut. →Fachkundige Hilfe holen.

Gehirntumor Unter G. können auch Katzen leiden, und zwar meist ältere Tiere. Die Krankheit führt zum Funktionsverlust einzelner Körperteile, begleitet von allgemeiner Schwäche. Auch Krämpfe können auftreten. Ständige, grundlose Aggressivität kann gleichfalls durch einen G. bedingt sein.

Gehör Das Hörvermögen der Katze reicht bis zu 60 000 Schwingungen, wir Menschen können höchstens 18 000 wahrnehmen, sind also im Vergleich zu Katzen fast taub. Huscht eine Maus in 14 Metern Entfernung an einer schlafenden Katze vorbei, ist die Katze ohne jeden Übergang sofort hellwach und sprungbereit. Nach neueren Forschungen können Katzen sogar mit den Augen akustische Reize aufnehmen. →Ameisen, →Augen.

Geißblatt, als Rankengewächs für Gartenlauben beliebt, ist für →Katzengärten nicht geeignet, da es ein Gift enthält, das für unsere Stubentiger gefährlich ist.

Geisterzeichnung ist eine – bei Zuchtkatzen unerwünschte – sehr zarte Zeichnung einfarbiger Katzen, die besonders bei Jungtieren und bei roten Katzen auftritt.

Geith, Kathryn. Die amerikanische Opernsängerin und Wahlmünchenerin ist überzeugt davon, daß ihre Katzen sie nur tolerieren, weil sie die einzige in der Wohnung ist, die mit dem Dosenöffner umgehen kann.

Gelbfettkrankheit (Yellow Disease) entsteht durch ungesättigte Fettsäuren, z.B. in Fischöl, die die Wirksamkeit von →Vitamin E stark herabsetzen. Sie verläuft meist tödlich.

Gelbsucht tritt bei Katzen nicht als eigene Krankheit auf, sondern als sehr ernst zu nehmendes Symptom für eine Leberstörung, Darmerkrankung, Vergiftung oder Infektionskrankheit. Sofortige Behandlung ist notwendig, es besteht Lebensgefahr!

Geldkatze ist die mittelalterliche Bezeichnung für einen Geldbeutel.

Gemüse Katzen sind ausgesprochene Gemüse-Muffel. Sehr kleine Mengen gekochtes Gemüse sollte man trotzdem anbieten, vermischt mit dem normalen Futter, wegen der für die Verdauung wichtigen Ballaststoffe. Hülsenfrüchte und alle Kohlsorten sind für Katzen tabu.

Gene Schimpansen, Menschen und Katzen besitzen nach Studien amerikanischer Forscher im Staat Maryland verwandte Genlandschaften. →Affen.

General Murrmann Der schwedische Haudegen verschonte im 30jährigen Krieg das altfränkische Dorf Geiselwind. «So wahr ich diese Wurst hier esse, werde ich eure Ortschaft niederbrennen», verkündete er. Da sprang der Kater Mohr ihm von hinten auf die Schulter und entriß ihm die Wurst. Der abergläubische General hielt das für ein böses Omen und zog ab. Die Dorfbewohner setzten ihm und dem Kater ein steinernes Denkmal, das noch heute zu besichtigen ist.

Genußmittel wie Kaffee, Kakao, Tee, Alkoholika, Schokolade, Kuchen, Speiseeis, Zuckerzeug sind für Katzen schädlich und deshalb tabu.

Geranien, die beliebtesten Balkonpflanzen der Deutschen, sind für Katzen gefährlich.

Gerhard von Minden, Dekan im Bistum Minden von 1260–1278, schrieb das Märchen vom Kater, der lieber mausen als Bischof sein wollte. →Katzenmärchen.

Géricault, Théodore (1791–1824), französischer Maler der Romantik, malte und zeichnete Katzen, denen man ansieht, daß sie damals schon geliebt und verwöhnt wurden.

Gernhardt, Almut, ist eine der führenden Katzenmalerinnen unserer Zeit. Sie gab mehrere schöne Katzenbücher heraus, darunter «Mit dir sind wir vier», 1976, «Was für ein Tag», 1981. Die Texte schrieb ihr Mann Robert G. Ihre Katzenbilder wurden auch als Titelbilder für andere Katzenbücher, als Kalender- und Postkartenmotive verwendet.

Gertrud von Nivelles, gestorben 626, ist eine weitere Katzenheilige. Sie soll Hilfe bringen bei Mäuseplagen.

Geruchssinn Die Katze ist im Vergleich zum Hund weniger geruchsbezogen. Unwiderstehlich für Katzennasen ist der Duft von →Baldrian, Katzenminze, Thymian und vielen Blütendüften, aber auch die – für menschliche Nasen penetrante – Duftmarkierung von Katern. Bei Begegnungen mit Artgenossen spielt die Geruchskontrolle eine Hauptrolle. Jede Katze hat ihren eigenen, ganz individuellen Körpergeruch. →Flehmen. Die Nahrung wird mit dem Geruchssinn geprüft. Katzen mit verstopfter Schnupfennase essen nichts, weil sie nichts riechen.

Gesäuge Jedes Katzenweibchen hat vier Paar Brustwarzen oder Zitzen. Jedes Katzenbaby hat seine «Stammzitze», an der es trinkt, ohne jemals eine andere zu benutzen.

Geschenke Kleine G. erhalten die Freundschaft – dieses hübsche Sprichwort sollte man auch im Umgang mit Katzen beherzigen. Bringen Sie Ihren Stubentigern öfter mal was mit: einen neuen Tennisball, eine Spielmaus, eine bunte Kordel oder einen besonderen Leckerbissen. Machen Sie ihnen ab und zu eine Freude, sonst tut's niemand. →Lebensqualität.

Geschirr Wer seine Katze von klein an daran gewöhnen will, an der →Leine zu gehen, besorgt sich im Zoohandel besser ein gut passendes Katzengeschirr als ein Halsband. Aus dem Geschirr kann die Katze sich nicht so leicht herauswinden wie aus dem Halsband, andererseits ist aber auch die Gefahr, daß sie irgendwo damit hängenbleibt und sich womöglich sogar stranguliert, bei einem Geschirr aufs Minimum reduziert.

Geschlechtsbestimmung Beim weiblichen Katzenbaby liegen eine runde (After) und eine längliche (Scheide) Öffnung dicht untereinander. Beim Katerchen sind es zwei runde Öffnungen, die weiter voneinander entfernt liegen.

Geschlechtskrankheiten treten leider auch bei Katzen auf, und zwar kann die sog. infektiöse Vaginitis vom Kater übertragen werden, wenn er innerhalb von fünf Tagen zwei verschiedene, gesunde Kätzinnen deckt. Vom ersten Deckakt können dann noch Scheidenbakterien vorhanden sein. Die Folgen betreffen vor allem die Jungen und sind verheerend: schwere Mißbildungen, vereiterte Augen, Lebensunfähigkeit.

Geschmackssinn Katzen sind Feinschmecker und orientieren sich vorwiegend am Geruch der Speisen. Die Prägung auf bestimmtes Futter erfolgt sehr früh. Mein Kater Grischa, den ich halbverhungert im Alter von ca. vier Monaten auf Ischia fand, ist versessen auf Kuchen. Da er außerdem eine unerklärliche Vorliebe für Handwerker hat, vermute ich, daß er nur überlebte, weil italienische Bauleute ihn mit Kuchenresten fütterten. Ein abwechslungsreiches Nahrungsangebot in der Jugend verhindert die Fixierung auf bestimmte Nahrungsmittel. →Aufzucht, →Ernährung.

Geschwindigkeit Ein Tempo von 48 Stundenkilometern erreicht die Hauskatze bei einem kurzen Sprint. Geparden, die schnellsten Tiere der Welt, kommen auf 112 Stundenkilometer.

Geßner, Conrad, gab bereits 1563 ein Tierbuch heraus, mit einer Abbildung der «Katz» mit riesigen Pfoten, auffallend kleinen Ohren und leicht verbiestertem Gesichtsausdruck.

Von den Katzen.

Von seiner gestalt/ardt vnd natur vnd wo es zůfinden.

DIses abentheürig săltzam thier ist Keyserlicher maiestet zůgefürt vn̄ gezeigt worden durch einen burger von Cöln am Reyn gelägen/auff dise zeyt in Teütsch land nie gesähen/ auch von keinem alten beschriben worden. Ist auß der Landtschafft Peru 6000. myl von Andtorff gelägen gebracht gen Mittelburg in Seeland. Sein höhe was sechs schůch die lenge fünff/der hals weyß wie ein Schwan/ der ander leyb braun rot/ seycht hindersich wie der Camel. Dises was ein mänlin 4. jar alt/sol wūderbarlich anheimsch/ heimlich/ dugentlich vnd milt seyn/welches an einem sölchen leyb zůuerwunderē ist.

Von den Katzen.

Feles, uulgò Catus. Ein Katz.

Von form/gestalt vnd mancherley geschlächt der Katzen.

DEr Katzen sind etlich heimsch / etlich aber wild/ werdend in den wildinē/höltzeren oder wälden gefangen: dann bey den alten söllend keine Katzen heimsch gewäsen seyn/sonder allsamen wild/habēd naher heimsch gemacht alle hüser erfült: von wilden Katzen wirdt naher etwas sonderlichs erzellet werden.

Auß den heimschen Katzen werdend die für ander geprisen/ so man Späger katzē nēnet/sind geschwinder vnd räubiger dann ander Katzen/ an der farb schwertzer mit brand schwartzen strymen gantz lin dem haar/ so an etlichen orten als Langendock gleych anderem beltzwerck zů gebreitet wirdt/ welches vnsere kürsener für ein schand achtend/ so doch bey den Wallisseren in gemeinem brauch ist/ allerley Katzen belg zů gärwen. Es sind auch etlich so man Römer Katzē nēnet.

Die heimschen Katzen habend mancherley farben/dann etlich sind gantz weyß/etlich rot/ etliche teilt/jr natürliche farb aber graw/oder gestrymet.

Gesundheitspolizei Eine Schiffsladung von Katzen wurde von den USA nach Japan importiert zur Bekämpfung der Beulenpest, die auch von Ratten übertragen wird – ein Beispiel unter vielen. In Indien blieben Dörfer, in denen es viele Katzen gibt, verhältnismäßig frei von Choleraepidemien.

Gewicht Bei der Geburt wiegen Kätzchen im Durchschnitt 80–100 Gramm. Jede Woche sollten sie rund 100 Gramm zunehmen, am Ende des ersten Monats also etwa ein Pfund auf die Waage bringen. Erwachsene Hauskatzen wiegen zwischen drei und sieben Kilogramm, Siamesen zwischen 3,5 und fünf, Langhaarkatzen zwischen drei und fünf Kilogramm. Dicke Wohlstandskatzen sind ein Kapitel für sich; →Fabel. Gewichtszu- oder -abnahme innerhalb weniger Wochen ohne erkennbaren Grund (gleiches Futterangebot) ist immer bedenklich. →Wiegen.

Ghanesisches Katzenmärchen «Der arme Jäger»: Eine Katze, eine Maus und eine Schlange, die von einem Jäger gerettet wurden, verhelfen ihm zu Reichtum und Glück. →Katzenmärchen 2a.

Ghalib, Mirza (1797–1869), islamisch-indischer Dichter, widmete seinem «edlen Kätzchen» ein schönes Gedicht, in dem es heißt: «Und wenn der Spatz ihr anvertraut sein Junges, so schwört sie wahr, sie werd es treulich nähren». →Adoption.

Ghūla, ein altarabischer Wüstendämon, zeigte sich gelegentlich in Gestalt einer wilden Katze und erschreckte besonders die braven Kamele, so daß sie in wilden Galopp verfielen. →Kamelkatze.

Giacometti, Alberto (1901–1966), berühmter italienischer Bildhauer, schuf schöne Bronzeplastiken von Katzen.

Gibraltarkatzen nennen die Leute von der Insel Man ihre schwanzlosen →Manxkatzen. Dazu folgende Theorie: Die schwanzlosen Katzen wurden beim Untergang der spanischen Armada gerettet und gelangten nach Man. Da es in Spanien nie schwanzlose Katzen gab, müßten die Urahnen der Manxkatzen von einem spanischen Seemann aus Ostasien mitgebracht worden sein. →Japanische Stummelschwanzkatze.

Giehse, Therese (1898–1975). Die große deutsche Schauspielerin war eine Katzennärrin, die einmal ungerührt eine ganze Gesellschaft warten ließ, weil ihre Katze auf ihrem Bauch lag und schlief. →Mohammed.

Gift →Vergiftung, →Aspirin, →Benzin, →Jod, →Mäuse- und Rattengift, →Lysol, →Karbol, →Rizinusöl, →Petroleum, →Terpentin, →Zimmerpflanzen, →Putzmittel.

Ginster Der gelbblühende Ginsterstrauch ist eine wertvolle Bienenweide, für unsere Haustiger aber leider giftig.

Ginsterkatze oder Genette (genetta genette) gehört zur Familie der altweltlichen →Schleichkatzen und ist in Südeuropa und Nordafrika zu Hause. Sie ist klein, hat einen hübschen, fuchsähnlichen Kopf, einen buschigen, geringelten Schwanz und graues Fell mit schwarzen und rötlichen Flecken. Sie läßt sich gut zähmen und half den alten Ägyptern, wie heute noch den Berbern, schon vor der →Falbkatze, das Getreide vor Mäusen und Ratten zu schützen. In den Urwäldern West- und Zentralafrikas lebt die großfleckige G. (Genetta tigrina).

Glatzflechte (trichophytia) ist eine – leider auch für den Menschen – ansteckende Hautkrankheit. Symptome: Borkige Flecken oder auch Eiterbläschen mit Verkrustungen. Jod ist sehr wirksam dagegen. Aber Vorsicht! Jod ist für Katzen giftig. Die Katze darf es auf keinen Fall ablecken, bevor es vollständig getrocknet ist. Besser →fachkundige Hilfe holen.

Gleichgewichtsreflex oder Wiederaufrichtreflex nennt man die Fähigkeit der Katze, sich im →freien Fall umzudrehen, so daß sie in der Regel auf allen vier Pfoten landet.

Gleichgewichtssinn Katzen sind schwindelfrei und balancieren geschickt auf Balkonbrüstungen. Vorsicht: Absturzfrei sind sie nicht, wie viele Unfälle bezeugen. Im →freien Fall benutzen sie den Schwanz als Ruder (schwanzlose Katzen sind da völlig hilflos) und landen in der Regel, aber leider nicht immer, auf allen vier Pfoten. Beim Balancieren hilft der Schwanz, das Gleichgewicht zu halten.

Gleichgewichtsstörungen werden oft durch Ohrverletzungen oder -erkrankungen hervorgerufen, die das Gleichgewichtsorgan im Innenohr in Mitleidenschaft gezogen haben.

Glöckchen an Halsbändern von freilaufenden Katzen haben den Zweck, Vögel vor der Annäherung der Samtpfote zu warnen. Leider werden aber eher die Mäuse durch das Klingeln vorgewarnt. Vögel orientieren sich mehr visuell, das Glöckchen muß schon recht auffällig im Sonnenlicht blinken. →Vogelschutz.

Glückskatzen, auch Feuerkatzen, nennt der Volksmund unsere drei- und vierfarbigen →Schildpattkatzen. Sie erhielten in den ältesten Ausgaben von «Brehms Tierleben» ein besonderes Lob: «Eine dreifarbige Katze schützt das Haus vor Feuer und anderem Unglück, die Menschen vor dem Fieber, sie löscht auch das Feuer, wenn man sie hineinwirft (bitte nicht ausprobieren!) und heißt deshalb Feuerkatze. Wer sie ertränkt, ist sieben Jahre lang unglücklich.» In England und Schottland gelten schwarze Katzen als Glücksbringer, in China alte und besonders häßliche Katzen. In Südfrankreich glaubte man an →Zauberkatzen (Magatots), die Glück und Reichtum ins Haus brachten, wenn man sie liebevoll aufnahm.

Glückssymbol In China gilt die Katze als Symbol für ein langes Leben, denn →Mao heißt auch «achtzigjährig». Eine Katze auf einer Glückwunschkarte bedeutet: Mögest du ein hohes Alter erreichen. Zum 70. Geburtstag werden Karten verschickt, auf denen eine Katze einen Schmetterling jagt. Das heißt: Mögest du achtzig werden. →Amulett.

Glyzinien, beliebte Balkonpflanzen, sind auf Grund ihres Gehaltes an Wistarin für Katzen gefährlich. Vergiftungserscheinungen: Durst, erweiterte Pupillen, langsamer Puls, Erbrechen, Atemnot. Auch der Samen ist giftig.

Gobelin ist nicht nur ein kostbarer Wandteppich, sondern auch der französische Name für →Kobold.

Gobi- oder Graukatze (felis bieti) ist eine in Nordwestchina lebende große Wildkatze. Sie wird bis zu 140 Zentimeter lang. Das Fell ist fahlgrau, im Winter rötlich, mit schwacher Querstreifung. Schwanz und Beine sind dunkel geringelt. Auffällig sind die luchsartigen Ohrpinsel.

Goethe, Johann Wolfgang von (1749–1832), war ein Katzenfreund. Im «West-Östlichen Diwan» zählt er die Katze zu den vier Tieren, die ins Paradies kommen, neben Esel, Wolf und Hund. In «Reinecke Fuchs» läßt der Kater Hinze sich vom Fuchs in eine Falle locken und büßt bitter für einen Diebstahl, den der andere auf dem Gewissen hat. Blutig geschlagen und mit nur einem Auge kehrt er an den Königshof zurück. S. →Leopold.

Gogol, Nikolai (1809–1852). Der russische Dichter läßt in «Altväterliche Gutsbesitzer» den Niedergang eines alten Ehepaares an dem Tag beginnen, an dem der Frau Pulcherija Iwanowna ihr graues Kätzchen entläuft.

Goldgräberkatzen Ein geschäftstüchtiger Händler verkaufte den Goldgräbern von Klondike zwei Katzen und kassierte für jede zwei schwere Goldklumpen. Gold gab es dort im Überfluß, aber kaum noch etwas zu essen. Alle Vorräte hatten die Mäuse aufgezehrt. M. →Twain.

Goldkatzen →Afrikanische und →Asiatische G.

Goldregen enthält Cytisin und Methylcytisin, zwei für Katzen hochgiftige Stoffe, die zu starkem Durst und heftigem, oft blutigem Erbrechen führen. Der Tod tritt durch Lähmung der Atmung ein. →Vergiftungen.

Goldschmidt, Hilde (1897–1980), Malerin, war eine Schülerin von O. →Kokoschka. Von ihrem «Mädchen mit schwarzer Katze», 1929, bis zu dem Bild «Einsamkeit», 1978, stoßen wir in dem Werk der Malerin immer wieder auf Katzen. Zwei haben sie bis zu ihrem Tod in Kitzbühel begleitet: Inky und Ginger.

Golowin, Sergius, spannt in seinem Buch «Göttin Katze», 1989, einen weiten Bogen – von Ägypten über Indien nach Europa auf den Spuren amüsanter und wissenswerter Informationen über Katzen.

Gorey, Edward, amerikanischer Illustrator und Autor, wohnt mit seinen sechs Katzen in Boston und gab das Buch «Cat E Gor y» heraus, mit zahlreichen witzigen Katzen-Cartoons.

Gorki, Maxim (1868–1936), schrieb die traurige Geschichte von einem Gefängniskätzchen, mit dem ein «Spaßvogel» sich einen üblen Scherz erlaubt: «Sasubrina».

Gotokuji-Tempel Die Fassade des Tempels in Tokio ist mit vielen Abbildungen der →Maneki Neko geschmückt, der Katze mit der grüßend erhobenen Pfote.

Gould, Owen, britischer Generalkonsul in Bangkok, soll um 1885 die ersten →Siamkatzen von Thailand nach England gebracht haben.

Goya, Francisco J. de (1746–1828). Der spanische Maler gehörte nicht zu den Katzenfreunden. Katzen scheinen für ihn unheimliche, dämonische Tiere gewesen zu sein. Auf dem Kinderbildnis von «Don Manuel Dsorio de Zunga» erzählt er eine spannende Geschichte: Der festlich gekleidete kleine Don hält einen zahmen Vogel an einer dünnen Leine. Im Hintergrund sitzen drei Katzen und beobachten den Vogel mit weitaufgerissenen Augen, eine Weißgescheckte, ein Tigerchen und dahinter eine Schwarze. Sie brauchten nur die Pfote auszustrecken …

Graben Katzen sind leidenschaftliche Hobbygärtner und lieben es, in warmer, trockener Erde zu graben und zu scharren, was den Beeten natürlich gar nicht bekommt, besonders im Frühjahr. Abhilfe schafft eine eigens für die Katze bereitstehende größere Kiste mit viel Erde oder Torfmull – oder ein im Garten für die Katze abgezäunter Auslaufbezirk. Dieser →Katzengarten löst zugleich auf sichere Weise das Auslaufproblem. →Nachbarn.

Grandville (eigentlich Jean Ignace Isidore Gérard) (1803–1847), französischer Zeichner und Katzenfreund, schuf die Illustrationen für das Büchlein «Herzeleid einer englischen und französischen Katze», ein Hohelied der Katze als empfindsames Mädchen, reife Frau und große Dame. Die Texte

schrieben H. de →Balzac und P. J. Stahl. →Henze, «Der →Herzenskummer einer englischen Katze».

Grannenhaare bilden zusammen mit den einzeln stehenden, festen, langen Leithaaren das →Deckhaar der Katze.

Gras ist für die Katze Salatersatz und hilft ihr, die Haarballen zu erbrechen, die sich beim Putzen im Magen ansammeln (→Bezoare). Bieten Sie der Katze in der Wohnung oder auf dem Balkon Grastöpfe an. Im Winter tut's auch ausgesäter Hafer, Weizen, →Zyperngras oder Knabbergras für Katzen aus dem Zoogeschäft. Damit verhindert man, daß die Katze an Zimmer- und Balkonpflanzen knabbert.

Grauer Star Man erkennt ihn an einer milchigen Augenlinse, die Pupille ist trüb. Bei jüngeren Katzen oft durch

→Zuckerkrankheit verursacht. Aber auch ältere Tiere haben noch eine Chance, wenn sie rechtzeitig behandelt werden.

Grautiger haben im Idealfall eine deutliche schwarze Tigerzeichnung auf hell- oder silbergrauem Grund und einen schwarz geringelten Schwanz. Die Augen sind grün oder gelb. G. mit Weiß (Brust, Bauch, Gesicht und Pfoten) kommen häufig vor. Sehr reizvoll sind G., die nur weiße Pfoten (Schuhe) haben.

Gregor der Große, Papst von 590–604, liebte Katzen. Bei einer Predigt forderte er die Gläubigen auf: «Opfert euer Liebstes!» Da zog ein Eremit, der nach Rom gepilgert war, sichtlich zögernd seine Katze aus dem Ärmel hervor. Der Papst winkte lächelnd ab und zeigte ihm seine Katze, die er gleichfalls im Ärmel seines Gewandes bei sich trug. Nach seinem Tode wurde dem großen Katzenfreund ein böser Streich gespielt. Da ihn angeblich eine Katze beim Studieren gestört hatte, tötete man jährlich in Rappertswil in der Schweiz am Tage des hl. Gregor auf besonders grausame Weise eine Katze.

Griechenland Aus Ägypten heimlich eingeführte Hauskatzen sind in der griechischen Kunst zum erstenmal im 5. Jahrhundert v. Chr. nachweisbar. Silbermünzen aus Tarent und Rhegion in Süditalien (Magna Graecia) zeigen einen Jüngling, der mit einer Katze spielt. Auf einem Relief aus Athen sitzen sich zwei Jünglinge gegenüber, die einen Hund und eine Katze an der Leine halten und anscheinend aufeinander hetzen. Auch auf einem attischen Grabstein ist eine Katze abgebildet. Im übrigen wurden unsere Hauskatzen im alten G. vorwiegend als Pelzlieferanten geschätzt. →Aristophanes, →Ailuros.

Grien, Hans Baldung (1480–1545), hat zu einem sehr frühen Zeitpunkt verschiedentlich Katzen dargestellt, manchmal auch als Begleitung von Hexen. →Hexenverfolgungen.

Grimm, Brüder Jacob (1785–1863) und Wilhelm (1786–1859). In ihrer Sammlung «Kinder- und Hausmärchen» fehlt selbstverständlich auch «Der →Gestiefelte Kater» nicht. Weitere Katzenmärchen: «Der arme Müllersbursch und das Kätzchen»: Hans,

der Kleinknecht, dient sieben Jahre in einem verwunschenen Schlößchen, das nur von Katzen bewohnt wird. Zur Belohnung erhält er ein prachtvolles Pferd, erlöst die in eine Katze verwandelte Prinzessin und lebt glücklich mit ihr bis ans Lebensende. →Katzenmärchen 9a, →Aulnoy. «Der Fuchs und die Katze»: Ein Fuchs verspottet eine Katze, weil sie nur die einzige Kunst beherrscht, sich bei Gefahr auf einen Baum zu retten. Aber gerade das rettet ihr das Leben, als der Jäger mit seinen Hunden kommt, der arme Fuchs mit seinen 100 Künsten aber ist verloren. →Katzenmärchen 5b, 1. Typus. «Katze und Maus in Gesellschaft: Die beiden führen einen gemeinsamen Haushalt und legen sich einen Wintervorrat an, ein Töpfchen mit Fett. Die Katze überlistet die Maus und vertilgt alles allein. Schließlich kommt die Maus ihr auf die Schliche – und muß selber dran glauben. →Katzenmärchen 1c. «Die drei Glückskinder»: Ein Vater hinterläßt seinem ältesten Sohn einen Hahn, dem mittleren eine Sense und dem jüngsten eine Katze. Alle drei machen ihr Glück. Der Jüngste bekommt viel Geld für seine Katze von einem König, in dessen Schloß die Mäuse auf dem Tisch tanzen. Aber als sie vom Jagen durstig wird und mit «miau, miau» Wasser fordert, bekommen König, Hofstaat und Gesinde Angst vor dem «Untier» und lassen das Schloß abbrennen, um es zu vernichten. Die Katze aber rettet sich ins Freie. →Katzenmärchen 2b, →Schwab. «Die Katze aus dem Weidenbaum»: Eine Magd kann sich im hohlen Stamm einer Weide in eine Katze und zurück verwandeln. →Katzenmärchen 9b. In «Die Hochzeit der Frau Füchsin» kommt eine «Jungfer Katze» als Magd vor.

Großkatzen (pantherinae) sind entwicklungsgeschichtlich jünger als die →Alt- und →Neuweltlichen Kleinkatzen, also erst nach ihnen entstanden. Dazu gehören: Löwe, Tiger, Gepard, Leopard, Jaguar und der Schneeleopard (mica) als eigene Untergruppe.

Gruber, Terry deRoy. Der amerikanische Fotograf gab 1985 bei uns seinen schnurrigen Bestseller «Working Cats» unter dem Titel «Beruf: Katze» heraus. Auf die Frage «Arbeiten diese Katzen wirklich?» antwortete der Autor: «Manche tun es, manche nicht. Wie bei den Menschen.» →Arbeit.

Grundausstattung Wer sich eine Katze ins Haus holen will, sollte vorher folgende G. anschaffen: eine →Katzentoilette mit →Einstreu, zwei Futter- und ein Wasserschälchen, einen Transportkorb, eine Decke oder ein Kissen für den Schlafplatz, einen →Kratzbaum, zwei Grastöpfe (zum Wechseln), einen Kamm mit stumpfen, eng stehenden Zähnen und eine Bürste mit festen Borsten (keine Drahtbürste), einige Dosen Fertigfutter, ein Paket Trockenfutter und Vitaminpaste oder -tabletten. Ein Schlafkörbchen kann, aber muß nicht sein, →Schlafplätze, das gleiche gilt für →Spielzeug.

Grzimek, Bernhard (1909–1987). Der bekannte deutsche Artenschützer und Tierbuchautor erklärte den Tiger zu seinem Lieblingstier. In seinem Buch «Unsere Brüder mit den Krallen», 1969, erzählte er die Geschichte von der «Katze mit den zwei Heimaten». Hier geht es um einen Miniaturtiger, eine Hauskatze, die sich nicht entscheiden kann, wo sie endgültig leben will, und hin- und herpendelt.

Guillén, Jorge (1893–1984). «Katzen. Angesichts der Geschichte sensibel, ernst, einsam, voll Unschuld» – mit diesen Zeilen endet das schöne Gedicht «Katzen in Rom» des spanischen Dichters.

Gummi ist für Katzen gefährlich, da er im Magen quillt und dann oft zu Darmverschlüssen führt. Deshalb sollte man Gummibänder, Radiergummis u. ä. immer wegräumen, obwohl die Katzen natürlich gern damit spielen. Auch Gummitiere sind als Spielzeug für Katzen ungeeignet.

Gummibänder Leider kommt es immer wieder vor, daß Kinder (und nicht nur Kinder!) Katzen G. um Hals, Pfoten oder Schwanz wickeln. Durch diese üble →Tierquälerei wird das Blut abgeschnürt, das Körpergewebe stirbt ab, es entstehen Nekrosen (auch Gangrän oder Brand genannt). Im fortgeschrittenen Zustand kann eine Amputation notwendig werden. Sofort das G. abschneiden, die betroffene Stelle mit Wasser und Seife waschen, warme Umschläge machen und umgehend →fachkundige Hilfe holen. Besitzer von →Auslaufkatzen tun gut daran, ihre Tiere so oft wie möglich zu untersuchen – auf G. und anderen Unfug, den Fremde mit ihnen anstellen können.

Gurney, Eric, amerikanischer Cartoonist, schuf die Illustrationen zu dem Buch «Vom Umgang mit klugen Katzen», 1962, in dem nachgewiesen wird, wie die Katze den Menschen dressiert. Text: William Nettleton.

Gurren Katzen können g. wie Tauben, es gehört zu den schönsten Lauten ihrer Sprache. Je nach Individuum und Anlaß klingt es höher und heller oder tiefer und dumpfer. Sehr glückliche Katzen kombinieren beim Schmusen Schnurren und G. Ein leises, helles G. kündigt oft die Absicht an, auf einen erhöhten Platz zu springen. Mit gurrenden Lauten locken ältere Katzen verschüchterte junge aus einem Versteck. →Lautäußerungen, →Katzensprache.

Gwentian-Code In diesem Gesetzestext aus Südwales, um 1000 n. Chr., wurde der Preis für eine Katze der Königin mit 1 Pfund festgelegt, während die Katze eines Freien 6 Pence kostete und die Katze eines Bauern nur 1 Pence (auch das war damals noch viel Geld). →Howel der Gute.

H

Haarausfall kann bei Schreck, Angst, Vergiftung und auf Grund einer Pilzerkrankung erfolgen, durch Hormon-, Jod- und Fettmangel, aber auch als relativ harmlose Begleiterscheinung von zu heftigem Kratzen oder Putzen. Die richtige Diagnose bei kahlen und / oder geröteten Hautstellen ist Sache des Tierarztes oder Tierheilpraktikers.

Haarballen →Bezoare.

Haarlinge sind Parasiten, die von den Hautschuppen der Katze leben. Bei stärkerem Befall rufen sie Ekzeme hervor.

Haarstrich Die Fellhaare der Katze verlaufen in harmonischer Ordnung von der Nasenwurzel bis zur Schwanzspitze. So kann das Wasser optimal ablaufen, und das Fell wird nicht zerzaust, wenn die Katze durch ein Gebüsch schlüpft.

Haarzotten, die sich weich und ölig anfühlen, entstehen durch zu starke Talgproduktion. Wenn sie vereinzelt auftreten, genügt es, sie vorsichtig aus dem Fell zu schneiden.

Hačilar, anatolisches Dorf des Neolithikums um 7000 v. Chr. Hier fand man Frauenstatuetten mit Katzen. Es handelt sich um die ältesten bekannten Darstellungen von domestizierten Katzen.

Hafer Im Winter, wenn kein →Gras wächst, ist ein Hafertopf als Ersatz zu

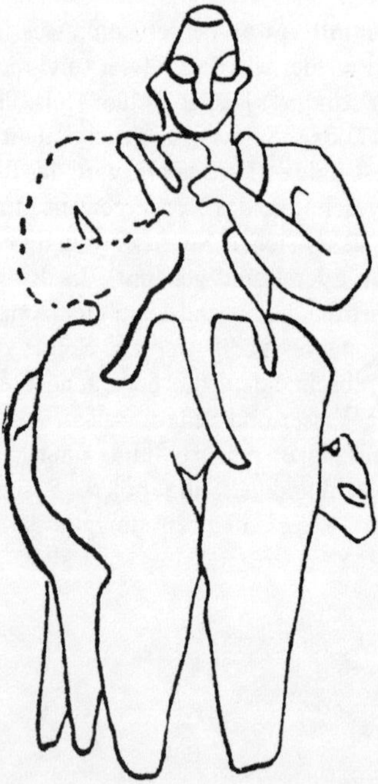

empfehlen, allerdings ist H. zu weich, um beim Erbrechen der →Bezoare zu helfen. →Zyperngras.

Haferflocken, gekocht und in kleinen Mengen unters Futter gemischt, versorgen die Katzen mit dem lebenswichtigen →Vitamin B1 und Thiamin.

Haftpflichtversicherung Eine H. nimmt jedem Katzenbesitzer den größten Teil der Sorge um etwaigen von der Katze angerichteten Schaden ab, denn Haustiere sind automatisch mitversichert.

Haftung Nur wer nachweisen kann, daß er alle gebotene Sorgfalt bei der Verwahrung und Beaufsichtigung des Tieres angewendet hat, kann von H. befreit werden. Hat ein Mensch oder Tier Ihre Katze verleitet, so können Sie sich bei diesem schadlos halten (bei Tieren an deren Besitzer). →Haftpflichtversicherung.

Hagelstange, Rudolf (1912–1984). Der deutsche Dichter hatte gelegentlich «Ärger mit Schopenhauer», seinem schönen, klugen Kater, mit dem er in glücklicher Symbiose lebte.

Hahnenfußgewächse wie z. B. Buschwindröschen und Küchenschelle enthalten das für Katzen giftige Anemonol, Anemonin und Saponin. Wenn nicht rasch →fachkundige Hilfe kommt, droht der Tod durch Atemlähmung.

Hakenwürmer treten eher in warmen Gegenden auf. Die Larven werden durch Mäuse oder Insekten übertragen. Die H. saugen Blut; Anämie und blutiger Durchfall sind die Folge.

Halsband Es ist grundsätzlich möglich, eine Katze an ein Halsband mit Adressenschildchen oder -kapsel zu gewöhnen. Aber ist es auch ratsam? Vorteil: Wenn die Katze verschwindet, kann sie mit Hilfe der angegebenen Adresse leichter dem Besitzer zurückgebracht werden. Nachteile: Halsbänder lassen sich abnehmen, wer nichts Gutes im Schilde führt, wird es einfach fortwerfen. Mehr Sicherheit (ohne Garantie!) bietet die →Tätowierung. Außerdem kann es geschehen, daß die Katze mit dem Halsband irgendwo hängenbleibt und sich verletzt, schlimmstenfalls sogar stranguliert. Halsbänder mit elastischen Teilen oder einem Druckknopf sind weniger risikoreich. →Geschirr.

Halsketten gehören bei gestromten und getigerten Katzen zur Fellzeichnung: eine oder mehrere ungebrochene, dunkle Linien umschließen Hals und Brust.

Halskrause Als H. bezeichnet man ein besonders üppiges Fell an Hals und Nacken, wie es z. B. bei →Ragdolls und →Maine-Coon-Katzen auftritt.

Haltia, ein finnischer →Kobold, der Milch trinkt und, wenn er sichtbar wird, in Gestalt einer Katze auftritt. Er lebt in den Dachsparren und hilft bei der Hausarbeit. H. sollen Glück bringen. →Puck.

Hamm, Peter (geb. 1937). In «Welches Tier gehört zu dir?», 1984, sammelte er Texte der Weltliteratur zum Thema Tier. Unter «Katze» sind einige der schönsten Katzengedichte aufgeführt.

Handfütterung Kranke, appetitlose Katzen muß man zum Essen verführen. Lieblingsfutter in winzigen Portionen schlecken sie noch am ehesten von den Fingern ihres Lieblingsmenschen, manchmal genügt es auch, ihnen das Tellerchen mit den Leckerbissen mit der Hand in bequemste Nähe zu halten. Noch ein Trick: Etwas besonders Gutes mit anscheinend großem, hörbarem Vergnügen selber probieren, dann der Katze anbieten, bis sie auch ein wenig nimmt; alles ist besser als →Zwangsfütterung oder das gefürchtete →Austrocknen. →Hungerstreik.

Handke, Peter (geb. 1942), österreichischer Schriftsteller, gibt zu seinem Theaterstück «Das Mündel will Vormund sein» für die mitspielende Katze die ebenso lapidare wie weise Regieanweisung: «Die Katze tut, was sie will.»

Handscheu Ist eine Katze h., so hat sie entweder schlechte oder gar keine Erfahrungen mit Menschen gemacht, oder sie ist ernstlich krank. Es hilft nur eins: viel Geduld und Liebe. Es kann monatelang dauern, bis eine h. Katze endlich Vertrauen faßt. Meist werden gerade diese Katzen später besonders zärtlich.

Handschuh ist eine Bezeichnung für die vier weißen Pfoten der Birmakatze. Auch ganz normale gescheckte Hauskatzen haben manchmal weiße Stiefelchen. →Schuhe.

Hardy, Thomas (1840–1928). Der englische Romancier und Lyriker schrieb eine →Totenklage auf seinen verstorbenen Kater und Freund.

Haremskatzen Die Haremsdamen liebten Katzen. Sie schmückten sie sogar mit silbernen und goldenen Ohrringen.

Harig, Ludwig (geb. 1927). Der deutsche Autor huldigte in «Zustand und Veränderungen» der Katze Sirikit.

Harlekinkatzen sind weiß mit wenigen großen Farbflecken an Kopf und Körper in Schwarz, Rot, auch Rot und Schwarz, in Blau und Schildpatt. H. werden gezüchtet, kommen aber auch in der Natur vor. Es handelt sich um fortgeschrittenen →Albinismus. →Einfleckkatzen.

Harnsteine und andere Blasenerkrankungen sind bei Katern häufiger als bei weiblichen Tieren, meist auch gefährlicher und schwieriger zu behandeln. →Blasenbeschwerden.

Harnverhalten Die Unfähigkeit, Wasser zu lassen, ist immer ein Alarmzeichen. Die Katze braucht unverzüglich →fachkundige Hilfe.

Harris, Rosemary. Für ihren amüsanten Roman «Eine Katze für Noahs Arche», 1968, erhielt die englische Autorin die Carnegie Medaille der Library

Association. Ein Mann, ein Kamel, ein Hund und der Kater Cefalu brechen auf nach Ägypten, um für Noahs Arche eine Katzendame zu holen.

Hartmann, Sven, und Thomas Härtner schlagen alle Auflagenrekorde mit ihren Büchern «Jakob – kleine Katzengeschichten», 1975, «Ich und mein Mensch», 1977, und «Der Hund auf dem Dach», 1979. Den Text schrieb der Kater Jakob, weiß mit schwarzen Öhrchen und geringeltem Schwanz; Th. Härtner übersetzte ihn für Menschen. Die hinreißenden Bilder, z. T. auch als Poster erhältlich, schuf H.

Hartriegel, ein beliebter Gartenstrauch, ist für Katzen leider giftig.

Haudent, Guillaume, Schatzmeister zu Rouen, schrieb 1547 die vierte Fassung des Themas vom Ursprung der Feindschaft zwischen Hund und Katze in Form einer Fabel nieder. →Katzenmärchen 4.

Hauff, Wilhelm (1802–1827). Der romantische deutsche Dichter und Märchenerzähler (der «Kleine Muck» beherrscht eine ganze Katzenschar und auf diesem Umweg ein Haus mitsamt seiner Besitzerin) hatte zwei Katzen: Fritz und Fränze. Sein Kater Fritz verließ das Bett des todkranken Dichters keinen Augenblick. Als H. starb, lag Fritz in seinen Armen.

Hausapotheke für Katzen. Sie sollte streng getrennt werden von der Familien-H. Wichtigster Inhalt: Außer den evtl. für die Katze verordneten Medikamenten eine Schere mit abgerundeten Spitzen, breites Heftpflaster und Verbandzeug, eine stumpfe Pinzette, Vaseline, ein unzerbrechliches Fieberthermometer für Kinder, Plastikspritzen ohne Nadeln zum Eingeben von Medizin, Paraffinöl, Kohletabletten, Kamille, Borwasser – und die Anschrift und Telefonnummer von mindestens zwei Tierärzten oder Tierheilpraktikern in der Nähe.

Hausklingel Katzen können lernen, an der Tür zu klingeln, wenn man eine eigens für sie konstruierte Glocke in Tastenform in gut erreichbarer Höhe anbringt. Der schwarz-weiße englische Kater Tibs macht es gern vor …

Hausser, Gerd, gab 1974 einen Leitfaden für Katzenfreunde heraus: «Alles über Katzen» – mit vielen wertvollen Anregungen und Ratschlägen für Anfänger und Fortgeschrittene.

Haut Die H. ist ein Organ, das vor allem für die Ausscheidung giftiger Stoffwechselprodukte sorgt. →Hautkrankheiten stehen bereits an zweiter Stelle aller Katzenkrankheiten. →Haarausfall, →Hautentzündungen, →Hautjucken, Hautpilze, →Parasiten, →Räude. Bei Langhaarkatzen gerät die Hautatmung ernstlich in Gefahr, wenn das Seidenfell nicht täglich sorgfältig gepflegt wird.

Hautentzündungen wie Ausschläge, Akne, starker Juckreiz bei struppigem Fell werden homöopathisch sehr erfolgreich mit Sulfur (Schwefel) behandelt.

Hautjucken deutet oft auf →Parasiten hin. Auch →Allergien, →Ekzeme, →Räude, →Insektenstiche, zuviel →Sonne oder →Erfrierungen rufen starken Juckreiz hervor. Katzen kratzen sich exzessiv. Lassen Sie das Tier behandeln, bevor es sich wundkratzt oder -reibt.

Hautkrankheiten können ganz verschiedene Ursachen haben. Von Milben werden alle Arten von Räude hervorgerufen. Zu den häufigsten H. bei Katzen gehört der Pilzbefall. Es gibt zwei verschiedene Arten von Pilzen; eine, die Trichophytie oder Scherpilzflechte, ist auch auf den Menschen übertragbar, aber bei Mensch und Tier heilbar. Nicht ansteckend sind Ekzeme. Bei den kurznasigen Persern und anderen Zuchtkatzen sind H. oft erblich. →Fachkundige Hilfe.

Havannakatzen sind braun wie Havannazigarren. Sie gehören zu den Orientalischen Kurzhaarkatzen. Sie sind schlank und geschmeidig, haben grüne Augen, rosa Fußballen und gelten als sanft und anhänglich.

Hearn, Lafcadio (1850–1904). Der englische Schriftsteller war einer der besten Kenner Japans und in verschiedenen Kontinenten zu Hause. Wo er auch lebte, umgab er sich mit Katzen. H. erzählt von einem japanischen Bauernjungen, der seit frühester Jugend geradezu besessen Katzen malte. Deshalb flog er aus der Tempelschule. Als er einmal in einem verlassenen Tempel übernachtete, den ein Dämon verwüstet hatte, bemalte er alle vorhandenen Wandschirme mit täuschend lebendig wirkenden Katzen. In der Nacht hörte er lautes Kreischen und Fauchen. Am nächsten Morgen lag eine überdimensionale tote Dämonenratte am Boden, die Katzen auf den Wandschirmen hatten rote, blutige Mäulchen. Der Bauernjunge wurde einer der berühmtesten Maler Japans, aber seinen Namen nennt H. leider nicht. Vielleicht war es So-Shiseki? →Japan.

Hebbel, Christian Friedrich (1813–1863), realistischer deutscher Dichter, schrieb ein Gedicht, das wir alle in der Schule gelernt haben: «Ja, das Kätzchen hat gestohlen und das Kätzchen wird ertränkt». Da der kleine Junge seinen Liebling nicht retten kann vor der grausamen Strafe, springt er ihm nach in den Teich, um mit ihm zu sterben. Aber – wir schreiben Biedermeier – in letzter Sekunde werden beide gerettet!

Hecheln mit heraushängender Zunge ist ein Alarmsignal, das besonders bei Autofahrten im Sommer sofort beachtet werden muß: Die Katze braucht dringend Abkühlung. In den Schatten fahren, lüften (wobei die Katze im Geschirr an der Leine gehalten werden muß), ihr nach Möglichkeit frisches Wasser anbieten. →Hitzschlag.

Hechtbiß (Unterbiß) und **Karpfenbiß** (Überbiß) sind durch Züchtung entstandene Bißanomalien, die vorwiegend bei Perserkatzen auftreten.

Heckel, Erich (1880–1938). Der deutsche Maler des Expressionismus stellte des öfteren Katzen dar. 1935/36 fertigte er eine Radierung «Selbstbildnis im Atelier» an, im offenen Fenster erscheint eine große gescheckte Katze. Im gleichen Jahr entstand das «Bildnis Paul Klee und Frau» mit einem schönen weißen Kater auf der Sessellehne des Malers.

Heddawa, ein marokkanischer Derwischorden, ist berühmt wegen seiner Liebe zu Katzen. Die Novizen werden «Katerchen», quetat, genannt. Ordensbrüder und Katzen erhalten die gleiche Nahrung. Die Katzen werden auf einem eigenen Friedhof beerdigt. Die Heddawa-Katzen können gute und schlechte Novizen oder Pilger unterscheiden. Von den frommen nehmen sie Futter und lassen sich streicheln, vor den bösen laufen sie davon. Berühmt wurde die Katze Mischmisch (Aprikose) oder Hamar (Rötlich), die an Markttagen für das Kloster Spenden erbettelte. Man setzte sie auf einen kleinen Teppich auf dem Weg zum Markt. Sie miaute unaufhörlich, und jeder gab ihr ein paar Münzen. →Islam, →Mohammed, →Klosterkatzen, →Tierfriedhöfe.

Hediger, Heini, Schweizer Zoologieprofessor und Artenschützer, Mitherausgeber von «Das Tier», sagt über die Katze: «Kein anderes Haustier weist eine derartige Fülle von Merkwürdigkeiten auf, die es rechtfertigen würde, es als rätselhaft zu bezeichnen.»

Hefeflocken sind ein Geheimtip für die gesunde Ernährung unserer Stubentiger. Katzen mögen sie, und sie enthalten viel Eiweiß, →Vitamin $B_{1,2}$ u. B_6 und vor allem das für Katzen lebenswichtige →Niacin. Mangel an Vitamin B_1 und Niacin kann zum Tode führen. Deshalb reichlich Hefeflocken übers Futter streuen.

Hegenbarth, Josef (1884–1962), schuf hinreißende Pinselzeichnungen von Katzen in allen Lebenslagen – beim Putzen, Schlummern, Futtern, Springen und Spielen. →M. Bürger.

Heidenreich, Elke, veröffentlichte 1995 die Katzenstory «Nero Corleone», in der ein pechschwarzer Kater aus Sizilien die Hauptrolle spielt.

Heim erster Ordnung ist für die Katze der Raum, in dem sie schläft. Es wird energisch gegen jeden Eindringling verteidigt. Heim zweiter Ordnung ist die übrige Wohnung, das Haus, der Garten. Hier läßt sie Toleranz walten gegenüber anderen Katzen.

Heimatlose Katzen In der BRD gibt es nach Schätzungen eine halbe Million h. K. 300000 Katzen werden jährlich überfahren, 250000 von Jägern erschossen. Andere fallen Tierquälern zum Opfer, Krankheiten, dem Hunger, oder sie werden von gewissenlosen Menschen eingefangen →Katzenklau. Aber die Anzahl der h. K. bleibt in etwa konstant durch Neuzugänge: Geburten, ausgesetzte Tiere. Die Frage der h. K. ist ein Problem, das vor allem den Tierschutz angeht, der allerdings bisher in keiner Weise damit fertig wurde. Wo h. K. auf Verlangen der Anwohner eingefangen werden (z. B. auf

Hinterhöfen, Fabrikgeländen, in Sportzentren und Parks), werden sie in der Regel anschließend meist getötet, seltener kastriert und wieder freigelassen. Für ältere h. K., die sich nicht mehr an den Menschen gewöhnen können, ist die Kastration – neben regelmäßigem Füttern – der einzige Schutz; die Weibchen haben nur noch für sich allein zu sorgen, die Männchen werden weniger in blutige Kämpfe verwickelt. Und der Nachwuchs neuer Elendskandidaten bleibt aus. Junge Katzen entwickeln sich zu ganz normalen Schmusekatzen, wenn sie möglichst früh eingefangen und vermittelt werden. Jeder Katzenfreund, der zuläßt, daß seine Tiere sich unkontrolliert vermehren, hat Schuld an dem Elend der h. K., denn so viele gute Plätze wie Katzennachwuchs gibt es nicht und wird es nie geben. →Fruchtbarkeit, →Hunger, →Kastration.

Heimfindetest Der H. wurde Ende der sechziger Jahre vom Zoologischen Institut der Universität Kiel durchgeführt. Das Ergebnis: Bei einer →Entfernung von fünf Kilometern von ihrem Heim fanden fast alle Katzen schnell den Weg zurück, bei einer Entfernung von zwölf Kilometern keine einzige mehr. Katzen, die Hunderte von Kilometern zurücklegen und tatsächlich wieder zu Hause ankommen, sind die absolute Ausnahme. →Orientierungssinn.

Heine, Heinrich (1797–1856), gehört zu der großen Zahl von Katzenfreunden unter Dichtern und Schriftstellern. Seine Katzen halfen ihm, Einsamkeit und Krankheit besser zu ertragen. Andererseits soll der Dichter während seiner Bettlägerigkeit auf die Katze seiner Frau eifersüchtig gewesen sein. In verschiedenen seiner Gedichte kommen Katzen vor – und nicht nur im positiven Sinne!

Heinrich I. von Sachsen hat im 9. Jahrhundert das Töten einer Katze mit einer Buße von 60 Bündeln Korn belegt – so hochgeschätzt waren damals die braven Mäusefänger.

Heinrich III. (1551–1598), König von Frankreich, fiel jedesmal in Ohnmacht vor Entsetzen, wenn er eine Katze sah. An seinem Hof regierten die Katzenfeinde.

Heißer Brei (→Sprichwörter) ist für Katzen ebenso schädlich wie anderes heißes Futter. Die richtige Temperatur: lauwarm.

Helena (gest. um 326 n. Chr.). Die nach ihrem Tode heiliggesprochene Mutter des Kaisers Konstantin soll eine Schiffsladung Katzen von Konstantinopel nach Zypern geschickt haben, um die Insel von Schlangen zu befreien. →Gesundheitspolizei, →Zypern.

Heliopolis, ein Zentrum des Katzenkultes im alten →Ägypten, besaß als besondere Attraktion eine große Katzenstatue, die je nach Sonneneinfall ihre Pupillen erweiterte oder verengte. →Chinesische Uhr.

Hemingway, Ernest (1899–1961), Nobelpreis 1954, war in Katzen vernarrt. Auf seiner Farm in Kuba, «Finca Vigia», lebten Scharen von Katzen mit Familienanschluß, 58 wurden einmal gezählt. In seinen Büchern kommen Katzen nur selten vor, am bekanntesten ist die Story «Katze im Regen».

Hemmungsspiel In der ersten Phase des Beutefangs geht die Katze sehr vorsichtig ans Werk, immer bereit, sich sofort zurückzuziehen. Sie testet die Gefährlichkeit und Reaktionen des Beutetiers, vor dem anfänglich auch sie Angst hat.

Henrie, Fiona und Marc: «Zauberwelt der Katze», 1992, ist der Titel ihres schönen Buches mit hervorragenden Fotos. 1994 folgte: «Liebe der Katzen».

Henry, ein großer schwarzer Kater aus Denver, liebte es, Auktionen zu besuchen, ganz allein. Jeden Donnerstag, wenn in seiner Wohngegend eine Auktion stattfand, war er da, pünktlich 15 Minuten vor Beginn. →Hobby.

Hentig, Hartmut von (geb. 1925), Erziehungswissenschaftler, schrieb das Büchlein «Pfaff, der Kater, oder Wenn wir lieben», 1978, eine Liebeserklärung an einen grauen, kampferprobten Kater in Chicago, in dem es heißt: «Er liebte mich, wie ich war, und erzog mich dadurch zu dem, der ich für ihn sein sollte.»

Henze, Hans Werner (geb. 1926). Der deutsche Komponist schrieb die Oper «Die englische Katze» nach Balzacs →«Herzenskummer einer englischen Katze». Libretto: Edward Bond. H. dokumentierte das Werk in dem Buch «Die englische Katze. Ein Arbeitstagebuch 1978–1982». Uraufführung 1983 in Schwetzingen.

Herbert, Susan. Die englische Malerin stellt in ihrem Bildband «Die Katzengalerie», 1990, ihre eigenwilligen Kopien großer Meister vor: Mona Lisa und Heinrich VIII. als Katzen, ebenso die Tänzerinnen von Degas, Madame Pompadour und Rembrandts Nachtwache. Ein reines Vergnügen für Kunst- und Katzenfreunde. Das gilt auch für den Folgeband: «Shakespeares Katzen».

Herbert, Zbigniew (geb. 1924). Der polnische Dichter meditiert über die «Katze»: «Eine unverstandene Seele, die ... auf Pfaden der einsamen Weisen auf ihren vier weichen Tatzen wandelt.»

Herbstzeitlose enthalten das für Katzen lebensgefährliche Gift Colchicin. Symptome: Erbrechen, verstärkter Harnabsatz, blutig-schleimiger Durchfall, Atemnot.

Herkuleskraut ist eine für Katzen leider giftige Wiesenpflanze.

Herrmann-Neisse, Max (1886–1941). Der deutsche Dichter umgab sich mit Katzen, sie waren ihm lieber als «Schwester, Freunde, Kind».

Herz ist neben Fleisch und Fisch die beste Nahrung für Katzen. Schweineherz darf nur gar gekocht verfüttert werden. Zuviel Herz ist ungesund wegen des hohen →Phosphorgehalts.

Herzkrankheiten treten bei Katzen erstaunlich selten auf, sehr viel seltener als bei Menschen und Hunden. Der Grund bleibt ihr Geheimnis. Vielleicht hat ihre Fähigkeit, sich vollkommen entspannen zu können, damit zu tun. Erste Anzeichen sind Kurzatmigkeit und trockener Husten. Ausgelöst werden H. bei Katzen durch Überanstrengung (vor allem bei →Auslaufkatzen, die gejagt wurden), Infektionskrankheiten, Nierenleiden. Es gibt auch angeborene H.

Herzwürmer treten vorwiegend in heißen Gegenden auf und werden durch Moskitos übertragen. Die Katzen husten, nehmen ab und wirken apathisch. Es besteht Lebensgefahr!

Hesse, Hermann (1877–1962), deutscher Dichter, war ein großer Katzenfreund. «Mein Freund, mein Brüderchen», nannte er seinen Kater Löwe, dessen Bruder Tiger zu H.s Kummer davongelaufen war. Sein letzter Kater, der gestromte Porphy, überlebte den Dichter und wurde fast 20 Jahre alt.

Heuschnupfen können auch Katzen bekommen. Es handelt sich um eine →Allergie. Symptome: Niesen, Nasenausfluß. Kommen weitere Anzeichen hinzu, kann es sich um den gefährlichen →Katzenschnupfen handeln.

Hexenkatzen waren nach einer Untersuchung der Anthropologin Margaret Murray in England nicht schwarz, wie im übrigen Europa, sondern schwarz-braun gestreift. Diese unglücklichen Tiere wurden in der Zeit des Hexenwahns fast ausgerottet. →Zypernkatzen.

Hexenverfolgungen Allein in Deutschland wurden zur Zeit der Hexenprozesse über 100000 Frauen als Hexen hingerichtet, oft zusammen mit ihren Katzen. «Eine 20jährige Katze wird zur Hexe, eine 100jährige Hexe wieder zur Katze», hieß es. «Hexenkatzen» verzauberten Vieh und Gesinde, ja, sie vergifteten mit einer Träne aus ihren Augen sogar die Brunnen – das alles glaubten damals allen Ernstes sonst ganz vernünftige Leute. In Deutschland wurde die Katze auch als Blitzableiter gegen Hexenkünste benutzt: Wenn man sie vor sich her in den Viehstall trieb, so lenkte sie die Behexung auf sich, und die Nutztiere blieben davon verschont. In Ungarn galten Katzen als Reittiere der Hexen. Wenn man der Katze aber ein Kreuz ins Fell schnitt, floh die Hexe und ließ das Tier fortan in Ruhe. In der Schweiz glaubte man: «Wenn eine Katze Brot frißt, so ist sie ganz sicher keine Hexe.» Als zuverlässiges Mittel gegen «Hexenkatzen» galt ein Messer, in dessen Klinge drei Kreuze geritzt waren. Warf man es zwischen die «gefährlichen» Tiere, so verschwanden sie. Die H. dauerten rund 300 Jahre und erreichten ihren Höhepunkt im 16. und 17. Jahrhundert.

Hidari-Jingora-Statue Diese berühmte lebensgroße japanische Katzenplastik wurde früher vielfach kopiert und in Seidenraupenhainen aufgestellt, zur Vertreibung von Mäusen. →Japan.

Hiddigeigei ist einer der berühmtesten Kater der Weltliteratur. →Scheffel.

Higeo, Matakichi, Nyanta und Tamasaburo sind vier kleine Kätzchen, die der geschäftstüchtige Japaner Satoru Tsuda für Poster, Bücher, Schallplatten, T-Shirts u. a. m. in niedliche Kleider stecken und vor Kulissen posieren und fotografieren läßt. Angeblich macht es den Katzen Spaß. Fotos, die aus dem Atelier nach außen gelangten, sprechen allerdings eine andere Sprache. Tsuda wurde Millionär, die Kätzchen werden alle paar Wochen ausgetauscht. Nur vier bis sechs Wochen alte Katzenkinder sind gefragt, sie haben die «süßesten Gesichtchen». Es gibt nichts, was Menschen sich nicht einfallen lassen, um zu eigenem Nutzen wehrlose Tiere auszubeuten. →Arbeit, →Japan.

Highsmith, Patricia (1921–1995). Die hochkarätige Krimiautorin war eine zärtliche Katzenfreundin. Sie sagte einmal: «Wenn ich in einer Straße eine hungernde Katze und ein hungerndes Kind anträfe, ich würde, wäre ich unbeobachtet, die Katze füttern.» In «Kleine Mordgeschichten für Tierfreunde», dt. 1976, finden Katzenliebhaber die Story «Mings größte Beute». Es handelt sich um den Kampf eines Katers mit seinem zweibeinigen Rivalen um die Gunst der schönen Elvira. Um es vorwegzunehmen: Der Kater Ming triumphiert am Schluß.

Hill, Rose. Die englische Autorin veröffentlichte ihr von der Königlich-britischen Tierschutzgesellschaft empfohlenes Sachbuch für Kinder «Alles, was ich wissen will», 1982 in der BRD. Im ersten Teil gibt sie Ratschläge für die Behandlung der Katze.

Hille, Peter (1854–1904), deutscher Schriftsteller, besaß einen weißen Kater namens Peter, der in seinem Bett schlief und auf dem Tisch saß, wenn H. schrieb. Als Peter eines Tages – zum Glück nur vorübergehend – verschwand, war der Dichter außerstande, ein Drama termingerecht zu beenden.

Himburkatzen haben nichts mit Himbeeren zu tun. Sie werden in Amerika aus →Colourpoint-Langhaar-Katzen (auch Himalaja-Katzen genannt) und →Burmakatzen gezüchtet.

Hinduismus Die Hindus verehren – in diesem Punkt einig mit den indischen Mohammedanern – die Katze. Es gehört zum Ritual, sie beim Essen zu füttern.

Hinken Hinkende Katzen können steinalt werden und sich bei anderen Katzen durchaus Respekt verschaffen. H. als Folge eines schlecht verwachsenen Bruchs ist relativ harmlos und in der Regel schmerzfrei. Anders sieht der Fall aus, wenn eine Katze plötzlich hinkt, weil ein →Abszeß vorliegt. Auch ein →Fremdkörper in der Pfote kann H. verursachen.

Hiroshige, Ando (1797–1858). Der große japanische Künstler schuf hinreißende Farbholzschnitte von Katzen.

Hitler, Adolf (1889–1945), deutscher Reichskanzler, verabscheute Katzen, wie die meisten Diktatoren.

Hitzschlag wird häufig hervorgerufen durch Verschicken oder Reisen in engen Behältern. Die Katze hechelt, stolpert und schwitzt an den Fußballen. Später kann hohes Fieber und nach schwerer Bewußtlosigkeit der Tod eintreten. Man muß der Katze sofort Trinkwasser geben und sie mit kaltem Wasser oder Eispackungen kühlen, besonders am Kopf und an der Brust. Dann dem Trinkwasser einen Teelöffel Traubenzucker zufügen und die Katze ruhen lassen.

Hobby Nicht nur Menschen haben Hobbys. Auch Katzen interessieren sich manchmal für die merkwürdigsten Dinge, und zwar über längere Zeiträume, zumindest als Beobachter. →Henry.

Hochheben Niemals darf man eine Katze am Nackenfell h., auch kein Jungtier. Das ist ein Trick, den nur die Katzenmutter perfekt beherrscht →Tragstarre. Man greift mit einer Hand unter die Brust, so daß die Vorderpfoten über den Arm hängen, mit dem anderen Arm stützt man das Hinterteil. Man kann die Katze, wenn sie daran gewöhnt ist, auch mit Kopf und Oberkörper über die Schulter legen, so daß sie nach hinten schaut, und das Hinterteil mit einer Hand abstützen. Mein Nello (zwölf Pfund) ließ sich sehr gern so herumtragen.

Hoffmann, E. T. A. (1776–1822) zeichnete die «Lebensansichten des Katers Murr» auf, seines stattlichen Grautigers mit grasgrünen Augen, der zu den berühmtesten Katzen der Weltliteratur gehört. Seine umfassende Bildung hinderte ihn freilich nicht, sich auch so weltlichen Beschäftigungen hinzugeben wie dem Flirt mit hübschen Katzenmädchen und Raufereien mit Rivalen. →Ch. Wolf.

Hoffmann, Werner P., veröffentlichte 1980 ein Buch über seine Katzensammlung mit Objekten vom Bierdeckel bis zur Tischglocke. Titel: «Katzen».

Hogarth, William (1697–1764). Der englische Maler gab einem seiner Bilder den Titel «Zwei Katzen». Dargestellt ist ein hübsches Mädchen mit einem reizenden Kätzchen.

Hohberg, Wolf Heimhard von (1612–1688), fand in seiner «Georgica Curiosa» freundlich-verständige Worte für die Hauskatze: «Wenn sie fleißig sind, Ratzen und Mäuse zu fangen, muß man ihnen ein Butter auf Brod gestrichen und ein wenig frischen Speck zu fressen geben.»

Höhne, Monika, spricht in ihrer Geschichte «Die kleinen Katzen» in: «Kiko, Kaiser Max und Ko», 1974, das Problem der sagenhaften →Fruchtbarkeit unkastrierter Katzen an – und das daraus folgende traurige Los der «überzähligen» Katzenkinder!

Holzschutzmittel sind für Katzen hochgiftig, wenn sie Phenol oder Karbolsäure enthalten. Verwahren Sie diese Mittel unter Verschluß an einem für die Katze unerreichbaren Platz. →Vergiftungen.

Homöopathie hilft auch kranken Katzen. Tabletten, Granulat und Pulver beruhen auf Milchpulverbasis und werden deshalb von unseren Stubentigern gern genommen. Homöopathische Mittel haben keine schädlichen Nebenwirkungen, unter denen gerade empfindliche Tiere bei chemischen Medikamenten oft sehr zu leiden haben. Wertvolle Tips gibt das Buch von H. G. Wolff: «Unsere Katze gesund durch Homöopathie», 1983.

Homosexualität ist auch Katern nicht fremd. Kastrierte Kater sind zwar zeugungsunfähig, aber nicht impotent. Treffen sie auf eine rollige Katzendame, so paaren sie sich mit ihr, falls sie es zuläßt →Katzenhochzeit. Aber sie sind auch sexuell an jungen, unkastrierten Katern interessiert. Ich habe beobachtet, wie zwei meiner erwachsenen, kastrierten Kater, Nello und Kolja, den noch nicht kastrierten, sehr sexy einherschreitenden Grischa besprangen, als wäre er ein Weibchen. Der ließ es sich übrigens gern gefallen.

Honda, N., gab 1980 den Fotoband «Katzenkinder» heraus, eine Starparade zauberhafter Haus- und Zuchtkatzen in Farbe.

Hongkong Hier bestand lange Zeit für jedes Haus die Verpflichtung, eine Katze zu halten – zur Bekämpfung der Rattenplage.

Honig, in geringer Dosis, fördert oft den Gesundungsprozeß nach einer überstandenen Katzenkrankheit. Man rührt ihn in Quark oder Milch.

Hoops, Marlis. Die naive Malerin aus Hamburg wurde berühmt mit ihren märchenhaften Katzenbildern.

Hormonbehandlungen können die Rolligkeit der weiblichen Katzen unterbrechen oder verschieben; bei Katern werden sie vorgenommen, um das für Menschennasen schwer erträgliche Spritzmarkieren zu unterbinden. Die Methode ist jedoch risikoreich und nicht unbedingt empfehlenswert. In beiden Fällen ist die →Kastration bei weitem vorzuziehen.

Hornhautentzündungen können durch eine Verletzung am Auge hervorgerufen werden oder als Folge einer →Bindehautentzündung auftreten. Symptome: Weißlich verfärbte oder wolkig trübe Hornhaut, tränende Augen, Lichtscheu. Die Katze muß behandelt werden.

Hortensien gehören zu den für Katzen giftigen Pflanzen →Vergiftungen.

Hosen ist die Bezeichnung für den um die Hinterschenkel besonders üppigen Fellwuchs bei →Maine-Coon- und →Somalikatzen.

Hoshi, Jakuren, ein japanischer Dichter des frühen 13. Jahrhunderts, besang bereits einen schwanzlosen Kater. →Japanische Stummelschwanzkatze.

Howel der Gute (Hywel Dda), gest. 948, König von Wales, führte 936 ein Gesetz ein, das Töten und Stehlen von Katzen unter Strafe stellte. Eine getötete Katze mußte am Schwanz aufgehängt werden, so daß der Kopf eben den Boden berührte. Dann schüttete man so lange Weizen auf das Tier, bis auch die Schwanzspitze bedeckt war. →Heinrich I. Katzen waren kostbar: ein neugeborenes Kätzchen kostete ein Pence, eine Katze, die schon ihre erste Maus gefangen hatte, zwei Pence, und ein tüchtiger Mäusefänger vier Pence, das entsprach dem Wert eines Fohlens.

Howey, M. Oldfield, schuf in seinem Buch «Die Katze in Magie, Mythologie und Religion», 1991, ein Kompendium für wißbegierige Katzenfreunde, die den Spuren der Katze bis in die fernste Vergangenheit folgen möchten.

Hoyer, Ole, und Wendy Snowdon gaben das reizvolle Büchlein «Katzen, die sanften Schönen», 1996, heraus – mit Texten aus der Weltliteratur und unwiderstehlichen Katzenfotos.

Huber, Léon (1858–1928), war ein französischer Maler, der sich auf Katzenmotive spezialisiert hatte.

Huch, Ricarda (1864–1947), gehörte zu der großen Schar von Schriftstellern, die Katzen ins Herz geschlossen hatten. Leider endeten all ihre Erlebnisse mit Katzen tragisch. In ihrem schönen Gedicht «Katzenparadies» betrauert sie eine verstorbene Katze.

Huchel, Peter (1903–1981). Der deutsche Lyriker und Hörspielautor faßte in vielen seiner Gedichte das stumme Leiden der Kreatur in Worte. In «Meinungen» lobt er die Weisheit der schweigenden Katzen.

Hue, Jean-Louis (geb. 1950). «Ein Haus ohne Katze ist wie ein Aquarium ohne Fisch», erklärt der französische Autor in seinem Buch «Katzen – eine Liebeserklärung und eine kleine Enzyklopädie», dt. 1984 – eine Fundgrube für alle auch literarisch interessierten Katzenfreunde.

Hugo, Victor (1802–1885). Der französische Schriftsteller gehörte zu den erklärten Katzenfreunden. Seine heißgeliebte Katze ließ er sogar von dem zeitgenössischen Maler Kreutzberger zeichnen – eine prächtige Halbangorakatze mit einer dicken →Halskrause.

Hühnerfleisch ist, in Maßen verfüttert, gesund und bekömmlich. Man muß aber die Knochen und Knöchlein sorgfältig ablösen, Knorpel sind erlaubt. Tierfreunde sollten für sich und ihre Katze Hühner aus natürlicher Bodenhaltung bevorzugen. Übrigens, viele Katzen schmecken den Unterschied und lehnen H. aus Batteriehaltung ab, so z. B. mein Kater →Nello.

Hülsenfrüchte wie Bohnen, Erbsen, Linsen sind für Katzen unverdaulich. Man darf sie ihnen nie ins Futter geben.

Hunde Vor vielen Millionen Jahren waren Hund und Katze eng miteinander verwandt. Beide gehören zur Überfamilie der hunde- und katzenartigen Raubtiere. Die angebliche Erbfeindschaft zwischen ihnen ist ein →Ammenmärchen. Mißverständnisse zwischen beiden beruhen auf Verständigungsschwierigkeiten: Hebt der Hund die Pfote, so will er spielen, hebt die Katze die Pfote, ist es eine Drohgeste. Oft ist auch der Mensch schuld, wenn Hund und Katze in Feindschaft leben, vor allem durch falsche Erziehung der Hunde. Dauerhafte →Freundschaft zwischen miteinander in einem Haushalt lebenden Hunden und Katzen ist keine Seltenheit. →Katzenmärchen. Ein türkisches Sprichwort sagt: «Die Freundschaft zwischen Hund und Katze dauert bis zum Fleischerladen.» In Frankreich zog eine Pfarrersfamilie mit ihrem Schäferhund in eine 200 Kilometer entfernte Gemeinde um. Die Katze wurde bei den neuen Hausbewohnern zurückgelassen. Kaum zwei Wochen nach dem Umzug verschwand der Hund – und kehrte sieben Wochen später mit der Katze zurück.

Hunde-Fertigfutter ist für Katzen ungeeignet, auch wenn es ihnen sichtlich schmeckt. Katzen haben einen viermal so hohen Eiweißbedarf wie Hunde und brauchen doppelt so viele Vitamine des B-Komplexes. Im Notfall ist H. natürlich besser als nichts. Ich habe einmal auf Ischia ein total ausgehungertes Katerchen, da ich kein Katzenfutter bekam, mit H. und Bel Paese, einem italienischen Butterkäse, durchgefüttert, zehn Tage lang. Mein Grischa hat's überlebt ...

Hunger tut weh. Zum Hungertod verurteilte im November 1984 das schleswig-holsteinische Verwaltungsgericht heimatlose Katzen in Heiligenhafen, die von einer Katzenfreundin gefüttert wurden, weil Nachbarn sich dadurch belästigt fühlten. Außerdem wurde geltend gemacht, daß Speisereste Ratten anlocken könnten. Und wer fängt die Ratten? →Rattenkatzen, →Heimatlose Katzen.

Hungerstreik Traurige Katzen, die keine Hoffnung mehr haben, das schöne alte Leben bei ihren Menschen wieder aufnehmen zu können, treten manchmal in H. Das gilt nicht nur für Katzen, deren Besitzer gestorben sind, sondern kann bei besonders sensiblen und auf den Menschen bezogenen Tieren sogar schon während der Urlaubszeit eintreten. Es ist sehr schwer, diese Katzen wieder zum Essen zu bewegen. Ich hatte einmal einen Pflegekater, der seine Familie verlassen mußte, weil das Frauchen ein Baby erwartete (!). Dino lehnte jede Nahrung ab. Der große, bildschöne Tigerkater war leicht wie eine Feder. Schließlich rief ich die treulose Besitzerin an und fragte nach seiner Lieblingsspeise. «Erdbeerjoghurt», war die Antwort. So setzte ich mich direkt vor ihn hin und schlürfte den Joghurt hörbar und mit gespieltem Entzücken. Zwischendurch hielt ich ihm immer mal den Löffel hin – bis er nicht länger widerstehen konnte. H. darf aber nicht verwechselt werden mit der →Appetitlosigkeit kranker Katzen.

Hunt, Walter, machte seinen Kollegen →Couldry und →Wain ernsthafte Konkurrenz als Katzenmaler.

Husten ist ein Symptom für ganz verschiedene Krankheiten. Lassen Sie unbedingt eine Diagnose stellen. Auf keinen Fall dürfen Katzen Hustenmittel für Menschen oder Hunde bekommen.

Huxley, Aldous (1894–1963), gab einem angehenden jungen Dichter den Rat, sich ein Katzenpärchen anzuschaffen, um über die Rätsel der Menschenseele schreiben zu können.

Hyacinthen gehören zu den →Liliengewächsen und sind für Katzen hochgiftig.

Hybriden (Mischlinge, Blendlinge, Bastarde) sind die Nachkommen von Zuchtkatzen verschiedener Rassen.

Hymnen dichteten die alten →Ägypter auf die Sonnenkatze, die dem Gott →Ra heilig war. →Heliopolis.

I

Ibn Tabahata, ein arabischer Dichter des 10. Jahrhunderts aus Bagdad, schrieb eine Lobeshymne auf seine schwarzweiße Katze, deren Schönheit er nicht müde wurde zu bewundern.

Ichneumone, auch Mungos oder Mangusten (herpestes ichneumon), sind tagaktive nordafrikanische →Schleichkatzen mit einem sehr dikken, kegelförmigen Schwanz, runden Ohren, kleinem Kopf und kurzen Beinen. Sie nehmen den Kampf mit Schlangen auf und wurden deshalb im alten →Ägypten als heilige Tiere verehrt. In West- und Ostafrika lebt die Zebramanguste, in Westafrika die Kusimanse, in Südwestafrika das Erdhündchen (wohl der einzige Hund, der eigentlich eine Katze ist!) oder Surikate. Asiatische Arten sind die Goldstaubmanguste der indische Mungo, der viermal soviel Schlangengift verträgt wie ein Mensch.

Identifikation entlaufener oder gestohlener Katzen: Das →Halsband mit Adressentäschchen oder -kapsel kann man abnehmen, es garantiert also nur eingeschränkt die I. Einen Mindestschutz bietet die →Tätowierung, besonders, wenn das Tier einem Katzenfreund zuläuft. Eine einwandfreie I. wäre möglich mit Hilfe der Abdrücke der Pfotenballen, sie sind ebenso unverwechselbar wie unsere Fingerabdrücke. Das gleiche gilt für Abdrücke des →Nasenspiegels. Leider stecken die praktischen Anwendungsmöglichkeiten noch in den Kinderschuhen. →INDEXEL.

Ieper, eine Stadt in Belgien, in der jährlich ein Katzenfest gefeiert wird. Mittelpunkt des feierlichen Umzuges ist die Riesenkatze Cieper.

Immunschwäche bekämpft die Homöopathie bei Katzen mit Echinacea (Sonnenhut).

Impfungen Man kann Katzen impfen gegen →Katzenseuche, →Katzenschnupfen, →Tollwut und →Leukose. Die I. gegen Katzenseuche erfolgt erstmals im Alter von sieben bis acht Wochen, zum zweitenmal vier Wochen später. Wiederholungs-I. sind alle zwei Jahre erforderlich. I. gegen Katzenschnupfen müssen jedes Jahr erneuert werden. Gegen Tollwut werden Katzen nur geimpft, wenn sie →Auslauf haben, oder vor Reisen ins Ausland.

Impfzeugnis Wer aus dem Urlaub eine Katze mitnehmen will, muß sie im Ausland gegen Tollwut impfen lassen. Das Impfzeugnis ist unerläßlich für den Grenzübertritt, es sei denn, das Kätzchen ist noch zu jung (Tollwutimpfung ist frühestens ab der siebten Lebenswoche möglich). Außerdem braucht man ein tierärztliches Gesundheitszeugnis für die Katze.

Impfpaß In der BRD erhält jede Katze bei der ersten Impfung einen eigenen Impfpaß. Eingetragen werden Name und Anschrift des Besitzers, Name, Alter, Beschreibung und Tätowierungsnummer der Katze. Wiederholungsimpfungen werden gleichfalls vermerkt. Vor Auslandsreisen überzeugen Sie sich bitte, ob die letzte Tollwutimpfung noch wirksam ist.

Imponiergehabe Katzen, besonders Kater, besitzen ein ganzes Repertoire von I., das sie sehr wirkungsvoll einzusetzen verstehen. Es reicht vom Bukkelmachen über Haarsträuben, Pinselschwanz aufstellen wie eine Flaschenbürste, Backenhaare und Schnurrbart sträuben, seitwärts stolzieren, um mächtiger zu wirken, bis hin zum Krallenschärfen, wenn man einen Gegner fast, aber eben nur fast besiegt hat.

INDEXEL ist der Name eines europaweiten Markierungssystems für Haustiere, mit dem viele Tierärzte und Tierschutzvereine zusammenarbeiten. Der Tierarzt pflanzt einen Mikrochip unter das Fell. In einer zentralen Datenbank in Lindau wird die Chip-Nummer gespeichert. →Tätowierung.

Indianer In der wohl ältesten Hochkultur Südamerikas von →«Chavin de Huantar» (1200–400 v. Chr.) wurde auch eine Katzengöttin verehrt. 300 Kilometer nördlich von Lima fand man Statuen dieser mächtigen Löwenkatze. Interessant ist, daß zur gleichen Zeit die Katze in →Ägypten göttliche Verehrung fand. Als 1830 die Cherokees, Choctaws, Seminoles, Chichasaws und Creeks zwangsweise nach Oklahoma umgesiedelt wurden, nahmen sie alle ihre Katzen mit, ohne Ausnahme. →Inka-Kultur.

Indien Die Katze wird schon vor über 3000 Jahren in alten Sanskritschriften erwähnt. Man bewunderte sie als «Mäusefeindin und Rattenfresser». In Tempeln wurden weiße Katzen als Symbol des Mondes verehrt. Von ihnen sollen die →Siamkatzen abstammen. →Hinduismus.

Indische Katzenfabel «Katze und Maus»: An einem Baum leben eine Katze und eine Maus. Die Katze verfängt sich in einem Netz, das ein Jäger ausgelegt hat. Die Maus gerät gleichzeitig in Gefahr durch ein Wiesel und eine Eule, die ihr auflauern. Da verbündet sie sich mit der Katze. Als die beiden sich umarmen, entfernen Wiesel und Eule sich verblüfft. Die Maus zernagt das Netz, schlüpft aber sofort vorsichtig in ein Loch, als dic Katze frei ist. Die Not hatte sie mit ihrer Feindin vereint, aber jetzt trennt sie sich lieber wieder von ihr, in Frieden und Freundschaft. →Katzenmärchen 1e, →Abraham a Santa Clara.

Indische Katzenmärchen «Der traurige Prinz»: Niemand kann dem traurigen Prinzen helfen, bis er eine Katze trifft, die ihm das Meditieren beibringt. →Katzenmärchen 11. «Die Schlange und der Schlangenbeschwörer»: Ein Fakir rettete eine Königskobra vor Jägern, indem er ihr erlaubte, durch seinen Mund in seinen Magen zu schlüpfen. Aber dort gefiel es ihr so gut, daß sie nicht wieder herauskam, bis sie eines Tages, als der Fakir schlief, den Kopf aus dem Mund streckte, um Luft zu schöpfen. Da griff eine Katze sie an und zerrte sie hervor. Der Fakir segnete die Katze und streichelte sie. Zufällig hatte er gerade schwarze Farbe an der Hand. Seither hat jede Katze ein paar schwarze Flecken und ist mit den Schlangen verfeindet. →Katzenmärchen 11. «Die Spätzin und der Spatz»: Ein Spatz hatte heimlich das ganze Mittagessen aufgefuttert und behauptet, der Hund wär's gewesen. Aber bei der Probe, Schaukeln auf einer dünnen Schnur, fiel er mit seinem vollen Bäuchlein sofort in den Brunnen. Die Spätzin versprach der Katze ein fürstliches Mahl, wenn sie ihn herausholte, was auch geschah. Als die Katze ihren Lohn holen wollte, bot die Spätzin ihr als Sitzplatz ein heißes Eisenstück an. Schreiend lief die arme Katze davon und ließ sich nicht wieder blicken. →Katzenmärchen 5i.

Indische Legenden «Ein Büßermönch und ein Brahmane am Königshof lagen im Wettstreit miteinander. Der Brahmane versetzte sich in den Götterhimmel Devendiren und brachte dem König eine Blüte des nur dort wachsenden Baumes Parifadam mit. Der Büßermönch schickte seine Katze Paripatan in den Götterhimmel, wo die höchste Göttin sich in sie verliebte und sie 300 Jahre bei sich behielt. Dann durfte sie zur Erde zurückkehren, mit einem Zweig des Baumes Parifadam.» Nach einer anderen Legende ist der Mond eine silberne Katze, die dunkle Wolkenmäuse jagt. →Mond.

Indisches Sprichwort «Im eigenen Haus ist auch die Katze ein Löwe.»

Infektionskrankheiten sind besonders gefährlich, wenn in einem Haushalt mehrere Katzen leben, auch im Tierheim können sich die jüngeren und schwächeren Tiere sehr schnell anstekken. Nach Möglichkeit müssen die erkrankten Katzen sofort von den gesunden isoliert werden. Hygienemaßnahmen wie Händewaschen nach jeder Berührung mit einem kranken Tier und Desinfektion aller Gegenstände, die mit ihm in Berührung gekommen sind, müssen genauestens eingehalten werden. Zu den I. bei Katzen gehören: →Katzenseuche, →Katzenschnupfen, →Leukose, →Tollwut, →Infektiöse Bauchfellentzündung, →Aujeszkysche Krankheit oder Pseudowut.

Infektiöse Bauchfellentzündung ist eine fast immer tödlich verlaufende ansteckende Viruskrankheit, die auch von trächtigen Katzen auf die Jungen übertragen wird, nicht aber auf den Menschen. Symptome: Abmagerung bei geschwollenem Bäuchlein, Apathie, Fieber, Futterverweigerung, Gewichtsverlust.

Ingres, J. A. D. (1780–1867). Der französische Maler des Klassizismus fertigte eine zauberhafte Skizze an von seinem Kätzchen, das im Arm seiner Frau schläft.

Inhalieren Bei einem leichten Nasenkatarrh mit häufigem Niesen, Kratzen an der Nase und Nasenausfluß ist I. zu empfehlen. Man setzt die Katze im verschlossenen Korb auf einen Stuhl aus Rohrgeflecht und schiebt eine Schüssel mit heißem Wasser und Kamillen- oder Eukalyptusextrakt darunter. Man kann die Katze mit der Schüssel auch in einem kleinen Raum (z. B. im Badezimmer) einschließen. Wichtig ist nur, daß sie die Heildämpfe tatsächlich einatmet. Zehn Minuten genügen. Danach das Fell frottieren.

Inka-Kultur Auf Schilden und Brustwehr der Inka-Soldaten waren zornige Katzengesichter abgebildet, die den Feind in die Flucht jagen sollten. In der Töpferei und Weberei fanden oft Katzenmotive Verwendung.

Innere Blutungen können als Folge von →Unfällen oder Vergiftungen auftreten. Symptome: flacher, schneller Puls, mühsame Atmung, allgemeine Schwäche, blasses Näschen und kalte Pfoten.

Innozenz VIII. Der Papst gehörte zu den fanatischsten Katzenfeinden. 1484 erklärte er die Katzen zu «heidnischen Tieren, die mit dem Teufel im Bunde stehen» und befahl der Inquisition, nach Katzenanbetern zu fahnden. Einige unglückliche Mitglieder des Ordens der Tempelritter hatten nämlich unter der Folter «gestanden», sie hätten den Teufel in Gestalt einer schwarzen Katze angebetet.

Insektenstiche Das Spiel mit Wespen und Bienen ist schon mancher Katze zum Verhängnis geworden. In schweren Fällen – starke Schwellung, Atembeschwerden – sofort →fachkundige Hilfe holen. In leichteren Fällen den Stachel vorsichtig mit der Pinzette herausziehen, die Stichstelle mit Alkohol abtupfen und evtl. mit Eisstückchen kühlen.

Instinkt Unter diesem viel strapazierten Begriff werden die angeborenen und nicht erlernbaren Informationen zusammengefaßt, bei der Katze z. B. das Saugen an der Mutter, der →Milchtritt, das Sich-Putzen, die Verhaltensformen bei der Paarung →Katzenhochzeit, der →Jagdtrieb und die →Ernährung.

Intelligenz Kein Katzenfreund zweifelt an der I. seiner Katze. Mit Recht, denn Katzen weisen viele wissenschaftlich anerkannte Zeichen von I. auf: Wachsamkeit, Verständnis, die Fähigkeit, aus Erfahrungen und durch Beobachtungen zu lernen, Unterscheidungsvermögen, das sich in Selbständigkeit, Unabhängigkeit und Standhaftigkeit gegenüber Verlockungen zeigt, und last but not least Neugier. Von hoher I. zeugt auch ihre Geduld. Sie kommt nur bei ganz wenigen Tieren vor (und hat auch beim Menschen Seltenheitswert). Noch ein paar Hinweise: Intelligente Katzen verschwinden spurlos, sobald ihre Menschen anfangen, die Koffer für den Urlaub zu packen – es sei denn, sie werden regelmäßig mitgenommen. Sie können Türen, Fenster und u. U. auch Kühlschränke öffnen u. v. a. m. →Affen, →Bard.

Internationale Katzenwoche ist nach amerikanischem Brauch die erste Novemberwoche. Man serviert den schnurrenden →Familienmitgliedern besonders gutes Futter und schenkt ihnen Spielzeug.

Inzucht liegt nur dann vor, wenn Katzengeschwister Junge zeugen oder Katzeneltern mit ihren Kindern. Moralische Bedenken gegen amore im engsten Familienkreis sind bei Katzen völlig unbekannt. In der Reinzucht sind die Bräuche strenger, hier spricht man von I., wenn die Katzen bis zum 6. Grad miteinander verwandt sind.

Iqbal, Muhammad (1873–1938). Der berühmteste islamische Dichter Indiens, der als geistiger Vater Pakistans gefeiert wird, besingt in seinem Gedicht: «Als ich eine Katze auf dem Schoß von … sah» das Verständnis der Katze für seine Liebessehnsucht: «Wie scheint aus jeder Regung dein die Liebe! Wie tropft Verstehn aus deinen blauen Augen.»

Iris →Schwertlilien.

Irland Im Gegensatz zu den Schotten und Engländern galt bei den Iren wie auf dem europäischen Kontinent die schwarze Katze im Mittelalter als →Hexenkatze und wurde gnadenlos verfolgt. Noch heute sind schwarze Katzen in Irland selten.

Irving, Washington (1783–1859). Der Essayist und Erzähler ist der einzige Amerikaner unter den Autoren, die das englische Märchen vom →«Katzenkönig» tradierten.

Isis, eine altägyptische Göttin, hatte sich auf der Flucht vor den Mördern ihres Gatten Osiris in eine Katze verwandelt und war ihnen so entkommen – ein weiterer Grund für die alten Ägypter, die Katze zu verehren. →Ägypten.

Islam Da →Mohammed ein Katzenfreund war, hat die Katze im Orient viele Freunde. Zahlreiche Dichter besangen sie. Auch Heilige können in Gestalt einer schwarzen Katze auftreten, so z. B. Sidi Abu Abdallah in Tlemcen. In vielen Derwischklöstern werden Katzen gehalten und gepflegt. →Abû Huraira, →Heddawa, →Klosterkatzen, →Konya, →Sidi Maschisch.

Isländische Sage Der Teufel versuchte, einen Menschen zu schaffen, aber es wurde eine Katze ohne Fell daraus. Aus Mitleid gab Petrus dem Tier ein Fell. So entstand die Katze. →Katzenmärchen 3 b.

Italienische Legende Als →Maria im Stall zu Bethlehem Jesus gebar, brachte eine Katze in der Krippe ihre Jungen zur Welt. →Maria.

J

Jacobsonsches Organ Erinnerungen an Gerüche speichert die Katze im J., einem kleinen Gewebestück in der Nasenhöhle.

Jagdkatzen Auf ägyptischen Fresken und Reliefs werden große Katzen dargestellt, die an der Leine gehen und als Jagdgehilfen des Menschen arbeiten. Sie holten für den Jäger das mit dem Bumerang erlegte Kleinwild aus dem Sumpfdickicht. Hauskatzen waren es allerdings nicht, die so unserem Dackel Konkurrenz machten, sondern gezähmte →Rohrkatzen.

Jagdtrieb Der J. einer Katze ist unabhängig davon, ob sie satt oder hungrig, kastriert oder fruchtbar ist. Nur: Satte Katzen haben mehr Energie und sind deshalb bessere Mäusefänger als hungrige.

Jäger und Katzen Ob ein Jäger nun im privaten Bereich Katzenfreund ist oder nicht, in seinem Jagdrevier duldet er die «Konkurrenz» der jagenden Katze auf keinen Fall. Das Gesetz erlaubt ihm, Katzen, die sich mehr als 200 Meter vom letzten Haus der Ortschaft entfernt haben, als «Wilderer» zu erschießen. Dem Besitzer droht zusätzlich ein Bußgeld wegen Verletzung der Aufsichtspflicht, außerdem kann er zu Schadensersatz verpflichtet werden. Wer seine Katze vorsätzlich «wildern» läßt, kann sogar nach dem Strafgesetz belangt werden.

Jaguarundi →Wieselkatze.

James, Henry (1843–1916), amerikanischer Romancier, konnte, der Anekdote zufolge, nur schreiben, wenn die Katze auf seiner Schulter saß und ihn mit dem Schwanz am Kopf kitzelte.

Janosch (geb. 1931), deutscher Schriftsteller und Zeichner, vor allem bekannt geworden durch seine Kinderbücher, erzählte 1972 «Grimms Märchen» neu, mit besonders reizvollen und überraschenden Varianten des →Gestiefelten Katers und der →Bremer Stadtmusikanten. 1985 gab J. das Kinderbuch «Kleine Katze, spiel mit mir» heraus.

Japan Im 6. Jahrhundert n. Chr. sollen die ersten Hauskatzen nach Japan gelangt sein. Sie waren sehr teuer und wurden als Kostbarkeiten verehrt. →Bibliothekskatzen. 400 Jahre später hielten zwei kleine Kätzchen als Geschenk aus China ihren Einzug in den kaiserlichen Palast. Als das Pärchen am 19. Tag des 9. Monats im Jahre 999 fünf Junge bekam, bestimmte der Kaiser zwei Minister, die persönlich für das Wohlergehen der Katzenkinder verantwortlich waren. Für lange Zeit blieben Katzen ein Statussymbol, das sich nur Adelige oder sehr Reiche leisten konnten. Im Hofzeremoniell nahmen sie den fünfthöchsten Rang ein, zusammen mit den Hofdamen. Die kostbaren Katzen wurden stets an Leinen gehalten. Erst 1602 befreite ein kaiserliches Edikt sie von diesem unnatürlichen Leben. →Zauberkatzen. Was Katzen anbelangt, so hatte auch Japan sein «Mittelalter»; besonders im 14. und 15. Jahrhundert galten Katzen als böse Geister. →Nekomata.

Japanische Katzenmärchen «Die Katze und das Bauernmädchen»: Eine Katze ging einem Bauernmädchen auf Schritt und Tritt nach. Der Bauer fürchtete, sie führe Böses im Schilde, und wollte sie erschlagen. Aber sie erklärte ihm, daß sie das Mädchen vor einer riesigen Ratte beschützen wollte, die auf dem Heuboden lebe, und bat ihn, die Nachbarskatze zu Hilfe zu holen. Gemeinsam erlegten die beiden Katzen nach langem Kampf die Ratte, starben aber dann beide an ihren Wunden. →Katzenmärchen 11. «Das Paradies»: Ein armes, herumgestoßenes Waisenmädchen reist ihrer Katze ins Paradies nach und wird dort mit offenen Armen empfangen. →Katzenmärchen 11. «Der Wink mit der Pfote»: Das dreifarbige Kätzchen Mi Ke hilft seinen Besitzern, die ein einfaches Gasthaus führen, Gäste ins Haus zu holen. →Maneki Neko, →Katzenmärchen 2c. «Die Dankbarkeit der Katze»: Eine Katze hilft einem armen Priester, ein Wunder zu vollbringen. Er wird reich belohnt. →Katzenmärchen 2c. «Die Geisterkatze im Hause Nabeshima»: Ein Despot ermordet im Jähzorn seinen Freund beim Go-Spiel. Die Katze des Toten rächt ihn im Auftrag seiner alten Mutter. →Katzenmärchen 10.

Japanische Stummelschwanzkatzen (Japanese Bobtails) sind durch Mutation entstanden. Sie haben ein winziges Stummelschwänzchen, das wie eine Quaste wirkt, gelten aber im Gegensatz zur →Manxkatze als gesunde Rasse. Alle Farben und Farbkombinationen kommen vor. J. sind schlank, hochbeinig, haben zarte Stimmchen und gelten als besonders gesprächig und intelligent. →Aberglaube.

Jason ist der Name eines in ganz England berühmten Fernsehstars. Es handelt sich um einen Siamkater aus dem Kinderprogramm, der viel Verehrerpost bekam.

Jaulen, ein heller, lauter Ruf der rolligen Katzendame, lockt den Kater an. →Katzenhochzeit.

Java Im Oktober 1964 forderte die javanische Stadt Semargang per SOS-Ruf Katzen an, da der Ort von einer Mäuseinvasion bedroht war. Die Katzen wurden sofort geliefert und räumten auf.

Javanesen ist der Phantasiename für halblanghaarige →Balinesen in den Farben Rot und Schildpatt.

Jean Paul (1763–1825), deutscher Dichter des Idealismus. «Dr. Katzenbergers Badereise» ist nicht nur vom Namen her interessant für Katzenfreunde. Es ist die Geschichte eines Arztes und Vivisektors. Er versucht, seiner Wirtin junge Kätzchen zu stehlen, um sie «für die Wissenschaft» auseinanderzuschneiden. Aber sein Plan mißlingt. «Führt den Namen mit der Tat», sagt die empörte Wirtin, «ein wahrer, abscheulicher Katzen-Berger und -Würger.»

Jefferson, Thomas (1743–1828), amerikanischer Präsident, verfaßte nicht nur die amerikanische Unabhängigkeitserklärung, sondern war auch ein engagierter Katzenfreund.

Jenning, John. Der englische Katzenkenner veröffentlichte 1893 das wohl erste praktische Katzen-Lehrbuch: «Haus- und Zuchtkatzen».

Jericho ist eine der ältesten Städte der Welt. Hier scheint man schon im 8. Jahrtausend v. Chr. gezähmte Falbkatzen als Haustiere gehalten zu haben, lange vor den Ägyptern.

Jerome, Jerome K. (1859–1927). Der englische Autor und Katzenfreund berichtet in «Müßige Gedanken eines Müßigen» von einer seiner Katzen, sie sei «dem Trunke ergeben» gewesen. Stundenlang lauerte sie vor der Kellertür, um in einem unbewachten Augenblick hineinzuschlüpfen und das aus dem Faß ausgetropfte Bier aufzulekken.

Jingle Cats (Dschungel-Katzen) ist der Titel einer höchst ungewöhnlichen CD aus den USA, auf der Katzen Weihnachtslieder «singen»

Jod gehört zu den →Spurenelementen, die Katzen nur in winzigen Spuren benötigen. J. ist enthalten in Fisch, Algenmehl, Fleisch und Eigelb. Bei akutem J.-Mangel kann es zu Wachstumsstörungen bei Jungkatzen kommen. Erwachsene Tiere leiden in diesem Fall unter Schilddrüsenvergrößerung und Haarausfall. Bei extremem J.-Mangel kann die Krankheit tödlich verlaufen. Vorbeugend setzt man dem Futter ganz wenig jodiertes →Salz zu.

Jodprodukte sind für Katzen giftig. Erbrechen, Krämpfe und Untertemperatur sind die Folgen. Als Gegenmittel – wenn kein Tierarzt erreichbar ist – kann man es mit Milch, Stärke und Eiklar, gut verquirlt, versuchen. →Vergiftungen.

Joghurt wird von vielen Katzen gern genommen und enthält viel wertvolles Eiweiß. Aber bitte keinen J. mit Fruchtzusatz verfüttern, wegen des starken Zuckeranteils.

Johanna die Wahnsinnige (1479–1555), Königin von Spanien und Mutter Kaiser Karls V., empfand während ihrer langen Gefangenschaft nur noch Zuneigung zu einem Kätzchen, das ihr Gesellschaft leistete.

Johannes XXIII., Papst (1881–1963), gehörte wie seine Vorgänger →Gregor der Große und Leo XII. zu den Katzenfreunden auf dem Heiligen Stuhl.

Johannisfeuer Im Mittelalter und darüber hinaus wurden an vielen Orten zur Volksbelustigung lebende Katzen ins Feuer geworfen. Besonders tat sich bei diesen «Festen» der französische König Karl IX. (1550–1574) hervor. →Brandopfer, →Ludwig XIII. u. XIV., →Metz.

Johnson, Samuel (1705–1784), Der englische Schriftsteller, Dramatiker und Literaturkritiker liebte seinen Kater Hodge über alles.

Johnson, Uwe (1934–1984), widmete in «Mutmaßungen über Jakob» einer zugelaufenen Katze liebevolle Aufmerksamkeit.

Jonson, Ben (1572?–1637), englischer Dramatiker, hielt Katzenhirn, besonders von schwarzen Katzen, für ein wirksames Liebesmittel. →Aphrodisiaka, →Dreckapotheke.

Jordanien Felsbilder aus dem späten 6. oder frühen 5. Jahrtausend v. Chr. bei Kilwa beweisen, daß zu dieser Zeit die Katzen in Vorderasien bereits domestiziert waren. →Hačilar, →Jericho, →Ur.

Jouhandeau, Marcel (1888–1976), einer der bedeutendsten zeitgenössischen Prosaisten Frankreichs, begegnete seinem Kater Minos zum erstenmal im Bois de Boulogne. Es war Liebe auf den ersten Blick. «Minos und ich» erschien 1965 in deutscher Sprache.

Joyce, James (1882–1941), weltberühmter irischer Schriftsteller, liebte Katzen und glaubte fest daran, daß schwarze Katzen Glück bringen. Um einen Pakt mit dem Teufel geht es in seiner Geschichte «Die Katze und der Teufel», dt. 1964. →Beaugency.

Judas, der abtrünnige Jünger, wurde z. Z. der →Hexen- und Katzenverfolgungen gelegentlich in Begleitung einer Katze (als Teufelstier) dargestellt, so z. B. von den italienischen Künstlern Ghirlandaio, Luini und Cellini.

Judentum Für die Juden ist die Katze ein unreines Tier, aber das heißt nichts weiter, als daß es – durchaus im Sinne aller Katzenfreunde – verboten ist, →Katzenfleisch zu essen. In der Bibel wird die Katze nur einmal erwähnt, und da negativ: →Baruch. Höchstwahrscheinlich haben die Juden nach dem Auszug aus →Ägypten einfach für lange Zeit genug gehabt von den bei ihren Unterdrückern verhätschelten und hochverehrten Tieren. Heute läuft an der Universität von Jerusalem ein Programm zur schonenden und allmählichen Reduzierung heimatloser Katzen durch Eingabe der →Antibabypille ins Futter. →Kabbala.

Juckreiz Wenn eine Katze sich häufig und intensiv kratzt, besteht zunächst Verdacht auf Parasitenbefall (Flöhe, Läuse, Ohrmilben). →Hautjucken.

Jugendverträglichkeit Katzenkinder vertragen sich, obwohl sie oft raufen, sehr gut miteinander, auch wenn sie aus verschiedenen Würfen stammen. Dieser paradiesische Zustand dauert bis zum Alter von sechs bis acht Monaten. Aber auch danach noch kommen Katzen, die sich von klein auf gut kennen, besser miteinander aus als mit fremden. Das nennt man verlängerte J.

Jugoslawisches Katzenmärchen «Der Zauberring»: Eine Katze und ein kleiner Hund sind die heimlichen Helden dieses Märchens. Sie bringen den Mäusekönig so weit, daß er den von einer lahmen Maus gestohlenen Zauberring wieder herbeischaffen läßt, und alles endet gut. →Katzenmärchen 2c.

Just, Renate, machte in ihrem Buch «Katzen» eine Liebeserklärung an unsere Samtpfoten.

K

Kabbala In der jüdischen Geheimlehre des Mittelalters gilt die Katze als Symbol der Sünde.

Kabouterje ist der holländische Name für →Kobold.

Kadis heißt die Katze in →Nubien. Manche Sprachforscher vertreten die Ansicht, daß unser Wort Katze sich davon ableitet, →catus. Auch wird die Wiege unserer Hauskatze immer wieder in Nubien vermutet.

Kaiser, Georg (1878–1945), bedeutendster Dramatiker des deutschen Expressionismus, erzählt in seinen Briefen von der Trauer um die verschwundene Katze Paula. «Ich habe immer ein böses Gewissen, wenn ich eine Katze sehe. Ich bitte jede um Entschuldigung und beherrsche die Katzensprache nun vollständig.»

Kaiserschnitt wird bei Kätzinnen angewendet, die zu schwach, zu klein oder zu krank sind, um ihre Jungen allein auf die Welt zu bringen. Informieren Sie unbedingt den Tierarzt, wenn der errechnete →Geburtstermin überschritten wurde oder wenn trotz längerer Wehen kein Junges austritt.

Kakteen Wer K. und Katzen liebt, sollte seine Kakteensammlung in einem für Katzen unzugänglichen Blumenfenster oder Terrarium unterbringen. Die meisten K. sind für Katzen giftig. Man kann sich nicht darauf verlassen, daß die Stacheln als natürliche Abschreckung ausreichen.

Kalium ist besonders wichtig für Jungkatzen und säugende Mutterkatzen. Es ist enthalten in Milch, Käse, Eiern und Knochenmehl.

Kalk Tragenden Mutterkatzen sollte man täglich eine Messerspitze phosphorsauren Kalk ins Futter geben, damit sich die Knochen der Kleinen gut entwickeln.

Kalla →Aronstabgewächse.

Kallibunker ist der Name des ersten durch →Mutation entstandenen →Rexkaters (Cornish Rex), der früh starb. Er und sein Sohn Poldhu sind die Stammväter der →Rexkatzen.

Kalmie (Kalmus) →Aronstabgewächse.

Kalzium Erwachsene, gesunde Katzen brauchen täglich 80–100 Milligramm K., das reichlich enthalten ist in Milch, Käse, Eiern, Knochenmehl und Hühnerhälsen. Fleisch enthält dagegen nur sehr geringe Mengen an K. Der K.-Bedarf von Jungkatzen und säugenden Mutterkatzen ist besonders groß. Siamkatzen nutzen das im normalen Futter enthaltene K. schlechter aus als andere Katzen und brauchen deshalb, vor allem bei Trächtigkeit und Rekonvaleszenz, zusätzliches K., z. B. Hühnerhälse, Knochenfuttermehl, Kalziumkarbonat oder spezielle Mineralmischungen. Auch in vielen →Vitamintabletten ist ausreichend K. enthalten.

Kalziummangel kann bei Mutterkatzen zu →Eklampsie führen. Es ist gut, vorbeugend und während der Stillzeit täglich einen halben Teelöffel Knochenmehl ins Futter zu geben. K. in der Jugend kann Rachitis hervorrufen. Normalerweise nehmen die Jungen aber genügend Kalzium mit der Milch auf.

Kalziumphosphat Statt Knochenmehl kann man tragenden Katzenweibchen auch kleine Mengen K. ins Futter geben. Das ist besonders bei Siamesinnen zu empfehlen, die das Kalzium in der Nahrung nur unvollkommen verwerten können.

Kambyses II. (529–522 v. Chr.), König der Perser, besiegte 525 die Ägypter bei Pelusium mit Hilfe eines höchst unfairen Tricks: Er befahl seinen Soldaten, Katzen auf die Schilde zu binden. Die Ägypter ergriffen die Flucht, aus Furcht, eine Katze zu töten. Später soll K. die ersten Hauskatzen nach Persien mitgebracht haben, um aus ihnen kleine Löwen mit Mähnen zu züchten. →Löwenkatzen, →Ankarakatzen, →Türkische Angorakatzen.

Kameliendame Marie Duplessis, Vorbild der literarischen (Alexandre Dumas) und musikalischen (Giuseppe Verdi: La Traviata) K., erhörte immer den Verehrer, so die Anekdote, der ihr die schönsten Katzen schenkte. Sie soll zu einer stattlichen Anzahl Katzen gekommen sein …

Kamelkatze (persisch: Schuturgurba) bedeutet soviel wie völlig konfus, irr. →Ghūla.

Kämmen →Fellpflege.

Kammerkätzchen – nostalgische Bezeichnung für den fast ausgestorbenen Beruf der Zofe, die adrett, hübsch und liebenswürdig wie ein Kätzchen sein sollte.

Kaninchen sind für Katzen ein Lekkerbissen. In freier Natur sind sie allerdings bei der Jagd auf Jungkaninchen sehr wenig erfolgreich. Wer seiner Katze hin und wieder Kaninchenfleisch serviert, gar gekocht und ohne Knochen, macht ihr eine große Freude. Ältere Katzen, die noch nie K. gekostet haben, lehnen es vielleicht ab.

Kannibalismus tritt bei Katzen äußerst selten auf. Wenn eine Katzenmutter ihre Jungen tötet und auffrißt, so gibt es dafür folgende Erklärungen:

Unerfahrenheit der Katze, die zum erstenmal Mutter wurde und noch nicht weiß, wo die Plazenta aufhört und wo die Jungen anfangen, oder übergroße Angst und Nervosität der Katzenmutter. Mit der Lebensfähigkeit der Jungen hat K. nichts zu tun. Schwache und kränkliche Katzen werden von der Mutter eher vernachlässigt. K. bei Katern →Ausweichobjekt.

Karbol Bestandteil vieler Putzmittel, ist für Katzen sehr giftig. Alle Räume nach dem Putzen gut lüften.

Karl IX., jugendlicher König von Frankreich (1550–1574), wurde unrühmlich bekannt als fanatischer Katzenfeind, dem es besonderes Vergnügen bereitete, bei Verbrennungen von Katzen mit einer Fackel das erste Reisigbündel anzuzünden. Von 1573 blieben sogar Quittungen erhalten: 100 Pariser Sols waren aus der Staatskasse für die Lieferungen von Katzen fürs →Johannisfeuer gezahlt worden …

Kartäuserkatzen stammen als Zuchtrasse aus Frankreich, wohin sie möglicherweise aus Südafrika importiert wurden →Buffon. Das einfarbig graublaue Fell ist dicht und wollig, der Körper stämmig. Augenfarben: gelb, orange, kupfer.

Kartoffeln, gekocht, püriert oder gebraten, sind kein optimales Katzenfutter, in kleinen Mengen kann man sie aber durchaus mit anbieten. Gefährlich sind alle grünen Teile der Kartoffel, die bei Katzen zu schweren →Vergiftungen führen können.

Kartons sind für Katzen einfach unwiderstehlich. Selbst ausgewachsene Kater quetschen sich mit Begeisterung in Minischachteln. Eine herrliche Spielhöhle sind K. mit Klappdeckel. Eine Katze sitzt meist drin, die andere obendrauf – und beide sind glücklich. Auch Schuhkartons sind sehr beliebt. Werfen Sie ein Spielbällchen hinein, es macht der Katze viel Spaß, es herauszuangeln. Auch als Schlafplatz und →Wochenstube sind mit Zeitungspapier gepolsterte Kartons geeignet. Nur als →Transportbehälter sind K. unbrauchbar. In einem verschnürten K. mit ein paar Luftlöchern steht die Katze panische Angst aus, weil sie nichts sehen kann. Und bekommt es leicht fertig, sich aus dem Gefängnis zu befreien.

Käse als Katzennahrung ist besser als sein Ruf. Man darf Katzen unbesorgt milden Schnittkäse, Schafs- oder Ziegenkäse sowie weißen Frischkäse geben, wenn sie ihn mögen. Dem Geruchssinn schadet das höchstens vorübergehend. Wenn man seine Katze nicht zum Mäusefangen hält, spielt es keine Rolle.

Kaspar a. Der wohl reichste Kater der Welt, ein weißer Perser, bringt seinen neuen Besitzern ein Landhaus im Werte von 160000 Mark als Morgengabe mit. Die bisherigen Besitzer müssen umziehen und überlassen das Haus in Torquay, England, Nachfolgern, die in gewohnter Weise für Kaspar sorgen, kostenlos. b. Eine 1926 von dem Bildhauer Basil Ionides geschaffene Katerstatue sitzt mit am Tisch, wenn im Londoner Savoy-Hotel 13 Personen geladen sind. Denn die Zahl 13 bringt Unglück. Wer sich als erster aus einer dreizehnköpfigen Runde verabschiedet, hat nicht mehr lange zu leben. Deshalb mimt Kaspar den vierzehnten Gast. →Aberglaube.

Kaspar-Hauser-Katzen werden in Tierversuchen völlig isoliert aufgezogen, ohne Mutter, ohne Geschwister, ohne jede Zuwendung. Der Name wurde übernommen von einem Jungen, der 1828 plötzlich in Nürnberg auftauchte und anscheinend völlig allein in einem Keller aufgewachsen war. K. sind extrem ängstlich, sie fürchten sich buchstäblich vor allem, was auf sie zukommt, sogar vor Mäusen. In echt gefährlichen Situationen reagieren sie total falsch. In der Liebe zeigen sie an Katzenpartnern keinerlei Interesse.

Kastanien gehören zu den für Katzen giftigen Pflanzen. →Vergiftungen.

Kästner, Erich (1889–1974), betrieb in Schwabing mit Hilfe seiner vier Katzen eine «kleine Versfabrik». Seine Lieblingskatze Lollo starb an der gleichen Krankheit wie K.: Speiseröhrenkrebs.

Kastration ist der terminus technicus für die rigorose Geburtenkontrolle bei Katzen. Dem Kater werden in Narkose die Keimdrüsen, der Katze die Eierstöcke entnommen. →Sterilisation ist bei beiden Geschlechtern möglich, spielt aber in der Praxis kaum eine Rolle. Der beste deutschsprachige Katzenpsychiater, F. →Brunner, sagt dazu: «Zur besonderen Lebenssituation der meisten Stubenkatzen zählt auch eine oft lebenslange Frustration artgemäßen Sexual- und Mutterverhaltens. Nicht nur aus menschlichem Egoismus, sondern um den Tieren selbst das Verlangen nach etwas zu nehmen, was ihnen nicht geboten werden kann, werden Stubenkatzen üblicherweise kastriert. Problemlos und spielfreudig wie ein Jungtier und befreit von unnützer periodisch wiederkehrender Triebfrustration, erleichtert man dem Stubentier mit dieser Maßnahme die →Anpassung an seine erzwungenen Umwelt- und Lebensbedingungen. Katzen zu ‹sterilisieren› ist also ein Gebot des Tierschutzes!»

Kater a. Es gibt keine Statistik, die darüber Auskunft gibt, wie viele K. und wie viele Weibchen in bundesdeutschen Haushalten leben. Tatsache ist, daß K. meist leichter unterzubringen sind, weil sie keine Jungen bekommen. b. K. heißt nicht nur das männliche Katzentier, sondern auch der unangenehme, in Katzenkreisen allerdings völlig unbekannte Zustand nach einer durchzechten Nacht, gegen den am besten ein →Katerfrühstück hilft. c. K. hieß in Schlesien derjenige, der beim Dreschen und Schneiden des Getreides als letzter fertig war. Der letzte Schnitter wurde mit Roggenhalmen, grünen Zweigen und einem langen Schwanz geschmückt und zog vor den anderen her in den Hof ein. Er vertrieb die Kinder mit einer Rute. →Kornkatze.

Kater als Katzenfeinde Auch das gibt es. →P. Leyhausen berichtet von einem «Mörder-Kater», der in seinem Revier so lange andere Katzen umbrachte, bis man ihn einfing. Menschen gegenüber war er zärtlich und anschmiegsam. Leider handelt es sich nicht um einen Einzelfall.

Kater D. C. (Damned Cat), vierbeiniger Meisterdetektiv und Held der Kriminalromane «Geheimauftrag für Kater D. C.» und «Kater D. C. und der Geheimagent des FBI» von The Gordons wurde durch den Walt-Disney Film «Alles für die Katz» weltberühmt.

«**Kater Lampe**» heißt eine Komödie von Emil Rosenow aus dem Jahre 1906: In einem erzgebirgischen Dorf wird ein Kater erst von Amts wegen konfisziert und dann heimlich verspeist – eine für den armen Lampe nicht sehr lustige Komödie.

Katerbummel ist der Spaziergang, den man früher nach einer durchzechten Nacht zur Auslüftung und Belebung der Geister unternahm.

Katerfrühstück Zu einem zünftigen Frühstück nach einer durchfeierten Nacht gehören eingelegte Gurken und Paprika, Rollmops, Mixed Pickles und andere deftige Happen, die den «Kater» vertreiben. →Ketzerjammer, →Katerbummel.

Katergeruch, für menschliche Nasen ziemlich unangenehm, entsteht durch das sog. Spritzmarkieren unkastrierter Kater, mit dem sie ihr →Revier abstecken und rolligen Katzenweibchen ihre Visitenkarte hinterlassen.

Katergesang oder Drohgesang →Angriffsdrohung. Wenn zwei Kater zum Kampf rüsten, ertönt ein auf- und abschwellendes, hohes Miauen und Jaulen, unterbrochen von tiefgrollendem →Knurren.

Kateridee ist eine Wahnsinns- oder auch Schnapsidee, die oft nach zu reichlichem Alkoholgenuß entsteht und in ernüchtertem Zustand rasch fallengelassen wird.

Katerkämpfe sind Rangkämpfe, kein Streit um das Weibchen. Ausgenommen davon sind Jungkater unter einem Jahr, die offensichtlich noch als Kinder gelten und die kein ordentlicher Kater ernst nimmt. Besonders hart sind die K. unter unkastrierten Katern, da kann sich der Unterlegene, oft schwer lädiert, nur durch Flucht retten. Die K. werden mit Krallen und Zähnen ausgetragen. Die Kontrahenten stolzieren im Zeitlupentempo und →Imponierstellung aufeinander zu. Jeder Einbruch eines «Neuen» in ein →Revier führt zu solchen K. Später wird der Unterlegene im Revier geduldet, wenn er dem Sieger aus dem Wege geht. Glaubt er irgendwann, einem neuen Kampf gewachsen oder dem Sieger von einst gar überlegen zu sein, kommt es zu neuen K.

Katerklinik In die K. – so der Volksmund – werden Betrunkene eingeliefert, die vollkommen die Kontrolle über sich verloren haben. →Katzenjammerstation.

Kat(t) bedeutete im Germanischen soviel wie Krümmung, was bei der Deutung einer Reihe von →Orts- und Flurnamen mit dem Wort Katze berücksichtigt werden muß. Die gedankliche Verbindung zu Katze erfolgt auf dem Umweg: Das Tier mit dem gekrümmten Rücken.

Katharer Die Sekte der K. (zu deutsch: die Reinen) verbreitete sich um das Jahr 1143. Die Mitglieder waren Vegetarier und töteten keine Tiere. Kein Wunder, daß die Katzen ihnen zuliefen. Ihr Gegner, der Bischof Alanus, behauptete, sie hießen Katharer, weil sie dem Teufel, der ihnen als Kater erschiene, den Hintern küßten. →Katzenküsser. Dieser demagogische Unsinn trug Früchte. Im Südwesten Deutschlands und in der Schweiz wurde das Wort K. zu Chätzer verballhornt, daraus leitete sich «Ketzer» ab, was wiederum mit Katze in Verbindung gebracht wurde.

Katta (lemur katta) ist ein echter madagassischer Maki mit grau-braun-rötlichem Fell, schwarz und weiß gezeichnetem Gesicht und langem, buschigem Schwanz, der schwarz-weiß geringelt ist. Kattas bewegen sich anmutig und geschmeidig wie Katzen und miauen.

Kattegatt (Katzenloch) heißt eine bekannte Meerenge zwischen Jütland und Schweden.

Kattenaschertag nannte man früher im Oldenburgischen den Aschermittwoch, an dem ein Kater öffentlich getötet und verscharrt wurde.

Katwijk (Katzenstadt) ist der Name einer niederländischen Stadt an der alten Rheinmündung, früher Cat Vicense. Hier lebte, als die Römer eindrangen, das sog. Katzenvolk.

Katz, Richard, nahm den Auftrag, den Text zu dem Buch «Van der Steens unheimliche Katzen» (1965) über die Katzenbilder des Malers Van der →Steen zu schreiben, als schicksalsgegeben hin – seines Namens wegen.

Katzbalg nannte man seit 1492 den Tornister der Landsknechte, der vermutlich aus Katzenfell angefertigt wurde. Katzbalger hieß um 1600 ein kurzes Schwert der Landsknechte mit einer breiten, stumpf zulaufenden Klinge und einem kurzen Griff.

Katzbalgerei nennt man eine harmlose Rauferei oder auch ein mehr scherzhaftes Wortgefecht nach dem Vorbild sich balgender junger Katzen.

Katzball ist ein heute nicht mehr bekanntes Ballspiel, das auf der Katzbahn gespielt wurde, die nicht verlassen werden durfte.

Katzbuckel heißt ein Berg im Odenwald – stolze 626 Meter hoch – und einer in Baden-Württemberg bei Eberbach.

Katzbuckeln, auf den Menschen bezogen, hat eine recht negative Bedeutung. K. bedeutet übertrieben unterwürfig und beflissen zu sein. Macht eine Katze einen Buckel, so drückt sie keinerlei Unterwürfigkeit aus, sondern im Gegenteil eine imponierende →Abwehrdrohung. →Abwehrbuckel.

Kätzchen So werden die samtweichen Frühjahrsblüten von Weiden, Birken und Haselsträuchern genannt.

Kätzchenblütler ist der Sammelname für Kätzchen tragende Pflanzen wie Birke, Buche, Pfeffergewächse, Walnußbäume und Weiden.

Katze Im Mittelalter ein bewegliches Schutzdach, unter dem die Belagerer auf eine Festung vorrückten, wo sie ein Hagel von Steinen, Pfeilen und heißem Pech erwartete. Auch Schanzen und erhöhte Geschützstände, die einen guten Überblick boten, hießen «Katzen», ebenso ein mittelalterliches Werkzeug, mit dem man beim Sturmangriff die Mauern zum Einsturz brachte. Danach wurden allgemein Werkzeuge zum Einreißen von Gebäuden K. genannt. Ferner wurden als K. bezeichnet: harte Stellen in Schieferbrüchen, die den Abbau erschweren, der Besen des Schornsteinfegers, Eisenbüschel, die zusammengeschmiedet wurden, kleine Anker, die zur Verstärkung des großen dienten, und schließlich ein auf Seilen befestigter Holzbalken, mit dem Eisenbahnschienen justiert wurden. →Laufkatze.

Katzelmacher ist ein bereits seit 1741 bekanntes Schimpfwort für Italiener. Mit Katzen hat es vermutlich nichts zu tun. Wahrscheinlich handelt es sich um eine Verballhornung von Kesselmacher (Kesselflicker). Faßbinder, R. W., schrieb ein Schauspiel gleichen Namens.

Kätzeln kann je nach Sprachraum ganz verschiedene Bedeutungen haben: schmeicheln und kosen. Katzen zur Welt bringen. Kleine Katzen hin und her tragen (im übertragenen Sinn: Gerüchte verbreiten). Und schließlich: nach der Katzentoilette riechen.

«**Katzen aus dem Metropolitan Museum**» heißt ein farbiger Bildband mit Katzenbildern von Hiroshige bis Goya und Renoir. Eine Fundgrube für alle Kunst- und Katzenfreunde.

«**Katzen, die wir lieben**» – so heißt ein 1973 erschienener Bildband mit Texten von A. E. →Brehm, einem Katzenfreund, und →Buffon, einem Katzengegner. Sehr schöne Fotos, besonders zum Thema Tierfreundschaften.

«**Katzen** – Eine Auswahl von Texten der Weltliteratur», mit farbigen und schwarz-weißen Bildern von G. →Mind, erschien 1982. Herausgeber: Federico Hindermann.

«**Katzen Plaisir**» – Zärtliches Sammelsurium für Schnurrer und No-pfo-te-te – heißt ein 1978 erschienenes Katzenbuch mit vielen klassischen Texten von →Baudelaire und Poe bis Kästner und Hemingway. Der Clou sind die wunderschönen nostalgischen Abbildungen, alte Postkarten und Oblaten aus der Fundgrube des Sammlers →W. Hoffmann.

Katzenaugen a. Alte Bezeichnung für die rotglühenden Rückstrahler an Fahrrädern, Mopeds und Motorrädern. Auch Leitpfosten an Straßenrändern haben K. b. Schmuckstein aus Quarz mit Einschlüssen von Hornblendeasbestfasern. Schmuckstein aus Chrysoberyll, dem Alexandrit verwandt, mit einem bläulichen Lichtschimmer. c. In der Medizin spricht man von amaurotischen K. Es handelt sich um eine bösartige Geschwulst der Netzhaut, die manchmal bei kleinen Kindern auftritt. Die Pupille hat dann einen graugelblichen Schein.

Katzenaugenharz ist ein volkstümlicher Name für das von der Industrie zu Lack und Kitt verarbeitete Dammarharz, das auf Sumatra gewonnen wird aus dem Shorea Wiesneri, einem Baum aus der Familie der Flügelfruchtgewächse.

Katzenäuglein werden im Volksmund die leuchtenden kleinen Blüten von Ehrenpreis (veronica), blau, und Gauchheil (anagallis arvensis), rot, genannt.

Katzenbalken oder Hahnenbalken nennt man mancherorts einen Balken am Dachstuhl. Es handelt sich um einen sehr hoch gelegenen Querbalken, der zur Verstärkung eines Dachsparrenpaares dient und auf den höchstens eine Katze klettern kann.

Katzenbank Auf der K. mußten früher, etwa ab 1900, in der Schule die schlechtesten und ungehorsamsten Schüler sitzen.

Katzenbär heißt wegen seines katzenähnlichen, weißgezeichneten Gesichtes ein kleiner roter Pandabär.

Katzenbisse Wenn man von einer Katze gebissen wird, zunächst die Wunde mit Wasser und Seife waschen und mit Jod desinfizieren. Bei tiefen, schmerzhaften Bißwunden den Arzt aufsuchen.

Katzendarm war früher das allgemein gebräuchliche Material für die Saiten von Streichinstrumenten. Heute benutzt man dafür vorwiegend Stahl und Plastik, umsponnen mit Aluminium.

Katzendieb nennt man in England jemanden, der Bierkrüge stiehlt. Die Zinnkrüge für Bier in Gaststätten wurden früher «Cats» genannt.

Katzendorf Sidney Greene baute bei Wood Green in England ein regelrechtes Dorf für heimatlose Katzen auf, mit allem Drum und Dran. Jede Katze bewohnt dort ihr eigenes Holzhäuschen.

Katzenei ist ein veralteter Ausdruck für Hirngespinst. «Bei schönen Weibern ist die Treu ein Katzenei», hieß es zum Beispiel.

Katzenelnbogen ist ein Ort im Hintertaunus. Hier residierte bis 1479 das gleichnamige Grafengeschlecht auf der Burg Katz am Rhein.

Katzenexperte Der Beruf des K. wurde im alten China ausgeübt. K. gaben Leuten Rat, die eine Katze kaufen wollten, nach einer Reihe äußerst diffiziler Gesichtspunkte. Da gab es zum Beispiel den Gaumenlinientest: Katzen mit fünf Gaumenlinien jagen nur drei

Monate im Jahr Mäuse, hieß es, Katzen mit sieben Gaumenlinien ein halbes Jahr und Katzen mit neun Gaumenlinien das ganze Jahr. Als besonders gute Jäger galten Katzen, die schnarchten, je lauter, desto besser. Der berühmteste K. war Yek-Pai-tse.

Katzenfarmen Als die Menschen endlich erkannt hatten, daß die →Pest von Ratten übertragen wurde und daß die Katzen ihnen halfen, die Seuche zu bekämpfen, wenn sie Ratten töteten, wurden in Südfrankreich K. angelegt, in denen man kräftige Katzen als Rattenfänger züchtete. Heute züchtet man in Chinas Provinzen Katzen, um sie gegen Ratten einzusetzen. In →Peking und anderen Großstädten werden sie gleichzeitig in Scharen umgebracht. Auch in Deutschland gibt es K., zur Zucht von Katzen, die für teures Geld an Labors verkauft werden, für →Tierversuche. Die dort unter qualvollen Bedingungen in engen Drahtkäfigen aufgezogenen Tiere sind die ärmsten aller Katzen, vom ersten bis zum letzten Atemzug bestimmt für ein Leben der Qual, ohne den kleinsten Hoffnungsschimmer für ein katzengerechtes Leben. Es ist unbegreiflich, daß der Gesetzgeber trotz zahlloser Petitionen nicht einschreitet.

Katzenfasching nennen die Münchener die bevorzugte Zeit für →Katzenhochzeiten im Februar.

Katzenfeinde waren in ihrem früheren Leben Ratten, sagt ein orientalisches Sprichwort. Besonders viele K. findet man in Kreisen von Jägern und Diktatoren. 13 Prozent der Erwachsenen in der BRD gelten laut Statistik als K. Viele von ihnen haben einfach Angst vor Katzen, obwohl das natürlich keiner gern zugibt. →Ailurophobie.

Katzenfett wird noch heute in der BRD als Heilmittel gegen Tuberkulose und Rheuma angeboten, obwohl Ärzte dagegen protestieren. →Dreckapotheke, →Schlachtung.

Katzenfische (Welse) leben in Binnengewässern und sind nachtaktive Raubfische. Sie können bis zu 50 Jahre alt werden. →Katzenwels.

Katzenfleisch zu essen ist streng verboten im Islam und Judentum. In China gilt es als Delikatesse, auf Jamaika füllte man Katzenbraten – Höhepunkt der kulinarischen Genüsse – mit Rattenhaschee. In Deutschland war es vor nicht allzu langer Zeit zwar etwas anrüchig, aber keineswegs unüblich. →Katzenwürger. Die →Schlachtung von Katzen (und Hunden) ist noch heute in der BRD legal und wird im neuen Tierschutzgesetz nicht verboten … →Katzenstrecker.

Katzenfloh (ctenocephalides felis) ist der Zwischenwirt der Bandwürmer und wechselt gelegentlich auch auf den Menschen über. →Würmer. Ein chinesisches Rezept gegen Katzenflöhe empfiehlt: «Man badet die Katze, frottiert sie und reibt das Fell mit Heu ab, in das Pfirsichblüten gemischt wurden.» →Flöhe.

Katzenfrett (bassariscus astutus) ist weder eine Katze noch ein Frettchen, sondern der kleinste Bär der Welt, der in Amerika lebt. Er hat einen sehr langen, dicken, schwarz-weiß geringelten Schwanz wie die →Katta und wird in Mexiko als Haustier gehalten.

Katzenfreundlich nennt man abwertend Menschen, die eine falsche Freundlichkeit an den Tag legen. Sehr zu Unrecht, die Freundlichkeit der Katze ist immer echt, jeden Stimmungsumschwung kündigt sie offen und deutlich an. →Drohungen.

Katzenfriedhöfe a. *Ägypten*: Einmal im Jahr fanden dort feierliche Katzenbestattungen statt. 700000 Menschen aus ganz Ägypten kamen mit ihren kostbaren Katzensärgen, in denen die einbalsamierten verstorbenen Katzen ruhten, nach →Bubastis, wo sie beigesetzt wurden. Die Feiern fanden den toten Katzen zuliebe statt, denn man glaubte, daß ihre Seelen erst nach einem ordentlichen Begräbnis ins glückliche Jenseits gelangen könnten. Aus diesem Grunde wurden Freudenfeste veranstaltet, bei denen es entsprechend ausgelassen zuging. b. *China*: Alte Katzengräber fand man vor der chinesischen Shang-Stadt Cheng-chou. c. *Arabien*: Katzenfriedhöfe unterhalten die islamischen Derwische für ihre Lieblinge z.B. in Sidi-Heddi und bei Sidi Abu Abdallah in Rabat. →Heddawa. Tierfriedhöfe, auf denen Haustiere begraben werden, findet man heute vielerorts. d. *Japan*: Zum großen Tierfriedhof Oizumi in Tokio pilgern jedes Jahr am Higan-Tag Tausende von Japanern, um ihrer toten Haustiere zu gedenken. e. *USA*: In jeder größeren Stadt der USA gibt es einen Tierfriedhof. Die Kosten für ein Katzenbegräbnis und den Unterhalt der Grabstätte sind nicht geringer als für Menschen. Der Tierfriedhof Wantagh liegt 35 Meilen vor New York. Marble Hill in New York ist ein Krematorium für Haustiere. f. *England*: Der größte Tierfriedhof, Ilford, liegt in London. g. *Frankreich*: Der Pariser Tierfriedhof von Asnières auf der Seine-Insel Ravageurs wurde 1839 gegründet von Marguerite Durant und Comte Alexandre Dumas. Französische Katzenfreunde setzten dort ihren begrabenen Lieblingen z.B. folgende Inschriften: «Hier ruht Poupouch, die ihr Leben auf einem Kissen aus Waffelstoff verbrachte» oder «Minouchet – Nie vergessen werden wir unser süßes Katzentier». Auf einem Marmorstein für die Schiffskatze Pom-Pom steht: «Als alle Menschen schliefen, wachte Pom-Pom und rettete unser Schiff. Wir werden sie nie vergessen! Die dankbare Besatzung der Résistance. h. *Bundesrepublik Deutschland*: Tierfriedhöfe gibt es bei uns in: Bad Homburg, Berlin, Braunschweig, Brinkum, Duisburg, Hatzenbühl bei Kandel in der Pfalz, Mainz, Quickborn, Seevetal, Stuttgart, Timmaspe-Nortorf, Uelzen. Geplant sind Tierfriedhöfe in Flensburg, Hannover-Langenhagen und Nürnberg. In München kann man Haustiere in einem Krematorium des Tierheims in Riem einäschern lassen.

Katzenfromm sind Hunde, die darauf verzichten, Katzen zu jagen. Es ist leicht, einen Hund k. zu machen, besonders solange er noch jung ist. Die

Urfeindschaft zwischen Hund und Katze ist nichts als ein →Ammenmärchen

Katzengamander, ein Kraut aus der Gattung der Lippenblütler, strömt einen für Katzen unwiderstehlichen Geruch aus.

Katzengarten Wer einen Garten besitzt, aber nicht das Risiko eingehen will, daß die Katze über den Zaun klettert und überfahren oder gestohlen wird, kann ihr einen eigenen K. anlegen. a. Man zäunt den K. mindestens zwei Meter hoch mit festem Maschendraht ein und bringt am oberen Ende ringsum leicht schräg nach innen weisende Glas- oder Aluminiumplatten an, die etwa 40 Zentimeter breit sein müssen. Variante: Statt der Glasplatten wird das «Dach» einfach auch mit Maschendraht abgesichert. b. Der K. wird von einem Weidezaun gesichert. Drei waagerecht gespannte Drähte genügen, in 30, 70 und 100 Zentimeter Höhe. Der Trick ist, daß die Drähte an einem elektrischen Gerät angeschlossen sind, wie auf der Weide. Berührt die Katze den Draht, so erhält sie einen leichten elektrischen Schlag und vermeidet in Zukunft jede Berührung. Einige besonders clevere Katzen bringen es allerdings fertig, jedem K. zu entkommen. Deshalb sollte man den Zaun über dem Boden mit einem niedrigen Betonsockel absichern, damit es nicht möglich ist, sich darunter durchzugraben. Wie man den Drahtzaun mit Büschen hübsch verkleidet, bleibt jedem selbst überlassen. Aber bitte nur Sträucher wählen, die für Katzen nicht giftig sind. Ins Innere des K. gehören ein großes Sand- oder Erdbeet, ohne Bepflanzung, zum Scharren und Graben, mindestens ein Kletterbaum, Gras, Pfefferminzstauden (gegen Katzenflöhe). Der K. sollte Sonnen- und Schattenplätze enthalten und der Katze am besten direkt vom Haus aus zugänglich sein, durch ein Fenster, eine Tür oder eine →Katzentür.

Katzengebirge Das K. liegt in Polen (früher Schlesien) und heißt heute Wzgorza Trebnickie. Es ist 257 Meter hoch.

Katzengedächtnis ist im Volksmund ein ausgesprochen schlechtes, kurzes Gedächtnis. In Wirklichkeit verfügen Katzen über ein recht gutes Gedächtnis, auch über längere Zeiträume.

Katzengeruch In einem Graubündener Hexenprozeß behauptete 1655 ein «Hexenmeister», man könnte die Hexen am K. erkennen.

Katzenglaube hieß früher soviel wie falscher Glaube, wohl in Erinnerung an die religiöse Verehrung der Katze in alten, «heidnischen» Kulturen.

Katzengold werden verschiedene Mineralien wie Biotit, Muskovit und Pyrit genannt, die einen metallisch goldenen Schimmer besitzen. Mit diesem Namen wollte man der Katze eins auswischen und an ihre vielzitierte →«Falschheit» erinnern. →Literarische Titel.

Katzengraue Augen besaß die Germanin nach einer Beschreibung des römischen Dichters Horaz (65–8 v. Chr.).

Katzengummi oder Katzenklar ist ein bereits im Mittelalter bekannter Name für das ausfließende Harz von Kirschbäumen, das eine goldgelbe Farbe besitzt, die an Katzenaugen erinnert.

Katzenhagelvoll oder katzvoll nennt man in der Schweiz widersinnigerweise einen Volltrunkenen, denn Katzen sind strikte Abstinenzler.

Katzenhai heißt eine kleine Haifischart in europäischen Küstengewässern. Der kleinfleckige K. (scyliorhinus caniculus) wird einen Meter lang, der großfleckige K. (scyliorhinus stellaris) nur 50–70 Zentimeter. Beide sind nachtaktiv.

Katzenhaus In Tierheimen leben Katzen in einem K. Ideal ist es, wenn das K. in einem ausbruchsicher umzäunten →Katzengarten steht, der für die Tiere jederzeit zugänglich ist. Es sollte hell, geräumig und selbstverständlich heizbar sein, denn Katzen lieben es mollig warm. Als Einrichtung genügen gepolsterte Schlafplätze in ausreichender Zahl und umlaufende Regalbretter in verschiedenen Höhen, da Katzen gern auf mehreren Ebenen leben. Die →Katzentoilette muß sein, auch bei Auslaufmöglichkeit. Katzen, die daran gewöhnt sind, würden oft um nichts auf der Welt ihr Geschäft im Freien verrichten. Und bei Regenwetter und Kälte sind auch die weniger heiklen Katzen dankbar für ein Toilettenkästchen im Warmen. Aber auch das schönste K. verliert an Wert, wenn es überfüllt wird. Damit steigt einmal die Gefahr, daß eine Infektion ausbricht, andererseits entwickelt sich in qualvoller Enge die sonst bei Katzen eher lax gehandhabte →absolute Rangordnung, zum Nachteil der →Pariakatzen.

Katzenhochzeit Der Kater ist das ganze Jahr über paarungsbereit, die Katze nur zwei- bis dreimal im Jahr während der →Rolligkeit. Ihr Duft und ihr Gesang lockt dann die Kater der ganzen Umgebung an, die vor den Augen der Umworbenen ihre Ritualkämpfe austragen. Aber die Katze sucht sich ihren Liebhaber stets selber aus, und das ist keineswegs immer der stärkste. Manche Katzenkenner glauben, daß sie auf Farben reagiert: ein Schwarzer oder ein Roter muß es sein. Auch läßt sie sich eher mit einem Kater ein, den sie schon kennt, als mit einem wildfremden. Ist die Nachkommenschaft auffällig bunt gemischt, so hat die Katzenmutter mit ziemlicher Sicherheit mehrere Liebhaber erhört. →Kokettierflucht, →Nackenbiß, →Plaudern.

Katzenhöhlen gibt es in den verschiedensten Ausfertigungen und Preislagen. Sie bestehen meist aus Korbgeflecht, haben ein rundes Loch als Ein- und Ausgang, das oft mit einer nicht sehr stabilen Gittertür verschließbar ist. Das Innere ist warm und kuschelig ausgekleidet. Als Ruheplätzchen zwischendurch akzeptieren die meisten Katzen so eine K., als Schlafplatz schon seltener. Den suchen sie sich in der Regel lieber selbst aus. Als Transportkorb sind K. allenfalls für sehr ruhige, brave Tiere auf kurzen Strecken geeignet, da die meisten Katzen sich relativ leicht aus ihnen befreien können.

Katzenhoroskope muß man natürlich ernst nehmen. Mir wird z. B. eine Rexkatze als ideale Gefährtin empfohlen – dummerweise gehört mein Herz aber ganz normalen Hauskatzen ohne Stammbaum.

Katzenjammer →Ketzerjammer.

Katzenjammerstation wird im Volksmund heute eine Ausnüchterungsstation für Alkoholiker genannt. →Katerklinik.

Katzenkiller ist die rüde Bezeichnung für Hunde, die von ihren meist sadistisch veranlagten Herren regelrecht dazu abgerichtet werden, Katzen zu jagen und umzubringen. →Auslauf, →Katzenfromm.

Katzenklau Katzen wurden schon immer gestohlen, wegen ihres Fells, in schlechten Zeiten auch als Braten, für die →Dreckapotheke. Heute gibt es sogar organisierte Katzenfänger, die die armen Tiere an Versuchslaboratorien verkaufen, wo sie qualvolle Experimente erdulden müssen →Tierversuche. Wer seine Katze liebt, paßt gut auf sie auf und läßt sie nach Möglichkeit nie unbeaufsichtigt ins Freie. →Katzenfett, Katzenleder, →Katzenpelz, →Tätowierung, →Identifikation.

Katzenklee nennt man in manchen Gegenden den Hasen- und den Gemeinen Wundklee.

Katzenkönig Vom K. berichten Legenden und Märchen aus ganz verschiedenen Kulturkreisen. So wurde z. B. im 15. Jahrhundert dem chinesischen Kaiser aus Tibet ein K. geschenkt. Um ihn auf die Probe zu stellen, ließ der Kaiser ihn nachts in einen Käfig sperren. Am nächsten Morgen lagen unzählige tote Mäuse um den Käfig herum.
Das berühmte englische Märchen «Der Katzenkönig», angeblich zuerst von →Cocteau schriftlich niedergelegt, hat in Wirklichkeit eine lange literarische Tradition, die von →Scott und Lewis über Irving, Shelley, Keats und Benét reicht.

Katzenkopf Bezeichnung für eine leichte Backpfeife, wie sie auch die geduldigste Katzenmutter gelegentlich ihren Jungen verabreicht. In der Nautik heißt die Ankerkette K.

Katzenkopfklee wird, vor allem in Süddeutschland, die Futterpflanze Esparsette mit ihren rosa Traubenblüten genannt.

Katzenkopfpflaster besteht aus großen, runden, unbehauenen Steinen und bekommt in unserem Betonzeitalter langsam Seltenheitswert. →Literarische Titel.

Katzenkorb Verschließbare, stabile Weidenkörbe sind als Transportbehälter gut geeignet. Die Katze bekommt genügend Luft und kann hinausspähen. Legen Sie auf den Boden eine Plastiktüte und darüber eine Lage Zeitungspapier, für den Fall, daß der kleine Passagier vor Aufregung «nicht dicht hält». Sehr kräftige und selbstbewußte Katzen allerdings bringen es fertig, das Korbgeflecht mit Krallen und Zähnen «aufzusägen», um sich zu befreien. Dann hilft nur noch ein Flugtransportkäfig. →Kennel, →Katzenhöhle.

Katzenkragen tragen nicht die Katzen, sondern die Baumstämme, als Vogelschutzmaßnahme.

Katzenkratzkrankheit ist eine gutartige, von Katzen auf den Menschen übertragbare Viruskrankheit mit Lymphknotenschwellungen. Die K. verläuft meist so leicht, daß sie gar nicht erkannt wird. Leichte Fistelbildung und Entzündungen klingen in der Regel rasch wieder ab. Die Katze selbst erkrankt nicht, sie ist nur Virusträger.

Katzenkraut oder →Katzenminze (nepeta cataria) strömt einen Duft aus, der Katzen unwiderstehlich anlockt. Sehr geeignet zum Parfümieren von Katzenbaum und erwünschten Schlaf- und Ruheplätzen. Als K. bezeichnet man auch →Baldrian, →Katzengamander, die Kriechende Hauhechel (ononis repens), deren behaarte Stengel und Blätter an Katzenfell erinnern, und die Gemeine Schafgarbe (achillea millefolium), eine bekannte Heilpflanze.

Katzenkunst Kreative Katzen und ihre Werke führt der Bild-/Textband «Warum Katzen malen», 1994 vor →Busch/Silver. Er wurde mit Unterstützung der britischen Gesellschaft für Nicht-Primaten-Kunst veröffentlicht. Bei Auktionen erzielten die Bilder stolze Preise.

Katzenküsser war der Spitzname für eine manichäische Sekte in Bern, deren Anhänger beim Betreten des Versammlungshauses alle anwesenden Katzen küßten. Da nun alle Berner als K. verspottet wurden, verbot man eilends die Sekte und wollte sogar alle Katzen ausrotten, was glücklicherweise nicht gelang.

Katzenleder ist heute noch in den USA, besonders in den Südstaaten, ein gängiger Handelsartikel, besonders begehrt für Reitstiefel.

Katzenleitern, die wie Hühnerleitern das Gewicht eines Menschen nicht tragen können, werden gelegentlich in ländlichen Gebieten oder Häusern mit Garten an ein Fenster im ersten Stock gelehnt, von dem aus die Katze freien →Auslauf hat.

Katzenmakis sind kleine Halbaffen, die auf Madagaskar leben. Es sind die einzigen Affen, die einen Sommerschlaf halten, und zwar von Juli bis September.

Katzenmärchen sind international. Einige tauchen in Variationen in ganz verschiedenen Kulturkreisen auf, andere sind auf ein bestimmtes Land oder Gebiet begrenzt. Es lassen sich verschiedene Typen von K. klassifizieren.
1. Märchen von Katze und Maus.
a. Die Gatomacchia oder Katomyomachia (der Krieg zwischen Katzen und Mäusen), ein besonders altes Motiv. →Ägyptische Katzenmärchen, →Theodoros, Lope de →Vega. b. Die Stadtmaus und die Feldmaus. Älteste

Fassung: →Altgriechische Fabeln. In Deutschland zuerst bei Der →Stricker. Sehr ausführlich, vermischt mit anderen Märchen von Katz und Maus, bei →Abraham a Santa Clara. Weiter →La Fontaine, →Deutsche K., →Dikkens, →Estnische K., →Tolstoi, →Obeid-e. c. Katze und Maus in Gesellschaft. →Estnische K., →Grimm. d. Die Mäuse wollen der Katze eine Schelle umhängen. →Äsop, →Deutsche K., →Finnische K., →Tolstoi. e. Singuläre Märchen von Katze und Maus. →Afrikanische K. (Katze und Mäuse), →Ägyptische K. (Die Maus als Wesir), →Altgriechische Fabeln (Die Mäuse und die Katze auf der Mauer), →Amerikanische K. (Die Katze und die Maus), →Arabische K. (Von der Katze und der Maus), →Äsop (Die Katze und die Mäuse), →Bechstein (Die Katze und die Maus), →Flämische K. (Katzen und Mäuse), →Koreanische K. (Die kluge Katze), →Indische Katzenfabel (Katze und Maus), →La Fontaine (Der kluge Kater, Katz, Hahn und Mäusefratz).

2. Märchen von der klugen, hilfreichen Katze, die ihrem Menschen Reichtum und Glück verschafft.

a. Am berühmtesten wurde «Der →Gestiefelte Kater». Varianten: →Bulgarische K. (Der menschliche Undank oder Kater Bey und Zar Peruschljan), →Ghanesisches K. (Der arme Jäger), →Ukrainisches K. (Iwan der Reiche), →Russisches K. (Der Kater und der Dummling), →Ruthenisches K. (Prinz Iwaniewica). b. Katzenmärchen vom Typus «Einführung einer Katze in ein Land ohne Katzen, das von Mäusen und/oder Ratten bedroht wird, bringt dem Besitzer Reichtum». Am berühmtesten ist das →englische K. von «Dick Whittington». Varianten: →Deutsche K. (Die drei Glückskinder), →Französische K. (Die Söhne des Müllers), →Persische K. (Die Reise nach Kaschmir), →Russische K. (Die Sieben Simeonsbrüder, →Indisches K., →Ziegeuner-K. Umkehrung des Themas: «Der Katzenveit vom Kohlenberg», →Deutsches K. c. Die Katze hilft ihrem Besitzer auf andere Weise. →Schwarzwälder K. (Die Katze und der Holzfäller), →Bechstein (Das Kätzchen mit den Stricknadeln), →Deutsche K. (Der Ratsherr und der Kater), →Japanische K. (Der Wink mit der Pfote, Die Dankbarkeit der Katze), →Afghanisches K. (Die treuen Tiere), →Arabisches K. (Der Zauberring), →Französisches K. (Drei weiße Bällchen, Das Waldhaus), →Jugoslawisches K. (Der Zauberring).

3. Märchen und Sagen über die Erschaffung der Katze.

a. →Arche Noah. b. →Armenische Sage, →Böhmische Sage, →Bolivianisches K., →Bulgarische Sagen, →Finnische Sagen, →Franz von Assisi, →Französische Sage, →Isländische Sage, →Lettische Sage, →Rumänische Sage, →Ukrainische Sage, →Westsudanesische K.

4. Märchen und Sagen vom Beginn der Feindschaft zwischen Hund und Katze.

C. →Tovačovský, →Nürnberger Bilderbogen, →G. Haudent, →H. Sachs, →Montanus, →Eyering, →Woort. Varianten: →Arabische K., →Böhmische K., →Burmesische K., →Chinesische K. (Der Glücksring), →Estnische K. und Sage, →Deutsche K. (Hund und

Katze), →Finnische K., →Kleinrussische K., →Litauische K., →Mährische Sage, →Mecklenburgische Sage, →Neugriechische Sage, →Oldenburgische Sage, →Ostkarpatische Sage, →Paderborner Sage, →Polnische Sage, →Pommersche Sage, →Rumänische Sage, →Schwedische Sagen, →Ungarische Sagen, →Flämischer Schwank, →Weißrussische Sagen, →Wendische Sagen.

Interessant ist, daß alle Märchen und Sagen davon ausgehen, daß Hund und Katze sich ursprünglich ausgezeichnet vertragen haben; der Streit entstand erst durch ein Mißverständnis. Genau das gleiche sagt heute die moderne Verhaltensforschung.

Singuläre Märchen von Katze und Hund →Beduinenmärchen.

5. *Märchen von Katzen und anderen Tieren (Maus und Hund ausgenommen).*

a. Eine Katze und andere Haustiere, die von den Menschen geplagt und verfolgt werden, machen sich selbständig. Die →Bremer Stadtmusikanten. Varianten: →Portugiesisches K., →Russische K. (Kater Graustirn), →Schwedische K. (Ein Braten für den Herrn Pfarrer).

b. Katze und Fuchs:

1. Typus: Der Listensack. Älteste Überlieferung in der Fabelsammlung des →Aesopus Latinus oder Romulus, um 400 n. Chr. Dann bei Odo, Abt von Cluny, (878 o. 879–942). Im deutschen Sprachraum zuerst bei Der →Stricker, dann bei B. →Waldis, H. →Sachs. Varianten: →Grimm (Der Fuchs und die Katze), →Tolstoi (Die Katze und der Fuchs).

2. Typus: Eine Füchsin verliebt sich in einen armen, vom Hof vertriebenen Kater. →Estnische K. (Fuchs und Katze), →Russische K. (Der Kater und die Füchsin, Der Trick mit der Wildkatze).

c. Katze und Wolf. →Deutsche K. (Unruhe im Katzenwald).

d. Katze und Tiger. →Chinesisches K. (Die Katze als Lehrmeister), →Türkische K.

e. Katze und Schaf. →Russische K.

f. Katze und Adler. →Siebenbürgische Fabel, →Ungarisches K.

g. Katze und Löwe. →Türkische K., →Ungarische K.

h. Katze und Ratte. →Niederländische K., →Marokkanisches K.

i. Katze und Sperling. →Deutsche K., →La Fontaine (Die Katze und die beiden Spatzen), →Indisches K. (Die Spätzin und der Spatz), →Persisches K. (Die größte Kraft).

j. Die Katze und der Vogel. →H. W. Kirchhof, →Deutsche K. (Die Einladung).

k. Der Geier und die Katzenmutter. →Ägyptische K.

l. Der Krieg zwischen Katzen und Gänsen. →Ägyptische K.

m. Die Katze und die Spinne. →Afrikanische K.

n. Die Katze und die Fledermaus. →Äsop

o. Die Katze und der Hahn. →Äsop

p. Die Katze bittet zu Gast. →Äsop (Die Katze lädt zum Geburtstag alle ihre Beutetiere ein und verspeist sie).

q. Die Krähe und die Katze. →Arabische Katzenfabel

r. Die mutige Katze und der Habicht. →Deutsches K.

6. Katzenfabeln mit belehrender Tendenz. →Abraham a Santa Clara, →Aesopus Latinus, →Ägyptische K., →Altgriechische K., →Amerikanische K., →Äsop, →Bierce, Der →Stricker, →Dickens, →Eyering, →Haudent, →Kirchhof, →Krylow, →La Fontaine, →Montanus, →Nürnberger Bilderbogen, Phaedrus, →Sachs, →Theodoros, →Tolstoi, →Tovačovský, →Waldis, →Woort.

7. Märchen um eine zu Ehren gekommene Katze, die auf alles verzichtet, um Mäuse zu jagen.
a. →Äsop (Venus und die Katze), →Deutsche K. (Der Kater als Bischof), →Marokkanisches K. (Der Kater als Pilger) b. Umkehrung des Themas: →Deutsche K. (Der Orden).

8. Märchen von hilfreichen →Kobolden in Katzengestalt.
→Bamberger Sage (Der Teufelsweber), →Bechstein (Das Kätzchen mit den Stricknadeln).

9. Verwandlungsmärchen.
a. positiv (Die Katze ist meist eine verwunschene Prinzessin oder ein verzauberter Prinz.) →Äsop (Venus und die Katze), →Aulnoy (Die weiße Katze), →Burmesisches K., →Deutsches K. (Der arme Müllersbursch und das Kätzchen), →Französische K. (Drei weiße Bällchen, Andres), →Ostpreußisches K. (Der Lorbaß und die weiße Miez), →Marokkanisches K. b. negativ (Hexenmotiv): →Grimm (Die Katze aus dem Weidenbaum), →Rumänische K. (Kata).

10. Gespenstermärchen von Katzen, die in Wirklichkeit Dämonen, Gespenster oder Hexen sind.
→Chinesische K. (Die vier Pfoten der Katze, Die 13 Kugel), →Japanische K. (Die Geisterkatze aus dem Hause Nabeshima), Märchen des Schwarzen Amerika (Vier schwarze Katzen)

11. Vereinzelt auftretende Katzenmärchen.
→Afrikanisches K. (Die Katze und die Frau, mit Parallele bei →Kipling), →Ägyptische K. (Die Maus als Wesir), →Amerikanische K. (Ein Kater namens William), →Deutsche K. (Der Geizhals, Die Brautschau), →Französische K. (Katzenmärchen), →Indische K. (Der traurige Prinz, Die Schlange), →Indische Legende, →Italienische Legende, →Japanische K. (Das Paradies, die Katze und das Bauernmädchen), →Marokkanische K. (Die junge Ratte und der junge Kater), →Persische K. (Der Mann mit dem Katzengesicht, Die Katze und die Kerze), →Tibetanische K., →Türkische K. (Die Katze im Palast). →Beduinenmärchen, →Afghanische K. (Nani), →Ungarische K. (Abend, Mitternacht und Morgendämmerung).

12. Der Katzenkönig spielt in verschiedenen Märchen und Überlieferungen eine Rolle.
→Katzenkönig

13. Katzenmärchen unbekannter Herkunft, aufgezeichnet bei →A. Millard. «Flüssige Diamanten»: Ein junger Gott verliebt sich in eine Schäferin, um die auch ein älterer Gott warb, den sie abwies. Aus Rache blendet er den jungen Gott und sagt ihm voraus, er würde nur wieder sehen können, wenn er seine Augen in flüssigen Diamanten bade. Die Schäferin sucht verzweifelt nach ihrem Geliebten, bis sie ihn, in Begleitung ihrer Katze, endlich auf dem höchsten Berggipfel findet. Ihre Tränen fallen auf seine Augen, ein Silberstrahl aus den glühenden Katzenaugen verwandelte sie in Diamanten. So gewann er sein Augenlicht zurück. Die Königin der Götter nahm die Schäferin in den Kreis der Götter auf. Mindestens einmal in jedem Katzenleben erscheint diese Göttin jeder Katze, um ihr zu danken.

Katzenmaul ist ein anderer Name für Feld-Löwenmaul (antirrhinum orontium), eine kleine Feldblume mit rosa Blüten.

Katzenmenschen Kurt Tucholsky u. a. unterscheiden zwischen Katzen- und Hundemenschen.

Katzenminze Die echte K. (nepeta cataria) wirkt auf Katzen und sogar auf Löwen berauschend wie →Baldrian.

Katzenmühle und Katzenstiegermühle sind →Ortsnamen, die unmittelbar zu der Katze in Bezug stehen, denn zu einer richtigen Mühle gehört eine Katze, sonst nehmen die Mäuse überhand. →Katzenreuth.

Katzenmuseum Das private Katzenmuseum in Riehen bei Basel mußte seine Tore leider schließen. Vielleicht wird bald in Deutschland eins eröffnet. →Förderkreis.

Katzenmusik, allgemein gebraucht für disharmonische, schrille Klänge, wurde im 18. Jahrhundert «erfunden». Die damaligen Studenten protestierten mit absichtlich scheußlichen Tönen gegen unbeliebte Professoren, «feierten» aber auch mit ähnlichen Konzerten Hochzeiten in Studentenkreisen. Die letzte K. von Bedeutung brachten in der Nacht vom 10. zum 11. Februar 1906 Akademieschüler von Max Reger dem Musikkritiker Rudolf Louis dar, der die «Symphonietta op. 90» von Reger in den «Münchener Neuesten Nachrichten» verrissen hatte. In der Schweiz wird am letzten Schultag des Jahres von den Volksschülern K. veranstaltet, mit Hilfe von Kuhschellen und Topfdeckeln. Auch bei ländlichen Hochzeiten wird dort hier und da K. geboten. →Ketzermusik.

Katzenmütter a. Diesen Beruf übten z. Z. der Kreuzzüge in arabischen Ländern würdige ältere Damen aus. Sie betreuten die vielen Katzen, die bei den Pilgerreisen nach Mekka mitgeführt wurden. b. K. sind heute gleichfalls meist – aber nicht immer – ältere Damen in London und Paris, München und Rom, Wien und Madrid, die es sich zur Lebensaufgabe gemacht haben, heimatlose Katzen zu füttern und zu betreuen, in Parks und auf Friedhöfen, in Bauruinen und auf Fabrikhöfen. Sie arbeiten ehrenamtlich, bezahlen oft das Futter noch dazu aus eigener Tasche und müssen sich oft Spott gefallen lassen. Ihnen allen gebührt der aufrichtige Dank aller Katzenfreunde.

Katzennamen in reichlicher Auswahl enthält das Buch «Wie soll meine Katze heißen» von Petra Jasiczek – und der Anhang zu diesem Buch.

Katzennatter (telescopus fallax) ist eine europäische Trugnatter, die in der Dämmerung auf Jagd geht.

Katzenohr (chitopilus passeckerianus) ist ein Speisepilz, der zu den Mehlpilzen gehört und in Mitteleuropa vorkommt.

Katzenorgel hieß ein abscheuliches Instrument, das Tierquäler zur Zeit der →Hexenverfolgungen erfanden. →Brüssel.

Katzenpärchen Zwei Katzen sind besser als eine. Sie leisten einander Gesellschaft, spielen und schlafen zusammen. Das Geschlecht spielt dabei keine große Rolle. Erwachsene Katzenweibchen allerdings, die lange Einzelkatzen waren, verteidigen oft ihr Revier energisch gegen eine zweite Katze. Am ehesten freunden sie sich mit einem jungen Katerchen an. Wer mehr als zwei Katzen haben möchte, nehme vier oder sechs. Eine «überzählige» Katze wird in einer Katzengemeinschaft leicht zur →Pariakatze.

Katzenpelze waren leider nicht nur im alten Griechenland ein Schlager →Aristophanes, sie sind auch heute noch begehrt. Auf einer der letzten Rauchwarenauktionen wurden ungeniert über 30000 Hauskatzenfelle angeboten, für Pelzjacken und Rheumadecken. Natürlich handelte es sich angeblich um aus Südamerika, Asien und Afrika importierte Katzenfelle. Abgesehen davon, daß ein Katzenfreund auch nicht erpicht darauf ist, sich Katzenpelze «ausländischer» Tiere umzuhängen, ist wohl anzunehmen, daß auch bei uns viele gestohlene Hauskatzen oder eingefangene heimatlose Katzen den Weg zum Kürschner machen. Eine Katzenfreundin kam auf einen ebenso genialen wie einfachen Gedanken: Sie schneidet im Herbst oder Frühwinter, wenn das Fell ihrer Katzen besonders dicht und begehrt ist, ein paar auffällige Kerben hinein und «entwertet» es damit. →Katzenklau, →Rheuma.

Katzenpensionen gibt es, aber die wenigsten sind empfehlenswert. Schauen Sie sich alles genau an, bevor Sie Ihre Katze dort hinbringen, und erkundigen Sie sich vor allem bei Leuten, deren Katzen schon dort waren.

Katzenpetersilie oder Hundspetersilie (aethusa cynapium) ist giftig und verströmt einen starken Knoblauchgeruch.

Katzenpfleger war im alten Ägypten ein hochangesehener, gut bezahlter Beruf. Die K. betreuten die heiligen Tempelkatzen. →Ägypten, →Katzenmütter.

Katzenpfötchen (antennaria) sind auf der ganzen Welt mit Ausnahme von Afrika verbreitete zierliche Korbblütler mit zart duftenden rosa oder gelblichen Blüten in Form der Ballen an der Unterseite der Katzenpfoten. Sie lassen sich besonders gut für Trokkensträuße verwenden. Als K. werden gelegentlich auch das →Edelweiß (leontopodium alpinum) und die Strandstrohblume (helichrysum avenarium) bezeichnet, ferner die virginische Immortelle (anaphalis) und alle →Kätzchen, die weiblichen Blüten der →Kätzchenblütler.

Katzenpfote ist ein Begriff aus der Seemannssprache. Man versteht darunter die leichte Kräuselung der Wasseroberfläche nach einer Flaute, die das Aufkommen der ersten Brise ankündigt.

Katzenpriester amtierten im alten →Ägypten. Sie waren hochangesehen und manchmal sogar Regierungsmitglieder. K. lebten streng abgeschieden im Tempelbezirk und durften nicht heiraten.

Katzenprozession Eine K. fand bis ins 17. Jahrhundert hinein in Aix-en-Provence statt. Der schönste Kater der Stadt wurde prächtig geschmückt in einem Reliquienbehälter durch die Straßen getragen. Wer der Prozession begegnete, beugte ehrerbietig die Knie. Leider ist die Bedeutung dieses Brauchs nicht mehr bekannt.

Katzenrassen Über 60 verschiedene K. gibt es bereits, und jedes Jahr kommen neue hinzu. →Zuchtkatzen.

Katzenrennen Axel →Eggebrecht berichtet von der Veranstaltung eines total mißglückten K. in Colonia Rivadavia, Argentinien. Die Katzen sollten, an durchlaufenden Drähten mit Leine und Halsband befestigt, künstliche Mäuse auf Rollen jagen. Aber mit Ausnahme eines einzigen schwarzen Katers verweigerten sie die Mitarbeit. Und der Schwarze legte sich kurz vor dem Ziel friedlich schlafen.

Katzenreuth, ursprünglich Chauczenräuth (1416), ein Ort in der Schweiz, hat nichts mit Katzen zu tun. Hier wurde Chaucz = Kauz zu Katze verballhornt. In der Gegend von K. gab es früher besonders viele Käuzchen.

Katzenringe Von Krähen und vor allem von den bereits ausgerotteten Carolina-Papageien ist bekannt, daß sie Kreise um tote Artgenossen bilden und sie offensichtlich betrauern. Bei Katzen beobachtete eine Leserin der Zeitung «Sun» 1973 das gleiche Phänomen: Acht Nachbarskatzen bildeten einen Ring um das Grab einer frischverstorbenen Perserkatze. 1975 hat ein englischer Bergmann nachts in einem Wäldchen einen Ring von über 50 Katzen gesehen, die sich um einen in der Mitte sitzenden Kater versammelt hatten. J. →Michell.

Katzenritter nannte man zur Zeit der Reformation fahrende Gaukler und Taschenspieler. Im späten Mittelalter wurden Schaufechter, die auf Jahrmärkten gegen Katzen und andere Tiere «kämpften», K. genannt. In Stralsund wurde der Bezwinger des Winterdämons beim Frühlingsfest als K. bezeichnet. In Berlin und Hannover hieß seit dem Ende des 19. Jahrhundert der Tierfänger K.

Katzenscheu ist, wer eine Abneigung gegen Katzen hat und evtl. allergisch auf sie reagiert.

Katzenschinder ist ein altes, seit dem 16. Jahrhundert bekanntes Schimpfwort für den Kürschner, der seit eh und je auch Katzenfelle verarbeitet. →Katzenpelze.

Katzenschlacht →Kambyses.

Katzenschlange (telescopus fallax) ist eine ungiftige Natter, die auf vielen Mittelmeerinseln, dem Balkan, in Kleinasien und Nordsyrien vorkommt.

Katzenschnupfen (Katzenpneumonie) ist keine Kavalierskrankheit, sondern eine sehr schwere, gefährliche und für andere Katzen ansteckende Krankheit, die von verschiedenen Virenstämmen verursacht wird. Symptome: Appetitlosigkeit, Fieber, Husten, Augenausfluß, Nasenausfluß, Schluckbeschwerden, später auch Durchfall. Man kann Katzen vorbeugend gegen K. impfen lassen, diese Impfung muß jedes Jahr wiederholt werden. →Schnupfen.

Katzenschnurren nennt man in der Medizin ein schwirrendes Geräusch am Herzen.

Katzenschrift hat im Französischen die Bedeutung einer unleserlichen Handschrift, in Deutschland werden damit die Kratzer bezeichnet, die jemand bei einer Rauferei davonträgt.

Katzenschule nennt sich eine französische Hilfsorganisation für heimatlose Katzen in Paris, die 1978 von dem Fotografen Michel →Cambazard gegründet wurde. Sie hat das Ziel, alle Tiere zu registrieren, zu impfen, zu kastrieren und danach, wenn möglich, zu vermitteln, sonst aber freizulassen und regelmäßig zu versorgen. Die K. hat an vielen Orten Anhänger, die den Katzen das Recht erwirkten, so unbehelligt und umsorgt zu leben, als gehörten sie jemandem. Die registrierten Katzen haben einen eigenen Paß und dürfen nicht weggefangen oder getötet werden. →Marius, →Nicolas.

Katzenschutz Außer den örtlichen Tierschutzvereinen, die sich selbstverständlich auch um Katzen kümmern, gibt es den Deutschen Katzenschutzbund, Berlin, B. →Schulz, und örtliche Katzenschutzvereine in vielen Städten der BRD. Auch zahlreiche Privatpersonen, vorwiegend Frauen, haben sich dem K. verschrieben, füttern heimatlose Katzen, lassen sie kastrieren, vermitteln die Jungen und pflegen kranke Tiere in ihren eigenen vier Wänden. Damit sind die wesentlichen Aufgaben des K.es schon umrissen: Fütterung, Kastration, Vermittlung insbesondere der Jungen von heimatlosen Katzen, Vermittlung aber auch erwachsener Katzen, die aus irgendeinem Grund ihr Zuhause verloren haben, vorübergehende Unterbringung dieser Tiere, Pflege kranker Katzen, Vermittlung und Schaffung von Urlaubsplätzen. Viele engagierte Helfer opfern einen Großteil ihrer Freizeit dem K. Es ist unbeschreiblich, was für Mißstände und welcher grenzenlosen Unvernunft sie dabei oft begegnen. Hier soll eine Katze erschlagen werden, weil sie Junge erwartet, und dort muß ein achtjähriger Kater sofort aus dem Haus, weil ein Baby unterwegs ist, das möglicherweise eine Katzenallergie haben könnte, und da sollen fünf quicklebendige Junge von neun Wochen ertränkt werden. Und immer muß es schnell gehen, noch schneller, sonst wird die Katze umgebracht, was nach unserem Tierschutzgesetz übrigens verboten ist. Aber viele Leute, mit denen man im K. in Berührung kommt, wissen nicht einmal, daß es so etwas wie ein Tierschutzgesetz gibt. Auch daß im Urlaub irgend jemand für die Katze sorgen muß, fällt manchen Leuten buchstäblich erst am Abend vor der Abreise ein. In Frankreich gibt es eine sehr aktive Lobby für den K., die erfolgreich für das Lebensrecht heimatloser Katzen eintritt. →Fickentscher, →Katzenschule, →Cambazard.

Katzenschwanz ist ein volkstümlicher Name für ganz verschiedene Pflanzen wie z. B. Eberraute, Knöterich, Kolbenhirse, Königskerze, Lieschgras, Rohrkolben, Salbei, Tannenwedel, Wegerich und Weiderich. In der Schweiz versteht man darunter den Schachtelhalm. Der Name steht stets in Beziehung zu der optischen Ähnlichkeit mit dem Schwanz einer Katze.

Katzenschweif wird eine Gattung der Korbblütler (conyza) genannt, dazu gehört auch das kanadische Berufskraut (von berufen oder behexen), das als blutstillendes Mittel gilt.

Katzensee heißt ein kleiner See zwischen Zürich und Regensdorf, mit dem Katzenbach als Zufluß.

Katzenseuche (Panleukopenie oder Feline Enteritis), auch Katzenpest oder Katzentyphus genannt, ist eine von Viren übertragene Magen-Darm-Entzündung, die sehr ansteckend ist (nicht für Menschen). Diese schreckliche Krankheit verläuft in 80–90 Prozent der Fälle tödlich. Hat eine Katze die K. überstanden, so ist sie ihr Leben lang immun dagegen. Symptome: Hohes Fieber, heftiger, oft gelber Durchfall, Appetitlosigkeit, gesträubtes, glanzloses Fell, häufig auch gelbliches Erbrechen, Abmagerung. Sofort →fachkundige Hilfe holen. Das Tier muß unbedingt Wasser trinken, sonst besteht die Gefahr der →Austrocknung. Nach der Genesung (oder auch dem Tod) der Katze ist die Wohnung gründlich zu desinfizieren und zu lüften, Decken und Kissen vom Katzenlager werden am besten verbrannt. Die Viren sind nämlich sehr resistent; deshalb besteht die Gefahr, daß sich auch nach Monaten noch eine neue Katze infiziert. Impfungen gegen K. müssen alle zwei Jahre wiederholt werden.

Katzensilber a. Volkstümlicher Name für das silbrig glänzende Mineral Muskovit (Kaliglimmer), das in der Elektrotechnik als Isoliermaterial Verwendung findet. b. →Literarische Titel.

Katzensparren nannte man früher im Schiffsbau Hölzer, die der Verbindung zwischen den einzelnen Schiffsgliedern dienten.

Katzensprache Die K. setzt sich zusammen aus →Mimik, →Körpersprache und akustischen Äußerungen (Lautäußerungen), bei denen man 16 verschiedene Lautmuster unterscheidet, die zu drei Hauptgruppen gehören: Plauderlaute, Ruftöne und Erregungslaute. Plauderlaute wie →Schnurren und leises Miauen benutzt die freundlich gestimmte Katze vorwiegend dem Menschen, aber auch ihren Jungen gegenüber. Ruftöne →Miauen in verschiedenen Tonlagen z. B. als Bitte um Futter, Begrüßung, Protest, Warnung oder Hilferuf – sind weitgehend für den Umgang mit Menschen reserviert. Erregungslaute wie Fauchen, Spucken, Knurren und Kreischen stößt die Katze beim Angriff, bei der Verteidigung und bei der Paarung aus. Am Hervorbringen der Miau-Laute, die man als die eigentliche Sprache der Katze bezeichnen darf, sind Lippen, Gaumen und eine willkürlich gesteuerte Veränderung der Mundhöhle beteiligt, nicht aber der Kehlkopf. Ebenso unterschiedlich wie die Katzenstimmen – vom hellen Sopran der Perser und vieler Hauskatzen bis zum tiefen Alt der Siamesen – ist das Redebedürfnis der Katzen. Es gibt ausgesprochen stille Tiere, dazu gehören meist die entfernten Abkömmlinge der →Wildkatze, und auffallend redefreudige Katzen, wie etwa die Siamesen, die oft ganze Geschichten erzählen. Im Gegensatz zum Hund benutzt die Katze nicht nur Vokale, sondern auch Konsonanten. →Augensprache.

Katzensprung – Bezeichnung für eine sehr kurze Entfernung.

Katzenstaupe (Rhinotracheitis) ist eine gefährliche, intektiöse Entzündung des Nasen-Rachen-Raums. Sie kann aus einer «harmlosen» Erkältung entstehen.

Katzensteg a. in der Seemannssprache Bezeichnung für eine schmale Holzplanke, die als Verbindung zwischen Schiff und Land dient. b. Literarische Titel.

Katzenstein-Zeichen heißt in der Medizin nach dem Entdecker Moritz K. ein Blutdruckanstieg bei Kompression der Oberschenkelarterien.

Katzenstrecker ist ein Schimpfname für Italiener, der vor allem im Schweizer Kanton Zürich gebräuchlich ist. Die wahrscheinlichste Bedeutung ist, daß Italiener ihre Mahlzeiten mit Katzenfleisch strecken. →Katzelmacher.

Katzenstrick ist der Name eines Paßübergangs im Kanton Schwyz, über den die Luzerner zum Kloster Einsiedeln wallfahrteten. Die Pilger wurden «Katzenstrickler» genannt oder auch →Katzenstrecker.

Katzentaschen aus Plastik, mit Sichtfenster und Reißverschluß, sind nur für sehr sanfte Kätzchen geeignet. Intelligente Stubentiger arbeiten so einen Behälter in zwei Stunden restlos auf. Außerdem staut sich in K. im Sommer leicht die Hitze. →Hitzschlag.

Katzenteller und -schüsseln müssen nach jeder Mahlzeit sauber mit heißem Wasser abgespült werden. Auf chemische Zusätze lieber verzichten. Da Katzen wenig trinken, genügt ein Wasser- und ein Milchnapf für mehrere Tiere. Ein eigenes Eßtellerchen sollte aber jedes haben, sonst kommen die schüchterneren und langsameren Esser leicht zu kurz.

Katzentisch Am K. mußten früher Kinder und Angestellte Platz nehmen, für die an der festlichen Tafel nicht gedeckt wurde. Den ersten K. deckten die Mönche des Augustinerklosters in Colmar für Mitbrüder, die auf diese Weise bestraft wurden, so berichtete Anfang des 18. Jahrhunderts der ehemalige Mönch und spätere Tanzmeister Johann Balthasar Schäffer.

Katzentoilette Das ist das erste, was man einem neuen Kätzchen in der Wohnung zeigen sollte. Am besten eignet sich eine große viereckige oder ovale Plastikschale aus der Haushaltswarenabteilung im Kaufhaus. Wenn der Rand etwas höher ist als bei den in Zoohandlungen angebotenen K., so hat das den Vorteil, daß beim Scharren nicht so leicht Streu herausfliegt. Sehr beliebt sind bei Katzen auch die nicht billigen K. mit Dach, die wie kleine Häuschen gestaltet sind. Als Einstreu eignet sich Fertigstreu, Sand, Torf, Sägespäne oder -mehl und Papierschnipsel. Vorsicht bei nachträglichen Veränderungen: Manche Katzen werden unsauber, wenn man plötzlich unbekannte Streu verwendet. Die Streu muß täglich erneuert, die K. mit heißem Wasser gereinigt werden. Das «große Geschäft» nimmt man zwischendurch mit einer kleinen Schaufel heraus.

Katzenträger wurde am Anfang dieses Jahrhunderts im Rheinland gebräuchlich als Spitzname für Schornsteinfeger.

Katzentritt nennt man einen steilen, schmalen Weg mit kleinen Stufen an der Kuppe des Hohenkastens im Schweizer Kanton Appenzell.

Katzentür Um das Patent auf die Erfindung der K. streiten sich erlauchte Geister. Im Gespräch sind z. B. Newton, Mazarin und Lessing. Einen Katzendurchschlupf, ein kleines, in die Tür eingesägtes Loch, gab es bereits im Mittelalter an vielen englischen Kirchentüren. Eine echte K. ist wie eine Klappe an der oberen Kante mit Hilfe von Scharnieren befestigt. Stupst die Katze dagegen, so öffnet sich das Türchen, hinter ihr schließt es sich wieder. Heute gibt es bereits Katzentüren, die eine elektronisch getestete Öffnung besitzen. Nur die Katze, die das dazu passende Halsband trägt, wird eingelassen. Eine K. ist nur zu empfehlen, wenn sie in einen ausbruchsicheren →Katzengarten führt (→Katzenklau), oder innerhalb des Hauses. Katzen möchten sich in ihrem Revier frei bewegen, und man spart eine Menge Heizkosten, wenn zu diesem Zweck im Winter nicht alle Türen offenstehen müssen.

Katzenversammlungen sind überall dort beobachtet worden, wo es viele Katzen gibt, entweder Auslaufkatzen oder heimatlose. Aber auch in Privathäusern oder sogar Wohnungen mit mehr als drei Katzen werden sie gelegentlich am Abend abgehalten. Die Katzen treffen sich, wie auf Verabredung, zu einer bestimmten Stunde, sitzen friedlich beieinander, ohne besondere Aktivitäten zu entwickeln. Sie scheinen ganz einfach die Gesellschaft der anderen zu genießen. Manche nehmen weite Wege auf sich, um an K. teilnehmen zu können. Die K. sind ein wichtiges Argument dagegen, daß Katzen als typische Einzelgänger durchs Leben gehen und jeden Kontakt mit Artgenossen meiden. →Bruderschaft der Kater, →Einzelkatzen, →Katzenringe.

Katzenvögel machen statt Kiwitt oder Tirili – Miau. Es handelt sich um die nordamerikanische Spottdrossel, die in den Golfstaaten und Mittelamerika überwintert, und um ein Mitglied der Sperlingsvögel in Nordaustralien und Neuguinea.

Katzenwäsche ist entgegen der Volksmeinung gründlich, methodisch und erfüllt ihren Zweck hervorragend. Befreundete Katzen waschen sich oft gegenseitig. →Sauberkeit.

Katzenwelse (Zwergwelse) aus Nordamerika leben seit 1885 auch in europäischen Binnengewässern.

Katzenwitze Die paar guten haben einen Barbarossabart – und die anderen, na ja. Zwei Beispiele: a. Eine Katze kommt in eine Bar, setzt sich graziös auf den Barhocker und bestellt: «Bitte einen Alkohol.» Der verdutzte Barkeeper: «Was darf's denn sein? Gin, Whisky, Wodka, Cognac?» Darauf die Katze: «Ach, das ist mir egal. Hauptsache, ich habe morgen einen Kater.» b. Zwei Katzen liegen auf dem Dach einer gynäkologischen Klinik und blicken in den Schlafsaal der Neugeborenen. Eine der beiden wiegt bedächtig ihr Haupt: «Ich frage mich gerade, wie viele von dem Wurf sie wohl behalten dürfen.»

Katzenwürger ist ein Magdeburger Schimpfwort für Metzger.

Katzenzähne ist ein Ausdruck im medizinischen Fachjargon für kleine entzündliche Analpapillen.

Katzenzucht Gezüchtet werden →Stammbaumkatzen zum Verkauf, Katzen für Versuchszwecke, zum Einsatz gegen Seuchen – und zum Verzehr. →Tierversuche, Katzenfarmen.

Katzenzungen aus Schokolade zergehen auf der Zunge. Die Katzenzunge selbst ist mit Hornpapillen besetzt und rauh. Ähnlichkeit zwischen beiden besteht allenfalls in der Form. In Frankreich heißt ein unseren Löffelbiskuits ähnliches Gebäck: Langue de chat = Katzenzungen.

Katzhütte heißt eine Porzellanmanufaktur in Thüringen, die, nomen est omen, natürlich auch reizende Katzenplastiken herstellt.

Katzologie ist die Wissenschaft von all dem, was die Menschen so rund um die Katze zu wissen glauben.

Katzophile sind Katzenliebhaber.

Katzschiff ist in der Seemannssprache ein kleines, schnelles, wendiges Schiff.

Kaulbach, Wilhelm von (1804–1874). Der Münchener Maler schuf die Zeichnungen zu →Goethes «Reineke Fuchs», bei dem der Kater Hinze eine wichtige Rolle spielt.

Kaut, Ellis, hat sich einen Namen gemacht als Erfinderin des sprechenden Schriftstellerkaters Musch und des kleinen Kobolds Pumuckl. Ihre Bücher «Geschichten und Neue Geschichten vom Kater Musch», 1968, mit Illustrationen von Erika Meier-Albert, waren die Grundlage für eine der erfolgreichsten Kinderfunksendungen des Bayerischen und Westdeutschen Rundfunks; der Südwestfunk brachte sie unter dem Titel «Miau – hier spricht Misch».

Keats, John (1795–1821) überlieferte das Märchen vom →Katzenkönig: 50 gestiefelte Kater geleiten einen kleinen Sarg, der mit einem goldenen Krönchen geschmückt ist. Als K. die Geschichte einem Landpfarrer erzählt, springt dessen Kater Tom auf und verschwindet mit dem Ausruf: «Aber der Katzenkönig bin doch ich!» Das gleiche Thema findet man auch in einem englischen Volksmärchen. →Katzenkönig, →Trauerzüge.

Keckern ist ein anderer Ausdruck für →Schnattern.

Kehlfleck Der bei vielen «Brauntigern auftretende gelblich-weiße Farbfleck an der Kehle stammt aus dem Erbe der europäischen →Wildkatze.

Keller, Gottfried (1819–1850). Der Schweizer Dichter schrieb das klassische Katzenmärchen «Spiegel, das Kätzchen», von einem klugen Kater, der in Bedrängnis gerät und sogar einen gewitzten Zauberer hereinlegt.

Kennedy, Caroline. Die Tochter des amerikanischen Präsidenten John F. K. (1917–1963) hielt im Weißen Haus den Kater Tom Kitten, der ein direkter Nachkomme von Präsident Theodore →Roosevelts Katze Slippers war.

Kennek in Oberägypten ist heute noch ein Refugium für Katzen. Die Bewohner glauben, daß die Seelen der Kinder nachts in Katzen schlüpfen, deshalb darf niemand eine Katze quälen oder gar töten. →Ägypten.

Kennel ist die Fachbezeichnung für ausbruchsichere Transportkäfige für Katzen und kleine Hunde, die an Flughäfen und in Zoohandlungen verkauft werden. →Katzenkorb, →Katzentasche.

Kerzenlicht →Dante, so heißt es, hatte eine Katze, die ihm nachts beim Schreiben die Kerze hielt. Die Katze von →Dickens löschte das K. mit der Pfote, wenn es Zeit zum Schlafengehen war. Mein Angel, ein Halbsiamkater, schlug mit der Pfote brennende Kerzen aus, wenn sie ihn aus irgendeinem Grunde störten. Da sage noch einer, Katzen hätten Angst vor Feuer … →Platon.

Ketzer →Katharer.

Ketzerjammer nannte man im Mittelalter das Leiden der als Ketzer auf dem Scheiterhaufen Verbrannten. Aus diesem Begriff soll das Wort Katzenjammer entstanden sein. Auch viele Katzen wurden damals verbrannt, als angebliche Begleiter von Hexen und Ketzern.

Ketzermusik bezeichnete ursprünglich das ohrenbetäubende Geschrei und Gejohle, das Schaulustige bei Hinrichtungen sogenannter Ketzer und Hexen veranstalteten. Daraus wurde später →Katzenmusik.

Khmerkatzen →Colourpointkatzen.

Kienböck, R., war ein deutscher Katzenmaler um die Jahrhundertwende, der sich auf Katzenbilder spezialisiert hatte und viele Vorlagen für Postkarten schuf.

Kilkenny-Katzen Der Legende zufolge kämpften diese irischen Katzen so lange, bis außer ihren Schwänzen nichts mehr von ihnen übrig war. →Cat.

Kinder und Katzen Viele Sechs- bis Neunjährige wünschen sich, einmal eine Katze zu sein. Das ergab eine Untersuchung von Entwicklungspsychologen der Universität München im Jahre 1984. Begründung: «Katzen dürfen immer spielen und das tun, wozu sie Lust haben. Außerdem sind sie so zärtlich.» Die meisten Kinder lieben Katzen, aber sie neigen auch zu unbesonnenen, kindlichen Grausamkeiten. Es ist deshalb wichtig, daß die Eltern das kindliche Spiel mit der Katze überwachen, besonders, wenn es sich um ein Jungtier handelt. Erwachsene Katzen lassen sich zwar meist viel gefallen von Kindern; wenn es ihnen zu bunt wird, setzen sie sich aber zur Wehr. An einem Kratzer, den das Kind dabei vielleicht abbekommt, ist es mit Sicherheit selber schuld. Kinder können noch nicht die volle Verantwortung für eine Katze übernehmen, auch wenn sie es noch so oft versprechen, um ihren Wunsch erfüllt zu bekommen. Für das leibliche Wohl des Tieres muß schon die Mutter sorgen. Bis zum vollendeten 14. Lebensjahr dürfen Kinder Tiere nur dann kaufen, wenn eine Einwilligung der Erziehungsberechtigten vorliegt.

Kinderlieder Viele alte K. beschäftigen sich mit der Katze. Beispiele: «Unser Katz hat Katzerl g'habt, dreie, sechse, neune. Eines hat ein Ringerl auf, dieses ist das meine.» Varianten: «Unsre Katz hat Junge, sieben an der Zahl. Sechs sind Protestanten (oder Katholiken oder Kommunisten oder sonst irgendwas), eins ist ganz normal.» «ABC – das Kätzchen läuft im Schnee.» «Heile, heile Kätzchen, 's Kätzchen hat vier Tätzchen. Und einen langen Schwanz. Morgen ist alles wieder ganz.» «Die Mieze sitzt am Fenster und wäscht sich ihren Spencer, Kätzchen läuft die Treppe hinan, hat ein rotes Jäckchen an.» «Bum bam beier, die Katz mag keine Eier. Was mag sie dann? Speck aus der Pfann! Ei wie lekker ist unsre Madam!»

Kindervers «Eins zwei drei vier fünf sechs sieben – wo ist denn die Katz' geblieben? Hinterm Ofen, hinterm Eck, wo die Maus den Schwanz versteckt.» Oder: «Ist nicht hier und ist nicht da, ist wohl in Amerika.»

King Arthur war der Name eines rabenschwarzen Katers, der bei den Bush Docks in Brooklyn, New York, als Rattenfänger arbeitete. Zwölf Jahre lang versah er mustergültig seinen Dienst, dann verschwand er spurlos. Viel später fand ein Bauarbeiter sein Skelett mit der Metallmarke «K. A.», die er im Ohr getragen hatte. Daneben lagen die Überreste einer großen Ratte. Sein letzter Kampf war tödlich. →Arbeit, →Rattenkatzen.

Kipling, Rudyard (1865–1963). Der englische Schriftsteller, Nobelpreis 1907, schildert in der Story «Die Katze geht ihre eigenen Wege» die Domestizierung der Haustiere. Hund, Pferd und Kuh unterwerfen sich dem Menschen für ein wenig Futter, die Katze aber erreicht es, daß die Frau ihr die Freiheit garantiert und ihr trotzdem für alle Zeiten warme Milch verspricht. Aber der Mann und der Hund haben keinen Vertrag mit der Katze geschlossen ...

Kippfenster sind gefährliche Katzenfallen. Nie eine Katze unbeaufsichtigt in Räumen mit geöffnetem K. lassen. Die Tiere können in dem Spalt hilflos hängenbleiben und tödliche Verletzungen erleiden. Deshalb: Den Spalt mit einem Kissen ausstopfen.

Kirchenkatzen gehören zu jeder Kirche in England, Irland und Schottland. In vielen Kirchenportalen kann man eingelassene kleine →Katzentüren sehen. Die berühmtesten englischen Kirchenkatzen sind Winnie von der St. Pauls Kathedrale, die sogar in der Krypta bestattet wurde, und die Katze von St. Mary Redcliffe, die auf dem Friedhof beerdigt wurde und einen Grabstein erhielt, auf dem man lesen kann «Die Kirchkatze 1912–1927». In vielen Kirchen findet man auch Katzenstatuen.

Kirchhof, Hans Wilhelm (1525–ca. 1602), schrieb die Märchen von der Katze und dem Vogel sowie vom Geizhals, der seine Katze hungern ließ, damit sie besser Mäuse finge. →Katzenmärchen.

Kirchner, Ernst Ludwig (1880–1938). Der deutsche Expressionist hat einige sehr schöne Katzenlithos geschaffen.

Kirst, Hans Hellmut (geb. 1914), setzte den Katzen eines Dorfes im Tessin ein Denkmal in seinem Buch «Die Katzen von Caslano», 1977.

Kitsch Katzen gehören zu den Lieblingsmotiven der Kitschproduzenten. Das reicht von Porzellanfiguren, Briefbeschwerern und Buchstützen über Brezelhalter, Brieföffner und Blumenvasen bis hin zu erlesenen Scheußlichkeiten auf Postkarten, Abziehbildern und Bildern auf Bonbonnieren. Katzenkitsch hat Tradition. Schon um die Jahrhundertwende schmückten Katzenbilder die Ballkalender höherer

Töchter. Ein besonders geschmackloses modernes Beispiel sind Schuhabkratzer in Katzenform.

Klabund, eigentlich Alfred Henschke (1890–1928), deutscher Dichter des Expressionismus, schrieb ein schönes Trauercarmen auf seine verstorbene alte Katze.

Klee, Paul (1879–1940), war ein Katzenfreund. Davon legen viele schöne Zeichnungen und Bilder Zeugnis ab. Der Maler schrieb sogar ein Katzengedicht.

Kleemann, Georg. «Katzophil ist eine Charaktereigenschaft», steht in seinem liebenswerten Buch «Der Kater Henriette», das auch unter dem Titel «Erlebnisse mit Katzen», 1980, erschienen ist, illustriert mit schönen Farbfotos.

Kleinrussische Katzensagen «Hund und Katze»: a. Die Hunde hatten früher im Wasser gelebt, nach Ablauf eines Jahres wollten sie wieder ins Wasser zurückkehren. Aber ihr Dokument war verschwunden. Sie hatten es zum Aufbewahren der Katze gegeben, und die Mäuse hatten es zerfressen. So mußten sie für immer auf dem Land bleiben. b. Ein Schriftstück, das die Rechte der Hunde den Menschen gegenüber sicherstellte, sollte ein Kater aufbewahren. Er versteckte den Vertrag in einem Ofen und vergaß, ihn herauszuholen, als Feuer angezündet wurde. Variante: Die Katze verliert beim Mäusefangen den Brief im Stroh, das die Hausfrau am nächsten Morgen zum Feueranzünden benutzt. →Katzenmärchen.

Kleist, Heinrich von (1777–1811). In dem Lustspiel des deutschen Dichters «Der zerbrochene Krug» sorgt eine Katze für die Initialzündung zu allen weiteren Turbulenzen, weil sie nachts in der Perücke des Herrn Gerichtsrats ihre Jungen zur Welt brachte. Im Bild festgehalten wurde die Szene von A. Menzel.

Kletterbaum Ein K. ist für →Wohnungskatzen unerläßlich, zum Krallenschärfen, zum Spielen und zum Fitness-Training. Es gibt die verschiedensten Ausführungen: Mit Teppichboden überzogene Modelle mit und ohne Sitzplätzchen und Katzenhöhlen, mit Tauen umwundene Modelle u.a.m. Wichtig ist, daß der K. möglichst bis zur Decke reicht, dann wird er von der Katze leichter angenommen, als wenn er nur halbhoch ist. Mit etwas Geschick kann man auch selbst einen abgestorbenen Baum als K. herrichten. Ein origineller K. wirkt sogar im Wohnzimmer echt attraktiv. →Laubisch.

Klettern Katzen sind wahre Kletterkünstler. Das ist ihre Lebensversicherung, denn sie können sich vor ihren natürlichen Feinden auf einem Baum in Sicherheit bringen. Baum- oder dachabwärts gibt es allerdings oft Probleme, davon weiß die →Feuerwehr ein Lied zu singen.

Klever, Ulrich, schrieb «Knaurs großes Katzenbuch», 1985, eine Katzen-Enzyklopädie mit vielen schönen Abbildungen.

Kliban, Bernard, gab das Buch «Katz» heraus, mit Cartoons von kuriosen Riesenkatzen in kuriosen Situationen, die auch als Postkarten, «catcards», erhältlich sind.

Klosterkatze war im Mittelalter ein Synonym für Schleckermäulchen. In vielen Nonnenklöstern waren nur Katzen als Haustiere erlaubt. Sie wurden entsprechend verwöhnt. Papst →Gregor der Große soll die Katzenhaltung in Klöstern erlaubt haben. Die Anekdote berichtet von einer klugen K., die immer, wenn der Koch die Fleischportionen auf die Teller legte, an der Klosterglocke zog, um in seiner Abwesenheit schnell eine der Portionen zu verspeisen. Die Mönche waren so stolz auf diese Intelligenzleistung, daß sie beschlossen, für die Katze täglich eine Extraportion zu bereiten. Das Klingelzeichen, mit dem sie weiterhin ihren «Diebstahl« ankündigte, ersetzte ihnen den Mittagsgong. Als problematisch empfanden manche Klöster die ungehemmten Liebesspiele der Katzen. Manche gingen dazu über, nur noch Kater zu halten, so z. B. das Kloster auf dem Berg Athos in Griechenland. Gelehrte Mönche waren auch die ersten, die sich mit der →Kastration von Katzen beschäftigten. →Deutsche Katzenmärchen, Der Orden. Im marokkanischen Kloster von Sidi Heddi leben besonders viele Katzen. Man glaubt, daß der Heilige in einigen gefährliche, mächtige Dämonen eingesperrt hat. Die Pilger streicheln die Katzen und bitten sie, Fürsprache für sie einzulegen. Die Katze im indischen Derwischkloster von Aschraf Dschahangir zeigte stets durch Miauen genau an, wie viele Pilger sich dem Kloster näherten, um dort zu essen. Einmal hatte sie einen Gast zu wenig angekündigt. Als der Meister sie zur Rede stellte, lief sie auf den Anführer der Gruppe zu und besudelte ihn. Der Mann gab zu, daß er Atheist war und sich zwölf Jahre lang als Mohammedaner ausgegeben hatte. Die Katze war die erste, die ihn durchschaute. Er trat zum Islam über. Dieselbe Katze bemerkte eines Tages, daß in der Milch auf dem Herd eine schwarze Schlange war. Da sie sich dem Koch nicht verständlich machen konnte, sprang sie in die kochende Milch und starb. Sie hatte ihr Leben für die Derwische geopfert. Deshalb wurde ihr ein Grabmal errichtet. →Heddawa, →Konya, →Zypern.

Klothilde von Burgund Die spätere Heilige heiratete 493 einen Frankenkönig. Für ihr Wappen wählte sie eine goldene Katze. →Wappen.

Knappohrkatzen haben auf Grund von →Mutation keine Ohrspitzen. Das Restohr sieht aus, als habe man einer →Hängeohrkatze den heruntergeklappten Ohrteil abgeschnitten. Die Beweglichkeit der Ohrmuschel ist erhalten geblieben.

Knickschwanz Der K. galt in den zwanziger und dreißiger Jahren als Wahrzeichen der →Siamkatzen. Heute ist er verpönt. Es handelt sich um eine erbliche Fehlbildung der Schwanzwirbel.

Knoblauch schützt Katzen vor Wurmbefall. Vorbeugend fein geraspelt oder in Milch gekocht ins Futter geben – sie fressen es, erstaunlicherweise. Eine kleine Dosis pro Woche genügt bei →Auslaufkatzen.

Knochen gibt man besser Hunden, die werden damit fertig. Katzen leider nicht. Leicht verschlucken sie kleine Splitter, und das ist lebensgefährlich. Katzen dürfen nur K. vom →Kalb und von gekochten Hühnerhälsen bekommen; die allerdings sind gut für die Zähne.

Knochenbrüche *Beckenbruch:* Die Katze kann eine oder beide Hinterpfoten nicht mehr belasten. *Beinbruch:* Das gebrochene Bein hängt schlaff herunter und schwillt manchmal an. *Kieferbruch:* Tritt vor allem nach einem Sturz aus großer Höhe auf. Symptome: Blutungen, Verschiebung der Zähne, herabhängender Unterkiefer. *Schädelbruch:* Anzeichen sind Nasenbluten, Koordinationsstörungen, Bewußtlosigkeit nach Unfällen (oder Schlägen!). *Gebrochener Schwanz:* Wenn der Schwanz ganz oder teilweise schlaff herunterhängt, liegt oft ein Bruch vor. K. müssen grundsätzlich vom Tierarzt behandelt werden.

Knochenmehl im Futter von Jungkätzchen sorgt für gesundes Wachstum. Wurde die Mutter ausschließlich mit Fleisch ernährt, so leiden die Jungen oft an akutem Kalziummangel, es kommt zu Lähmungen und Krämpfen, sie brechen sich sehr leicht die Knochen. Auch für die stillende Katzenmutter ist K. zu empfehlen. →Kalzium.

Knollenblätterpilze enthalten die tödlichen Gifte Phalloidin und Amanitin. Bei Katzen kommt es zu schwerem Erbrechen und Durchfall sowie allgemeinem Kräfteverfall. Rettung ist kaum möglich. →Vergiftungen.

Knurren Katzen sind keine Hunde, aber auch sie können knurren. K. signalisiert Ärger, Zorn, Warnung, →Warnlaute, →Drohung. In jedem Fall gilt: Der Klügere gibt nach. Und das sollte diesmal nicht die Katze sein.

Kobalt ist als lebenswichtiges →Spurenelement in Fleisch, Hefe und Milch enthalten.

Kobold In der finsteren Zeit der Hexen- und Katzenverfolgungen erfanden kluge Katzenfreunde die Kobolde, hilfreiche, verspielte, «unsichtbare» kleine Wesen, die insbesondere Müllern und Bauern gute Dienste leisteten (!). Denn wer offiziell eine Katze zum Mäusefangen hielt, geriet bereits in den Verdacht der Zauberei. Die Kobolde aber wurden von der Inquisition in Ruhe gelassen. Unser Wort Kobold wird abgeleitet von dem griechischen Kobalos, dem Namen eines Gnoms. In England heißt der K. goblin, in Schottland Cobyn, in Frankreich gobelin, in Rußland Goljy. →Bamberger Sage, →Kabouterje, →Haltia, →Puck, →Smierragatto.

Kodein, ein für Menschen geschätztes Heilmittel bei Husten, ist für Katzen absolut unbekömmlich. Deshalb darf man ihnen nie kodeinhaltige Mittel geben. K. versetzt Katzen in wilde Raserei.

Kögl, Benno, war ein erfolgreicher deutscher Katzenmaler in der Zeit um die Jahrhundertwende.

Kohletabletten gehören in die Hausapotheke für Katzen als Soforthilfe bei Darminfektionen (Durchfall).

Kokettierflucht Rollige Katzendamen zieren sich, bevor sie den Kater erhören. Sie fliehen ein Stückchen, bleiben stehen und locken ihn erneut an. Dieses Vorspiel kann sich vielmals wiederholen.

Kokoschka, Oskar (1886–1980). In der Neuen Münchener Pinakothek kann man das schöne Bild des großen Malers «Mädchen mit Blumen und Katze», 1920, bewundern.

Kokzidien sind mikroskopisch kleine, einzellige Darmparasiten, die bei Katzen zu schwerem, oft blutigem Durchfall führen. Die Tiere leiden unter Heißhunger. Die Behandlung ist langwierig, da K. sehr widerstandsfähig sind. Wichtig als unterstützende Maßnahme: peinliche Sauberkeit. Katzentoilette und Futterschälchen täglich mit kochendem Wasser reinigen.

Kolostralmilch gibt die Katzenmutter 24 Stunden nach der Geburt ab. Sie enthält besonders viel Eiweiß, Fett, Mineralstoffe und Vitamine, die für die Widerstandskraft und Gesunderhaltung der Jungen in den ersten Lebenstagen von großer Wichtigkeit sind.

Kolumbus soll, als er Amerika entdeckte, als Gastgeschenk eine braungraue Katze mit langem Schwanz erhalten haben, berichtet Thomas Bewick in seiner «Allgemeinen Geschichte der Vierfüßler» von 1790. Wahrscheinlich handelte es sich um eine Wildkatze, denn Hauskatzen gab es in der Neuen Welt nicht, abgesehen vielleicht von einigen Nachkommen der Katzen, die möglicherweise schon die Wikinger dorthin gebracht hatten.

Kommandos lassen Katzen kalt, scharfe Befehle jagen sie in die Flucht. Katzen kommen nur auf sanfte Lockrufe – wenn sie gerade Lust dazu haben. Versuchen Sie es lieber mit Tricks. →Antiautoritäre Erziehung, →Befehle.

Konfuzius (551–479 v. Chr.) Der chinesische Philosoph wurde auch als Katzenfreund bekannt. Er gehörte zu den ersten Chinesen, von denen wir wissen, daß sie Hauskatzen hielten.

Kontaktaufnahme Katzen lieben es, wenn man viel mit ihnen spricht, manche «antworten» sogar. Aber sie sind nur ansprechbar, wenn sie nicht gerade anderweitig beschäftigt sind. Aufforderung zum Spiel ist immer eine gute K. Unterhaltungen zwischen Mensch und Katze zum Auftakt sind besonders erfolgversprechend, wenn die Katze auf gleicher Höhe sitzt wie wir oder von einem Regal oder Schrank auf uns herabschauen kann.

Kontaktdermatitis, erkenntlich an Hautrötung und Haarausfall, kann eine Katze durch ein →Flohhalsband bekommen. In diesem Fall muß man es ihr sofort abnehmen. Es handelt sich um eine nicht sehr häufig auftretende →Allergie.

Konya In der türkischen Stadt befindet sich das Heiligtum von Pisili Sultan, das einem «Mädchen mit Katze» geweiht ist. Dort werden, wie in vielen islamischen Klöstern, Katzen gehalten und liebevoll gepflegt. →Mohammed, →Heddawa, →Islam, →Klosterkatzen.

Köpfchengeben →Begrüßung.

Kopfform Der Kopf der Kater ist größer, breiter und runder als der der Kätzinnen, dabei aber im Stirnteil niedriger. Vermutlich ist das Stirnhirn des Weibchens höher entwickelt, denn von dort aus werden die sozialen Funktionen wie z.B. Aufzucht der Jungen gesteuert.

Kopfschütteln deutet auf Ohrbeschwerden hin. Suchen Sie →fachkundige Hilfe auf, um die Ursache feststellen und behandeln zu lassen.

Kopfverletzungen als Folge von Verkehrsunfällen treten bei Katzen leider sehr viel häufiger auf als bei Hunden. Das liegt daran, daß Katzen sich totstellen und vom Auto überrollen lassen. Dabei erhalten sie leicht vom Auspuff oder einem anderen Autoteil einen Schlag gegen den Kopf. Der Hund dagegen läuft weg und erleidet eher Verletzungen am Hinterteil. Schädelverletzungen sind oft tödlich, während Verletzungen am Ober- oder Unterkiefer sowie an den Augen meist geheilt werden können. Größte Vorsicht ist beim Transport zum Tierarzt erforderlich; die Katze, die mit großer Sicherheit einen Schock erlitten hat, nach Möglichkeit zudecken, um einen Wärmeverlust des Körpers zu verhindern.

Kopten Frühchristen in Ägypten, die der zuvor als heilig verehrten Katze oft übel mitspielten – mit Ausnahme der koptischen Einsiedlermönche, denen oft eine Katze Gesellschaft leistete. Sie brachten die Katzen auch nach Arabien, Griechenland und Italien. →Eremiten, →Gregor der Große.

Koratkatzen ähneln der Orientalisch-Blau-Katze, sind aber nicht so superschlank, sondern eher mittelschwer wie die →Siamkatze des alten Typus. Sie stammen aus Thailand, haben ein kurzes, blaugraues Fell, goldgrüne Augen und oft Knoten im Schwanz. Mit der Zucht wurde 1959 in den USA begonnen. In ihrer Heimat, der Hochebene von Korat, gelten diese Katzen als Glücksbringer. →Si-Sawat.

Koreanische Katzenmärchen Die kluge Katze»: Die klügste und stärkste Katze des Landes wird auf Befehl des Königs in seinen Speicher gebracht, um das Getreide vor den übermütigen

Mäusen zu schützen. Aber die Mäuse sind gewitzt. Nur mit einer Reihe von Tricks gelingt es der Katze schließlich, ihrer Herr zu werden. Zur Belohnung soll sie einen Ehrentitel erhalten. Aber trotz langer Überlegungen fällt niemandem ein besserer Ehrentitel ein als: Die Katze. →Katzenmärchen 1 e.

Kornkatze Nach altem germanischem Brauch stellt man Katzen Milch in die Getreidefelder, damit →Nerthus die Ernte beschützte. Eine Pervertierung dieses Brauchs setzte ein, als die Katzen verteufelt wurden. In Böhmen wurde bei der ersten Aussaat ein schwarzer Kater lebendig auf dem Feld begraben; dieser barbarische Ritus sollte eine gute Ernte garantieren. Häufig auch brachte man Katzen nach dem Einbringen der Ernte um, als →Ernteopfer. In der Gegend von Kiel wurden Kinder davor gewarnt, in die Kornfelder zu gehen, denn dort «sitzt die wilde Katze». Im Eisenacher Oberland hieß es: «Die Kornkatze kommt und holt dich.» «Die Katze ist gefangen», sagte man in manchen Gegenden Schlesiens beim Mähen des letzten Korns. «Die Katze» hießen bei Lyon die letzten Garben und das Ernteessen. Bei Vesoul sagte man: «Wir haben die Katze am Schwanz», wenn das letzte Korn gemäht wurde. Friedlich ging es in der Dauphiné zu: Zu Beginn der Kornernte und nach ihrem Ende wurde eine Katze mit Bändern, Blumen und Ähren geschmückt. «Der Kornkater geht im Korn» sagte man in Bremen und der Lüneburger Heide, wenn der Wind das Getreide in Wellenlinien bewegte. →Kater.

Kornraden gehören zu den →Nelkengewächsen und sind für Katzen sehr giftig.

Körperbau →Anatomie, →Brehm, →Skelett.

Körpersprache Mit ihrer Körper- und Schwanzhaltung drückt die Katze viele verschiedene Stimmungen und Absichten aus. Es ist gar nicht so schwer, die K. verstehen zu lernen. Ruhig aufrechtes Sitzen, den Schwanz um die Vorderbeine geringelt, zeigt friedlich interessierte Stimmung an, die Katze läßt sich gern ansprechen und zum Spielen oder Schmusen auffordern. Das Liegen auf der Seite mit ausgestreckten Pfoten kann Aufforderung zum Spiel bedeuten, ist aber auch eine bevorzugte Schlafstellung von behüteten Hauskatzen, die keine Gefahr zu befürchten haben. Beunruhigung oder sogar Angst zeigt die Hockstellung: die Katze sitzt halb aufrecht, alle Pfoten und der Schwanz verschwinden unter dem Körper, der Kopf wird tief gehalten. Aus dieser Stellung kann sie rasch zur →Verteidigung oder zum →Angriff übergehen. Völlig verschüchtert ist eine Katze, wenn sie, den Bauch fast am Boden, umherschleicht. In einer neuen Umgebung erkundet eine ängstliche Katze in dieser Haltung die einzelnen Räume, bis sie alles ausgekundschaftet und sich beruhigt hat. Wirft eine Katze sich auf den Rücken, so will sie oft am Bauch gekrault werden, aber Vorsicht! Diese Haltung dient zugleich der Abwehr. Nur ganz sanftes Streicheln in der oberen Bauchhälfte ist zu empfehlen, sonst wird leicht ein angeborener Abwehrmechanismus geweckt, und die eben noch schnurrende Katze teilt plötzlich Prankenhiebe aus. Mit →Falschheit hat das nichts zu tun, aber viel mit gesundem Selbsterhaltungstrieb, denn in dieser Lage ist die Katze besonders wehrlos. Viele Rückschlüsse läßt auch die Schwanzhaltung zu. Hocherhobener Schwanz signalisiert gute Laune →Präsentieren. Schwanzpeitschen zeigt Erregung an, Ärger liegt in der Luft, wenn er zur «Flaschenbürste» aufgeplustert wird. Hält die Katze den Schwanz waagerecht zum Körper, mit leicht erhobener Spitze, so ist sie sehr beschäftigt und mag nicht gestört werden. Schwenkt sie den Schwanz zwei-, dreimal, so will sie ihren Menschen oder eine andere Mitkatze zu irgend etwas auffordern. Zuckt sie nur mit der Schwanzspitze, so will sie auf einen erhöhten Platz springen. Die Pfotenbewegungen sind nur in einem Fall von Bedeutung: Hebt die Katze eine Pfote, so will sie nicht etwa «Pfötchen geben», sondern, gereizt und ärgerlich, zuschlagen. Pfotenheben ist eine deutliche Warnung – in der →Katzensprache, →Augensprache, →Mimik, →Lautäußerungen.

Kostümierte Katzen Im Märchen ist Der →Gestiefelte Kater mit Stulpenstiefeln, Gürtel, Federhut und Umhang berühmt geworden, →Doré. →Grandville kleidete seine Katzendamen nach der neuesten Mode um 1840. Postkartenmaler kostümierten ihre Katzen und Kätzchen mit Vorliebe. Auch der haarsträubende Unfug der Mannequin-Kätzchen von →Higeo hat Tradition: In Japan wurden Katzen selbst als buddhistische Mönche verkleidet dargestellt.

Kot Sibirski (sibirische Katze) ist ursprünglich der Name einer russischen Wildkatzenart, die sich stark mit Hauskatzen gepaart hat. Die Nachkommen, mit auffällig dichtem Fell, vor allem in Hinterhöfen der russischen Hauptstadt anzutreffen, werden gleichfalls K. genannt.

Kotprobe Wenn eine Katze an Durchfall leidet, sonst aber gesund wirkt, sind oft →Würmer oder Kokzidien schuld. Bringen Sie dem Tierarzt eine K. mit, unter dem Mikroskop kann er feststellen, was dem Tier fehlt.

Kozik, Christa, verfaßte den spannenden Kinderroman «Moritz und die sprechende Katze» (1984). Moritz aus Moritzburg zieht in eine Litfaßsäule um, als er zu Hause Ärger bekommt. Dort leistet ihm Kitti Gesellschaft, eine kluge, sprechende Katze.

Krallen 18 nadelfeine Sichelkrallen hat die Katze, je fünf an den Vorder- und je vier an den Hinterpfoten. Beim Laufen und Schlafen werden sie ein-, beim Klettern und Kämpfen ausgezogen. Die Krallen, die beste Verteidigungswaffe der Katze, werden von einer Hornschicht, der sogenannten Krallenhülle, umgeben. Ist sie stumpf und unbrauchbar geworden, so streift die Katze sie beim Krallenschärfen ab. →Kletterbaum, →Kratzbrett, →Polydaktylie.

Krallenentfernung →«Samtpfötchen».

Krallenfeilen kann notwendig werden bei Jungkätzchen, die mit ihren spitzen Krällchen das Gesäuge der Mutterkatze verletzen. Man stellt das Katzenpfötchen auf die Feile und feilt die Kralle von unten ab, einmal in der Woche, bis die Kleinen entwöhnt sind.

Krallenschneiden ist Tierquälerei. Die Katze pflegt ihre Krallen selbst. Beschnittene Krallen wachsen rasch nach, und die Katze kratzt nur um so heftiger am →Kletterbaum (oder den Möbeln), um sie möglichst rasch wieder zu schärfen.

Krallenverletzungen treten vorwiegend durch Fallen oder bei schwerem Pilzbefall auf. Manchmal ist es in diesen Fällen nötig, die Krallen operativ zu entfernen.

Kramer, Su. Die deutsche Sängerin und Katzenfreundin kreierte im November 1984 bei einer Veranstaltung des Bundesverbandes der Tierversuchsgegner in der Düsseldorfer Tonhalle «Das Katzenlied». Musik: Rainer Bielefeldt, Text: Achim Schmidt-Carstens.

Krampfzustände Bei jungen Kätzchen sind meist Ohrmilben, Würmer oder auch große Aufregung daran schuld. Bei erwachsenen Katzen kann es sich um →Epilepsie, →Zuckerkrankheit, eine →Viruserkrankung, →Vergiftung, →Kopfverletzungen oder – bei tragenden Weibchen – auch um →Kalziummangel handeln. Symptome: Kopfschütteln, Kaubewegungen, Speicheln, Aufschrei, Stuhl- und Wasserabgang, Umfallen, Strampeln, Schaum vor dem Mäulchen. Erste Hilfe: eine Decke, Jacke, Frotteetuch o. ä. über die Katze werfen und sie darin in einen weichgepolsterten Korb, Karton o. ä. tragen, damit sie sich nicht selbst verletzen kann. Dann einen Tierarzt anrufen.

Kranke Katzen brauchen genau wie kranke Menschen Pflege und Ruhe, und zwar am besten zu Hause. Die richtige Diagnose stellt ein Tierarzt oder Tierheilpraktiker; seine Anordnungen sind genauestens zu befolgen. Das kranke Tier braucht ein ruhiges, weiches, zugfreies Plätzchen, viel liebevolle Ansprache und Beobachtung. Gäste, kleine Kinder und andere Haustiere sind fernzuhalten, denn jede Aufregung ist schädlich. Apathie, Erbrechen, Futterverweigerung, starker Durst, Durchfall, hartnäckige Verstopfung, Schwierigkeiten beim Wasserlassen, Fieber, starker Juckreiz, häufiges Niesen, Augentränen und Vorfall der Nickhaut sind Anzeichen für eine Erkrankung.

Krankenschein für Katzen. Behandlung auf K. gibt es seit kurzem. Bei der Uelzener Allgemeinen Versicherungsgesellschaft kann man für einen Jahresbeitrag um 200 Mark seine Katze versichern lassen. Die Selbstbeteiligung pro Tierarztrechnung beträgt 20 %.

Kratzbretter können Sie in allen Zoogeschäften bekommen oder mit etwas Geschick selber basteln. Ein nicht zu schmales Brett wird mit Sisalhanf eng umwunden oder mit Teppichbodenware (Nadelfilz) umkleidet. Wichtig: Das Kratzbrett muß in Schräglage befestigt werden, sonst rührt die Katze es nicht an. Besser aber ist ein →Kletterbaum.

Kratz- und Reißwunden Die Umgebung der Wunde mit Wasser und Seife säubern, bei Eiterung mit lauwarmem Kamillentee austupfen, bis kein Eiter mehr zu sehen ist. →Fachkundige Hilfe aufsuchen.

Krätze →Räude

Kreativität →Katzenkunst.

Krebs Nach einer Statistik von 1976 ist Krebs die häufigste Todesursache bei Katzen, und zwar in 30 % aller Fälle.

Kreodonten waren die ersten Landraubtiere, die gemeinsamen Vorfahren von Hunden und Katzen. Sie lebten vor 50 bis 60 Millionen Jahren.

Kreosot, ein für Katzen tödliches Gift, ist in Farben und Lacken enthalten. Es besteht eine Doppelgefahr, durch Abschlecken und durch Hautabsorption. Man muß als erstes die Katze baden und hindern, das Zeug abzuschlecken. →Vergiftungen.

Kreta Auf der griechischen Mittelmeerinsel wurden Katzen schon vor etwa 4000 Jahren eingeführt, als Mäuse- und Rattenfänger. In der Palastanlage von Palaikastros wurde ein Katzenkopf aus Terrakotta aus spätminoischer Zeit gefunden.

Kreuzdorn ist für Katzen giftig. Die Gefahr, daß sie versuchen, an den dornigen Sträuchern zu knabbern, ist aber zum Glück gering.

Kreuzritter brachten im 11. Jahrhundert viele Katzen aus dem Orient nach Europa, wo sie damals noch selten waren. Die gute Behandlung der Katzen durch ihre mohammedanischen Gegner beeindruckte die K.; an diesen Tieren mußte wohl etwas Besonderes sein.

Kriminalromane Katzen sind in die Handlung integriert, oft an hervorragender Stelle: Der Versuch, das Kätzchen Amber Eyes zu vergiften, führt Perry Mason auf die richtige Spur: «Katzen haben scharfe Krallen», von E. S. Gardner. Seine Allergie gegen Katzen macht den Schriftsteller Sam Wyatt zum Hauptverdächtigen in einem rätselhaften Mordfall: «Ein großer schwarzer Kater», von F. R. Lockridge. Der Tod eines Siamkaters löst einen verwickelten Kriminalfall aus: «Sieben Leben hat die Katze», von F. R. Lockridge. Als Zeugin eines Mordes hinterläßt die Katze Rosemarie Haare auf der Kleidung des Täters: «Die Katze war dabei», von Robert Martin. Der Kater Mr. Pickwick setzt den Inspektor Napoleon Bonaparte auf die richtige Fährte durch seine Vorliebe für Pingpongbälle: «Die Leute von nebenan» von Arthur W. Upfield. →Simenon. Katzenkrimis, in denen ein tapferer Kater oder eine kluge Katze die Rolle des Helden, sprich Detektivs, übernehmen, wurde als neue «Literaturgattung» am Ende unseres Jahrhunderts kreiert und fanden viele begeisterte Freunde. Lydia →Adamson, Garrison →Allen, Lilian Jackson →Braun, Rita Mae →Brown, Carole →Douglas, →Kater D. C., Akif →Pirinçci, Christopher →Reed, Peter R. →Wieninger.

Kritische Distanz ist die Entfernung eines echten oder vermeintlichen Gegners der Katze, in der sie zur Verteidigung übergeht, zum Angriff oder zur Flucht. In Zentimetern läßt sich die K. nicht berechnen, sie hängt davon ab, wie stark die Katze sich fühlt und ob das Gelände günstig für sie ist. →Fluchtdistanz.

Krokus Die duftenden Frühlingsboten gehören leider zu den für Katzen stark giftigen Pflanzen.

Krüger, Michael (geb. 1943) veröffentlichte einen Gedichtband unter dem Titel «Diderots Katze», 1978. In dem gleichnamigen Gedicht erklärt der alte →Diderot seiner Katze das Weltall. In dem Gedicht «Die Katze ist tot», setzte der Schriftsteller seiner verstorbenen Katze ein Denkmal. →Totenklage.

Kruppe ist der Fachausdruck für das Hinterteil einer Katze.

Krüss, James, deutscher Kinderbuchautor, übertrug das japanische Kinderbuch «Der kleine schwarze Weißfellkater» 1974 ins Deutsche. Es geht um die Probleme eines rabenschwarzen Katerchens in einer schneeweißen Katzenfamilie.

Krylow, Iwan A. (1768–1844). Der russische Fabeldichter schrieb die Verse «Der Kater und der Koch». Während der Koch bei einem Leichenschmaus ist, stiebitzt sein Kater Hinz ein Huhn – und verzehrt es auch dann noch ungerührt, als der Heimgekehrte ihm eine lange Strafpredigt hält. →Zirkuskatzen.

Kübelkatzen Verächtlicher Ausdruck für heimatlose Katzen in Paris, die sich von Abfällen in Müllkübeln ernähren. →Buchenwald der Katzen.

Kuchen macht dick. Das gilt für Katzen nur bedingt. Trotzdem sollte man ihnen keinen K. geben, weil sie dadurch vorzeitig Zahnstein bekommen.

Küchenabfälle und Essenreste gehören in die Mülltonne. Die Katze ist kein Müllschlucker. Sie braucht eine artgerechte →Ernährung.

Kühl, Christian, buchstabiert in seinem Buch «Menschen und Katzen», 1993, das Wort Katze so: K wie kuschelig, A wie anhänglich, T wie treu, Z wie zärtlich und E wie eigenwillig.

Kühlschrank Man darf einer Katze nie Futter oder Milch direkt aus dem Kühlschrank geben, auch nicht, wenn man in großer Eile ist. Kaltes Futter kann für das Tier tödlich sein! Die richtige Temperatur ist lauwarm und läßt sich im heißen Wasserbad schnell erzielen.

Kümmerkatzen Keine Angst, es handelt sich nicht um kummervolle oder gar verkümmerte Katzen, sondern um Katzen, die sich um mutterlose Tierkinder kümmern. Im Zoo unterschiebt man trächtigen oder Mutterkatzen die Kleinen, nachdem man sie mit ihrer Milch oder ihrem Urin eingerieben hat, damit sie nach ihrer künftigen Adoptivmutter riechen. Es gibt auch Fälle, in denen eine K., die weder trächtig ist noch gerade eigene Junge hat, sich fremder Tierkinder annimmt. Und das Erstaunlichste: sie bringt es oft sogar fertig, Milch für ihre Schützlinge zu produzieren. →Adoption, →Amme.

Kunert, Günter (geb. 1929), schrieb Gedichte für seine Katze Clarence, das bepelzte Wesen, das ihn und seine Familie «nach langem Zögern» erwählt hat. In seinem satirischen Gedicht «Guten Appetit» weist er nach, wie lächerlich der fleischessende Mensch sich macht, wenn er «Katzenmann und Katzenfrau» vorwirft, daß sie Mäuse fangen.

Kuniyoshi, Ichiyusai (1797–1861), Zeitgenosse von →Hiroshige. Das Lieblingsmotiv des japanischen Malers waren Katzen. Er malte fünf Selbstbildnisse, auf keinem fehlte eine seiner Katzen.

Künstliche Beatmung Die einfachste und wirksamste Methode: Luft in die Nasenlöcher der Katze blasen, bei geschlossenem Mäulchen. Warten, bis der aufgeblasene Brustkorb sich senkt. Wiederholen, solange der Herzschlag zu hören ist. Manchmal führt auch die Schwingmethode zum Erfolg: Man hebt die Katze an den Hinterpfoten an und schwingt sie mit ausgestrecktem Arm zehnmal hin und her. Dann ein paar Sekunden auf einen Atemzug warten. Das Ganze viermal wiederholen. Atmet das Tier dann immer noch nicht, es mit der ersten Methode versuchen.

Kupfer, ein für den Stoffwechsel der Katze wichtiges →Spurenelement, ist in Leber, Herz und Frischfleisch in ausreichender Menge vorhanden. Kupfermangel führt zu Verfärbungen von Haut und Fell, aber auch zu Veränderungen der Blutgefäße.

Kupferkatzen heißen braune Katzen mit goldenen Augen, die noch heute in Thailand und Birma zu Hause sind. Man sagt, sie verwandeln alles Böse in Wohlwollen. →Burmakatze.

Kurzhaarkatzen sind: →Europäisch Kurzhaar, →Orientalisch Kurzhaar, →Manxkatzen, →Japanische Stummelschwanzkatzen, →Siam- und →Rexkatzen, Drahthaar- und Nacktkatzen (→ Sphynxkatze), Hängeohrkatzen, →Kartäuser, →Russisch-Blau und →Koratkatzen, →Burma- und →Abessinierkatzen, →Havanna- und Ebonykatzen, →Ägyptische Mau- und →Harlekinkatzen, →Mi-Ke-Katzen und →Amerikanische Kurzhaarkatze.

Kyber, Manfred (1880–1933), deutscher Schriftsteller, setzte sich engagiert für den Tierschutz ein. In seiner Geschichte «Mutter» beschreibt er eine Katze in einer Dachkammer, die verwaiste kleine Mäuse in ihr eigenes Lager trägt und zusammen mit ihren Jungen aufzieht. Es ist eine erwiesene Tatsache, daß Katzenmütter alle Arten von Tierjungen aufziehen. →Adoption, →Brehm, →Kümmerkatzen.

Kymrische Katzen (Cymric) sind langhaarige, schwanzlose Manxkatzen, die durch Mutation entstanden sind und in den USA weitergezüchtet werden, seit etwa 15 Jahren. Sie sind selten und teuer. Ihr Name wurde abgeleitet von den Kymren, den keltischen Bewohnern von Wales.

L

Lachen können Katzen nicht, obwohl es auf vielen Fotos so aussieht. Aber sie schätzen es ganz und gar nicht, wenn man über sie lacht. Mit viel Streicheln und Schmeicheln unsererseits lassen die gekränkten Schönheiten sich schließlich wieder versöhnen. →Beziehungswahn.

Lactose Der Milchzucker gehört zu den Kohlenhydraten. Jungkätzchen nehmen L. mit der Muttermilch auf. L. sorgt dafür, daß sich eine positive Darmflora bildet und die Verdauung funktioniert.

Lada, Josef. Der tschechische Autor schrieb das Kinderbuch «Kater Mikesch – Geschichten vom Kater, der sprechen konnte», dt. 1973. Es diente als Vorlage für den Fernsehfilm «Kater Mikesch auf der Kirchweih» der Augsburger Puppenkiste. Kater Mikesch kann übrigens nicht nur sprechen, er trägt Stiefel wie sein berühmter Vorfahr, der →Gestiefelte Kater.

La Fontaine, Jean de (1621–1695). Der berühmte französische Fabeldichter war ein erklärter Katzenfreund, der seine kleine Minette über alles liebte, obwohl sie eines Tages ihre Jungen ausgerechnet auf seinem einzigen guten Gewand zur Welt brachte. In seine Fabelsammlung übernahm er die Geschichte «Venus und die Katze» von →Äsop, in der eine Katze sich in eine schöne junge Frau verwandelt, die das Mausen nicht lassen kann. Aus dem →altgriechischen Fabelschatz stammt seine Fassung der «Feldmaus und der Stadtmaus» →Katzenmärchen 1b. In «Die Katze und die beiden Spatzen» lebt eine Katze in Freundschaft mit einem Spatzen zusammen, bis sie ihm im Kampf gegen einen anderen Spatzen beisteht und bei dieser Gelegenheit entdeckt, wie gut so ein Spatz schmeckt ... →Katzenmärchen 5. «Der Kluge Kater»: Ein alter, schwacher Kater stellt sich tot und lockt junge unerfahrene Mäuse in seine Baumhöhle, um nicht zu verhungern. In «Katz, Hahn und Mäusefranz» wird der Irrtum einer jungen Maus geschildert, die bei ihrem ersten Ausflug sich vor einem Hahn fürchtet und mit einer Katze brennend gern spielen möchte. →Katzenmärchen 5. «Die Katze und die Ratte»: Eine Katze gerät in eine Falle und bittet ihre Nachbarin, die Ratte, flehentlich um Hilfe. Sie verspricht ihr, sie gegen alle ihre Feinde zu verteidigen. Die Ratte läßt sich erst erweichen, als sie selber von einer Eule und einem Wiesel bedroht wird. Hundegebell kündigt einen Jäger an, und alle vier fliehen. Später will die Katze die Freundschaft mit der Ratte erneuern, aber die traut ihr nicht und bleibt auf der Hut. →Katzenmärchen 5.

Lahmheit ohne erkennbaren Grund (Unfall, Sturz o. a.) ist bei jüngeren und älteren Katzen oft auf Mangel an →Kalzium zurückzuführen.

Lalande, Joseph Jérôme, entdeckte kurz vor 1800 ein neues Sternbild, die Lalandsche Katze, veröffentlicht im Himmelsatlas von J. E. Bode, 1800. 1882 einigten sich die Astronomen darauf, daß das Katzensternbild überflüssig sei.

Lambert, Eugene (1825–1900) gilt als der französische Katzenraffael. Er gab das Buch «Les Chiens et les Chats» heraus, mit vielen schönen Bildern von Katzen und Hunden.

Langeweile Die intelligente, bewegungsfreudige Katze leidet sehr unter L., wenn man sie häufig allein in der Wohnung läßt. Junge Kätzchen verkümmern dann geradezu. Abhilfe schafft ein Spielgefährte. Aus quälender Langeweile putzen manche Katzen sich ununterbrochen und lecken an manchen Stellen die Haut völlig wund. Andere saugen an ihren eigenen Pfoten oder am Schwanz, →treteln manchmal dabei und schnurren sogar. Sie flüchten sich offenbar in Erinnerung an die glückliche Zeit bei der Katzenmutter in eine Scheinwelt.

Langhaarkatzen sind →Perser, →Birma- und →Colourpointkatzen, Türkische Katzen, →Balinesen, →Ankarakatzen, →Maine-Coon-Katzen, →Somalikatzen, →Kymrische Katzen, →Tiffany Cats, →Chinchilla-Perser. →Manul. →Fellpflege.

Langschwanzkatze oder Margay (leopardus wiedi), eine Baumozelot, gehört zu den neuweltlichen Kleinkatzen, verbreitet von Mexiko bis Südbrasilien. Die schlanke, hochbeinige L. lebt auf Bäumen und hat einen auffällig langen Schwanz (35–40 cm bei einer Gesamtlänge von 120 cm). Fellfarbe: gelblich bis ocker, gemustert mit schwarzen Ringelflecken. Schwanzspitze schwarz.

Lärm Katzen haben ein wesentlich feineres Gehör als wir, deshalb sind sie außerordentlich geräuschempfindlich.

Laubisch, Dietmar, Lehrer aus Kassel, hat ein ausgefallenes Hobby: Er baut exklusive Kratzbäume für ein bis acht Kletterkünstler.

Laufkatze heißt im Bauhandwerk ein kleiner eiserner Wagen, der auf Schienen – der Katzbahn – läuft und zum Fortbewegen von Lasten dient.

Laur, Josef (1818–1881), verdiente eigentlich den Beinamen «österreichischer Katzenraffael», ist er doch der bekannteste Maler Österreichs, der sich auf Katzenbilder spezialisierte.

Läuse Katzenläuse sind winzig, von graurötlicher Farbe, bewegen sich wenig und treten zum Glück ziemlich selten auf. Ihre Lieblingsplätze sind Hals, Kopf und Ohren der Katze. Für Menschen interessieren sie sich nicht. Mittel gegen Menschenläuse dürfen nicht verwendet werden, beim Tierarzt bekommt man ein Spezialpräparat. Es sind immer zwei Kuren notwendig, da die Eier, die Nissen, beim ersten Mal nicht absterben. Nach zehn Tagen, wenn die Läuse geschlüpft sind, ihrerseits aber noch keine Eier abgelegt haben, nimmt man die zweite Kur vor. Das Fell muß oft gründlich ausgekämmt werden. Katzenläuse können auch Katzenbandwürmer übertragen.

Lautäußerungen sind der vielfältige akustische und zum Teil nur für den Umgang mit dem Menschen bestimmte Teil der →Katzensprache: →Brummen, Fauchen, Gurren, Jaulen, Katergesang, Keckern, Knurren, Kreischen, Miauen, Mauzen, Plaudern, Purren, Schmatzen, Schnattern, Schnurren, Spucken, Warnlaute. Außer mit L. verständigt die Katze sich mit →Augensprache, →Körpersprache und →Mimik. →Darwin, →Szymkowiak.

Lauwarm bietet man Katzen ihr Futter und die Milch an.

Lavendelöl bindet den Geruch im Katzenkästchen. Zwei bis drei Tropfen genügen.

Lears, Edward (1812–1888) schrieb das Lied von der Hochzeit eines hübschen Katzenmädchens mit einem charmanten Eulenmann, in dem er die Braut besingt: «O liebes Kätzchen, geliebtes Kätzchen, wie schön, o wie schön bist du doch!» Mit seinem Kater Foss zog der englische Dichter, Maler und Zeichner sich nach San Remo zurück, wo er genau vier Monate nach dem Kater starb.

Léautaud, Paul (1872–1956), französischer Schriftsteller und Tierschützer, stellte sich einmal die Gewissensfrage: «Die Gesundheit meiner Katze oder der Prix Goncourt?» Und antwortete ohne zu zögern: «Die Gesundheit meiner Katze Boule.» An die 300 heimatlose Katzen hat L. im Laufe seines Lebens zu sich genommen und betreut. Im Alter lebte er mit zahllosen Katzen und Hunden in einem Häuschen am Rande von Paris. Sein Ehrentitel war: «Der Katzenvater von Paris.»

Lebensbaum, eine Pflanze, die trotz ihres Namens für Katzen tödlich werden kann. Das Gift Thujon löst Erbrechen, blutigen Durchfall, Nierenentzündungen, Blutungen in der Herzmuskulatur und Leberstörungen aus. Sofort zum Tierarzt!

Lebensqualität Viele Probleme mit Katzen würden gar nicht erst auftreten, wenn wir Menschen uns klarmachen würden, daß das, was sich da vor unseren Augen Tag für Tag abspielt, das Leben der Katze ausmacht, wenn sie keinen →Auslauf hat. Deshalb sollten wir ihr das Leben nicht schwermachen mit Verboten und Schelten und Ungeduld, müssen ihre kleinen Eigenheiten und Unarten lächelnd übersehen, →Rücksicht auf sie nehmen und auch mal zurückstecken. Die Wohnung darf kein

Gefängnis für sie werden. Sie muß stets spüren, daß wir sie lieben und uns über ihre Anwesenheit freuen. Das hat nichts mit Verzärtelung zu tun, aber viel mit der Schaffung einer harmonischen Atmosphäre. Und davon profitieren wir mindestens ebenso wie die Katze. →Geschenke.

Leber ist ein Leckerbissen. Die L. der Schlachttiere aus der heute leider üblichen tierquälerischen Massentierhaltung ist mit Chemikalien vergiftet. Deshalb nur einmal in der Woche eine kleine Portion gar gekochter oder gedünsteter Leber verfüttern. Bedenkliche Folgen kann auch die Übervitaminisierung mit dem in L. reichlich vorhandenen →Vitamin A haben, das regelrechte Vergiftungen mit bösen Folgen wie Knochenwucherung und Verkrüppelung nach sich zieht. Rohe Leber wirkt abführend, gekochte leicht stopfend.

Leberblümchen gehören wie Anemonen zu den für Katzen leider giftigen →Hahnenfußgewächsen.

Leberegel In Osteuropa und Ostasien vor allem kommt der L. vor, ein acht bis zwölf Millimeter langer Saugwurm in der Leber von Katze, Hund und Mensch.

Lebertran ist gut für säugende Katzenmütter oder sehr geschwächte Katzen, die einen erhöhten Bedarf an Vitamin A und D haben. Ein paar Tropfen ins Futter oder in die Milch genügen.

Lebrun, Charles (1619–1690), einer der bedeutendsten französischen Barockkünstler und Hofnarr →Ludwigs XV., schuf eine Reihe skurriler Menschen- und Katzenstudien.

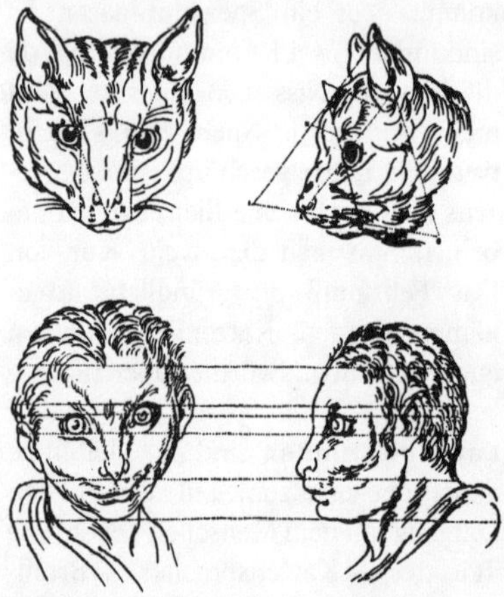

Le Chat, französischer General z. Z. König Heinrichs IV. (1553–1610), besiegte zwei abtrünnige Herzöge, die ihn mit dem Bild einer riesigen schlafenden Katze provozierten (Eine Katze, die schläft, aber niemals beißt!). L. revanchierte sich mit dem Bild einer Riesenmaus (Eine Katze, die schläft, soll man nicht wecken!) – und gewann die Schlacht.

Leerlaufhandlungen Dazu gehört das Fangen von Ersatzobjekten bei Stubenkatzen, die keine echte Beute finden und ihren Jagdtrieb an Fliegen, Nachtschmetterlingen oder im Spiel mit Bällchen abreagieren. Auch das →Treteln erwachsener Katzen wird als L. definiert.

Leierkatzen ist ein anderer Name für →Räder- oder Marmorkatzen, deren Fell von Pelzhändlern besonders geschätzt wird, wegen seiner effektvollen Zeichnung. →Katzenpelze.

Leine und Geschirr. Mit viel Geduld kann man auch Katzen leinenführig machen. Aber immer daran denken: Früh anfangen! Geschirr ist dem Halsband bei weitem vorzuziehen, weil die Katze sich nicht herauswinden kann. Mehr Sicherheit am Abend bieten reflektierende Leine und Geschirr. →Spaziergänge.

Leip, Hans (1893–1983). Der Texter des bei Freund und Feind beliebten Schlagers im Zweiten Weltkrieg «Lili Marleen» gedenkt in «Katzen im Gängeviertel» der Katzen im alten Hamburg und des sonderbarsten Katzenasyls der Welt im dortigen Torgang «Wattenhof», das von einer Ordensschwester betreut wurde.

Leistenbruch gehört glücklicherweise zu den bei Katzen seltenen Leiden. Man erkennt ihn an einer Schwellung an der Innenseite der Hinterschenkel. Meist ist eine Operation erforderlich.

Leithaare gehören Deckhaar im Katzenfell. Sie stehen vereinzelt, sind besonders lang und fest. →Antennen.

Lemaître, Jules (1853–1914). Der französische Kritiker und Schriftsteller wird von E. →Skasa-Weiß als einer der großen «Katzenherolde» apostrophiert.

Lenz, Siegfried (geb. 1926), deutscher Schriftsteller, veröffentlichte für sehbehinderte Kinder die Geschichte «So leicht fängt man keine Katze», in der eine Katze, die von zwei Jungen mit Steinwürfen in einen Brunnenschacht getrieben wird, die beiden Übeltäter schließlich rettet.

Leo XII. (Papst von 1823–1829), war ein großer Katzenfreund. Seine Katze Micetto, die in den Loggien des Raffael geboren wurde, hinterließ er dem französischen Gesandten →Chateaubriand.

Leonardo da Vinci (1452–1519), Maler, Bildhauer, Erfinder, Tierfreund und Vegetarier aus Überzeugung, schuf zahlreiche hinreißende Katzenzeichnungen, darunter seine großartige Madonna mit der Katze.

Leopardenkatze nannte man um 1940 Hauskatzen mit stark aufgelöstem Tigermuster. Die ursprünglichen Streifen sind, obwohl mehrfach durchbrochen, noch deutlich zu verfolgen.

Leopold, Svend (1874–1942). Der dänische Dichter erzählt in «Goethes Katze erzählt» von einem weiteren gebildeten Kater, der allerdings namenlos bleibt. Geboren im Nähkästchen der französischen Kaiserin Josephine, machte er Napoleons Feldzug mit, blieb in Weimar bei Goethe und seiner Christiane, verliebte sich in die weiße Katze der Frau von Stein, geriet ins Unglück, als er eines Tages gestohlen wurde, und endete als Katze einer Weimarer Wahrsagerin. →Goethe, →Napoleon.

Lernen Katzen, Affen und Menschen sind die einzigen Lebewesen, die durch reine Beobachtung lernen können. Das meiste, was die Katze im Leben braucht, lernt sie von ihrer Mutter: Klettern, Springen, Jagen, Sauberkeit, den Unterschied zwischen gefährlichen Ratten und harmlosen Mäusen u. v. m. Kämpfe untereinander werden spielerisch mit den Geschwistern trainiert. Bei «ihren» Menschen lernt sie später noch vieles andere, z. B. Türen öffnen, auf ihren Namen hören, Futterzeiten einhalten, aus dem Wasserhahn trinken, apportieren und andere Spiele, an der Leine gehen. Bei Laborversuchen zeigte sich, daß Katzen, die eine Gruppe von Artgenossen durch eine Glasscheibe in einem Labyrinth beobachten konnten, später viel schneller den Ausgang fanden als die erste Gruppe. →Affen, →Ausbildung, →Skramlik. Katzen sind auf Grund ihrer →Domestikation fähig zum Umlernen. Auch wenn sie z. B. bereits schlechte Erfahrungen mit Menschen oder Hunden gemacht haben, können sie auf Grund neuer Erfahrungen Freundschaft mit ihnen schließen.

LeRoy, Jules (1833–1865), gehört zu den bekannten deutschen Katzenmalern der Biedermeierzeit.

Lessing, Doris (geb. 1919), englische Schriftstellerin, schrieb als große Katzenfreundin ein Katzenbuch, das dt. 1981 unter dem Titel «Doris Lessings Katzenbuch» erschien und von einigen Generationen Lessingscher Katzen berichtet.

Lessing, Gotthold Ephraim (1729 bis 1781), war ein nachsichtiger Katzenfreund. Er hatte die Reinschrift seines Schauspiels «Nathan, der Weise» vollendet, da kam seine Katze und zerfetzte das ganze Manuskript. Lessing der Weise schrieb das Stück geduldig aufs neue ab.

Letalfaktor Bei manchen Zuchtkatzen treten in verstärktem Maße Totgeburten auf. Besonders betroffen sind →Manxkatzen, →Sphynxkatzen und alle weißen Tiere. Auch →Siam- und →Orientalische Kurzhaarkatzen sind anfällig. Bei Perserkatzen ist eher die Mutter gefährdet, durch die enorm dikken Köpfe der Jungen. Diese überzüchteten Katzen sollten vernünftigerweise von der weiteren Zucht ausgeschlossen werden.

Lettische Sage Gott warf einen Handschuh auf die Erde, daraus entstand die Katze. Aber sie hatte eine ganz lange, spitze Schnauze. Gott stutzte sie behutsam, und aus der

Spitze wurde die Spitzmaus. Deshalb verschonen alle Katzen die Spitzmäuse. →Katzenmärchen 3b.

Leukose, auch Katzen-Aids genannt, eine unheilbare, ansteckende Katzenkrankheit, wird durch das Katzen-Leukämie-Virus verursacht. Einige Katzen können die Krankheit durch Selbstheilung besiegen, bleiben aber meist Virusträger. Erste Anzeichen: bleiche Schleimhäute, Mattigkeit, Appetitlosigkeit, Abmagerung. Keine Übertragung auf den Menschen. Leukose-Katzen müssen von Artgenossen isoliert werden. Vorsorgeimpfungen sind möglich und müssen jährlich wiederholt werden. Aber nur rund 65 % der Katzen werden dadurch immunisiert.

Leuzismus Von L. spricht man bei weißen Katzen mit pigmentierter Haut, im Gegensatz zum →Albinismus, bei dem auch die Haut unpigmentiert ist. →Letalfaktor, →Taubheit.

Lewis, Sinclair (1885–1951). Der amerikanische Romancier und Nobelpreisträger (1930) gehörte zu den erklärten Katzenfreunden. Seine Katze trug den vornehmen Namen «Gräfin Vere de Vere».

Leyhausen, Paul, Verhaltensforscher, kommt zu dem Schluß: «Die Beziehungen zwischen Mensch und Katze werden viel enger und freundschaftlicher, als sie es zwischen zwei Katzen je werden können.» Das Abschießen freilebender oder →Auslaufkatzen bezeichnet er als «Schaden für die Volkswirtschaft» →Jäger. Veröffentlichungen: «Verhaltensstudien an Katzen», 1956, völlig neu bearbeitete zweite Auflage: «Katzen – eine Verhaltenskunde», 1979. →«O diese Katzen». 1996 erschien sein Buch «Katzenseele – Wesen und Sozialverhalten».

Li ist der chinesische Name der chinesischen Wildkatze, während die Hauskatze →Mao heißt. Ein Text aus dem 6. Jahrhundert v. Chr. sagt: «Mao gleicht dem Tiger, ist aber klein. Er wird als Haustier gehalten, um Mäuse zu fangen. Li ist eine größere Katze. Statt sich nützlich zu machen, stiehlt sie oft Hühner.» Li und Mao haben übrigens meist Hängeohren.

Li-Ai-Chi hieß der chinesische Katzen-Raffael, der im 12. Jahrhundert n. Chr. lebte. Seine herrlichen Katzenbilder wurden bei einem Aufstand von den Rebellen, die sich «Ratten» nannten, vernichtet – aus Zorn über die «Katzen», die Soldaten des Kaisers.

Libertas, die Göttin der Freiheit, besaß auf dem römischen Aventin einen Tempel, den Tiberius Gracchus um 238 v. Chr. errichten ließ. Zu Füßen des Standbildes der Göttin soll als Freiheitssymbol eine Katze gelegen haben.

Lidverschluß liegt vor, wenn Jungkätzchen nach dem 14. Lebenstag die Augen nicht öffnen. Man kann sie leicht mit mildem, warmem →Salzwasser abtupfen. Hilft das nicht, so muß man die Kätzchen zum Tierarzt bringen.

Lieben Sie Katzen? heißt ein wunderhübsches Büchlein mit Gedichten und Katzenporträts, herausgegeben von Jill und Martin Leman, 1985.

Liguster, ein als Balkon- und Gartenpflanze beliebtes Ölbaumgewächs mit weißen Blütenrispen, ist für Katzen kein Grasersatz, sondern leider giftig.

Lilien Alle Liliengewächse sind für Katzen hochgiftig.

Lincoln, Abraham (1809–1865), Präsident der USA, bewies mitten in einer kritischen Phase des Amerikanischen Bürgerkrieges ein Herz für Katzen. In einem gerade verlassenen Soldatenzelt fand er drei mutterlose Kätzchen. Kurzentschlossen barg er sie unter seinem Mantel und behielt sie bei sich, bis er einen guten Platz für sie gefunden hatte.

Lind, Jenny (1820–1887), berühmt als «Schwedische Nachtigall», besaß eine besonders musikalische Katze, die es sichtlich genoß, wenn die große Sängerin nur für sie allein sang.

Liotard, Jean-Etienne (1702–1789). Der aus Genf stammende Maler hat Katzen auf vielen seiner Genrebilder verewigt. Einmal malte er sogar ein krankes Kätzchen, das gerade von einem Arzt begutachtet wird, während die besorgte Besitzerin danebensteht.

Liszt, Franz (1811–1886), ungarischer Komponist und Klaviervirtuose, komponierte die berühmte «Katzenfuge».

Literarische Titel, die sich mit dem «Reizwort» Katze schmücken, obwohl es um ganz andere Dinge geht: «Katzenkopfpflaster» (Sarah Kirsch); «Katzenmusik» (Paul Scheerbart); «Katz und Maus» (Günter Grass); «Katzengold» (Brigitte Arens); «Katzensilber» (Adalbert Stifter); «Katzensteg» (Hermann Sudermann); «Katzgraben» (Erwin Strittmatter); «Umzug durch die Katzentür» (Anna Gelder).

Litauische Katzenmärchen «Der Hund und die Katze»: Hund und Katze erhalten Ehrenprivilegien für ihre guten Dienste. Die Katze verwahrt sie sorgfältig, aber die Mäuse finden sie und fressen sie auf. Das ist der Grund für die Feindschaft zwischen Hund und Katze und Katze und Maus. Variante: «Der Wolf und die Katze»: Der Wolf läßt seinen Adelsbrief von der Katze aufbewahren, aber die Mäuse zernagen ihn. Deshalb haßt der Wolf die Katze und die Katze verfolgt die Mäuse. →Katzenmärchen 4.

Little, Mary E. Die amerikanische Autorin schrieb eines der besten Katzenbücher, die je erschienen sind: «Der junge und der alte Kater», dt. 1983. Es ist die Geschichte des zwölfjährigen Joel, der einen armen verwahrlosten Kater rettet, ihn aber nicht behalten darf. Nur für das kleine Kätzchen, das der Kater ihm vertrauensvoll brachte, findet er einen guten Platz. Als Joel keine Hoffnung für seinen alten Kater mehr hat, läßt er ihn kurz vor dem Umzug für seine letzten Ersparnisse mit Tränen in den Augen einschläfern und beerdigt ihn im Garten.

Lob Katzen sind sehr empfänglich für lobende Worte. Sie werden dadurch angespornt zu «Wohlverhalten». Deshalb ist es viel gescheiter, eine nicht ganz stubenreine Katze zu loben, wenn sie die Katzentoilette benutzt hat, als sie zu schelten, wenn ein kleines Malheur passiert ist. →Strafen, Erziehung. Übrigens: Katzen erwarten selbstverständlich ein L., wenn sie eine Maus oder ein anderes Beutetier ins Haus bringen und damit ihren Beitrag zum →Unterhalt der Familie leisten.

Loir, Adrien, Gründer des Rattenfängerclubs der Normandie, bezeichnete in «Vom Nutzen der Katze», 1931, die Katze als «einziges sanitäres Mittel», um Schiffe von Ratten freizuhalten. Das Buch dürfte heute wieder aktuell werden, denn die Ratten sind auf dem Vormarsch und gegen Gifte weitgehend immun geworden. →Ratten, →Royal Navy.

Longden, Deric, beschreibt in «Das Kätzchen, das aus dem Regen kam», 1991, wie er zum Katzenfan wurde.

Lorbeer, in der feinen Küche als Würzmittel geschätzt, ist für Katzen giftig. In schweren Fällen treten Krämpfe und Lähmungen auf. →Tierarzt.

Lorcheln (den Morcheln ähnlicher Pilz) führen bei Katzen zu schweren Vergiftungen. Symptome: Unruhe, Erbrechen, blutiger Harn, Gelbsucht, Herzschwäche.

Lorenz, Konrad (1903–1989). Der berühmte österreichische Verhaltensforscher, dessen Herz Graugänse, Dohlen und Hunde besetzt hielten, ließ der Katze Gerechtigkeit widerfahren: «Keine Katze ist falsch. Es gibt wenige Tiere, in deren Gesicht der Kundige so eindeutig die augenblickliche Stimmung lesen könnte wie in dem der Katze.» →Falschheit.

Loti, Pierre (1850–1923), französischer Schriftsteller und Marineoffizier, gab sich noch einen dritten Beruf als Freund, Sekretär und Vertrauter der Katzen. Auf seine Visitenkarten ließ er drucken: «Madame Moumoutte Blanche, erste Katze bei Monsieur Pierre Loti». Henri →Rousseau.

Lough in Irland. Hier steht ein über 1000 Jahre altes keltisches Kreuz. Zu Füßen Christi sind zwei Hauskatzen dargestellt, eine fängt einen Vogel, die andere putzt ihre Jungen.

Lovecraft, Howard Phillips (1890 bis 1937). Der amerikanische Science-fiction-Autor schildert in «Die Katzen von Ulthar», dt. 1980, die märchenhafte Rettung der Katzen des fiktiven Ortes durch das Zaubergebet eines kleinen Jungen.

Löwenkatzen wollte schon →Kambyses züchten und nahm zu diesem Zweck ägyptische Hauskatzen nach Persien mit. In China gab es schon im 10. Jahrhundert →Langhaarkatzen, die L. genannt wurden.

Löwenzahn (Kuh- und Ringelblume), dessen Blätter wir als Salatgemüse schätzen, ist für Katzen leider giftig.

Lübeck In der Hansestadt zahlten um 1370 die Bürger ein «Kattengelt», das den heimatlosen Mäusefängern zugute kam.

Luchs (lynx lynx), ein Angehöriger der Familie der Kleinkatzen, unterscheidet sich allerdings äußerlich stark von ihnen: hohe Beine, runde Ohren mit Haarpinseln, zweizipfliger Backenbart. Folgende Unterarten sind bekannt: Nordluchs, Süd- oder Pardelluchs, Kanadaluchs, Nordamerikanischer Rotluchs, Kaukasusluchs, Wüstenluchs (Karakul), Manul. Katlo oder Katzenluchs nennt man nordeuropäische Luchse mit silbergrauem, schwarz geflecktem Fell, Raevlo oder Fuchsluchs rotgraue Tiere mit kleinen unscharfen Flecken. Männliche Luchse heißen Luchskater. Luchse wurden in Europa nahezu ausgerottet. Jetzt gibt es kleine geschützte Bestände im Nationalpark des Bayerischen Waldes, in Jugoslawien und Spanien (Pardelluchse).

Ludwig XIII., König von Frankreich (1601–1643), trat als Vierjähriger, als beim →Johannisfest lebendige Katzen verbrannt wurden, bei seinem Vater so inständig für die armen Tiere ein, daß sie freigelassen wurden.

Ludwig XIV., der französische Sonnenkönig (1638–1715), ließ in seiner Jugend Katzen verbrennen, weil eine Wahrsagerin ihm geraten hatte: «Wenn du zu spüren glaubst, das Schicksal wolle dir übel, so mußt du Katzen opfern.» 1648 zündete er, geschmückt mit einem Rosenkranz, in der Hand einen Rosenstrauß, eigenhändig das →Johannisfeuer auf der Place de la Crève in Paris an, in dem viele arme Katzen bei lebendigem Leibe verbrannt wurden. Als der König schon alt war, schenkte die Stadt Venedig ihm einige weiße →Angorakatzen. Die schönen Tiere bezauberten ihn, und spät, aber nicht zu spät wurde Ludwig XIV. vom Katzenhasser zum Katzenfreund. →Brandopfer.

Ludwig XV., König von Frankreich (1710–1774), führte den Brauch ein, wichtigen Persönlichkeiten statt Orden Katzen zu schenken, als Zeichen seiner besonderen Gunst.

Luft Katzen sind Frischluftfanatiker. Wohnungen, in denen Katzen leben, sollten immer besonders gut gelüftet werden. →Zugluft. Wer keinen Balkon hat oder ihn nicht katzensicher einzäunen darf, hilft sich mit einem Drahtrahmen, der einfach ins offene Fenster gehängt wird. Handwerklich Begabte können auch einen vorgebauten Drahterker mit Liegeplätzchen zimmern.

Lullington In diesem englischen Ort fand man in der Ruine einer römischen Villa aus der Zeit um 400 n. Chr. die ältesten Überreste einer Hauskatze auf englischem Boden.

Lunge besitzt kaum Nährstoffe und ist deshalb als Katzennahrung wenig geeignet, es sei denn, die Katze muß eine Abmagerungskur machen.

Lungenentzündung tritt bei Katzen leider ziemlich häufig auf. Husten,

Atembeschwerden, Fieber, rasselnde Geräusche im Brustkorb und bläuliche Verfärbung der Mundschleimhaut sind die Symptome. Die Katze braucht Wärme, Ruhe, viel zu trinken – und den Tierarzt. Homöopathische Mittel: Bryonia (Weiße Zaunrübe).

Lungenwürmer sind sehr gefährlich, zum Glück aber selten. Symptome: röchelnder Husten, sehr schlechter Allgemeinzustand. Die Behandlung darf nicht verzögert werden.

Luntenschwanz nennt man einen Katzenschwanz mit stumpfem Schwanzende.

Lupinen, auch als Gartenzierpflanzen beliebt, enthalten ein für Katzen gefährliches Gift.

Luther, Martin (1483–1546). Der Reformator war ein großer Tierfreund und liebte auch die zu seiner Zeit verteufelten Katzen. Er war übrigens überzeugt davon, daß auch Tiere eine →Seele haben und in den Himmel kommen.

Luxemburg, Rosa (1870–1919), liebte ihre Katze Mimi und erkundigte sich stets nach ihr in ihren Briefen aus dem Gefängnis. Als Mimi im Sommer 1917 starb, wurde es der inhaftierten Sozialistin zunächst verheimlicht. R. L. litt sehr unter diesem Verlust und machte sich Vorwürfe, weil sie monatelang in «völliger Unkenntnis» vom traurigen Ende ihrer Katze gelebt hatte.

Lynchjustiz verübten die alten Ägypter gegenüber einem römischen Legionär, der unbeabsichtigt den Tod einer Katze verschuldet hatte. Dieser Vorfall z. Z. des Vaters von Kleopatra soll nach einem Bericht von →Diodor dem römischen Senat als willkommener Vorwand für den Angriff auf →Ägypten gedient haben.

Lysol ist als Putzmittel in Katzenwohnungen nicht am Platz, denn für unsere Stubentiger ist es hochgiftig.

M

Madagaskar Hier wird (oder wurde) ein Katzendieb drastisch bestraft: zwei Wochen Gefängnis, wenn er das gestohlene Tier zurückgibt, fünf Jahre Gefängnis, wenn er nicht dazu in der Lage ist. Dem Gesetzgeber zur Nachahmung empfohlen …

Magen-Darm-Entzündung Die Anfangssymptome sind die gleichen wie bei →Katzenseuche. Geben Sie dem erkrankten Tier weder Futter noch Wasser, auf gar keinen Fall Milch, und suchen Sie umgehend →fachkundige Hilfe auf.

Magisches Alter In der Zeit der →Hexen- und Katzenverfolgungen wurden in Böhmen und der Pfalz alle siebenjährigen Katzen getötet, damit sie sich nicht in Hexen oder Dämonen verwandelten. Nach dem Dreißigjährigen Krieg glaubte man in Deutschland, daß eine zwanzigjährige Katze sich in eine Hexe verwandelt und aus einer hundertjährigen Hexe wieder eine Katze würde. →Hexenverfolgungen.

Magnesium Der tägliche Bedarf einer Katze liegt bei acht bis zehn Milligramm. M. ist reichlich enthalten in rohem Rindfleisch und Rinderherz (in gekochtem aber nicht mehr) und in Fisch. Eier besitzen einen etwas geringeren M.-Anteil.

Magnolien von Katzen fernhalten – oder umgekehrt. Es besteht akute Vergiftungsgefahr!

Magpie-Katzen wurden um die Jahrhundertwende in Amerika gezüchtet: schwarzweiße Langhaarkatzen, wobei Brust, Hals und Füße weiß waren und das schwarze Gesicht eine weiße →Blesse hatte. Heute interessieren Züchter sich wieder für diese Zeichnung und züchten sie bei Bicolour-Perserkatzen.

Magyari, Martina, schrieb den schönen, poetischen Roman «Samtpfote und der Duft von Gras». Es geht um eine Erbschaft und den klugen Kater Micki.

Mährische Sage Ein Kater verwahrte die Eheurkunde von zwei Hunden in einem Hafersack. Natürlich machten sich die Mäuse darüber her. Das haben die Hunde der Katze nie verziehen, und die Katzen halten sich seitdem an den Mäusen schadlos. →Katzenmärchen 4.

Maiglöckchen gehören nicht in einen Katzenhaushalt. Die Gifte Convallotoxin und Convallosid führen bei Katzen zu Erbrechen, Durchfall, Bewegungsstörungen und können Lähmungen hervorrufen. →Vergiftungen.

Maikätzchen gelten als besonders gesund und widerstandsfähig. Das stimmt nur bedingt, z. B. bei heimatlosen und Bauernkatzen, wo die Katzenmutter zusehen muß, wie sie sich und ihre Kleinen satt bekommt. Sicher ist dagegen, daß in jedem Mai zu viele Jungkätzchen zur Welt kommen, weil es immer noch viel zu viele unkastrierte Katzen gibt.

Maillart, Ella. Die englische Autorin schrieb die herzzerreißende Geschichte ihrer Freundschaft mit der Katze «Ti Puss», 1954, die sie drei Jahre lang auf Reisen durch Indien begleitete, bis sie, als Folge von vielen Mißverständnissen, in einem Ort namens Kalimpong, am Fuße des Himalaja, allein zurückbleibt. Die Story ist deshalb so traurig, weil sie deutlich macht, wie sehr die Katze in der Beziehung Mensch–Tier die Unterlegene und am Ende die Dumme ist, und wie wenig selbst echte Katzenfreunde bereit sind, andere Ziele und Verpflichtungen um der Katze willen zurückzustellen.

Maillol, Aristide (1861–1944). Der französische Bildhauer war ein Katzenliebhaber und ließ sich von seinem Sohn mit seiner Katze auf dem Arm zeichnen.

Maine-Coon-Katzen werden nur in den USA als eigene Rasse geführt. Sie gehören zu den ältesten Katzenrassen und werden besonders groß und schwer. Stolze 16 Kilo bringen manche auf die Waage. Das Fell ist halblang, fast zottig, der Schwanz buschig. Alle Farben kommen vor. Als Vorfahren standen fälschlicherweise Waschbären (englisch: raccoon) in Verdacht. Sie sind am anfälligsten für →Polydaktylie, eine erbliche Mißbildung.

Makarowa, Tatjana. Die russische Autorin drehte den Spieß einmal um. In ihrem reizenden Kinderbuch «Hund und Katze», dt. 1982, schildert sie nicht, wie Hund und Katze Feinde wurden, sondern wie sie Freundschaft schlossen.

Malaysia Im Sommer 1985 wurden hier Katzen an kleinen Fallschirmen abgesetzt, zur Bekämpfung der Rattenplage. Katzen waren rar geworden, seit man die Anopheles-Stechmücken, Überträger der Malaria, mit Insektiziden vertilgt hatte. Mit den Mücken starben die Schaben, von denen die Geckos leben. Wenig später starben die Geckos, da sie keine Nahrung mehr fanden. Und dann starben die Katzen, die sich vorwiegend von Geckos ernährten. Sieger blieben die Ratten, deren Flöhe die Pest verbreiteten. Pest statt Malaria – ein Kabinettstück zeitgemäßer Gesundheitspolitik.

Malaysia-Katzen sind zierliche kleine Wildkatzen, die nur drei bis vier Pfund wiegen und ausschließlich in Rot vorkommen.

Mallarmé, Stéphane (1842–1898). Als einen Gefährten mystischer Art, ein Geistwesen, feierte der französische Dichter seine Katze Neige (Schnee); die schöne Lilith nannte er nicht nur seine Freundin, sondern seine Göttin. Auch für die «proletarische» Katze Rosalie, die Muse des ersten Café-Diwan von Paris, verfaßte er ein Gedicht.

Malraux, André (1901–1976), französischer Schriftsteller und Politiker, liebte seine Katzen, alle Katzen, ganz besonders aber «Fourrure», die wirklich alles durfte. «Malraux gehört Fourrure», sagte er oft.

Malteserkatze ist einer der früheren Namen für →Kartäuserkatzen.

Mandelentzündung Die Anzeichen sind: Husten, Schluckbeschwerden, Apathie, Fieber, Erstickungsanfälle. Kein Futter und kein Wasser geben, bevor die Katze untersucht wurde. Zum Anfeuchten des Mäulchens Eisstückchen hinstellen, an denen sie lecken kann, am besten in einem Gefäß mit Löchern, z. B. einer Seifenschale.

Manegebewegung – der Drang, im Kreis zu laufen – tritt bei alten Katzen manchmal auf als Folge eines Schlaganfalls.

Maneki-Neko heißt auf japanisch «Hereinrufende Katze». Eine freundliche Katze, lebendig oder aus Holz, verwöhnt und geschmückt, winkt die Gäste ins Teehaus. Diese Sitte kam im 17. Jahrhundert auf, (→Japan) und geht auf das →Katzenmärchen «Der Wink mit der Pfote» und die Geschichte einer armen Bäckerin zurück. Der hatte ein Künstler eine Katze aus Holz geschnitzt, die das Geld einkassieren konnte, so daß die Kinder nur so in den Laden strömten.

Manet, Edouard (1832–1883). Der französische Impressionist war ein Katzenfreund. Auf seinen berühmten Gemälden «Olympia» und «Frühstück im Atelier» ist jeweils eine schwarze Katze dabei. Außerdem schuf er zum Erscheinen des Katzenbuchs von →Champfleury ein hinreißendes Plakat, das ein Rendezvous einer weißen und einer schwarzen Katze darstellt, hoch über den Dächern von Paris.

Mangan, ein Schwermetall, das als →Spurenelement auch für den Organismus der Katze wichtig ist, kommt ausreichend in Kuhmilch vor, aber auch in Muskelfleisch, Leber und Fisch. M.-Mangel läßt die Fellhaare grau werden, zuviel M. macht das Fell dunkler.

Manolson, Frank. Der kanadische Tierarzt schrieb das hervorragend ausgestattete Buch «Katzen. Das Rätsel ihres Verhaltens und ihrer Sprache», dt. 1977, sowie «KK für Katze», dt. 1981, ein Nachschlagebuch für Katzenfreunde.

Mansfield, Katherine (1888–1923). Die Dichterin aus Neuseeland war entzückt von den Jungen ihrer Katze Charlie Chaplin: «Sie sind zum Auffressen hübsch, ihre Pfoten sind auf der Innenseite ganz weich, ganz rosig – wie noch nicht ganz ausgereifte Himbeeren.»

Manul oder Pallaskatze (otocolobus manul) ist eine langhaarige Kleinkatze, die zwischen Luchs und Wildkatze steht und von Zentralasien bis China verbreitet ist. Sie wird bis zu einem Meter lang. Das Fell ist silbergrau, okker oder gelbrot, schwarz gestreift, der Schwanz schwarz geringelt. M. paaren sich mit Hauskatzen, die Jungen sind lebensfähig. Möglicherweise sind M. die Urahnen aller →Langhaarkatzen.

Manxkatzen kommen von der britischen Insel Man. Wie sie dahingekommen sind, ist umstritten. Zwei Legenden meinen dazu: 1. Als die Arche Noah endlich strandete, sprangen die Katzen sofort aus dem Fenster. Aber die Hunde schnappten nach ihnen und bissen ihnen den Schwanz ab. 2. Eine Manx-Mutterkatze beobachtete, wie ein Soldat den Katzen die Schwänze abschnitt, um die Helme zu schmükken. Da biß sie ihren Jungen die Schwänzchen ab, um sie vor diesem Leid und Schmerz zu bewahren. Seitdem haben ihre Nachkommen keine Schwänze mehr. Manxkatzen gibt es in allen Farben. Man unterscheidet Rumpies und Stumpies. Die Rumpy hat an der Stelle, wo normalerweise der Schwanz ansetzt, eine runde, nach innen gehende Eintiefung, die Stumpy hat einen winzigen Stummelschwanz. Manxkatzen hoppeln wie Kaninchen. Die Schwanzlosigkeit geht mit erheblichen inneren Mißbildungen einher, der →Letalfaktor (Totgeburten) ist hoch und erblich bedingt. Diese Katzen mögen lieb und intelligent und hübsch sein, aber es sind kranke, unglückliche Geschöpfe, deren Zucht man durch Ankauf auf keinen Fall unterstützen sollte. →Vererbung, →Kymrische Katzen.

Mao ist der chinesische Name für Katze. Das Wort tauchte in der altchinesischen Literatur zum erstenmal um 800 v. Chr. auf, in einem Gedicht. Mao und Hu (der Tiger) waren den alten Chinesen heilig, denn sie beschützten die Ernte vor Mäusen und Wildschweinen.

Mao J, chinesischer Maler des 12. Jahrhunderts, wird das schöne Bild einer langhaarigen Katzenmutter mit ihren drei Jungen vor einer Stockrose zugeschrieben. Farben und Tusche auf brauner Seide. Heute zu sehen in Osaka.

Marc, Franz (1880–1916), führender deutscher Maler des Expressionismus, hat auffallend oft Tiere dargestellt: Pferde, Rehe, Affen – und Katzen.

Mardergesicht (englisch: Marten face), seit 1895 gebräuchliche Bezeichnung für die langgestreckte Kopfform von →Siamkatzen, die heute weiter hochstilisiert wird. →Vererbung.

Maria Ein M auf der Stirn haben alle →Tabbykatzen. Die Italiener entdeckten es zuerst und deuteten es als Anfangsbuchstaben des Namens der Madonna. Die Katze ist das Tier der Muttergottes, hieß es. Von Maria leiten sich viele Kosenamen für Katzen ab: Mieze in Norddeutschland, Minette in Frankreich, Mascha im slawischen Sprachraum. →Surian. Die enge Beziehung zwischen Maria und der Katze wird durch eine italienische Legende bekräftigt: Im Stall zu Bethlehem wohnte eine Katze mit ihren Jungen, und das Jesuskind spielte mit ihnen. →Leonardo da Vinci.

Marian, ein brauner Burmakater, war der Star der Fernsehserie «Die Tiersprechstunde» (Bayerisches Fernsehen) 1982.

Marius heißt der erste freie Kater der Stadt Marseille. →Cambazard, →Katzenschule, →Nicolas.

Markenzeichen Schon die berühmte venezianische Druckerei Sessa führte ab 1500 eine Katze als M., um damit zu erklären: «Bei uns hat die Zensur nichts zu suchen!» →Werbung.

Markieren ihres →Reviers – also auch der Wohnung – durch Harnspritzen ist für unkastrierte Katzen und Kater ein völlig normales Verhalten. Schelten und Strafen nützen da gar nichts, nur →Kastration schafft Abhilfe. Damit sollte man vor allem bei Katern nicht zu lange warten, sonst markiert der endlich doch noch kastrierte Kater u. U. weiter, wenn auch in abgeschwächter Form.

Marmelkatzen oder Marmorkatzen (pardofelis marmorata) aus Südostasien gelten als die seltensten Waldraubtiere; es gibt nicht einmal mehr 1000 M. Man nennt sie auch «die Katze, die immer einen Buckel macht», denn ihr Rücken ist gekrümmt, der Schwanz überlang.

Marmormuster bei Hauskatzen entsteht durch →Mutation des normalen Tigerstreifenmusters wildfarbener Katzen. Es handelt sich um eine →Scheckung, die möglichst symmetrisch auftreten sollte.

Marokkanische Katzenmärchen «Der Kater als Pilger», eine amüsante Variante zu dem Thema: «Die Katze läßt das Mausen nicht.» «Die junge Ratte und der junge Kater»: Eine vielversprechende Kinderfreundschaft wird von den mißtrauischen Tiereltern im Keim erstickt. →Katzenmärchen 5 h. «Die Katzenfrau»: Eine schwarze Katze schlief tagsüber in einem Brunnen. Nachts aber zog sie ihr Katzenkleid aus und ging als schönes junges Mädchen in das Haus des Besitzers, den sie von Herzen liebte. Sie verbrachten die Nächte miteinander, doch vor dem Morgengebet verschwand die Katze wieder und ließ stets als Zeichen ihrer Dankbarkeit Geld zurück. Und als die Tochter des Hausherrn auf einer Pilgerfahrt in Not geriet, half die Katze ihr aus der Patsche. →Katzenmärchen 9 a.

Marquis von Carabas ist der Name eines seit alter Zeit berühmten schreibenden Katers. →Aulnoy.

Marshall, Bruce. Der weltbekannte schottische Romancier gedenkt in

«Katzen und Kätzchen», 1975, seiner Katzen Bimmy, Armitage, Cassie, um nur die wichtigsten zu nennen, und all der schnurrenden Kostgänger in seinem Haus an der Côte d'Azur. Illustrationen von R. →Seewald.

Märzenbecher →Narzissen, Amaryllisgewächse.

Maschka Slawischer Kosename für Katzen. →Maria.

Masereel, Frans (1889–1972). Der belgische Maler und Graphiker schuf eine Reihe schöner Holzschnitte zum Thema Katze und Frau.

Maske nennt man die sich vom übrigen Fell abhebende dunklere Färbung des Katzengesichts, z.B. bei →Siamkatzen.

Mason, James (1909–1984). Der amerikanische Filmschauspieler war ein großer Katzenfreund, der in seinem Haus viele Schnurrtiger hielt. Zusammen mit seiner ersten Frau Pamela Kellino schrieb er «The Cats in Our Lives» 1949.

Massage macht kranke Katzen wieder fit, erkannte der amerikanische Verhaltensforscher M. →Fox. Zu sanfter Musik massiert er Katzen, die unter Streßerscheinungen, Infektionen und organischen Fehlfunktionen leiden, mit Erfolg!

Massenet, Jules E. F. (1842–1912). Der noch junge, unbekannte Komponist besuchte einmal Th. →Gautier mit der Bitte, eine seiner Schriften vertonen zu dürfen. Gautier blieb reserviert, bis seine Lieblingskatze Séraphita mit dem Gast spontan Freundschaft schloß. M. verließ den Dichter mit dem Bändchen «Der Rattenfänger» unter dem Arm.

Matagots →Chats d'Argent.

Mau nannten die alten Ägypter die Katze, nicht nur aus Gründen der Lautmalerei, sondern vor allem wegen ihrer scharfen Augen, denn «Mau» war zugleich das altägyptische Wort für «sehen». →Miu.

Mauerpfeffer Die dickblättrigen Balkon- und Gartenpflanzen enthalten ein für Katzen gefährliches Gift.

Maugham, Somerset W. (1874–1965). Der englische Schriftsteller war ein Katzenfreund.

Maupassant, Guy de (1850–1893), hat wie kein anderer der sinnlichen Freude Ausdruck gegeben, die das Streicheln einer Katze verleiht: «Nichts ist sanfter, nichts gibt der Haut eine feinere Empfindung ...» Gleichzeitig aber spürte er das Verlangen, sie zu erdrosseln. Allerdings lösten Frauen ähnlich ambivalente Gefühle bei ihm aus ...

Mäuse Fast alle Katzen fangen M., wenn sie Gelegenheit dazu haben. Aber leben können sie nicht davon. 10–25 M. braucht eine erwachsene Katze für die tägliche Ernährung, in der Stadt findet sie heute ein bis zwei.

Auf dem Land bestenfalls fünf bis sieben. Deshalb genügt es nicht, den Mäusefängern Milch hinzustellen, sie brauchen kräftiges Futter, zweimal am Tag. →Ernährung. Übrigens: satte Katzen sind bessere Mäusefänger, weil sie mehr Kraft und Energie haben. Der Jagdtrieb wird nicht vom Hunger reguliert. Gefährlich ist das →Mäusegift für Katzen, als Köder ebenso wie im Körper der Maus. Es gibt zahlreiche verbürgte Fälle von →Freundschaften zwischen Katze und Maus.

Mäuse- und Rattengift ist auch für Katzen lebensgefährlich. Cumarin führt zu inneren Blutungen, Strychnin ist absolut tödlich, Thallium wirkt langsam, aber sicher. Anzeichen für Vergiftung: Haarausfall, Erbrechen, Krämpfe. Helfen kann nur der Tierarzt oder Tierheilpraktiker, keine Milch geben. →Vergiftungen.

Mauzen oder Maunzen ist ein anderer Ausdruck für den charakteristischen Katzenlaut: →Miau.

Maya-Kultur Die Tempel von Guatemala und Yucatan sind an den Außenmauern mit Skulpturen von Katzenköpfen geschmückt, die die bösen Geister abwehren sollten.

Mayflower war der Name des ersten Schiffes mit englischen Einwanderern, das 1620 an der Küste von Massachusetts landete. Die M. hatte Hauskatzen an Bord, die auf diesem Wege in die Neue Welt einreisten. →Amerikanische Kurzhaarkatze.

Mazarin, Jules (1602–1661). Der französische Kardinal und Staatsmann war ein großer Katzenfreund. Er sah in der Katze das Symbol der Freiheit. M. gilt als einer der Erfinder der →Katzentür.

McGinnis, Terri. Die amerikanische Tierärztin veröffentlichte 1978 in Deutschland das Buch «Der Katzendoktor», einen illustrierten Begleiter für Katzenliebhaber.

McHattie, Grace. Die englische Katzenexpertin veröffentlichte 1987 das Buch «Katzenprobleme» mit vielen guten Ratschlägen. 1989 folgte ein «Kleines ABC für Katzenliebhaber» und 1994 «Gesunde Katze».

Mecklenburgische Sage «Hund und Katze»: Der Hund erhielt die schriftliche Zusage des Menschen, für seine Dienste täglich mit einem Pfund Fleisch entlohnt zu werden. Er gab das Dokument der Katze zur Aufbewahrung, aber die Mäuse fraßen es auf. Daher rührt die Feindschaft zwischen Hund und Katze, zwischen Katze und Maus. →Katzenmärchen 4 a.

Medaille Katzen als Motiv auf M. sind heute keine Seltenheit. Rätselhaft aber bleibt die M. in der Pariser Nationalbibliothek mit der Inschrift: «Schwarzer Kater I., geboren 1725.» Auf der Rückseite liest man den Vers: «Ich weiß, wem ich gefalle, ich kenne meinen Wert.» Sollte es sich etwa um einen Vorfahren von →Hiddigeigei handeln?

Medaillon nennt man den weißen Fleck an der Kehle, den auch viele Tigerkatzen tragen. In Fachkreisen gelten Katzen, die nur ein M. haben und sonst kein Weiß, bereits als gescheckt.

Medikamente Einer Katze M. einzugeben ist oft ein Kunststück. Am besten geht es mit Tricks: Tropfen statt ins Mäulchen auf die Pfoten geben, damit die saubere Katze sie abschleckt. Pillen in einem Leckerbissen, z. B. Fleisch oder Leber, verstecken. →Zwangsfütterung.

Meerkatzen (ceropitheci) leben im Gegensatz zu →Seekatzen nicht im Wasser, sondern auf Bäumen, und zwar in Afrika. Diese ausgesprochen hübschen Äffchen sind außerordentlich lebhaft, selbstsicher und gewandt. Es gibt gelbgrüne Zwergmeerkatzen, schwarzbäuchige Weißnasenmeerkatzen und Weißkehlmeerkatzen. Die westafrikanischen Dianameerkatzen sind unter allen Affen die besten Schwimmer (etwas haben sie also doch mit dem feuchten Element zu tun).

Megede, Joh. Richard zur, gab 1905 das Buch «Der Überkater» heraus, die im Ich-Stil erzählte Geschichte von Carlos, dem Italiener, Diplomaten und Hotelkater in einer Person. Der weiße Kater ist ein echter Nachfahre Hiddigeigeis und Murrs, →Scheffel und →E. T. A. Hoffmann, fühlt sich aber Machiavelli und Talleyrand verwandter. In seiner Person vereinen sich der Geist Frankreichs (von seiten der Mama) und die Schönheit Italiens (von seiten des Papa) …

«Mein ABC der kleinen Katzen», 1970, ist ein Bilder- und Lesebuch aus dem Englischen für ABC-Schützen mit lustigen Katzengeschichten und Katzenfotos.

Meister Bertram (1335–1415) darf mit großer Sicherheit den Katzenfreunden zugerechnet werden. Auf seinem «Buxtehuder Altar» stellte er eine Tigerkatze dar, und zwar auf der Bildtafel «Mariä Geburt», direkt hinter dem neugeborenen Kind – eines der frühesten Katzenporträts.

Memphis, die Stadt mit dem ägyptischen Namen im Staat Tennessee, wurde durch patentierte «Rattenfallen», das Stück zu einem Dollar, von einer verheerenden Rattenplage gerettet. Die Rattenfallen entpuppten sich als – Katzen. Zuerst waren die Einwohner empört, dann dankbar. Noch heute sind Katzen in M. besonders beliebt.

Mêne, Pierre Jules (1810–1879), gehörte zu der französischen Künstlergruppe «Les Animaliers» und hatte großen Erfolg mit seinen Katzenplastiken.

Mérimée, Prosper (1803–1870). Der französische Dichter liebte die Gesellschaft seiner Katze, wenn er bis in die Nacht hinein am Schreibtisch arbeitete. Er malte sogar ein kleines Porträt von ihr.

Méry, Fernand. Der französische Biologe schrieb das sehr lesenswerte Buch «Sa Majesté le Chat» (Ihre Majestät die Katze).

Méry, Joseph, ein französischer Schriftsteller und Satiriker, meinte gegen Ende des 18. Jahrhunderts: «Gott schuf die Katze, um dem Menschen das Vergnügen zu bereiten, einen Tiger zu streicheln.»

Messina →Antonella da M., →Erdbeben.

Metz Bei den berüchtigten →Johannisfeuern mit Verbrennungen lebender Katzen tat sich u. a. die Stadt M. unrühmlich hervor. Am Vorabend des Johannistages wurden hier Katzen zu Dutzenden als →Brandopfer mißbraucht. →Ludwig XIII. und XIV.

Mews, Sibylle, schrieb 1980 das hübsche Buch «Ein Daheim für Tiere», über die liebe alte Frau Meierbrink, die das Herz für Tiere auf dem rechten Fleck hat. Alles beginnt damit, daß ihre eine magere kleine Katze zuläuft.

Mexikanische Nacktkatze Sie hat ein Fellchen aus wenigen kurzen, dicht anliegenden Haaren. Der Rücken ist mausgrau, Hals, Brust und Bauch sind rosa. Angeblich wächst das Fell im Winter etwas nach.

Mexiko Um 1775 entstand in M. eine Souvenir-Industrie, die in Keramik, Ton, Holz und Papiermaché vorwiegend Katzen herstellte, diese von den Weißen eingeführten, hochgeschätzten «exotischen» Tiere. Diese Figuren sind heute hochbezahlte und gesuchte Sammelobjekte.

Miacis, ein winziges, wieselähnliches Säugetier, das vor rund 50 Millionen Jahren im Eozän lebte, gilt als die Urahnin unserer Katzen. →Dinictis.

Miao-Kusi ist der Name einer chinesischen Zauberkatze, deren Kult sich im 6. Jahrhundert n. Chr. entwickelte. M. ist heilig, aber auch dämonisch. Sie kann Tote erwecken; man glaubte, daß Katzenhaare Heilkräfte besitzen. Andererseits fürchtete man die dämonische Zauberkraft von M. →China.

«Miau sagt mehr als 1000 Worte» ist der Titel eines Buches von Paul →Gallico, einem hochkarätigen Katzenexperten. Mehr als 63 Variationen dieses kleinen Lautes hat schon der französische Katzenkenner →Champfleury gezählt. Jede hat eine andere Bedeutung. Gallico weist vor allem auf die schier unbegrenzten Möglichkeiten des →«stummen Miau» hin, mit dem eine kluge Katze bei einem halbwegs begabten Menschen so ziemlich alles erreichen kann.

Miauen Das Miau einer Katze klingt ganz verschieden, je nachdem, was sie damit ausdrücken will. Jeder Katzenfreund wird die verschiedenen Laute kennen, mit denen seine Katze ihn begrüßt, um Futter bittet, zum Spiel auffordert, sich beklagt.

Michel, Gustav, berühmter Katzenforscher, verfaßte bereits 1876 das «Buch der Katzen», dem wir viele interessante Details aus der historischen Vergangenheit der Hauskatze verdanken.

Michell, John, und Robert J. M. Richard beschäftigen sich mit Kryptozoologie, der Wissenschaft von den verborgenen Tieren oder besser den verborgenen, unbekannten Fähigkeiten von Tieren. In dem spannend geschriebenen Buch «Das rechnende Pferd von Elbersfeld», 1983, berichten die englischen Autoren über →fliegende und sprechende Katzen, →Katzentreue, →Katzenringe, →Trauerzüge und den rätselhaften →Orientierungssinn von Katzen.

Micia und Micio sind italienische Kosenamen für Katzen. →Maria.

Mietrecht In vielen Wohnungen ist das Halten von Haustieren untersagt. Das steht im Gegensatz zum Grundgesetz, das in Artikel 2 jedem Bundesbürger das Recht auf freie Entfaltung der Persönlichkeit garantiert. Dazu gehört auch das Recht auf Haustiere, solange niemand dadurch belästigt wird. Und wie soll eine Wohnungsmieze ohne Auslauf die Nachbarn belästigen?

Mieze – norddeutscher Kosename für Katze. →Maria.

Mi-Ke-Katzen (englisch Meekay) kommen aus Japan und werden in den USA gezüchtet. Sie sind dreifarbig gescheckt, Schwarz, Rot und Weiß. Auch zweifarbige M. gibt es: Weiß mit Schwarz, Rot oder Schildpatt sowie getigerte und Schildplatt-M. Sie gehören zu den →Japanischen Stummelschwanzkatzen und gelten in ihrer Heimat als Glücksbringer.

Mikes, George, in Ungarn geborener, in England lebender Schriftsteller, machte sich nicht viel aus Katzen – bis die kleine schwarze Ziza sein Herz eroberte. «So ein Katzenleben», dt. 1979, mit Illustrationen von Nicholas Bentley, gehört zu den besonders schönen Katzenbüchern.

Mikrosporie ist eine ansteckende Pilzinfektion, die anzeigepflichtig ist, wenn sie auch beim Menschen auftritt. Meist bilden sich im Gesicht oder um die Ohren der Katze kleine, kreisrunde, kahle Stellen. M. ist aber heilbar. Die kranke Katze sollte von Kindern und anderen Haustieren isoliert werden, ihr Lager, die Katzentoilette, das Spielzeug müssen gründlich gereinigt und desinfiziert werden. Die Ansteckung erfolgt über die Blutbahn; also nur, wenn man eine Verletzung, einen kleinen Schnitt etwa, an der Hand hat, können die Erreger an dieser Stelle eindringen.

Milben sind winzige Parasiten, die schwere Krankheiten hervorrufen können. a. Ohrmilben (otocectes cynotis) sind Saugmilben, die fast mit Sicherheit die Ohren freilebender Katzen bevölkern. Wenn man in die Öhrchen schaut, sieht man braune Verkrustungen. Die Katze kratzt sich häufig die Ohren und schüttelt den Kopf. Die Behandlung erfolgt äußerlich mit Hilfe von Öl oder einer Emulsion. Ohrmilben, die nicht bekämpft werden, rufen die gefährliche Ohrräude hervor. b. Ebenfalls durch M. hervorgerufen wird die Arcusräude, ein schuppen- oder pustelartiger Ausschlag, der meist im

Gesicht beginnt und sich über den ganzen Körper ausbreiten kann. Bei den betroffenen Katzen treten Schwächezustände auf. Wichtig ist gute, proteinreiche →Ernährung. c. Die Notoedresräude führt zu kahlen Stellen im Gesicht, die leicht verkrusten, und auch an Pfoten und Ohren auftreten können. Der Juckreiz ist so stark, daß die Katze sich praktisch ununterbrochen kratzt. d. Die Sarcoptesräude oder →Krätze befällt den ganzen Körper der Katze und ist auch auf den Menschen übertragbar. Man muß alles wegwerfen, was mit dem erkrankten Tier in Berührung gekommen ist.

Milch ist keineswegs eine ideale Katzennahrung. Viele Katzen vertragen sie schlecht und bekommen Durchfall. Geeignet ist M. als Hausmittel bei Verstopfung. Kleine Mengen unverdünnter Dosenmilch sind wertvolle Katzennahrung. Zum Trinken immer frisches →Wasser hinstellen.

Milchgeschwister In China, so wird berichtet, zog man im Jahre 742 Ratten und Katzen zusammen mit Milch auf. Die erwachsenen Tiere lebten in Frieden und Eintracht miteinander. →Freundschaft.

Milchtritt →Treteln.

Milchzähne Im Alter von fünf Monaten verliert das Kätzchen die M., mit sieben Monaten hat es sein endgültiges Gebiß mit 30 Zähnen. In der Regel geht der Zahnwechsel unauffällig und problemlos vor sich, bei →Zuchtkatzen kann es manchmal Schwierigkeiten beim Essen geben. Sehr selten können sogar epileptische Anfälle auftreten.

Millard, Adele. Die amerikanische Autorin veröffentlichte 1979 das reizvolle Buch «Lieben Sie Katzen?», eine Sammlung moderner und älterer Katzengeschichten, von der heiklen Miss Agnes bis zu →Zimmer Acht.

Miller, Arthur (geb. 1915). Der amerikanische Dramatiker, vorübergehend mit Marilyn Monroe verheiratet, hat sich auch als Katzenfreund einen Namen gemacht.

Milz führt bei Katzen zu Durchfall. Nur in Minigaben dem Futter beimischen.

Mimik Man unterscheidet bei Katzen das Spielgesicht (Ohren gespitzt, Augen weit geöffnet), das Genießergesicht (Ohren vorgestellt, Augen halb geschlossen), das Drohgesicht (Ohren rückwärts aufgestellt, schmale Pupillen) und das Verteidigungsgesicht (Ohren angelegt, Pupillen weit geöffnet). →Körpersprache, →Augensprache, →Katzensprache.

Mimikry, vorwiegend bekannt aus der Insektenwelt, wird anscheinend auch von Katzen beherrscht. In dem Buch «Warum Katzen malen» von →Busch/Silver sind auf S. 88 zwei Katzen abgebildet, die Mäuse imitieren, und zwar verblüffend lebensecht.

Minagrobis ist der Name des Admirals einer Katzenflotte, der in dem

Märchen «Die weiße Katze» eine Seeschlacht gegen die Ratten führt. →Aulnoy.

Mind, Gottfried (1768–1814), der sog. Schweizer Katzenraffael, war eine tragische Figur. Arm und als Kretin zur Welt gekommen, suchte er die Gesellschaft der Katzen und malte unermüdlich seine Lieblinge. Als wegen einer Epidemie in Bern 800 Katzen getötet wurden, erkrankte er vor Gram.

Mineralstoffe im Futter sind für Katzen lebensnotwendig. Bei normaler, abwechslungsreicher →Ernährung kann kaum ein M.-Mangel auftreten. Der Bedarf säugender, heranwachsender Katzen ist höher. →Kalium, →Kalzium, →Magnesium, →Natrium, →Phosphor.

Minette – französischer Kosename für Katzen. →Maria.

Minnie Die bei Standord Oil arbeitende Katze erfüllte 16 lange Jahre ihre Pflicht vorbildlich zu folgenden Bedingungen: Arbeitszeit: 24 Stunden am Tag, 7 Tage in der Woche. Ferien: keine. Lohn: 3,20 Dollar im Monat. Als sie starb, hatte sie nebenbei noch 100 Kinder in die Welt gesetzt. Ihr Sohn Esso junior übernahm ihren Posten. →Arbeit.

«**Minz und Maunz**, die Katzen, erhoben ihre Tatzen. Sie drohten mit den Pfoten, die Mutter hat's verboten.» Aus der unvergeßlichen Struwwelpeter-Geschichte «Paulinchen und das Feuerzeug» von Heinrich Hoffmann.

Mistel, von den keltischen Druiden als «Allheiler» gepriesen, enthält drei für Katzen gefährliche Gifte, die Störungen im Bewegungsablauf, große Berührungsempfindlichkeit, Krämpfe und starken Harndrang bewirken. Es droht Herz- und Kreislaufkollaps. Sofort →fachkundige Hilfe holen.

Mister Nop, der älteste Kater Englands, starb 1971 im Alter von 30 Jahren. Sein Besitzer hatte ihn in einem Sack aus dem Fluß gezogen. M. schloß Freundschaft mit einer verletzten Taube, die am liebsten auf seinem Rükken schlief.

Mitesser entstehen durch winzige Speisereste am Kinn. Die schwarzen Pünktchen können zu ernsthaften Entzündungen führen. Bei →Kurzhaarkatzen treten sie häufiger auf als bei ihren langhaarigen «Kollegen». Bei nicht entzündeten M. das Kinn mit lauwarmem Wasser säubern, gut trockenfrottieren und anschließend sanft etwas Babypuder einklopfen. Wenn eine Katze zu M. neigt, vorbeugend einmal die Woche das Kinn säubern. Entzündete M. müssen behandelt werden.

Mitleid kennen Tiere ganz genauso wie – manche – Menschen. Eine sanfte Katze läßt einen Neuling, den sie sonst sofort aus dem Revier vertreiben würde, seinen Hunger an ihrem Futter stillen. Eine japanische Anekdote berichtet von einer Katze, die in ihrem Haus Goldstücke stahl, um sie einem armen, kranken Fischhändler zu bringen. Der Herr ertappte die Katze beim Diebstahl und ließ sie sofort töten. Der genesene Fischhändler aber begrub sie in einem buddhistischen Tempel und ließ viele Messen für ihr Seelenheil lesen. Fingal, eine englische Katze, kümmerte sich liebevoll und verantwortungsbewußt um die Schildkröte und die Kaninchen im Haus. Wenn die Schildkröte auf den Rücken fiel, alarmierte sie sofort die Familie. Wenn ein Kaninchen krank war, hielt sie Wache vor dem Käfig, bis es wieder gesund war. Das M. der Katzen erstreckt sich insbesondere auf Jungtiere aller Gattungen. →Kümmerkatzen, →Adoption, →Babschadh.

Miu (weibliche Form: Miat) wurden nach Hieroglypheninschriften die Katzen im alten →Ägypten zuerst genannt, etwa um 2300 v. Chr. Später setzte sich der Name →Mau durch.

Mohammed (570–632) war ein großer Tierfreund. Ganz besonders liebte er Katzen. Zu ihrem Schutz erließ er strenge Gesetze. Wer eine Katze tötete, mußte eine hohe Strafe in Form von Getreide entrichten. Speise und Trank, von denen eine Katze gegessen hatte, galten ihm nicht als unrein. Ungehindert durften Katzen selbst die Moschee betreten. Einst brachte eine Katze ihre Jungen auf dem Ärmel seines Gewands zur Welt. Der Prophet kümmerte sich liebevoll um sie. Nach der Geburt war sein Gewand so sauber wie zuvor. Seither ist es im Islam ein Zeichen großer Frömmigkeit, einer Katze bei der Geburt zu helfen. →Muessa.

Mohrrüben sind wie →Knoblauch ein gutes Vorbeugungsmittel gegen Würmer. Man reibt vor allem Jungkatzen ein wenig davon ins Futter.

Moncrif, Paradis de (1687–1770), schrieb das erste bekannte Katzenbuch: «Geschichte der Katzen», 1727, eine Lobeshymne auf die Samtpfoten.

Mond «Man hat es nicht gewagt, dem Mond einen Gefährten zu geben. Mit seiner gelborangen Färbung hat er nämlich ein wenig Ähnlichkeit mit dem Auge einer schwarzen Katze. Zwei Monde würden dem Himmel ein so katzenhaftes Gesicht verleihen, daß es den Vögeln Furcht einjagen könnte», nachzulesen in Negris Tagebuch. →R. Crottet. In Ägypten stand die Katze in enger Verbindung zum Mondkult, in Griechenland glaubte man, die Sonne habe den Löwen, der Mond die Katze hervorgebracht. Amerikanische Indianervölker nahmen an, daß der abnehmende Mond von Mäusen aufgefressen wird. Da konnte nur die Katze Abhilfe schaffen.

Monginot, Charles, gehörte zu dem Triumvirat französischer Katzenmaler gegen Ende des 19. Jahrhunderts. →Lambert, →Steinlen.

Montaigne, Michel de (1533–1592). Der französische Philosoph und Schriftsteller war einer der ersten großen Katzenfreunde in einer Zeit, in der Katzen vielfach noch verteufelt wurden.

Montanus, Martin (geb. um 1537), erzählt in seiner Fabel Nr. 200 vom 20. 4. 1558: «Der Streit zwischen Hund

und Katze», 6. Fassung: Die Hunde beanspruchten beim Essen und in allen Dingen den Vorrang. Die Katzen wehrten sich dagegen mit ihren Krallen. Die Hunde zogen ins ferne Land zu ihrem König, der ihnen ein Schriftstück gab, das ihnen alle Privilegien vor den Katzen zusicherte. Aber bei der Rückkehr ging der wertvolle Brief beim Überqueren eines reißenden Flusses verloren. →Katzenmärchen 4a.

Montez, Lola (1818–1861). Die skandalumwitterte Tänzerin schlug ihre Katze, weil sie Milch «gestohlen» hatte. Zum Glück trat Ludwig I. von Bayern, ihr Gönner, dazwischen mit den Worten: «Lola, bedenke, du schlägst deinesgleichen.» Er umarmte sie zärtlich, inzwischen konnte die arme Katze ihrer launischen Herrin entkommen.

Montmartre Auf dem romantischen alten Friedhof von M. lebt gutversorgt eine Kolonie verwilderter Katzen →Chambazard. 1996 erschien der Text-Bildband «Die Katzen von Montmartre» von Eva Demski und Ruth Westerwelle. Die anspruchsvollen Schwarzweiß-Fotos begeistern jeden Katzenfreund.

Morgenstern, Christian (1871–1914), besang in seinen «Galgenliedern» einen Kater und beschrieb in dem Gedicht «Schnauz und Miez» eine Freundschaft zwischen Hund und Katze.

Mörike, Eduard (1804–1875), der große deutsche Lyriker und Erzähler des Biedermeier, verewigte in seinen Versen seine Katzen Weißling und Sauberschwarz.

Morris, Desmond, vermittelt in seinen Büchern «Die Körpersprache der Katze» und «Katzen», 1987, die rasch zu Klassikern avancierten, aufregende neue Erkenntnisse über ihr Verhalten.

Moschuskatzen, eine Wildkatzenart, lebten früher im Sudan und in Abessinien. Ihre Drüsen sonderten den als Duftstoff begehrten Moschus ab. Deshalb wurden diese Katzen ausgerottet.

Mottenkugeln sind kein Katzenspielzeug. Sie enthalten das für Katzen hochgiftige Naphthalin, das sogar tödlich wirken kann. Vorsicht: die modernen Mottenvertilgungsmittel sind nicht weniger gefährlich.

Mozart, Wolfgang Amadeus (1756 bis 1791), wird in der Literatur einhellig als einer der eher seltenen Katzenfreunde unter den Musikern bezeichnet.

Mücke, Karl (1847–1923). Der deutsche Maler hat auf zahlreichen Bildern immer wieder seine Lieblingsmodelle verewigt: Katzen.

Mucki, ein Tigerkater aus Augsburg, darf sich nach dem Urteil des Augsburger Landgerichts wieder frei bewegen, auch auf die Gefahr hin, daß er mal einen Vogel fängt oder Nachbars Grundstück betritt. →Bubu. Auch das Kölner Oberlandesgericht urteilte ähnlich:

In Vororten dürfen Katzen ungehindert frei umherlaufen. Beide Urteile ergingen 1983.

Muessa hieß die Lieblingskatze des Propheten →Mohammed. Einmal schnitt er einen Ärmel seines Gewands ab, um ihren Schlaf nicht zu stören, als er zum Gebet aufbrechen mußte. Da er Muessas Rücken oft zärtlich streichelte, fallen die Katzen immer auf ihre vier Pfoten, so die Legende, denn was der Prophet berührte, ist stets dem Himmel zugewandt.

Müffchen Wie ein Muff sieht sie aus, wenn die Katze behaglich mit eingeschlagenen Vorderpfoten daliegt.

Müller, Ulrike, schrieb eines der modernsten Bücher über Katzenhaltung und -pflege: «Das neue Katzenbuch», 1984, mit dem Sonderkapitel «Katzensprache» von →Leyhausen, illustriert mit 64 hervorragenden Farbfotos und 66 Zeichnungen von Fritz W. Köhler.

Munchkin heißt die neueste empörende Qualzüchtung aus den USA, eine Katze mit Stummelbeinchen und Stummelschwanz, die nicht auf den Eßtisch springen, aber auch kaum noch laufen kann. →Dackelkatze.

Mundgeruch ist bei Katzen völlig normal auf Grund ihrer Ernährung. Faulig-stinkender M. ist ein Alarmzeichen. Die Katze ist krank und muß sofort untersucht und behandelt werden. Oft liegt es an vereiterten Zähnen, es kann aber auch ein Nierenleiden oder eine andere ernsthafte Erkrankung die Ursache sein. Bei Mundhöhlenentzündungen hilft die →Homöopathie mit Borax und Mercurius (Quecksilber).

Mungo →Ichneumon.

Münzbilder Auf Münzen des ägyptischen Gaus von →Bubastis war die heilige Katze dargestellt. Auch auf griechische Münzen in Tarent und Rhegium wurden Bilder von Katzen geprägt.

Murilegus →Mussio.

Murrkater In Sachsen sagte man früher beim Heraufziehen von Gewitterwolken: «Da steht ein Murrkater» oder «Da kommt ein schwarzer Kater herauf». →Bullkater.

Muschi →Mussio.

Musical Seit 1981 (Uraufführung in London) haben die Katzen ihr eigenes Musical, «Cats», das inzwischen weltweit Triumphe feierte. Der Text und die Idee stammen aus «Old Possums Katzenbuch» von T. S. →Eliot, die Musik von Andrew Lloyd Webber.

Musik Über die Musikalität von Katzen gibt es die unterschiedlichsten Meinungen. Manche Katzen scheinen eine bestimmte Musik richtiggehend zu genießen, andere empfinden sie, frei nach Busch, nur als Störung. Französische Forscher stellten bei einer Untersuchung von 1932 fest, daß Katzen von dem E in der 4. Oktave sexuell stimuliert werden. Wenn das stimmt, hätten sie das absolute Gehör, eine bei Menschen im Schwinden begriffene Fähigkeit. Hohe Pfeiftöne werden dagegen verabscheut. Verhaltensforscher wie M. →Fox empfehlen, daheim die Stereoanlage oder das Radio mit leiser Musik laufen zu lassen, wenn man die Katze(n) für längere Zeit allein zurücklassen muß. Es wirke beruhigend auf die Tiere und gebe ihnen das Gefühl, nicht so einsam zu sein. In der Schweiz soll es nach Urner Sagen einen Kater Hermann gegeben haben, der mit der Handorgel zum Tanz aufspielte. Ibrahim al-Mausili, ein großer Sänger am Hof von Bagdad, träumte eines Nachts von zwei Katzen, einer schwarzen und einer weißen. Die schwarze lehrte ihn ein wunderschönes Lied, an das I. sich beim Erwachen genau erinnern konnte. Er brachte es einer Sängerin bei, die bald darauf wahnsinnig wurde. Meine eigenen Erfahrungen: Mein Kater Nello biß mich energisch ins Bein, wenn ich vor mich hin trällerte. →Katzenmusik, →Lind.

Musil, Robert (1880–1942). Der große österreichische Romancier hob die Grenze zwischen Mensch und Katze (beinahe) auf, wenn er eine schöne, fremde Katze mit den Frauen verglich, die Botticelli gemalt hat.

Muskelkater (eigentlich Mäuschenkater, denn musculus heißt lateinisch Mäuschen) wird seit etwa 1920 als Bezeichnung für schmerzhafte Nachwirkungen einer körperlichen Überanstrengung verwendet.

Musset, Alfred de (1801–1857), französischer Dichter der Romantik, gehörte zu den großen Katzenfreunden unter den Meistern der Feder.

Mussio, auch musiu (Mäusefänger) oder murilegus (Mäusesammler), nannten die Römer etwa ab 350 n. Chr. ihre Katzen in der Umgangssprache. Davon leitet sich unser Kosename Muschi ab. →catus.

Mussolini, Benito (1883–1945), war natürlich, wie es sich für einen Diktator gehört, ein Katzenfeind.

Mut ist eine Charaktereigenschaft, die alle gesunden Katzen auszeichnet. Mutterkatzen aber schlagen alle Rekorde. Im amerikanischen Naturschutzgebiet Yellowstone-Park hat eine Katzenmutter sogar einmal einen Bären in die Flucht geschlagen und so lange verfolgt, bis er auf einen Baum flüchtete. Kampferprobte Kater haben keine Scheu, sich auch dem Kampf mit einem wesentlich stärkeren Gegner, etwa einem Hund, zu stellen.

Mutation ist eine spontane Veränderung in der chemischen Struktur eines Gens, die zu der Erzeugung eines neuen Erbmerkmals führt. Sie tritt gehäuft auf als Folge der →Domestikation. Auf Grund von M. entstanden z. B. die →Rex- und →Manxkatzen.

N

Nabelbruch ist zu erkennen an einer Schwellung am Bäuchlein, die verschwindet, wenn man das Tier auf den Rücken legt. In der Regel ist eine Operation erforderlich.

Nachbarn Auf gute Nachbarschaft halten sollte jeder Katzenfreund, vor allem, wenn er →Auslaufkatzen hat. Gartenbesitzer, Vogelliebhaber, Hundefreunde, Jäger und andere N. teilen unsere Katzenliebe oft keineswegs. Viele Prozesse wurden schon wegen Katzen angestrengt: →Bubu, →Mucki. Oft muß die Katze auch als Zankapfel herhalten, wenn die gute Nachbarschaft aus ganz anderen Gründen entzweigeht. Deshalb ist es am besten, im Interesse der Katze(n) auch mal gute Miene zum bösen Spiel zu machen.

Nachkommen →Fruchtbarkeit.

Nachtkatze oder Chilenische Waldkatze (leopardus guigna). Diese →neuweltlichen Kleinkatzen zählen zu den Zwergkatzen. Der Körper wird nur 75 cm, der Schwanz 20 cm lang. Das Fell ist ockerbraun, der Bauch weiß mit dunklen Flecken. Relativ häufig sind schwarze Nachkommen →Akromelanismus. Wie die →Anden- oder Bergkatze lebt auch die N. in den Bergwäldern Chiles und Boliviens. Ihre Beutetiere sind Kleinsäuger.

Nachtschattengewächse, bittersüß und schwarz, gehören zu den für Katzen hochgiftigen Pflanzen. Schon kleine Mengen führen zu schweren Vergiftungserscheinungen wie Erbrechen, Durchfall, Speichelfluß, Atembeschwerden, Schwächezuständen und Bewußtlosigkeit. Nur →fachkundige Hilfe kann das Tier evtl. noch retten →Vergiftungen.

Nackenbiß Erfahrene Katzen töten ihre Beute durch N. Den gehemmten N. wenden Katzenmütter als →Tragegriff an, um ihre Jungen zu transportieren. Bei der →Katzenhochzeit beißt der Kater das Weibchen in den Nakken, ohne es zu verletzen. →Ausweichobjekt, →Kannibalismus.

Nähkästchen Nähzeug gehört in einem Katzenhaus unter Verschluß, auch wenn die kleinen Quirle sich noch so brennend dafür interessieren. Nähnadeln und Knöpfe können im Hals der Katze steckenbleiben, Garnreste den Magen-Darm-Ausgang blockieren. Das einzige, was Sie Ihren Lieblingen unbesorgt zum Spielen geben können, sind leere Garnrollen.

Namen Jede Katze kennt ihren Namen. Das kann man leicht testen, wenn man ihn ganz nebenbei im Gespräch erwähnt. Sofort spitzt «Caruso» die Ohren oder wendet einem den Kopf zu. Damit sie mit ihrem Namen nur angenehme Assoziationen verbinden und lernen, auf Rufen zu kommen, sollte man ihn nie gebrauchen, wenn man mit der Katze schilt. Da genügt «Nein!» Wenn eine Katze dennoch auf Rufen ihres Namens nicht kommt, so hat sie gerade etwas Besseres vor oder ahnt, daß ihr etwas Unangenehmes bevorsteht, etwa eine Fahrt zum Tierarzt. Katzen kommen fast nie sofort, wenn man sie ruft, sondern erst einige Minuten später. →Anhang, S. 344 ff.

Napoleon (1769–1821). Der französische Kaiser wird in der gesamten Katzenliteratur als Katzenfeind apostrophiert. J. L. →Hue aber schildert ihn in seinem hervorragenden Katzenbuch als typischen Katzenfreund und belegt das sogar mit Beispielen: den Katzen zuliebe nahm N. einen Ehestreit mit Kaiserin Josephine auf sich, die Hunde liebte. 1810 wurde zu Ehren N. in Paris eine Katzenausstellung veranstaltet, der Sieger erhielt den Namen des Kaisers. →Leopold.

Narkose bekommen Katzen bei der →Kastration und bei Operationen, auch beim Zähneziehen. Die N. wird nach Gewicht berechnet. Nicht alle Katzen vertragen sie gut. →Siamkatzen sind schwer in N. zu versetzen.

Narzissen sind für Katzen giftig. →Amaryllisgewächse, →Märzenbecher.

Naschen kann man einer Katze kaum abgewöhnen. Einfacher ist es, verbotene Nahrungsmittel unter Verschluß zu halten. →Betteln.

Naschkatze Bezeichnung für kleine und große Kinder, die Süßigkeiten oder anderen Leckerbissen nicht widerstehen können.

Nasenbluten Bei schwachem N. die Katze isolieren: Man stellt sie am besten in einem verschlossenen Korb in einen ruhigen Raum. Hört das N. nicht von allein auf, so ist dringend →fachkundige Hilfe erforderlich.

Nasenkontrolle →Anstoßkontrolle, →Begrüßung, →Erkennungskuß.

Nasenspiegel heißt die Nasenspitze bei Katzen und anderen Tieren. Die zarte Haut des N. weist bei jedem Tier eine andere, unverwechselbare Linienführung auf. Deshalb werden Untersuchungen angestellt, ob man Nasenabdrücke einführen kann, mit deren Hilfe Katzen und Hunde einwandfrei zu identifizieren sind →Katzenklau, →Tätowierung. Die verschiedenartige Färbung des N. erklärt sich aus dem Erbgut der Katze. Wildkatzen haben rote oder rotbraune N., Falbkatzen schwarze. Das Auftreten beider Färbungen bei unseren Hauskatzen ist ein Argument gegen die immer mal wieder auftretende Theorie, unsere Hauskatzen stammten nicht – auch – von unseren Wildkatzen ab.

Nassau In der Zeit der Hexenverfolgung wurde hier immer am Faschingsmontag auf besonders grausame Weise eine Katze geopfert. Man bildete aus drei Fichtenstämmen eine Pyramide und hängte an die Spitze einen Korb, in dem man zuvor eine Katze eingesperrt hatte. Diese Pyramide wurde mit Strohfackeln angezündet. Die Zuschauer beteten das Vaterunser und riefen: «Wir verbrennen den Hal (Hagel).»

Natrium →Salz. Erwachsene Katzen benötigen täglich 20–30 Milligramm N.

Natsuma, Soseki: «Ich, der Kater», 1997. Ein Werk von über 600 Seiten, voller Geschichten über Menschen, Tiere und ihre Schwächen – aus der Sicht eines Katers, dem nichts verborgen bleibt.

Nebelparder (neofelis nebulosa), zu Hause in Südostasien, nimmt mit 190 cm Körperlänge eine Zwischenstellung zwischen Klein- und Großkatzen ein. Das Fell ist wie das der →Marmorkatze gemustert. Bevorzugte Jagdbeute: Wildschweine und Hirsche.

Neko heißt auf japanisch: Katze.

Nekomata ist ein Gegenstück zu →Neko, der japanischen Hauskatze, nämlich ein riesiger Katzendämon mit gegabeltem Schwanz, der in den Bergen sein Unwesen getrieben haben soll.

Nelken, so schön sie auch duften, sind für Katzen leider sehr giftig.

Nello, (1975–1992), ein rot-weißer Kater mit Bernsteinaugen, war der liebste, schönste und klügste Kater der Welt. Das behauptet mit Recht jeder Katzenfreund von seiner Lieblingskatze. Und ich bin da keine Ausnahme!

Nelson, Horatio Viscount (1768–1805). Der englische Admiral trennte sich lieber von seiner ersten Frau als von seiner Katze. Die Schiffskatze auf dem Admiralsschiff stand unter seinem persönlichen Schutz. →Churchill.

Neri, Filippo (1515–1595). Der italienische Theologe, der den Orden der Oratorianer ins Leben rief, war ein großer Katzenfreund und hing mit zärtlicher Liebe an seiner Katze – zu einer Zeit, in der Katzen als angebliche Teufelstiere grausam verfolgt wurden.

Neruda, Pablo (1904–1973). Der große chilenische Dichter schrieb das Gedicht «Katzentraum», an dessen Schluß es heißt: «Schlafe, schlaf, nächtliche Katze, mit deinen Bischofszeremonien und deinen steinernen Schnurrhaaren, bestimme all unsere Träume.»

Nerthus, die Mutter der germanischen Göttin →Freya, war das Symbol für die fruchtbare Erde. Auch sie liebte Katzen. Wer ihnen Milch in die Getreidefelder stellte, dessen Ernte beschützte sie auch bei schlechtem Wetter. →Kornkatze, →Ernteopfer.

Nerval, Gérard de (1808–1855). Der zu seiner Zeit verkannte französische Dichter gilt heute als Vorläufer des

Surrealismus. In seinem von Tragik überschatteten Leben fand er immer wieder Trost bei seinen geliebten Katzen.

Nesselfieber, eine allergische Hautreaktion mit Schwellung von Gesicht und Augenlidern, geschwollenen Flekken am Körper, vergeht oft von selbst. Ursachen: Brennesseln, Insektenstiche. Dauern die Symptome länger als 24 Stunden an, →fachkundige Hilfe zu Rate ziehen.

Nest Katzen, die Junge erwarten, bauen ein Nest für die Kleinen, nicht anders als Vögel, Mäuse oder Eichhörnchen. Papierreste, Wollfäden, Lumpen oder auch Heu dienen zum Auspolstern. Es wäre zu begrüßen, wenn statt des etwas abfälligen Ausdrucks «Wurf» für die Nachkommenschaft sich das liebenswürdigere Wort N. allgemein durchsetzen würde.

Nestbautrieb Wenn eine Katze Junge erwartet, setzt schon Wochen vor der Niederkunft der N. ein. Sie sucht nach einem ruhigen, geschützten Platz für ihre Kinder, will diesen auch selbst ausstaffieren und herrichten. Deshalb wühlt sie in dieser Zeit in Papier, Wäsche und Lumpen, streicht ruhelos umher, vergleicht, wählt aus. →Geburt, →Wochenstube.

Nesthocker sind – im Gegensatz zu Nestflüchtern wie Fohlen und Zicklein – alle neugeborenen Kätzchen. Die Augen sind geschlossen, das Haarkleid ist noch nicht ausgebildet, die Zähne fehlen, das Kleine kann noch nicht laufen und die Körpertemperatur noch nicht selbständig regulieren, d.h. stabil halten.

Netzhauterkrankungen können angeboren sein oder als Folge von Infektionskrankheiten oder Zuckerkrankheit auftreten. Sie sind bei Katzen schwer zu erkennen. →Blindheit.

Neugier, vornehmer ausgedrückt «Wißbegier», ist ein anerkanntes Zeichen von Intelligenz. Katzen gehören neben Affen zu den neugierigsten Tieren überhaupt und leiden sehr unter →Langeweile. Glücklich sind sie, wenn sie überall dabei sein dürfen, wo etwas los ist – beim Hausputz, beim Auspacken der täglichen Einkäufe, wenn Besuch kommt, beim Gemüseputzen usw. Katzen, die viele Anregungen haben, entwickeln sich prächtig und bleiben lange jung.

Neugriechische Katzenmärchen «Hund und Katze»: «Die liederlichen Hunde geben den ordentlichen Katzen ein Gerichtsurteil in Verwahrung, das ihnen gute Behandlung durch den Menschen zusicherte. Aber leider wurde das Dokument von den Mäusen gefressen. Die Hunde gaben der Katze die Schuld und jagen sie seitdem, die Katze aber verfolgt die Mäuse. →Katzenmärchen 4a.

Neun Leben hat die Katze, heißt es im Volksmund. Die Neun ist eine mystische Zahl, und zwar in den verschiedensten Kulturkreisen. Neun Leben soll schon die ägyptische Göttin →Bastet besessen haben, ebenso wie ihr

Lieblingstier, die Katze. Trotzdem warnte man seit altersher die Menschen davor, der Katze auch nur eines ihrer neun Leben zu nehmen, sonst werde das Tier den Täter aus dem Jenseits verfolgen, um Rache zu nehmen. Ein ausnahmsweise einmal für unsere Katzen nützlicher →Aberglaube.

Neunschwänzige Katze hieß in England die berüchtigte große Lederpeitsche zur Züchtigung von Gefangenen und Matrosen (bis 1881).

Neurosen Katzen sind erfreulicherweise beneidenswert gesund in psychischer und nervlicher Hinsicht. Trotzdem kann es zu N. kommen, die sich vorwiegend als →Verhaltensstörung, aber auch in Form von Krankheit äußern. Mit den noch wenig erforschten N. bei Katzen beschäftigt sich der Wiener Tierpsychologe F. →Brunner.

Neuseeland 1857 wurde eine Schiffsladung Katzen von England nach N. gebracht, um die dortige Rattenplage zu bekämpfen. Die Aktion war ein voller Erfolg.

Neutralisieren ist ein anderer Ausdruck für →Kastrieren oder Sterilisieren.

Neuweltliche Kleinkatzen aus Nord- und Südamerika sind: die →Berg- oder Andenkatzen, Langschwanzkatzen oder Margay, Nachtkatzen oder Chilenische Waldkatzen, Ozelotkatzen oder Oncilla, Ozelot oder Pardelkatze, Pampaskatze, Puma oder Kaguar, Rotluchs oder Bobcat, Luchs, Salz- oder Kleinfleckkatze, Wieselkatze oder Eyra oder Jaguarundi, Zwergtigerkatze. Mit Ausnahme der Pampaskatze haben sie runde Ohren wie die →Großkatzen.

Neville, Peter: «Versteh Deine Katze», 1992. In diesem Buch erklärt der englische Tierpsychologe unerwünschtes und unverständliches Verhalten von Katzen wie Wollebeißen, Unsauberkeit und Aggressionen anhand von Beispielen aus seiner Praxis.

Newton, Isaac (1642–1727). Dem englischen Physiker, Mathematiker und Astronomen gebührt der Ruhm, in der katzenfeindlichen Zeit der Aufklärung die vielgeschmähte Hauskatze verteidigt und ihr die Treue gehalten zu haben. Auch N. soll die →Katzentür erfunden haben.

Niacin (Nikotinsäure) ist ein lebenswichtiges Vitamin, das der Organismus der Katze nicht selbst bilden und nur für kurze Zeit speichern kann. Hefeflocken, übers Futter gestreut, schützen vor N.-Mangel, der innerhalb von 20 Tagen zum Tode führen kann.

Nichols, Beverly (geb. 1898). Das «Katzen-ABC», dt. 1961, des englischen Schriftstellers enthält einige der entzückendsten Katzengeschichten, die es gibt, z. B. die von einem hochdekorierten Admiral, der so schön schnurren konnte, oder die von Lincoln, der mitten im Amerikanischen Bürgerkrieg Zeit fand, zwei kleine Katzen zu retten …

Nickhaut nennt man das dritte Augenlid der Katze. Es befindet sich im inneren Augenwinkel und kann von dorther vorfallen, z. B. bei Krankheiten, und das halbe Auge bedecken. Achten Sie auf weitere Symptome. Die N. ist weißlich oder rosa gefärbt und unbehaart. Sie hat die Funktion, das Auge zu schützen, und bildet eine Art natürlichen Verband, wenn das Auge verletzt oder entzündet ist. In diesem Fall bedeckt die N. nur ein Auge, das betroffene. Bei auffälligem N.-Vorfall unbedingt →fachkundige Hilfe holen.

Nicolas, Kater vom Friedhof Montmartre in Paris, wurde am 18. 6. 1978 als erster freier Kater Frankreichs registriert (AA 0831), geimpft, kastriert, mit einem Paß versehen, den der Friedhofsgärtner verwahrt. Über hundert freie Katzen leben jetzt auf dem Montmartre. Sie bekommen 500 Dosen Futter pro Woche, und niemand darf ihnen etwas zuleide tun oder sie einfangen. →Cambazard, →Katzenschule, →Marius.

Niederländische Katzenmärchen «Katze und Ratte»: Eine Katze läßt eine Ratte entkommen, weil sie sich vor der Mahlzeit noch den Mund waschen will. Seither macht sie das lieber nach dem Essen. →Deutsche Katzenmärchen: «Katze und Sperling». →Katzenmärchen 5h.

Niere ist auch von Katzen nur mit Vorsicht zu genießen →Leber. Nicht öfter als einmal in der Woche verfüttern und nur gar gekocht.

Nierenentzündungen können chronisch werden. Hervorgerufen wird die Krankheit durch Erkältung, Infektion oder Vergiftung. Symptome: häufige Entleerung der Blase, starker Durst, Lustlosigkeit, steifer Gang, gekrümmtes Hinterteil. Die Katze hat starke Schmerzen. Diät unterstützt den Heilungsprozeß: wenig Fleisch, statt dessen Milch, Milchbrei und Schleimsuppen. Chronische N. können zu →Herzleiden führen. Homöopathisches Mittel: Cantharis (Spanische Fliege).

Nierenleiden sind häufig der Grund, wenn besonders ältere Katzen auffällig viel trinken, nicht unbedingt aus ihrem Wassernapf, sondern vielleicht lieber aus der Blumenvase, aus Pfützen u. ä. Die Katze muß sofort behandelt werden. Homöopathisches Heilmittel: Solidago compositum S. (Injektionslösung) ins Futter tropfen.

Niesen kann von einer unerheblichen Reizung der Nasenschleimhäute herrühren. Wenn aber Schleim aus dem Näschen (oder Wasser aus den Augen) fließt, ist es ernst, ebenso bei heftigen Niesanfällen, an denen ein Fremdkörper im Näschen schuld sein kann.

Nieser, Egon, versteht sein Büchlein «Hauskatzen», 1982, als Leitfaden für Anfänger, die er behutsam in die Welt der Katzen einführt.

Nieswurz gehört zu den für Katzen giftigen →Hahnenfußgewächsen. Einige Arten enthalten das Herzgift Helleborein.

Nistkästen für Vögel müssen so angebracht werden, daß sie für Katzen unerreichbar sind. Zum Schutz gut befestigen, damit eine geschickte Katze sie nicht abreißen kann.

Nitta, Japanischer Maler des Mittelalters, berühmt durch ein Katzenbild, das so lebendig wirkte, daß eine Ratte bei dem Anblick auf der Stelle starb, an Herzschlag. Die Seidenraupenzüchter kauften Kopien des Bildes und hängten sie in den Maulbeerbaumhainen auf, zum Schutz gegen die Nager. Lebende Katzen konnten sie sich nicht leisten. →Japan, →Zauberkatzen.

Noeckel, Edith, zeitgenössische Autorin der Katzenbücher «Geliebte Samtpfoten» und «Die Zitronenvilla», stellt von jedem verkauften Buch drei Mark dem Katzenschutzbund ihrer Heimatstadt Essen zur Verfügung.

Normandie Hier verurteilt der Aberglaube die dreifarbige Katze als Unglücksbotin: Wenn sie auf einen Baum klettert, steht ein Unglück bevor. →Aberglaube.

Norwegen Nach einer alten Legende wurde der König der Riesen, der gefürchtete Utgard-Loki, von einer Riesenkatze begleitet.

Norwegische Waldkatze →Skaukatts.

Nossack, Hans Erich (1901–1977). Der deutsche Schriftsteller erinnert sich in seiner Geschichte «Der Untergang» der Trümmerkatzen von Hamburg während des Zweiten Weltkriegs und in der Nachkriegszeit.

Novomesky, Laco (1904–1976). Der ungarische Dichter greift in seinem Gedicht «Oblomow im Gefängnis» das Thema «Katze tröstet Gefangene» auf. →Gefangenenbetreuung, →Wriothesley, →Wyatt.

Nürnberger Bilderbogen Hier findet sich die zweite Fassung des Märchens vom Ursprung der Feindschaft zwischen Hund und Katze von Albrecht Glockendon um 1530: «Noah gab den Hunden das Privileg, die Innereien von Schlachttieren zu beanspruchen. Sie luden die Katzen dazu ein und gaben ihnen die Urkunde in Verwahrung. Die Mäuse fraßen das Papier auf. Die Hunde verfolgen seither die Katzen. Die Katzen aber jagen die Mäuse.» →Katzenmärchen 4 a.

Nürnberger Meistersinger In den Handschriften der N. wurde am 1. 8. 1554 das Märchen vom Wolf im Katzenwald aufgezeichnet. →Deutsche Katzenmärchen 5.

Nutztiere Katzen werden zwar zu den Haustieren, aber nicht unbedingt zu den N. gezählt. Das ist im Grunde falsch, jedenfalls bei allen →Auslaufkatzen, die Mäuse und Ratten fangen. Bis zu 7000 Mäuse oder Ratten kann eine einzige Katze im Jahr vernichten, ganz ohne Gift. Damit leistet sie einen wichtigen Beitrag zum Schutz des Getreides und anderer Werte, aber auch zur Volksgesundheit. →Amerika, →Arbeit, →Rattenkatzen.

O

Oakley, Graham, schrieb und zeichnete das besonders hübsche Kinderbuch «Die fliegenden Kirchenmäuse», dt. 1976. Die Hauptrolle spielt der rote Kirchenkater Samson, der feierlich gelobt hat, Mäusen niemals ein Leid anzutun …

Obeid-e, Zakani (um 1305–1371). Der satirische persische Dichter schuf eine Fassung des Katzen-Mäuse-Krieges, →Katzenmärchen 1a. Eine Katze wird von einer Maus verspottet, fängt und verzehrt sie aber. Doch hinterher geht sie in die Moschee und bereut ihre Tat. Die Mäuse freuen sich und bringen ihr Gaben. Sie aber fängt fünf von ihnen. Da bricht der Krieg zwischen ihr und den Mäusen aus. Die Mäuse siegen und fesseln die Katze. Sie wird zum Tode am Galgen verurteilt, kann sich aber in letzter Minute befreien.

Oblaten, heute wieder begehrt, sind seit über hundert Jahren auf Katzen «abonniert». In den unwahrscheinlichsten Situationen dargestellt, die Hemmschwelle zum Kitsch freizügig ignorierend, dienen sie als beliebter Schmuck von Poesiealben, Büchern, Briefen u. v. a. m.

Obst Es soll Katzen geben, die Obst mögen: zerdrückte Bananenscheiben, geriebene Apfelstücke, Pfirsichschnitzel werden für diese Katzen mit Seltenheitswert warm empfohlen.

« O diese Katzen » ist der Titel eines 1966 erschienenen Katzenbuchs mit vielen schönen Schwarzweiß-Fotos, einer Einleitung von E. →Kästner und praktischen Ratschlägen von P. →Leyhausen.

Ohren Katzenohren sind große, bewegliche Schalltrichter, die mit Hilfe von 27 Muskeln pro Ohr unabhängig voneinander auf jede interessante Schallquelle eingestellt werden können. Pro Sekunde kann das Katzenohr 35000 Schwingungen wahrnehmen, das Menschenohr dagegen nur 10000 Schwingungen.

Ohrenerkrankungen äußern sich durch häufiges Kopfschütteln, Kratzen am Ohr, Ohrausfluß. Es kann sich um einen →Fremdkörper, um Ohr→Milben, um eine bakterielle Infektion oder um warzenähnliche Bildungen handeln. Dadurch können äußerst schmerzhafte Ohrenentzündungen hervorgerufen werden, die das Gesamtbefinden der Katze stark beeinträchtigen und sogar lebensgefährlich werden können. Je früher →fachkundige Hilfe eingeschaltet wird, desto besser sind die Heilungschancen. →Blumenkohlohren.

Ohrfeigen Mit O. erziehen Katzenmütter ihre Jungen (→Katzenköpfe), mit einer O. wird häufig der Kater nach der Katzenhochzeit von seiner Braut verabschiedet. Menschen aber dürfen Katzen unter keinen Umständen eine O. geben, unsere Hände sind zu grob. →Strafen.

Ohrschmalz (cerumen) kann man sehr vorsichtig aus dem Katzenohr entfernen mit Hilfe eines biegsamen, dünnen Wattestäbchens, dessen Kopf mit mildem Babyöl oder Borsalbe getränkt ist.

Oldenburgische Sage «Hund und Katze»: Ein weiser alter Mann entschied, daß die Menschen, die ja auch Gemüse essen können, Hund und Katze immer reichlich Fleisch abgeben müßten. Leider wurde das Schriftstück über dieses Privileg, das die Katze verwahren sollte, von den Mäusen gefressen. Daher stammt die Feindschaft zwischen Hund und Katze, zwischen Katze und Maus. →Katzenmärchen 4 a.

Oleander enthält das giftige Oleandrin, das bei Katzen Koliken und Krämpfe auslöst. Tod durch Atemstillstand droht. Sofort den Tierarzt einschalten.

Ölsardinen sind für Katzen ein Lekkerbissen. Ab und zu kann man ihnen unbedenklich Ö. geben, besonders dann, wenn sie zu Verstopfung neigen.

Oncieu, Eva-Maria d'. Die engagierte Tierschützerin, die mit vier Hunden und der Katze Susanne I. zusammenlebt, veröffentlichte zwei Gedichtbändchen: «Gebete der Versuchstiere», 1981, und «Von der Einheit alles Lebendigen», 1984. In «Gebet der Katze» spricht sie die Verzweiflung und Not einer Katze im →Tierversuch aus.

Opfergaben aller Art wurden im alten →Ägypten den heiligen Tempelkatzen von →Bubastis dargebracht. Das originellste Opfer: Kinderhaar. Um die Göttin →Bastet günstig zu stimmen, ließen viele Ägypter ihren Kindern das Haar abscheren, um es zu opfern. Es wurde mit Silber aufgewogen. Der Gegenwert diente zum Füttern der Tempelkatzen.

Orangen Der Duft von frischen Orangenschalen ist für Katzen abstoßend. Das kann man sich zunutze machen, wenn man sie unbedingt von einer bestimmten Stelle fernhalten möchte.

Orchideen Liebhaber von Orchideen tun gut daran, die Blütenpracht in einem abgeschlossenen Blumenfenster zu deponieren. Orchideen sind für Katzen giftig.

Orgelspielen nennt B. →Nichols das Treteln der Katze. Er schwört darauf, daß jeder seiner Kater ein ganz spezielles Repertoire hat: Der eine liebe Choräle, der andere Bach und der dritte Mahler.

Orientalische Kurzhaar-Katzen ist seit 1972 der Sammelname für alle einfarbigen Zuchtkatzen vom schlanken, hochbeinigen Siamtypus. Sie haben meist grüne Augen. Die Felltextur entspricht dem Seidenhaar der →Siamkatzen, ihre Stimme ist ebenso laut und durchdringend. Gezüchtet werden: Orientalisch Kurzhaar Blau, Creme (mit →Ticking), Lila, Rot (mit →Tabbyzeichnung), Schildpatt, Schwarz (→Ebonykatzen), Silberschattiert, Smoke und Weiß (trotz blauer Augen nicht taub). →Havannakatzen, Orientalisch Kurzhaar Tabby.

Orientalisch Kurzhaar Tabby Diese schlanken, hochbeinigen Katzen werden in Holland gezüchtet, aus Kreuzungen zwischen →Siam- und →Abessinierkatzen, und zwar in folgenden Farben: Schwarz, Silber, Blau, Braun, Creme, Lila, Rot und Schildpatt.

Orientierungssinn ist die ungeklärte Fähigkeit der Katzen, über weite Entfernungen nach Hause oder sogar in unbekannter Gegend ihre Menschen zu finden. Beispiele: Die amerikanische Katze Sugar ging beim Umzug in Oklahoma verloren. 14 Monate später sprang sie im 2500 km entfernten Kalifornien durchs Küchenfenster, eindeutig identifiziert an einer leichten Verformung des Hüftgelenks. Ein Tierarzt zog von New York nach Kalifornien und ließ seine Katze bei Bekannten zurück. Monate später tauchte sie im 4000 km entfernten Haus auf, eindeutig identifiziert an dem deformierten vierten Schwanzknochen. Der spanische Kater Misimica legte 1984 einen Weg von 400 km zurück, nachdem er an der portugiesischen Grenze ausgesetzt worden war. →Heimfindetest.

Ortsgedächtnis Katzen besitzen ein ausgezeichnetes Ortsgedächtnis. Sie merken sich über lange Zeit Orte, an denen sie einmal besonders viele Mäuse fangen konnten. Katzenmütter merken sich genau die Plätze, wo sie ihre Jungen beim Umquartieren vorübergehend ablegen, und schauen dort mehrmals nach, ob nicht doch noch ein Junges zurückblieb. Jede Katze merkt sich natürlich den Platz, an dem ihre Katzentoilette steht. →Orientierungssinn, →Gedächtnis.

Ortsnamen Die meisten «Katzenorte» der BRD befinden sich in Bayern, 38 an der Zahl. In Norddeutschland gibt es nur sieben, in Baden-Württemberg fünf, in Hessen acht und in Nordrhein-Westfalen dreizehn. In den übrigen Bundesländern fehlen Orte mit Katzennamen. Die bayerischen «Katzenorte» sind: Katzbach (dreimal), Katzberg (zweimal), Katzbrui, Katzdobl, Katzdorf (zweimal), Katzelsried (zweimal), Katzenbach (zweimal), Katzenberg, Katzenbogen, Katzeneichen, Katzenfels, Katzengraben, Katzenhirn, Katzenhub (zweimal), Katzenhüll, Katzenloh, Katzenlohe (zweimal), Katzenmoos, Katzenmühle, Katzenöd, Katzenreuth, Katzenrohrbach, Katzenstein, Katzenthal (zweimal), Katzham, Katzheim, Katzing, Katzwalchen und Katzwang. Die beiden lustigsten Namen findet man in Hessen: Katzemich und Katzenelnbogen. →H. Bazing.

Osteogenese imperfecta ist ein unvollständig ausgebildetes Knochengerüst, das vor allem bei jungen Kätzchen auftritt, die an Kalziummangel leiden als Folge einseitiger, falscher →Ernährung mit rohem Fleisch, →Aufzucht.

Osterglocken gehören zu den für Katzen giftigen Blumen. →Amaryllisgewächse.

Ostkarpatische Sage «Katze und Hund»: Ein Tierfreund legt in seinem Testament fest, daß alles, was vom Tisch fällt, Hund und Katze gehört. Die Katze nimmt das Testament in Verwahrung, aber die Mäuse zerfetzen es. Deshalb haßt der Hund die Katze, die ihrerseits den Mäusen nachstellt. →Katzenmärchen 4 a.

Ostpreußisches Katzenmärchen «Der Lorbaß und die weiße Miez»: Der jüngste Bauernsohn erbt den Hof und erlöst ein schönes Mädchen, das in eine Katze verwandelt war. →Katzenmärchen 9 a.

Otakki hieß die japanische Katze eines Gemischtwarenhändlers, die gegen Ende des 19. Jahrhunderts Gemälde anfertigte, die japanischen Schriftzeichen ähnelten und sich gut verkaufen ließen.

Ovulation (lat.: Eisprung) besagt, daß ein reifes Ei sich vom Eierstock gelöst hat und in den Eileiter gewandert ist. Dieser durch Hormone gesteuerte Vorgang ruft bei dem Katzenweibchen die sog. →Rolligkeit hervor. Bei unkastrierten Stubenkatzen, die keinen Kater finden können, tritt allerdings oft auch eine Rolligkeit ohne Eisprung auf.

Ozelot oder Pardelkatze (leopardus pardalis) ist eine südamerikanische Dschungelkatze, 100 cm lang plus 40 cm Schwanz. Sie jagt in der Dämmerung, klettert und schwimmt gut. Wegen des schönen gefleckten Fells wurden O. gnadenlos verfolgt und sind mittlerweile vom Aussterben bedroht. Heute stehen sie unter dem Schutz des Washingtoner Artenschutzabkommens, werden aber trotzdem illegal abgeschossen und in Fallen gefangen. Die Felle schmuggelt man auch in die Bundesrepublik Deutschland.

Ozelotkatze oder Oncilla (leopardus tigrinus), in ihrer südamerikanischen Heimat auch Tigrillo, bei uns auch Kleinjaguar genannt, ist etwas kleiner als unsere Hauskatzen, ockerfarben mit schwarzen Ringelflecken. Gekreuzt wurden Ozelotkater mit →Abessinierkatzen, das Jugendfell ähnelt dem der →Nacht- und →Salzkatzen.

Ozikatzen, eine amerikanische Züchtung aus Siamkatzen und Abessiniern, wird heute weitergezüchtet mit Amerikanischen Kurzhaar- und Abessinierkatzen. Es gibt O. in Dunkel- und Hellkastanienbraun, mit Fleckenmuster und Tabbyzeichnung an Kehle, Beinen und Schwanz. Der Körperbau ist zierlich wie bei den Siamkatzen, sie haben den Kopf der Abessinierkatze mit goldfarbenen Augen. Das Fell ist kurz und seidig.

P

Paarung →Katzenhochzeit.

Paarungszeit Die Katzenweibchen sind im Vorfrühling, im Februar, paarungsbereit, dann wieder nach der Aufzucht ihrer Jungen im Hochsommer. Aber viele Katzendamen suchen auch wenige Tage nach der Niederkunft bereits wieder einen Kater. Zwei Würfe im Jahr sind normal, drei leider keine Seltenheit. →Kastration, →Rolligkeit, →Fruchtbarkeit.

Paderborner Sage «Hund und Katze»: Ein Hund hatte seinem Herrn das Leben gerettet und bekam zum Dank ein Schriftstück mit der Zusage, alles Fleisch gehöre fortan ihm, der Herr aber dürfe nur die Knochen benagen. Er ließ das Dokument von der Katze aufbewahren, aber die Mäuse machten sich darüber her. Seitdem verfolgt der Hund die Katze und die Katze die Mäuse. →Katzenmärchen 4 a.

Page, Susie. Das lesenswerte Buch der Amerikanerin, «Katzen-Alltag», erschien 1982 in deutscher Sprache. Es enthält viele ausgesprochen nützliche Tips für den Umgang mit unseren Stubentigern.

Palladius (4. oder 5. Jahrhundert n. Chr.), römischer Sachbuchautor zu Fragen der Landwirtschaft, benutzte als erster den Namen →catus für die Hauskatze. Er gab den Bauern z. T. abenteuerliche Ratschläge für den Umgang mit Katzen: Jedem Huhn müsse man einen Rautenzweig unter den rechten Flügel binden, damit es von der Katze verschont werde. Andererseits gab er den vernünftigen Tip, Katzen gegen die Wühlmausplage in Artischockenfeldern einzusetzen.

Pallas, Peter, deutscher Forschungsreisender, veröffentlichte 1794 die erste Zeichnung einer →Siamkatze, die er am Kaspischen Meer gesehen hatte, mit hellbraunem Fell und schwarzen →Abzeichen.

Pallaskatze →Manul.

Palmenroller Die kleinen, gefleckten Ginsterkatzen leben auf Bäumen, lieben süße Früchte und – Palmwein! Zu den P. gehören: Der vorderindische P. (paradoxurus niger), braungrau. Der afrikanische Flecken- oder Pardelroller (nadinia binotata), gelbbraun bis graubraun mit dunklen Flecken. Der Binturong oder Marderbär in Südchina, Java,

Sumatra und Borneo, schwarz mit braun. Alle haben einen auffallend langen Schwanz, den sie einrollen können.

Pampaskatzen (lynchailurus pajeros pampanus) sind hauskatzengroße südamerikanische Kleinkatzen mit sehr dichtem, langem Fell, das am Rücken fast mähnenartig wird. Sie haben spitze Ohren. Das Fell ist silbergrau, rötlich oder gelbbraun mit schwarzen Ringflecken.

Pankok, Otto (1893–1966). Der unvergessene Zigeunermaler schuf auch hinreißende Holzschnitte von Katzen.

Pantothensäure →Vitamine.

Papierkörbe sind für Katzen unwiderstehlich. Meine «Raben» warten so lange, bis er schön voll ist, und stürzen sich dann mit Wonne darauf, kippen ihn um, wühlen in all den herrlich knisternden Papieren und kriechen schließlich hinein, um sich von ihrer Heldentat auszuruhen.

Paradoxer Schlaf ist das Fachwort für den lebenswichtigen Tiefschlaf, in dem die →Träume auftreten. Etwa 15% ihres Lebens verbringen Katzen im P., aus dem sie durch ein alarmierendes Geräusch blitzartig erwachen können.

Paraffinöl ist ein leichtes, unschädliches Abführmittel für Katzen, das ihnen oft hilft, kleinere →Bezoare auf dem natürlichen Weg wieder loszuwerden. Bei Verstopfung nicht mehr als einen halben Teelöffel geben.

Paraguay Die erste Katze kam im 16. Jahrhundert nach der Eroberung Südamerikas nach P. Sie wurde mit einem Pfund Gold bezahlt. 1983 brachte P. eine hübsche Katzenbriefmarke heraus. Das Motiv zeichnete Ellen Krebs aus Berlin, Modell saß ihr Lieblingskater. →Briefmarken.

Parasiten können Katzen das Leben schwermachen. Es gibt →Katzenflöhe, →Haarlinge, →Läuse, →Zekken und →Milben. Katzenflöhe übertragen den Katzenbandwurm. Gegenmittel sind →Flohhalsbänder und →Flohpuder, speziell für Katzen hergestellt. Denken Sie daran, auch die Schlafplätze der Katze zu desinfizieren. Innere Parasiten sind →Würmer, →Kokzidien.

Pardelkatze →Ozelot.

Paré, Ambroise (ca. 1510–1590), französischer Chirurg, bezeichnete – hochwissenschaftlich! – Hirn, Fell und Atem der Katze als giftig. Ihrem Blick schrieb er geheime Vernichtungskräfte zu.

Parfüm wird von vielen Katzen ebenso heiß geliebt wie von ihren Besitzerinnen. Aber Vorsicht! Es schadet der Katze nichts, wenn sie mal daran schnuppert. Die Flasche muß aber so aufbewahrt werden, daß die Katze sie nicht herunterreißen kann. Ein «Bad» in P. kann lebensgefährlich werden. Früher gewann man Moschus zur Parfümherstellung von den inzwischen ausgerotteten →Moschuskatzen.

Pariakatzen Die →absolute Rangordnung wird bei Katzen eher lax gehandhabt. Müssen aber viele zusammen auf engem Raum leben, z.B. im →Tierheim, so entsteht rasch ein soziales Gefälle. Auf der untersten Stufe der Hierarchie sind die P. angesiedelt, die von allen unterdrückt und vom Futternapf vertrieben werden. Mit Körperkraft allein hat das nichts zu tun, es liegt mehr an der psychischen Struktur einer Katze, ob sie unter ungünstigen Umständen zur P. werden kann.

Parthenay-le-Vieux An der romanischen Kirche St. Pierre befindet sich ein Fries mit Katzenköpfen, eine Rarität in dieser frühen Zeit.

Pas de chat (Katzenschritt) heißt einer der schwierigsten Schritte des klassischen Balletts.

Paßgang Die Katze bewegt beim Gehen jeweils die beiden rechten oder linken Pfoten gleichzeitig vorwärts, im Gegensatz zu den meisten anderen Vierbeinern. Dadurch wirkt ihr Gang besonders geschmeidig.

Patrick I., Bischof und Schutzheiliger der Iren (389–461), trug den Beinamen «Su Cat», was soviel wie «Gute Katze» oder auch «Glücklicher Kämpfer» heißt, →Cat. Als er die Schlangen aus Irland vertrieb, begleitete ihn als Helfer seine Katze. In vielen altirischen Kirchen sieht man Katzenstatuen.

Paustowskij, Konstantin (1882–1968). Der russische Schriftsteller verfaßte die hübsche Geschichte von einem verwahrlosten, «diebischen» roten Kater, der, auf frischer Tat ertappt, statt Prügel ein Festmahl bekommt, ab sofort zu stehlen aufhört und zum treuen Wächter der Hühner wird: «Der diebische Kater».

Pechet Unter diesem Namen wurde die ägyptische Katzengöttin →Bastet in einem Felsentempel in Mittelägypten verehrt. →Poes.

Peitschenschwanz Schon die Schwanzwurzel ist schmal und dünn, der Schwanz meist besonders lang. Er läuft in einer feinen Spitze aus. Der P. gehört zum Wahrzeichen der →Siamkatzen.

Peitschenwürmer können von Hunden auf Katzen übertragen werden. Manchmal kommt es zu Durchfall und Gewichtsverlust, aber es können auch jegliche Symptome fehlen.

Pekinesengesicht (Peke faced) ist eine Zuchtvariante aus Amerika, die von den →Perserkatzen abstammt. Zuerst gab es P. nur in Rot und Rottabby, inzwischen bereits in allen Farben und Schattierungen. Das Gesicht dieser Katze ist eingedrückt, die runden Augen stehen vor, sie haben ein Himmelfahrtsnäschen und Falten in den Augenwinkeln und der Mundpartie. Dieser «drollige» Gesichtsausdruck bringt schwere gesundheitliche Schäden mit sich: Atembeschwerden, Verstopfung des Tränenkanals, fehlerhaftes Aufeinandertreffen von Ober- und Unterkiefer, das zu Problemen beim Essen führt. Es handelt sich um eine →Qualzüchtung, die kein Katzenfreund durch Kauf unterstützen sollte.

Peking In P. fanden 1984 gnadenlose Treibjagden auf Katzen und Hunde statt, der Sauberkeit wegen … →Katzenfarmen, →Pest, →Rattenkatzen.

Pemu, der Kater, nannte sich ein ägyptischer Pharao, der von 773–767 v. Chr. am Nil regierte, in der 22., der Libyschen Dynastie.

Pennsylvania importierte 1749 eine große Anzahl von Katzen zur Bekämpfung einer Rattenplage.

Penzoldt, Ernst (1892–1955). Der deutsche Schriftsteller, der besonders durch Jugendbücher bekannt wurde, lobte seine graugetigerte Katze Katharina die Schöne über den grünen Klee. Aber verwöhnt hat er sie selbstverständlich niemals …

Pepi I. (auch Phiops I.), ägyptischer Pharao der 6. Dynastie, (gest. 2267 v. Chr.), ließ zu Ehren der Katzengöttin →Bastet in Bubastis, Dendera und Heliopolis große Tempel errichten, in denen die heiligen Katzen lebten.

Peresc, ein französischer Archäologe, brachte um 1550 schon eine langhaarige, persische Katze aus dem Orient mit nach Hause. Pietro della →Valle.

Pergaud, Louis (1882–1915). Der große französische Tierschriftsteller, Prix Goncourt 1910, bricht in «Die Falschheit der Katze» engagiert eine Lanze für die verkannte, zu Unrecht als Heuchlerin verleumdete Hauskatze.

Perrault, Charles (1628–1703), sammelte französische Volksmärchen. In seinen «Kindermärchen» zeichnete er auch das Märchen «Der →Gestiefelte Kater» (Le Maitre Chat ou le Chat Botté) auf, der seinen Herrn zum Grafen und sich selbst zum Edelmann machte.

Perserkatzen sind →Langhaarkatzen mit buschigem Schwanz, großem rundem Kopf, kleinen Ohren, kleiner Nase und großen Augen. Das Fell braucht viel Pflege, sonst verfilzt es. Die Herkunft der P. ist nicht eindeutig geklärt. Sie sind ruhig, freundlich, aber distanziert, sehr «dekorativ», keine Schmusekatzen. Gezüchtet werden P. in: Blau, Creme, Rot, Schwarz und Weiß, die letzteren haben blaue, orangefarbene oder zwei verschiedenfarbige Augen. Weiße P. mit blauen Augen sind fast immer taub. Weiter gibt es Rauchperser (Smoke), braun-, rot- oder silbergestromte, Schildpatt, auch mit Weiß, oder Blau mit Creme, zweifarbige P. in Blau, Creme, Rot oder Schwarz mit Weiß, silberschattierte, Cameo-P. (rosafarben) und →Chinchilla-P. Durch Überzüchtung hervorgerufene Gesundheitsschäden: Chronische Atembeschwerden auf Grund der zu kleinen, zu platt gezüchteten Nase, tränende Augen, Komplikationen bei der Geburt, weil die Köpfe der Jungen zu groß sind. →Pekinesengesicht.

Persische Anekdote Ein hübscher junger Diener küßte seine Herrin. Aber der Hausherr hatte die beiden beobachtet. Daraufhin sagt der Diener: «Die Katze hat Fett genascht, und deshalb hat die Dame an meinem Mund gerochen.» «Die Katze hat Fett genascht» ist seither in Persien ein Synonym für eine faule Ausrede.

Persische Katzenmärchen «Die Reise nach Kaschmir»: Ein armer kleiner Junge wird reich durch den Verkauf seines schwarzen Katers in ein Land mit vielen Mäusen, aber ohne Katzen. →Katzenmärchen 2b, →Englische Katzenmärchen «Dick Whittingtons Katze». «Der Mann mit dem Katzengesicht»: Nur ein Mann mit Katzengesicht kann den König und sein Reich retten, so sprach der weise alte Minister zum König Hormus, der von seinen Feinden arg bedrängt wurde. Nach langer Suche wurde der Retter gefunden, es war Baharam Kunin, der Prinz von Rei. Mit einer kleinen Schar von Kriegern besiegte er die Rebellen. →Katzenmärchen 11. «Die Größte Kraft»: Ein frierender Spatz, der seine Tochter nur mit der größten Kraft verheiraten will, läuft vom Eis zur Sonne, vom Berg zum Gras, von der Ziege zum König – und wird Zeuge, wie der Herrscher ängstlich vor einer Maus davonläuft. Aber dann kommt die Katze und frißt die Maus auf. Dem Spatz erklärt sie, worauf ihre Stärke beruht: Sie plant mit weiser Voraussicht und erzieht ihre Kinder gut. Ob das Spatzenmädchen nun einen Kater heiraten muß, bleibt offen ... →Katzenmärchen 5i. «Die Katze und die Kerze»: Ein junger persischer König wollte klüger sein als sein alter Wesir. Er fragte ihn: Was ist stärker, Erziehung oder Veranlagung? Veranlagung, sagte der Wesir. Da führte der König ihm dressierte Katzen vor, die seine Tafeln mit Kerzen beleuchten, die sie in den Pfoten halten. Der Wesir erbat sich einen Tag Bedenkzeit. Dann kam er wieder und brachte heimlich im Ärmel Mäuse mit. Als er sie frei ließ, jagten die Katzen hinterher. Fast wäre der Palast in Brand geraten. Der junge König gab nach und erwies dem Wesir alle Ehren. →Dante, →Katzenmärchen 11.

Persische Redensart «Katzen tanzen lassen» bedeutet: Schwindeln.

Persönlichkeit Jede Katze ist anders. Jede hat ihre unverwechselbare P. mit ausgeprägten Talenten, Vorlieben und Abneigungen, Gewohnheiten und Eigenschaften. →Charakter, →Zuneigung.

Peru In der altperuanischen Nazca-Kultur (100–700 n. Chr.) wurde «die gefleckte Katze, die Bringerin der Lebensmittel» verehrt. Man stellte sie als menschliche Figur mit einem Katzenkopf dar. Auch die →Inka kannten einen Katzengott. Auf der Sonneninsel im Titicaca-See steht der kleine Katzenfels (titi = Wildkatze).

Pest Als die P. in Europa wütete, glaubten die Leute zunächst, auch daran sei die Katze schuld, da sie in Pestgebieten gut gedieh (es gab genug Ratten als Futter). Auch hieß es: Wenn eine Katze eine Kröte blutig leckt und, von deren Gift durstig geworden, ihren Durst am Brunnen löscht, dann vergiftet sie das Trinkwasser. Aber allmählich entdeckte man, daß die Ratten die Seuche verbreiteten, und war den Katzen dankbar, daß sie sie verfolgten. In Südfrankreich legte man →Katzenfarmen an, für große, kräftige →Rattenkatzen.

Pestum, Jo, zeitgenössischer Kinderbuchautor, schuf die Figur des sympathischen Kommissars Katzbach, genannt der Kater, Held vieler Kriminalromane für junge Leser.

Peter (gest. 1964) arbeitete 16 Jahre lang im britischen Innenministerium als Mäusefänger, wurde Film- und Fernsehstar und bezog als «Staatsbeamter» einen Wochenlohn von 1,40 Mark. Nach seinem Tode bekam er ein Staatsbegräbnis auf dem Londoner Tierfriedhof Ilford. Immerhin 20 DM im Monat verdiente ein anderer Peter, der in Berlin beim Paketpostamt in der Invalidenstraße beschäftigt war. Nach fünfjähriger Tätigkeit war er sogar pensionsberechtigt. →Arbeit.

Petrarca (1303–1374), italienischer Dichter und Humanist, liebte nicht nur Laura, sondern auch Katzen. Seine Lieblingskatze balsamierte er nach ihrem Tode eigenhändig ein.

Petroleum Jede Berührung mit P. ist für die Katze lebensgefährlich. Gerät es ans Fell, so wird es z.T. von der Haut absorbiert, z.T. schluckt das Tier es beim Putzen. In diesem echten Notfall darf, ja, muß man die Katze umgehend →baden – und →fachkundige Hilfe holen.

Petsch, Hans. Der deutsche Zoologe ist ein Schüler des Katzenexperten →F. Schwangart. In seinem Buch «Die Katzen», 1971, beklagt er die zunehmende Tendenz zur Schaffung immer neuer Typen der →Zuchtkatzen, bei der nur Variationen bereits bestehender Rassen entstehen.

Pfaffenhütchen oder Spindelbaum, ein Spindelgewächs, aus dessen Holz früher Spindeln geschnitzt wurden, enthält das für Katzen giftige Triacetin. Die Symptome treten erst nach Stunden auf: Koliken, Erbrechen, schleimiger Durchfall, Apathie, Atemnot und Krämpfe.

Pfändung Auch Haustiere sind nicht vor einer P. geschützt und müssen leiden, wenn der Besitzer in Zahlungsschwierigkeiten gerät. Bisher waren nur Hunde im Werte unter 200 Mark davor bewahrt. Nach einem Antrag der SPD im Jahre 1984 sind jetzt Hunde und Katzen im Werte unter 500 Mark davor sicher. Viele →Zuchtkatzen kosten erheblich mehr.

Pfeffel, Gottlieb Konrad (1736–1809), deutscher Fabeldichter, schrieb ein Gedicht über einen in Melancholie verfallenen Kater, der an einer Fledermaus-Manie leidet.

Pfefferkorn, Ignaz. Der Missionar zog im 18. Jahrhundert von Mexiko nach Kalifornien. Unterwegs traf er an allen Missionsstationen Katzen an, die die

Vorräte der Mönche vor Nagern beschützten und «das Aufkommen der Pest verhinderten».

Pfefferminze Um Katzen von Flöhen frei zu halten, wird folgendes erprobte Hausmittel empfohlen: Man stellt einen Topf mit frischer Pfefferminze an alle Eingänge und pflanzt auch im Hof oder Garten P. an. →Bierhefe.

Pfefferminzöl kann Katzen von bestimmten Plätzen fernzuhalten. Sie hassen den Geruch, gewöhnen sich aber unter Umständen daran – leider.

Pflanzen Viele P. und →Zierpflanzen enthalten Gifte, die für Katzen lebensgefährlich sind. In der freien Natur wissen die Katzen, was ihnen bekommt und was nicht. Gefährdet sind vor allem Wohnungskatzen, die kein oder nicht genügend →Gras bekommen. Giftige Zierpflanzen haben in Katzenhaushalten nichts zu suchen. Blumenliebhaber sollten die Pracht in geschlossenen Blumenfenstern halten. Die giftigen P. werden in diesem Lexikon unter ihren Namen aufgeführt. →Vergiftungen.

Pflegetrieb Der P. ist allen Katzenweibchen angeboren. Bekanntlich sind Katzen besonders liebevolle, selbstlose Mütter. Ihr P. umfaßt auch artfremde Tierkinder →Adoption.

Pfote, geschwollene. Sehr häufig liegt ein →Abszeß vor. Es droht eine Blutvergiftung! Das Tier braucht umgehend →fachkundige Hilfe.

Phänomelanine sind diejenigen Pigmente oder Farbeinlagerungen im Katzenfell, die für helle Farbtöne verantwortlich sind, z.B. Silbergrau.

Phenole (Karbolsäure) sind für Katzen giftig →Desinfektionsmittel, →Karbol.

Philipp II. von Spanien (1527–1598) haßte Katzen. Er gilt als Erfinder des «Katzenklaviers», dessen Tasten nicht Saiten anschlugen, sondern Nägel in die Schwänze angebundener Katzen trieben. An den Schmerzensschreien der unglücklichen Tiere soll der König sich ergötzt haben. →Brüssel.

Philodendron →Aronstabgewächse.

Philosophen unter den Katzen, das ist eigentlich ein Pleonasmus, denn welche Katze ist kein Philosoph? Man denke nur an Kater Murr, Hiddigeigei und viele andere. Hier ein weniger bekanntes Beispiel aus Japan: Ito Tenzen Chuya berichtet von einer alten Katze, die er allen Menschen als Vorbild empfiehlt. Sie wurde mit jeder Ratte fertig, weil sie stets «ohne einen Hauch von Ich-Bewußtsein handelte, im Einklang mit der großen Natur».

Phönizien Seefahrer aus P. brachten schon in vorchristlicher Zeit vereinzelt Katzen nach Europa, vielleicht auch nach England.

Phosphor a. An P. tritt bei Katzen selten ein Mangel auf, da es reichlich in Fleisch und Fisch enthalten ist, außerdem in Eiern, Milch, Käse und Getreideprodukten. b. Phosphorvergiftungen können Katzen sich über Schädlingsvertilgungsmittel zuziehen. Die Symptome treten meist erst nach 24–48 Stunden auf: Durst, Erbrechen, blutiger Durchfall, Lähmungen. Sofort den Tierarzt alarmieren.

Picasso, Pablo (1881–1973), für den die Katze in erster Linie ein zoon eroticon, ein Tier mit starker erotischer Ausstrahlung war, schuf eine Bronzekatze, die gerade ihre Bedürfnisse verrichtet und (laut Anatole Jakovsky, Co-Autor von «Van der Steens unheimliche Katzen») in dieser Stellung lebhaft an die Plastik «Der Denker» von Auguste Rodin erinnert.

Ping-Pong für Katzen ist ein lustiges Spiel, das gelangweilte Stubentiger auf Trab bringt. Auf einer standfesten Platte ist an einem elastischen Stab ein P.-Ball befestigt, den die Katze mit der Pfote hin- und herschnellen lassen kann.

Pinsel nennt man die Haarbüschel an den Ohrspitzen, die aus dem Erbe der →Wildkatze stammen.

Pinturicchio (um 1454–1513), italienischer Maler der Frührenaissance, zeigt auf seinem Gemälde «Heimkehr des Odysseus» an zentraler Stelle eine Hauskatze, graubraun, mit hellem Bäuchlein und geringeltem Schwanz, die unberührt von der Dramatik der Szene fröhlich mit einem Ball spielt (London, National Gallery).

Pirinçci, Akif, schrieb den Roman «Felidae», 1989, laut Stern «der wohl exquisiteste Krimi des Jahres». Die Fortsetzung «Francis» erschien 1993 mit einer Widmung an alle Katzen – ob Tier oder Mensch. Zusammen mit Rolf Degen verfaßte er 1994 «Das große Felidae-Katzenbuch» mit hinreißend schnodderigen Kommentaren von Francis, der ein für allemal klarstellt, daß Katzen «weniger ein Geheimnis besitzen, denn eines sind».

Plastiktüten werden von Katzen oft heiß geliebt, schon weil man ihr Futter darin heimträgt. Vorsicht! Räumen Sie die P. immer fort. Viele Katzen knabbern daran, und das Zeug ist natürlich unverdaulich. Heimatlose Katzen aus dem Süden lernen offenbar in frühester Jugend, P. aufzuschlitzen, weil dort die Küchenabfälle in P. auf die Straßen gestellt werden, für die Müllabfuhr. Und auch wenn sie später jahrelang in «geordneten Verhältnissen» leben, stellen sie ihre Fähigkeiten immer wieder gern zur Schau. Spielende Katzen können in P. ebenso ersticken wie Kinder.

Platon (428/27–348/47). Der griechische Philosoph wies nicht etwa dem Menschen, sondern den Katzen den schönsten Platz zu in seiner Beschreibung des Goldenen Zeitalters. Da die alten Griechen nicht unbedingt zu den Katzenfreunden zählten, →Aristophanes, war P. entweder eine rühmliche Ausnahme, oder er machte einfach eine Anleihe bei den alten →Ägyptern.

Plaudern ist die hübsche Bezeichnung für ganz bestimmte Laute, mit denen der Kater einer noch nicht paarungsbereiten Katze gut zuredet.

Plinius d. Ä. (23 o. 24–79 n. Chr.) kam beim Untergang von Pompeji ums Leben. Der unwahrscheinlich produktive römische Schriftsteller erwähnt auch die Katzen: «Sie schleichen ganz leise und still, wenn sie ein Vögelchen haschen wollen … Ihren Unrat bedekken sie mit zusammengescharrter Erde, damit sie ihre Anwesenheit den Mäusen nicht verraten.» Außerdem berichtet er von der Verehrung einer goldenen Katze durch die Araber in der Stadt Rhadata.

Plückebaum, Meta, war eine deutsche Katzenmalerin in der ersten Hälfte unseres Jahrhunderts. Ihre Bilder sind lieb, dekorativ – und ein bißchen kitschig.

Plumptyp ist die wenig schmeichelhafte Bezeichnung für →Kurzhaarkatzen wie die Europäische und die Amerikanische Kurzhaar und alle unsere normalen Hauskatzen.

Plutarch (nach 46–120 n. Chr.), griechischer Philosoph und Historiker, Vegetarier aus ethischen Gründen, erwähnt die Katze als ein Haustier, das →Wieseln und →Mardern den Rang als Mausefänger streitig macht.

Poe, Edgar Allan (1809–1849). Der amerikanische, unter ständigem Geldmangel leidende Dichter war ein Katzenfreund. Als einmal der Arzt zu seiner kranken Frau gerufen wurde, wärmte in dem eiskalten Zimmer nur

eine brave Katze die Kranke. In seiner schaurigen Erzählung «Die schwarze Katze» macht P. den schwarzen Kater Pluto zum Rächer seiner ermordeten Herrin. Das Tier läßt sich unbemerkt mit der Leiche im Keller einmauern und verrät durch seine Schreie der Polizei das Versteck. →Beardsley

Poes heißt Katze auf holländisch. Das Wort wird abgeleitet von Pasht oder Pusht, Nebenformen des Namens der ägyptischen Katzengöttin →Bastet. →Pechet, →Pussycat.

Poincaré, Raymond, brachte, als er 1913 Präsident der französischen Republik wurde, seine graue Angorakatze Gris-Gris, die auch in seinen Memoiren eine ehrenvolle Rolle spielt, mit in den Elysée-Palast.

Poitiers Am Turm der romanischen Kirche St. Hilaire sind zwei Katzen dargestellt, die sich mit aufgerichteten Schwänzen gegenseitig begrüßen.

Polgar, Alfred (1873–1955), österreichischer Schriftsteller, beschreibt in «Idyll» das kurze Leben eines schwarzen Kätzchens mit dem schönen Schluß-Requiem: «In den Gesichtern der Menschen, ihm zugewandt, verdämmerte die Bosheit.»

Polnische Katzenmärchen Zum Thema «Wie die Feindschaft zwischen Hund und Katze entstand» gibt es im P. fünf verschiedene Versionen. a. Gott gab der Katze das verbriefte Recht der Älteren vor dem Hund. Die Mäuse fraßen den Schriftsatz auf. b. Der Wolf bittet den Hund, das Testament seines Vaters zu verwahren. Der Hund gibt es an die Katze weiter. Die Mäuse zernagen das Schriftstück. c. Die Katze stiehlt dem Hund ein Vermächtnis seines Vaters, die Mäuse finden das Papier und machen sich darüber her. d. Der Hund diente als Koch und bekam dafür täglich zwei Pfund Fleisch. Er ließ sich sein Anrecht darauf schriftlich bestätigen. Die Katze soll das Dokument für ihn verwahren, aber leider finden die Mäuse es ... e. Was vom Tisch fällt, soll Katze und Hund gehören, so heißt es in einem Vertrag zwischen ihnen und den Menschen. Ein Bericht aus sehr mageren Zeiten, denn davon werden weder Hund noch Katze satt. Selbst dieses bescheidene Zubrot haben sie verwirkt, als die Mäuse das Papier fanden und fraßen. Fazit aller fünf Fassungen: Seither haßt der Hund die Katze, und die Katze verfolgt die Mäuse. →Katzenmärchen 4a.

Polstermöbel sind in einem Katzenhaushalt immer gefährdet. Viele Stubentiger wetzen gern ihre Krallen daran. Verbote nützen wenig, geeignete →Kletterbäume schon eher. Gute Überlebenschancen haben Holzsessel mit losen Kissen im Skandinavien-Stil, ebenfalls Bezüge aus schwerem Popeline und Cordstoff.

Polydaktylie bedeutet Vielzehigkeit. Katzen haben bisweilen überzählige Zehen und Krallen, bis zu zehn an jeder Pfote. Es handelt sich um eine erbliche Mißbildung, die allerdings das einzelne Tier nicht wesentlich behindert. Nachkommen sollten diese Katzen aber nicht in die Welt setzen. →Kastration.

Pommersche Sage «Hund und Katze»: Gott gab Hunden und Katzen ein Dokument, das ihnen gute Behandlung durch die Menschen zusicherte. Die Katze nahm es in Verwahrung, aber leider wurde es von den Mäusen gefressen. Deshalb verfolgen die Hunde die Katzen und die Katzen die Mäuse. →Katzenmärchen 4a.

Pompeji Bei den Ausgrabungen der 79 n.Chr. durch einen Ausbruch des Vesuv unter Lavamassen begrabenen römischen Stadt fand man ein Mosaik, auf dem eine getupfte Katze dargestellt ist, die einen Vogel fängt.

Pond, Grace. Die englische Autorin verrät in ihrem reich illustrierten Buch «Katzen», dt. 1980, alles über Herkunft, Pflege, Verhalten, Zucht und Rassen unserer Haustiger. Zusammen mit Elisabeth Towe gab sie das Buch «Katzen – Rassen, Aufzucht, Pflege» heraus und zusammen mit Angela Sayer «Die intelligente Katze», 1981.

Portugiesisches Katzenmärchen «Die Katze, die nach Rom wollte»: Der Katze auf Pilgerfahrt schließen sich ein Hahn, ein Schwein, ein Widder und eine Ente an. Im Dunkeln gelangen sie an ein Räuberhaus und machen so viel Lärm, daß die Räuber entsetzt fliehen, in der Annahme, die Polizei habe ihren Schlupfwinkel aufgestöbert. Die Tiere nehmen das Haus in Besitz. Als die Räuber noch einmal zurückkommen, spielen sie ihnen so mit, daß sie für immer verschwinden. Nun leben sie glücklich und zufrieden, der Wunsch, Rom zu sehen, gerät in Vergessenheit. Die →Bremer Stadtmusikanten, →Katzenmärchen 5a.

Porzellankatzen wurden in China, der Heimat des weißen Goldes, vollkommen naturgetreu dargestellt. Zündete man im hohlen Kopf ein Licht an, so leuchteten die Augen – und jede Ratte soll Reißaus genommen haben, wie vor einer lebendigen Katze. →Zauberkatzen.

Postkatzen werden z. B. in den USA beschäftigt und vom Jahresbudget der Regierung unterhalten. Die französische Staatsdruckerei ließ ihre Papiervorräte vor dem Krieg gleichfalls von Katzen beschützen. In England hat jedes Postbüro seit 1866 gesetzlichen Anspruch auf die Unterhaltskosten für eine P. →Peter, →Arbeit.

Postversand Leider ist es in der BRD erlaubt, Katzen in ein Paket zu stopfen, mit ein paar Luftlöchern drin, und wie Bücher oder Handtücher auf die Reise zu schicken, ohne Futter, ohne Wasser, ohne Katzentoilette. Katzenzüchter verfahren oft so, ob sie nun Stammbaum- oder Versuchskatzen verkaufen. Was am Ziel der Reise hervorkommt, ist ein völlig verschrecktes, oft unter Schock stehendes Kätzchen, das sich sofort versteckt und lange braucht, bis es sich von dem schrecklichen Erlebnis wieder erholt.

Posz, Maria de, schuf die schönen Farbillustrationen zu dem Bilderbuch «Katzensommer», Wien 1982. Text von Ingrid Weixelbaumer. Ein heimatloser schwarzer Kater findet eine Braut – und ein Zuhause.

Potenz Sowohl kastrierte als auch sterilisierte Kater bleiben potent. Sie sind lediglich zeugungsunfähig und weniger am «schönen» Geschlecht interessiert. →Kastration, →Sterilisation.

Potter, Beatrix (1866–1943), schrieb Kinderbücher, die sie selbst illustrierte. Die englische Autorin schuf u. a. die beliebten Katzenfiguren «Tom Kitten» und «Tabitha Twitchett», eine Katzendame, die das Herz auf dem rechten Fleck hat.

Potter, Walter, englischer Tierpräparator, machte sich um die Jahrhundertwende einen Namen mit ausgestopften Hauskatzen, die ganz nach Wunsch in Samt und Seide kostümiert wurden. Unter einer Glasglocke auf dem Kamin fanden so viele englische Katzen ihre «letzte Ruhe». Über Geschmack läßt sich bekanntlich nicht streiten …

Powell, Jean. Die englische Autorin stellte einen Magenfahrplan für junge und erwachsene, kranke und gesunde Katzen zusammen: «Das schmeckt meiner Katze», dt. 1983.

Prägung In einer kurzen, sog. sensiblen Periode werden Jungkatzen auf ihre Mutter oder eine Ersatzmutter geprägt. Haben sie zu diesem Zeitpunkt keine Kontakte mit anderen Katzen, so fühlen sie sich später, auch in der Liebe, nicht zu ihren Artgenossen hingezogen, sondern zu Menschen oder anderen Tieren. →Kaspar-Hauser-Katzen.

Präsentieren – mit hocherhobenem Schwanz, ist Ausdruck von Zuneigung und Vertrauen. Dem Menschen zeigt die Katze auf diese Weise: Ich möchte gern mit dir schmusen. Auch befreundete Katzen begrüßen sich so →Analkontrolle. Rollige Katzendamen zeigen dem Kater mit P.: Ja, ich bin bereit.

Prechtl, Brigitte, ist eine moderne deutsche Katzenmalerin, die u.a. eine Postkartenserie «Katzen» herausgab.

Prellungen können auch für Katzen sehr schmerzhaft sein. Bei unverletzter Haut helfen heiße Umschläge mit einem zusammengefalteten Taschentuch, das man gerade noch mit den Händen ins heiße Wasser eintauchen und ausdrükken kann. →Schmerzmittel.

Primeln gehören leider zu den für Katzen ausgesprochen giftigen Blumen.

Prokofjew, Sergei (1891–1953). In dem musikalischen Märchen «Peter und der Wolf» des russischen Komponisten ist eine Katze die beste Verbündete des kleinen Jungen und seines Großvaters. Sie hilft ihnen, den Wolf dingfest zu machen, und wird von P. mit einer besonders schönen Melodie «belohnt».

Prudhon, Pierre-Paul (1758–1823), gehörte zu den Freunden der Samtpfoten. Er zeichnete als Allegorie der Freiheit eine Frau, neben der eine Katze sitzt, vermutlich, dem Zeitgeist entsprechend, in Anlehnung an die römische →Libertas.

Prunkwinde ist eine der vielen für Katzen giftigen Planzen.

Prym, Werner, hat in «Die Katzen von Rom. Serenade in Mi und Au», 1956, aufgezeichnet, was der schwarze Kater Cesare vom römischen Pantheon ihm von sich und seinen Freunden erzählt hat, von Onofrio, dem Bibliothekskater im Vatikan, von Messalina, dem ehemaligen Bildhauermodell, u.v.a.m. Ein zauberhaftes Buch, dessen Illustrationen Bele →Bachem mit Liebe gezeichnet hat.

PSI, die Lehre von den außersinnlichen, paranormalen Fähigkeiten, auch bekannt als ASW (außersinnliche Wahrnehmungen), interessiert sich auch für mit normalen Maßstäben nicht erklärbare Leistungen von Tieren. B. →Schul berichtet in seinem Buch «PSI bei Tieren», 1979, von einer Perserkatze, die seine Nachbarin in Pflege genommen hatte, als ihre Mutter eine größere Reise antrat. Die Katze gewöhnte sich nach den üblichen Anfangsschwierigkeiten gut ein. Aber nach einem Monat wurde sie sehr unruhig und hörte auf zu fressen. Am Mittag des zweiten Tages fing sie laut zu heulen an. Zum gleichen Zeitpunkt war ihre Besitzerin auf dem Weg ins Krankenhaus an einem Herzanfall gestorben. Weiter erzählt Schul von einem schwarzen Kater, der bei dem tödlichen Autounfall seines Herrn, der ihn sehr geliebt hatte, zu Hause völlig verstört war, das Haus verließ und nie wieder betrat, obwohl die Frau des Verunglückten ihn immer wieder mit Futter lockte.

Weitere Beispiele: Die Katze Mina gehörte einem lombardischen Bauernmädchen, Clementina, das an Epilepsie litt. Mina bewachte das Mädchen auf Schritt und Tritt. Bevor die Anfälle auftraten, warnte die Katze die Eltern. Nach dem Tode des Mädchens blieb die Katze an ihrem Grab sitzen, bis sie selbst starb.

Eine reiche Frau in Irland hatte ihr ganzes Vermögen ihrem Neffen hinterlassen. Als der junge Mann ins Zimmer der Toten kam, sprang die Katze der Verstorbenen ihn an, biß und kratzte ihn mit unbeschreiblicher Wut. Das arme Tier wurde erschlagen. 18 Monate später starb der Neffe, dessen Wunden nie verheilt waren. Auf dem Totenbett gestand er, daß er seine Tante vergiftet hatte.

Eine Siamkatze aus Frankfurt am Main wurde bei einer längeren Reise ihrer Besitzer bei Freunden untergebracht. Sie hatte sich dort gut eingelebt. Eines Tages jedoch miaute sie aufgeregt, fauchte die Leute an und sprang schließlich mit gesträubtem Fell aus dem Fenster. Man fand sie vor dem Haus der Besitzer wieder, die am gleichen Tage tödlich verunglückt waren.

Zwei Schiffskatzen verließen ihr angestammtes Schiff und versteckten sich im Laderaum eines anderen Schiffes. Ihr Schiff stieß noch am selben Tag mit einem Frachter zusammen und versank.

Ich habe mit meinem Kater Nello folgendes erlebt: Bei einer Autofahrt in der Türkei wurde er plötzlich sehr unruhig. Minuten später kam eine Kurve, in der uns ein Lastwagen auf der falschen Spur entgegenkam. Der Fahrer unseres Wagens parierte die gefährliche Situation, in dem er auf die Wiese auswich. Als wir weiterfuhren, war Nello wieder ruhig und friedlich.

Puck ist der estnische Name für hilfreiche →Kobolde in den finsteren Zeiten, als Katzen verpönt waren.

Pulsfrequenz 110–140 Schläge pro Minute sind normal. Bei Fieber zählt man bis zu 160 Schläge. Lebensgefährlich ist ein bis auf 30–50 Schläge verlangsamter Puls. Ganz oben auf der Innenseite des Oberschenkels spürt man den Puls am besten. Man zählt die Schläge zehn Sekunden lang und multipliziert mit sechs.

Puma oder Kaguar, auch Silberlöwe, Berglöwe oder Catamount (puma concolor) ist mit seiner Körperlänge bis 135 cm die größte →neuweltliche Kleinkatze und bildet den Übergang zu den →Großkatzen. Das Fell ist einfarbig braun bis rot, auch silbergrau oder schwarz (schwarzer Panther). Es gibt 26 Unterarten in beiden Amerika. Heute ist der P. bereits weitgehend ausgerottet worden von Viehzüchtern und Jägern.

Pünktlichkeit Katzen sind keine Soldaten. Es ist nicht nötig, sie immer genau zur gleichen Zeit zu füttern. Wenn man sie allerdings darin gewöhnt hat, muß man auch durchhalten. Wichtig sind feste Fütterungszeiten bei freilebenden Katzen, damit auch wirklich immer alle da sind und ihr Teil abbekommen.

Pupillen Die Katze hat elliptoide Schlitzpupillen, die den Lichteinfall steuern. Bei strahlendem Sonnenschein werden sie ganz schmal, um nur wenig Helligkeit durchzulassen, nachts so groß und rund, daß die Iris kaum noch zu erkennen ist, um auch den geringsten Lichtschein noch zu erfassen. →Auge, →Chinesische Uhr.

Purren, Nebenform von Schnurren(vgl. engl. to purr), bezeichnet ein kurzes, heftiges Schnurren bei Wut oder großer Erregung.

Puss oder Pussy ist der englische Kosename für Katzen, der abgeleitet wird von Nebenformen des Namens der ägyptischen Katzengöttin →Bastet, Pechet. →Poes, siehe auch das alemannisch-schwyzerische →Bus, Busi.

Pussycat, eine weiße Katzenschönheit aus Amerika, rettete 1984 ihre Menschen mit lautem Schreien und Kratzen, als nachts das Haus brannte. Der US-Tierschutzverband verlieh ihr eine Goldmedaille.

Pyramiden scheinen auch heute noch in Katzenkreisen besonders beliebt zu sein, vielleicht in dunkler Erinnerung an ihre Glanzzeit im alten →Ägypten. Bei den ägyptischen P. halten sich stets viele Katzen auf. Zahlreiche Beobachter meinen übereinstimmend, sie wirkten dort freier und selbstbewußter als anderswo im modernen Ägypten. An der römischen P., dem Grabmal des Cestius, tummeln sich Dutzende von heimatlosen Katzen, betreut von römischen Tierschützern.

Q

Qabbani, Nizar. Der zeitgenössische syrische Dichter betrauert in «Klagelied auf eine Katze» die Wandlung seines sanften weißen Kätzchens zu einer erwachsenen, herumzigeunernden «Existentialistenkatze», die nachts durch die Gassen streift. Die Schöne folgt der Natur, sie würde «still und schlicht» wie einst, wenn man sie →kastrieren ließe …

Qualzüchtungen Als Q. bezeichnet der Tierschutz Züchtungen von Tieren, die erblich krank sind. Bei Katzen trifft das hundertprozentig zu für →Sphynxkatzen, →Manxkatzen, →Munchkins und →Pekinesengesichter, zu einem hohen Grad für →Perser-, →Rex- und →Siamkatzen und davon abgeleitete Spielarten. Verantwortungsbewußte Katzenfreunde sollten den Kauf von Q. grundsätzlich boykottieren. →Vererbung, →Erbkrankheiten, →Totgeburten.

Quarantäne bis zu sechs Monaten droht Katzen bei der Einreise nach England, Malta, Australien, Neuseeland, Irland, Finnland, Norwegen und Schweden – wegen der Tollwutgefahr.

Quark oder Topfen ist gute, wertvolle Katzennahrung, allerdings sollte man nicht den magersten nehmen! Auch 20 bis 40 %iger Q. darf ruhig noch etwas aufgewertet werden mit eingerührter Dosenmilch, etwas Öl, Honig oder Eigelb. Q. wirkt leicht stopfend, deshalb ist das Öl zum Ausgleich besonders wichtig.

Queen heißt in England nicht nur Ihre Majestät die Königin, sondern auch Ihre Majestät die Mutterkatze. Nursing Q. nennt man die säugende Katze.

R

Ra, der ägyptische Sonnengott, nahm die Gestalt einer großen, gefleckten Katze an, als er die Apophis-Schlange, den Gott der Dunkelheit, am Fuß des heiligen Baumes von Heliopolis tötete. Sein Ehrenname lautete: Die große Katze. Einer anderen Überlieferung zufolge ist die Katze das Auge R.s. Die in der ägyptischen Kunst oft dargestellte Katze von →Heliopolis erinnert an eine →Ginsterkatze.

Rabbi Jochanan, Führer der Friedenspartei im jüdisch-römischen Krieg von 70 n. Chr., sagte: «Wenn das Gesetz den Kindern Israels nicht gegeben wäre, so hätten wir Zucht und Anstand von der Katze lernen können.»

Rabelais, François (1494–1533). Im «Pantagruel» des französischen Dichters kommen zwei berühmte Kater vor: →Raminagrobis und Rodilart.

Rachitis als Folge von Mangel an Kalzium, Phosphor oder Vitamin D führt bei Jungkätzchen zu Knochenbrüchen und Gelenkverformungen. →Mineralstoffe, →Vitamine, →Aufzucht.

Räderkatze ist ein anderer, volkstümlicher Name für →Marmortiger oder gestromte Katze. Sie sind breit gestreift; die Räderzeichnung wird erkennbar, wenn die Katze ruhig und aufrecht sitzt, und zwar an den Hinterschenkeln.

Radke, Anna Maria, beschreibt in dem schönen Roman «Das Jahr der Katzen», 1983, ihre Erlebnisse mit Katzen in einer einsamen Gegend Kanadas. In: «Wenn Katzen reden könnten», 1985, einem ungewöhnlich sympathisch und unterhaltsam geschriebenen Sachbuch, geht es ihr darum, der Katze «auf dem kleinen Podest in der Sonne der Gerechtigkeit» einen Platz zu verschaffen.

Raffael (1483–1520). Der große italienische Renaissancemaler räumte auf seinem Fresko «Erschaffung der Tiere» in den Loggien des Vatikans der Katze einen bevorzugten Platz ein. Sie liegt direkt zu Füßen Gottvaters, halb verborgen von seinem Gewand, unter dem ihr schöner Kopf hervorschaut. Und der Blick des Schöpfers ist direkt auf das Kätzchen gerichtet.

Raffler, Max (geb. 1902), Bauernmaler vom Ammersee, stellte Katzen in sehr üblichen Situationen dar (auf dem

Schreibtisch, im Körbchen) und in sehr sonderbaren (in Scharen auf entlaubten Bäumen, vor in Reih und Glied schlüpfenden Küken, zu zweit im Vogelfutterhaus). Aber wo Rafflers Katzen auch auftauchen, sie haben immer herzzerreißend bekümmerte Gesichter.

Ragdolls (englisch: Stoffpuppen) sind über 100 cm lange und 50 cm hohe «Riesenkatzen» mit buschigem Fell, das nicht verfilzt, langem, dickem Schwanz und üppiger →Halskrause. Sie sind braun oder gescheckt und werden in den USA gezüchtet. Wahrscheinlich entstanden R. durch →Mutation, möglicherweise liegt eine Form von Mongolismus vor.

Raiberti, Giovanni (1805–1861). Der italienische Dichter, ein begeisterter Anhänger des italienischen Freiheitskämpfers Garibaldi, sah in der Katze ein Freiheitssymbol. Ihre Schönheit vergleicht er mit der Schönheit der Frau, wobei die Katze den Preis davonträgt, denn sie brauche keinen Spiegel, keinen Friseur, keine Hüte und keine Schminke …

Raminagrobis Dieser geheimnisvoll klingende Kosename für Katzen (frei übersetzt: Schnurrender Gernegroß) kam im 15. Jahrhundert in Frankreich auf. →Rabelais.

Rangordnung Die R. spielt bei Katzen vor allem beim Füttern eine Rolle. Die ranghöchste Katze darf zuerst futtern und sich die besten Bissen auswählen. Tragende Mutterkatzen nehmen dieses Recht auch dann unangefochten für sich in Anspruch, wenn sie normalerweise in der R. weiter unten stehen. Ferner kommt R. bei der Auswahl der Ruhe- und Schlafplätze zur Geltung. Die besten Plätze werden von den ranghöchsten Katzen belegt. Allerdings dürfen die anderen sie zu bestimmten Zeiten auch mal benutzen. Wenn zwei Katzen sich auf neutralem Gelände begegnen, weicht die rangniedere aus. Alle diese Regeln gelten aber nur bedingt und mit vielen Ausnahmen, da Katzen es mit der R. nicht so genau nehmen. →Absolute und →relative R.

Rassekatzen →Zuchtkatzen.

Ratten brachten die →Pest nach Europa, den Katzen dienten sie als Nahrung. Da man beobachtete, daß die Katzen in Pestgebieten wohlgenährt waren, verdächtigte man sie, die Seuche zu verbreiten. Bis der Irrtum aufgeklärt wurde, mußten die Katzen grausame Verfolgungen erleiden. Nicht alle Katzen sind →rattenscharf. Für jüngere und schwächere Tiere ist die Ratte ein gefährlicher Gegner. Katzen, die mit R. zusammen aufgezogen wurden, schließen Freundschaft mit ihnen. Katzen, die vegetarisch ernährt werden, töten u. U. zwar R., aber sie verzehren sie nicht.

Rattenbisse Wunden von R. sind immer infiziert. Man findet sie bei →Auslaufkatzen am Kopf und am Vorderteil. Sie sind klein, aber tief. Die Wunden müssen gründlich mit Wasser und Alkohol gereinigt, die Haare um die Wundränder am besten abgeschnitten werden. Täglich mehrmals desinfizieren, mit Alkohol oder Wasserstoffsuperoxyd. Bei jeder Veränderung der Wunde (Rötung, Schwellung, Eiterbildung) sofort →fachkundige Hilfe hinzuziehen.

Rattenkatzen Nicht jeder Haustiger nimmt es mit Ratten auf, besonders tüchtige Rattenfänger aber töten 30–40 Ratten in der Woche. Bei wachsenden Rattenpopulationen in aller Welt und gleichzeitig steigender Immunität der Nager gegen Gift kann allein die Katze wieder einmal zum Retter in der Not werden. In Paris wurde im Anschluß an einen Internationalen Rattenkongreß ein Club der Rattenkatzen gegründet – gewiß eine sinnvollere Institution als die vielen Clubs von Liebhabern der Zuchtkatzen. In China züchtet man bereits Katzen zum Einsatz gegen Ratten. Wie diese →Katzenfarmen aussehen, ist unbekannt; sicher ist aber, daß normal aufwachsende Katzen eher für den Kampf mit Ratten geeignet sein dürften. Sehr sinnvoll(!) das parallel laufende Programm zur Vernichtung aller freilebenden Katzen und Hunde in →Peking. Die wüßten mit Ratten fertig zu werden. Rattenplagen wurden bereits vielerorts gemeldet, so z.B. in Wien und Kairo. →Pest.

Rattengift →Mäusegift.

Rattenschärfe, Die Fähigkeit, den Kampf mit einer Ratte aufzunehmen, lernen Katzen erst durch eigene Erfahrung. Die Katzenmutter läßt sie zwar unter Aufsicht selber Mäuse fangen, aber niemals Ratten. Das wäre viel zu gefährlich für die Kleinen. Allerdings nützt den Katzen das «daheim» erlernte Training beim Mausefang zweifellos auch später, wenn es um einen gefährlicheren Gegner geht. Und vor allem: die Mutter hat ihnen den Tötungsbiß beigebracht. Katzen, die ihn nicht gelernt haben, spielen viel länger mit einer gefangenen Maus herum, weil sie nicht wissen, wo sie ansetzen müssen, ein Fehler, den sie sich bei der viel stärkeren Ratte gar nicht erlauben können.

Rauchkatzen ist ein älterer Ausdruck für einfarbige braun-graue Tiere mit Gold- oder Bernsteinaugen. Das Fell ist etwas stumpfer als bei rein schwarzen Katzen. Heute werden die ehemaligen R. unter dem Namen →Abessinierkatzen geführt.

Räude, auch Krätze genannt, wird bei Katzen durch →Milben hervorgerufen. Die Notoedresräude beginnt meist am Kopf, an der Stirn, den Ohrrändern und Augenlidern. Durch ständiges Kratzen wird sie auf die Pfoten und andere Körperteile übertragen. Es bilden sich Ekzeme, es kommt zu Haarausfall. Geschwächte, unterernährte oder kranke Tiere sind am anfälligsten. Die Milben können auch auf Menschen übergehen und eine Art Krätze hervorrufen, aber sie können sich auf der menschlichen Haut nicht fortpflanzen. Bei schweren Fällen tritt bei Katzen Apathie auf, Appetitlosigkeit und Blutarmut kommen hinzu. Ohne →fachkundige Hilfe kann das Tier sterben. Seltener ist die Demodex- oder Akarusräude, die vor allem im Herbst auftritt, übertragen durch die Herbstgrasmilbe. Symptome: Haarausfall, Entzündungen an Augen, Ohren und Nase, am Unterbauch und zwischen den Zehen.

Ravel, Maurice (1875–1937). Der französische Komponist läßt in seiner Oper «L'Enfant et les Sortilèges» ein wunderschönes Liebesduett zweier Katzen erklingen.

Redensarten rund um die Katze: «Wie eine Katze um den heißen Brei schleichen». «Die Katze aus dem Sack lassen». «Die Katze im Sack haben». «Die Katze hat vom Käse genascht» (bedeutete früher in ländlichen Gegenden, ein Mädchen hat sich verführen lassen). «Die Katze im Sack kaufen». «Die Katze nach dem Speck schicken» (heißt soviel wie den Bock zum Gärtner machen). Französische Variante: «Die Katze an den Käse lassen». «Das ist für die Katz». «Der Katze den Schmer abkaufen» (ist ebenso unmöglich wie mit einem Geizhals ein reelles Geschäft zu machen). «Wie die Katze mit der Maus spielen». «Mit jemandem Katz und Maus spielen». «Das kostet der Katze das Fell oder den Schwanz» (= jetzt reicht's). «Naß wie eine Katze» →Feuchtigkeit. «Auf Katzenpfoten» (= lautlos schleichend). →Arabische, →persische, →türkische Redensarten. →Schmitt, Christa.

Reed, Christopher, ist der Autor spannender Katzenkrimis mit Titeln wie «Der Fluch der weißen Katze» oder «Die Katzengang».

Regensburger Mönch Ein R. unbekannten Namens ließ im 12. Jahrhundert eine Haßtirade gegen die →Ketzer und die Katzen los: «Darum heißt der Ketzer ein Ketzer, weil er der teuflischen Katze gleicht in seiner Falschheit.»

Regenzauber Im südlichen Celebes trug man eine Katze auf einem Sessel dreimal um die Felder und bespritzte sie dabei mit Wasser. Wenn sie sich mauzend beklagte, riefen die Leute: «O Herr, schenke uns Regen!» Auf Sumatra warf man in Trockenzeiten eine schwarze Katze in einen Fluß und ließ sie eine Weile darin herumschwimmen, dann durfte sie sich ans Ufer retten. Auf Java ließ man eine schwarze Katze im Wasser schwimmen, um das Kommen der Regenzeit zu beschleunigen.

Reichmann, Wolfgang. Von dem bekannten deutschen Schauspieler stammt das Bonmot: «Die Katze ist im wahrsten Sinne des Wortes eine Anarchistin. Sie ist gegen jede Herrschaft, außer der der Liebe, und deshalb mein Lieblingstier.» →A. Eggebrecht.

Reinig, Christa, (geb. 1926). Die deutsche Schriftstellerin legt in «Denkmal für Kolumbus» ein erschütterndes Zeugnis ab für menschliche Zwänge und tierisches Leid. Das einzige, was sie für den Kater ihrer verstorbenen Mutter noch tun kann, ist, ihm eine sensationelle Grabstätte zu verschaffen …

Reinigungsmittel enthalten immer Giftstoffe, die für Katzen lebensgefährlich werden können. Deshalb dürfen sie in einem Katzenhaushalt nicht offen herumstehen.

Reisen Katzen sind, von wenigen Ausnahmen abgesehen, Reisemuffel. In den eigenen vier Wänden gefällt es ihnen am besten. →Autoreisen, →Bahn- und Busreisen, →Flugreisen, →Schiffsreisen.

Reisekrankheit äußert sich bei Katzen durch Unruhe, starken Speichelfluß und Erbrechen. Wenn Sie aus Erfahrung wissen, daß Ihre Stubentiger zu R. neigen, können Sie ihnen vor Antritt der Fahrt ein entsprechendes Beruhigungsmittel verordnen lassen.

Rekord Der fetteste Kater der Welt ist laut Guinness-Buch der Rekorde der australische Hauskater Himmy. Er bringt 42 Pfund auf die Waage und kann kaum noch laufen. Mit 27 Pfund folgt der Londoner Kater →Tiddles, Star der Damentoilette im Bahnhof Paddington. Den R. im Bergsteigen hält eine Schweizer Katze, die vom Theodulpaß auf das 4165 m hohe Breithorn kletterte – und hinunter, in insgesamt knapp zehn Stunden.

Relative Rangordnung kommt dann zur Geltung, wenn zwei Katzen sich auf dem Revier des rangniederen Tieres begegnen. Auf ihrem eigenen Terrain ist fast jede Katze überlegen, weil die fremde sich in fremder Umgebung immer etwas unsicher fühlt, auch wenn sie stärker, erfahrener oder kampflustiger ist als die andere.

Rembrandt Harmensz van Rijn (1606– 1669). Der große Maler der Niederlande war ein Katzenfreund und hat einige sehr schöne Katzenskizzen geschaffen.

Renoir, Auguste (1841–1919). Der große französische Impressionist schuf unter anderen Katzendarstellungen das schöne Bild «Frau mit Katze», auf dem eine hübsche Blondine zu sehen ist, die auf dem Arm ein Brauntigerchen trägt.

Resusci-Katze ist eine brandneue Katzenpuppe, an der Veterinärstudenten zu Narkoseärzten ausgebildet werden können. Die R. kann stöhnen, atmen und röcheln. Bei korrekter Herzmassage leuchtet eine weiße Lampe auf, bei zu starker eine rote; die richtige Luftzufuhr zeigt eine grüne an. Die gute Nachricht kommt aus dem «American Fund for Alternatives to Animal Research» und kann viele Katzen vor dem Tod im Labor retten. →Tierversuche.

Rettich, Margaret (geb. 1926), hat ein außerordentlich einfühlsames und zugleich ganz unsentimentales Katzenbuch für jung und alt geschrieben und illustriert: «Die Rabenschwarze», Wien 1980. Darin beschreibt sie den Lebensweg einer heimatlosen Katze.

Revier Das R. einer Hauskatze ist die Wohnung oder das Haus, Dort sollte sie sich frei und ohne viele Verbote bewegen dürfen, auch auf höher gelegenen Ebenen wie Stühlen, Regalen, Fensterbänken und Schränken. Für

→Auslaufkatzen gehört auch der Garten und Hof zum R., das sie gegen fremde Katzen verteidigen. Weibliche Katzen sind revierbewußter als Kater, das liegt daran, daß sie das R. für ihre Jungen freihalten, auch wenn sie keine haben oder bekommen können. Fremde Katzen, die nur mal «auf der Durchreise» sind, werden im allgemeinen geduldet.

Reviergröße Katzen mit Auslauf bleiben in der Regel nahe beim Haus. Ihr Jagdgebiet umfaßt etwa drei bis zehn Hektar. Bei verliebten Katzen und Katern kann man sich aber darauf nicht verlassen, sie legen wesentlich weitere Entfernungen zu ihrem Partner zurück.

Rexkatzen haben ein durch →Mutation entstandenes kurzes, lockiges «Plüschfell», das nur aus →Deckhaaren besteht. Auch die Schnurrhaare sind gewellt. R. sind schlank, hochbeinig und mittelgroß. Sie haben einen dreieckigen Kopf, einen flachen Schädel und →Fledermausohren. Gezüchtet werden in allen Farben: Cornish Rex, Devon Rex, German Rex und in Amerika die superschlanken Oregon Rex mit schrägsitzenden Augen, ihr Haar ist härter als das der drei anderen R. Einen gesunden Appetit haben alle, denn wegen ihres dünnen Fellchens brauchen sie viel Futter, um den Wärmehaushalt aufrechtzuerhalten.

Rheuma ist eine bisher noch unheilbare Krankheit, gegen die ein Katzenfell überhaupt nicht hilft. Warmhalten kann man sich auch anders. Trotzdem mußten und müssen viele Katzen – von Tierdieben eingefangen – ihr Leben dafür lassen. Dabei bekommen sie im Alter oft selber Rheuma, trotz ihres warmen Fellchens. Und brauchen dann, genau wie wir, viel Wärme. Vorsicht mit schmerzstillenden Mitteln, man muß sie ständig geben, ohne daß die Ursache der Erkrankung damit bekämpft wird. Alle Medikamente haben schädliche Nebenwirkungen, besonders wenn sie ständig genommen werden. Empfehlenswert ist häufige Fütterung mit Sauermilch. →Daumier, →Katzenklau.

Rhododendron enthält das für Katzen sehr gefährliche Gift Andromedotoxin. Symptome: Augen- und Nasenausfluß, Krämpfe, Lähmungen. Sofort →fachkundige Hilfe holen. →Vergiftungen.

Rhubarb (Rhabarber), amerikanische Filmkatze, wirkte in über 500 Hollywood-Filmen mit und verdiente dabei ein Starhonorar von über 250000 Dollar. →Arbeit.

Richelieu (1585–1642). Der Kardinal und französische Staatsmann liebte besonders junge Kätzchen. Ihre Luftsprünge waren das einzig wirksame Mittel gegen seine Melancholie. Es heißt, daß er die Kätzchen immer fortgab, wenn sie nicht mehr so spielfreudig waren, und gegen jüngere ersetzte. Andererseits setzte er aber in seinem Testament jeder seiner zwölf Katzen eine Pension aus. Unglücklicherweise kamen sie nicht in den Genuß dieses Legats, sondern wurden von Schweizer

Tambouren eingefangen – und landeten im Kochtopf …

Riehl, Matthias, erfand für junge Krimifans die 13jährige «Kommissarin» Kirsten. In «Die Katze mit den blauen Augen», 1984, entlarven Kirsten und ihr Team zwei Katzendiebe.

Riemkasten, Felix, deutscher Schriftsteller, gab 1938 das Buch «Ali, der Kater» heraus, eine zunächst widerstrebende, dann immer deutlichere Liebeserklärung an Herrn Ali, seines Zeichens Katzenbursche, Ofengehilfe und Gartenbauinspektor, einen kaum reinrassigen →Siamkater mit «leuchtend grünen Augen». Illustrationen von Olaf Gulbransson.

Riga Der Katzenkönig von R., ein illegitimer Zarensprößling, machte aus seiner Villa ein Katzenschloß, ein Asyl für alle heimatlosen Kätzinnen der Stadt. Wer ihm eine streunende Kätzin brachte, erhielt eine Belohnung. (Aufgezeichnet in: Baltische Erinnerungen und Biographien, Band 3, 1977, von Bernhard Lamey).

Rilke, Rainer Maria (1875–1926), gehörte zu den zahllosen Poeten, die sich vom Schnurren der Katze inspirieren ließen: «Das Leben und dazu eine Katze, das gibt eine unglaubliche Summe, ich schwör's euch.»

Rindfleisch ist als Katzennahrung seit dem Auftreten der BSE-Seuche nicht mehr bedenkenlos zu empfehlen. In England sind bereits eine Reihe von Katzen an BSE erkrankt. R. nur gekocht verfüttern. Katzen lieben nicht nur das Filet, sondern auch das etwas zerrige Kron- und Beinfleisch.

Ringelnatz, Joachim (1883–1934), schrieb zum Lobe der Katzen das Gedicht «Katze vor Anker» und zum Lobe auch der Frauen «Schöne Frauen und schöne Katzen».

Ringflechte →Scherpilzflechte.

Rinser, Luise (geb. 1911), schrieb die erschütternde Nachkriegsgeschichte «Die rote Katze»: Die hungernden Kinder stecken der heimatlosen Katze Essen zu, die größere Schwester knirscht vor Wut mit den Zähnen. Als die Not immer größer wird, bringt die 13jährige die rote Katze um.

Ritter, Jörg, schrieb den zauberhaften Katzenroman «Der Katzenstern», 1992. Drei tapfere Kater schlagen sich durch und erhalten Hilfe vom Katzenstern in der Person einer wunderschönen silbergrauen Katzendame.

Rittersporn, auch als Zierpflanze im Garten beliebt, ist für Katzen giftig. Bei herabgesetzter Temperatur und schwachem Puls kommt es zu Störungen der Herz- und Atemtätigkeit. →Vergiftungen.

Rivalität kann unter Katzen, die in einem Haushalt leben, sich aber aus irgendwelchen Gründen nicht leiden können, auftreten. Jede versucht buchstäblich, die andere bei den Besitzern auszustechen, mehr Aufmerksamkeit auf sich zu lenken. Fühlt eine von beiden sich in irgendeiner Form benachteiligt, so kann es dazu kommen, daß sie die andere jagt, verfolgt und verletzt. →Eifersucht.

Rizinusöl ist für Katzen reines Gift! Das gleiche gilt für Rizinuspflanzen. Verstopften Katzen kann man mit →Paraffin- oder einem guten Speiseöl helfen.

Roboterkatzen, garantiert stubenrein und pflegeleicht, werden in den USA serienmäßig hergestellt. Sie können miauen, schnurren, einen Buckel machen und – ferngelenkt – spazierengehen. Futter- und Tierarztkosten entfallen.

Rodilardus ist der Name eines berühmten, unglücklichen Katers, der auf Ratschluß der Ratten, in deren Gewalt er sich befindet, an den Füßen aufgehängt wird. R. wird bereits in dem Märchen «Die weiße Katze» von Madame d' →Aulnoy erwähnt.

Rodrian, Irene (geb. 1937). Die deutsche Autorin, im Krimifach geschult an der Katzennärrin P. →Highsmith, schrieb die Katzenstories «Scharfe Krallen», «Mumu» und «Tote Katze».

Rogan, ein bildhübscher weiß-roter Halbperserkater, 13 Jahre alt, begleitet sein Frauchen jeden Sonntagmorgen in die Dorfkirche von Axminster in England.
Die Teilnahme an der Messe gibt ihm «Heilkräfte», meint seine Besitzerin. Er habe schon einen Gastpfarrer vom Asthma und eine Frau von schweren Depressionen geheilt ...

Röhrig, Carl-W. (geb. 1953). Der surrealistische Maler ist ein Katzenfan und stellt mit besonderer Freude immer wieder auch Katzen dar – phantastisch überhöht und damit sehr katzengerecht.

Rohrkatze (felis chaus), verbreitet von Nordafrika bis Thailand, auch als Dschungelkatze, Schilfkatze, Sumpfkatze bekannt. Sie ist groß und hochbeinig, hat einen kurzen Schwanz, kleine Ohrpinsel, ein rötliches Fell und erinnert stark an einen →Luchs. Sie läßt sich mit Hauskatzen kreuzen, gut zähmen und gehört vielleicht zu den Vorfahren der →Abessinierkatzen. →Jagdkatzen.

Rolligkeit (auch Rollzeit, Hitze, Ranz, Raunze oder Brunst) tritt bei Katzenmädchen zum ersten Mal im Alter von sechs bis neun Monaten auf. Später werden sie meist zweimal im Jahr rollig, im Februar/März und im Juni. Die Rolligkeit dauert jeweils vier bis zehn Tage. Die Symptome sind unübersehbar: Die Katze schreit und gurrt, rollt sich am Boden hin und her, präsentiert mit hocherhobenem Schwanz ihr Hinterteil, hat keinen Appetit, will nicht spielen, sondern nur eins – einen Kater! Manche hitzige Katzendamen führen sich so auf, daß unerfahrene Katzenfreunde denken, sie seien schwerkrank. 14 Tage nach der ersten R. ist der beste Zeitpunkt für die →Kastration, die sich aber auch später jederzeit noch nachholen läßt.

Rom Der Tod einer ägyptischen Katze um 60 v. Chr. durch den Streitwagen eines römischen Gesandten z. Z. von König Ptolemaeus XI., dem Vater der Kleopatra, löste den römisch-ägyptischen Krieg aus. Der schuldige Römer wurde von aufgebrachten Ägyptern gelyncht. Soldaten brachten Katzen aus Ägypten mit, heimlich, denn die Ausfuhr der heiligen Tiere war verboten. Bei den Legionen waren Katzen als eine Art Maskottchen sehr beliebt. In Rom verdrängten sie allmählich die Frettchen und Wiesel aus den Wohnhäusern und übernahmen den Mäusefang in eigener Regie. Die Römer bewunderten vor allem den Freiheitsdrang der Katze. Der Statue der Freiheit im Tempel für Tiberius Gracchus soll eine Katze zu Füßen gelegen haben. →Libertas. Rom heute: auf 140 000 wird die Zahl der heimatlosen Katzen geschätzt, die überall in den Ruinen der Ewigen Stadt leben.

Romano, Giulio (1499–1546). Der italienische Maler schuf 1523 eine «Madonna mit Katze», bei dem die Katze allerdings das kommende Unheil ankündigen soll. →Leonardo.

Ronner, Alfred (1852–1901), Sohn von Henriette →Ronner, spezialisierte sich als Maler auf Katzen-Aquarelle.

Ronner, Henriette (1821–1909), war eine bekannte holländische Katzen- und Hundemalerin.

Ronsard, Pierre de (1524–1585). Der Franzose gehörte zu den frühen Verehrern der Katze unter den Dichtern: «Aber von allem Getier des Hauses beweist die Katze prophetischen Geist», schrieb er. «Und wohl taten die alten Ägypter daran, sie zu ehren.» →PSI.

Roosevelt, Theodore (1858–1919). Der amerikanische Präsident nannte einen seiner Kater aus Verehrung für Mark →Twain «Tom Quartz». Sein grauer Kater Slippers hatte sechs Zehen an jeder Pfote →Polydaktylie. Bei einem Empfang für ausländische Diplomaten lag Slippers mitten auf dem Teppichläufer eines schmalen Gangs, durch den der Präsident und seine Gäste kamen. R. wich dem Kater aus und führte seine Dame im Bogen um ihn herum. Alle Gäste folgten seinem Beispiel.

Rosen, Robert S., legte 1968 in New York die Dissertation «E. T. A. Hoffmanns Kater Murr» vor – eine postume Ehrung für ein Werk, das er mit Goethes «Faust» vergleicht.

Rosendorfer, Herbert (geb. 1934). Der deutsche Schriftsteller beschreibt in «Bilanz» die häusliche Misere eines kleinen Buchhalters, der Selbstmord begehen will. Aber dann läuft ihm die Katze Sophie zu …

Rosmarinheide gehört zu den für Katzen giftigen Pflanzen. Symptome: Wäßriger Ausfluß aus Augen und Nase, unkoordinierte Bewegungen, Krämpfe und Lähmungen. →Vergiftungen.

Rossini, Giacomo (1792–1868), italienischer Komponist, schrieb das berühmte «Katzenduett».

Rössner, Gudrun (geb. 1949). Auf den Bildern der naiven Münchener Malerin tummeln sich halbplastische, handgeformte, lackglänzende Katzen vor plakativem Hintergrund.

Rostand, Edmond (1868–1918). Der französische Dramatiker («Cyrano de Bergerac») gehörte zu den leidenschaftlichen Katzenfreunden.

Rostkatze (prionailurus rubiginosus), eine in Südindien und auf Ceylon lebende «Tigerkatze», wird nur 70 cm lang. Sie hat einen kleinen, spitz zulaufenden Kopf. Rücken und Flanken sind rostbraun, am Nacken und Widerrist Längsstreifen.

Rostig (rötlich braun) wirkt manchmal das Fell einer schwarzen Katze, die ausgedehnte Sonnenbäder liebt.

Rot ist die Lieblingsfarbe der Katze, rot wie die Blüten des →Baldrianstrauches.

Rote Chinchillakatzen, eine neuere Züchtung, sind auch unter dem Namen schattierte Cameo Perser bekannt. Sie haben rotgefärbte Haarspitzen (→Tikking), durch die die reinweiße Unterwolle durchscheint. Dazu eine rosarote Nasenspitze und kupferfarbene Augen.

Rottiger Als R. bezeichnet man rote Tigerkatzen mit geringeltem Schwanz. Es gibt häufig R. mit Weiß (Bauch, Brust, Gesicht, Pfoten), reine R. ohne Weiß sind relativ selten. R. gelten als besonders empfindlich.

Rousseau, Henri (1844–1910), malte den großen Katzenfreund Pierre →Loti mit einer seiner Katzen.

Rousseau, Jean-Jacques (1712 bis 1778). Der französische Schriftsteller und Philosoph litt im schweizerischen Exil am meisten unter der Trennung von seiner geliebten Katze Minette.

Royal Navy Bis 1975 gehörte auf jedes englische Kriegsschiff eine Katze. Jetzt ist ihnen der Zutritt verboten. Man verläßt sich lieber auf chemische Mittel zur Bekämpfung der →Ratten und Mäuse.

Rubens, Peter Paul (1577–1640). Der berühmte flämische Barockmaler war wie sein Zeitgenosse →Rembrandt ein Katzenfreund.

Rubin, Sheldon. Der englische Tierarzt gibt in seinem Buch →«Erste Hilfe für meine Katze», dt. 1984, Tips für alle Notfälle. In den Text eingestreut wurden 213 Zeichnungen, die anschaulich erklären, wie man es richtig macht.

Ruck-Pauquét, Gina (geb. 1931), hat eine ganze Reihe hervorragender Katzenbücher nicht nur für Kinder geschrieben. 1972 erschien «Katzerlapapp, sagte der Kater», ein Kinderbuch. 1976 folgten «Die Katzengeschichten», in denen es um einen Hafenkater, eine Cafékatze und viele andere Samtpfoten geht. Das ausgezeichnete, informative Büchlein «Eine Handvoll Katze», 1979, ist für Kinder der ersten Lesestufe bestimmt. Im gleichen Jahr erschien der Katzenroman

«Kralle», das Schicksal einer Katze im Zweiten Weltkrieg: «Sie erlebte ihn ohne Schuld und ohne Verstehen.» In «Das Mädchen und die Katze», 1982, geht es um eine verlassene Tigerkatze, die in der kleinen Katrin eine zuverlässige Freundin findet.

Rückert, Friedrich (1788–1866). Der spätromantische deutsche Dichter war ein erklärter Katzenfreund.

Rücksicht Wer mit seiner Katze glücklich werden will, muß R. auf sie nehmen, wie auf jedes andere →Familienmitglied. Katzen sind schreckhaft, →Lärm ist ihnen zuwider. Also bitte Türen nicht zuschlagen, Radio, Fernseher und Videoanlage auf Zimmerlautstärke stellen, nicht herumschreien und -poltern. Auch schnelle, hektische Bewegungen, aufgeregtes Hin- und Herlaufen schüchtern Katzen ein. Vermeiden Sie es, gewöhnen Sie sich zu Hause einen «Katzenschleichschritt» an, und springen Sie nicht mit einem Ruck vom Sessel hoch, wenn die Katze auf dem Schoß liegt und Ihnen gerade einfällt, daß Sie etwas Wichtiges vergessen haben. Das alles gilt in noch stärkerem Maß, wenn man junge Kätzchen oder ein krankes Tier im Haus hat.

Rudorf, Günter (geb. 1921). Der Münchener Autor schrieb das spannende Kinderbuch «Drei Mädchen und der Katzendieb», 1979, ein hochaktueller Beitrag zu dem traurigen Thema →Katzenklau für →Tierversuche.

Ruge, Simon und Desi, sind die Autoren der reizenden Kinderromane «Katze mit Hut» 1980, und «Neues von der Katze mit Hut», 1984, dem Buch zur Fernsehserie der Augsburger Puppenkiste. Die Katze mit Hut wohnt mit ihren Tierfreunden im Haus des Herrn Maulwisch in Stacheln an der Kruke. Und da geht's hoch her …

Ruheplätze Katzen lieben hochgelegene R. Dort fühlen sie sich sicher und können alles beobachten. Ein Kissen auf der Fensterbank, dem Schrank oder Regal wird gern akzeptiert. Aber auch ein Karton, ein Sessel, der Fernsehapparat oder eine Schublade dienen häufig als R. Katzen wechseln gern, oft stellt sich ein fester Rhythmus ein, bestimmte R. werden zu bestimmten Tageszeiten bevorzugt.

Rühmkorf, Peter (geb. 1929), deutscher Schriftsteller, schrieb das Katzenmärchen «Auf Wiedersehen in Kenilworth» (1980). Hier geht es um einen Kastellan, der in einen Kater, und um seine Katze Minnie-Ginger, die in ein schönes Mädchen verwandelt wird. Der Kater landet vorübergehend in einem englischen Tierversuchslabor, eine der ersten Schilderungen dieser grauenhaften Anstalten in der Literatur. Zeichnungen: Albert Schindehütte.

Rumänische Sagen «Kata»: Eine alte Frau wurde von Räubern im Wald überfallen. Wieder freigelassen, verirrt sie sich und trifft halb verhungert endlich eine Frau namens Kata mit einer Ziege. Kata aber weigert sich, der anderen etwas Ziegenmilch zu geben. Da betet die alte Frau zu Gott, er möge Kata zur Strafe in ein Tier verwandeln.

Einen Augenblick später steht eine Katze vor ihr. Kata ist das rumänische Wort für Katze. →Katzenmärchen 9b. «Eva und Satan»: Eva hatte sich in Satan verliebt, deshalb baute Adam ein Schiff und fuhr mit ihr fort. Der Teufel aber kam in Gestalt einer Schlange an Bord, dann verwandelte er sich in eine Maus und fing an, ein Leck zu nagen. Adam warf einen Handschuh nach der Maus, daraus wurde eine Katze, die die Maus auffraß. Der Teufel fuhr aus der Katze, nur das Feuer seiner Augen blieb, deshalb leuchten nachts die Augen der Katze. →Katzenmärchen 3b. «Hund und Katze»: Als Gott einmal auf die Erde kam, waren die beiden noch Freunde. Die Katze bat ihn um die Gunst, fortan im Haus leben zu dürfen. Gott gewährte sie ihr. Als der Hund davon erfuhr, bat er die Katze, auch für ihn dieses Privileg zu erwirken. Die Katze schrieb einen Brief an Gott und legte ihn auf ein Gestell. Als Gott heimkam, hatte eine Maus den Brief zernagt. Der Hund aber glaubte, die Katze habe sich nicht für ihn verwendet, und verfolgt sie seither; die Katze aber jagt die Maus. Katzenmärchen 4a.

Rumi, Malauna (Meister) Dschelaluddin (1207–1273). Der persische Dichter begründete in →Konya den türkischen Orden der «Tanzenden Derwische», auf dessen Anhänger er seine Liebe zu Katzen übertrug. Als er sterbenskrank war, kam seine Lieblingskatze zu ihm und jammerte laut. Seinen Freunden erklärte R.: «Sie sagt, Ihr zieht in diesen Tagen selig in das himmlische Reich ein – was soll ich Arme nun machen.» Als er kurz darauf starb, aß und trank die Katze sieben Tage lang nichts, bis auch sie starb. R.s Tochter begrub sie neben der heiligen Grabstätte ihres Vaters. Von R. stammt die Geschichte von einer Frau, die behauptete, die Katze habe den Braten gegessen, der für den Gast bestimmt war. Der Mann widerlegt die Lüge, indem er die Katze wiegt. Sie bringt drei Pfund auf die Waage, das Fleisch aber wog dreieinhalb Pfund.

Rumpy ist eine schwanzlose →Manxkatze.

Rundwürmer oder Spulwürmer (askarides der Gattung toxocara) sind 10 cm lange, runde, rosafarbene Fadenwürmer. Die befallene Katze kann ganze Würmer ausbrechen oder mit dem Kot ausscheiden. Sehr viele Jungkatzen leiden daran, weil sie schon im Mutterleib infiziert wurden. Mit einer Entwurmungspaste vom Tierarzt kann man rasch Abhilfe schaffen. →Auslaufkatzen stecken sich aber leicht wieder an. Große Sauberkeit und wiederholtes Entwurmen ist unerläßlich, ganz besonders, wenn Kinder im Hause sind. In sehr seltenen Fällen werden Wurmeier von kleinen Kindern verschluckt, noch seltener wandern sie in den Augenhintergrund, wo sie schwere Schäden anrichten können, bis zur Blindheit. Dieselbe geringe Gefahr besteht übrigens auch bei Hundewürmern. Die Lösung besteht nicht darin, das Haustier abzuschaffen, sondern in Hygiene und Behandlung durch den Tierarzt.

Russisch-Blau-Katze ist im Gegensatz zur →Orientalisch-Blau-Katze mittelschwer und besitzt eine zarte, leise Stimme. Das weiche, etwas abstehende Fell ist auf Grund der gut ausgebildeten Unterwolle wesentlich dicker als das knappe Fellchen ihrer orientalischen Schwester. Die Augen sind leuchtend grün. →Archangelsk-Katze, →Malteserkatze.

Russische Katzenmärchen «Der Kater und die Füchsin»: Eine Füchsin verliebt sich in einen alten, roten Kater, den der Bauer im Wald ausgesetzt hat, und verhilft ihm mit raffinierten Tricks zu Ansehen bei den anderen Tieren des Waldes. Variante: Der Trick mit der

Wildkatze. →Katzenmärchen 5b. «Die Katze und das Schaf»: Eine Katze rettet ein Schaf vor dem Schlachtmesser. →Katzenmärchen 5e. «Kater Graustirn»: Der Kater hat Rahm geschleckt und wird von der Bäuerin fürchterlich verprügelt. Er überredet den Hund und den Ziegenbock, mit ihm zu fliehen. Unterwegs begegnen ihnen sieben Wölfe und ein Bär. Als die Situation brenzlig wird, findet Kater Graustirn einen genialen Ausweg. Die →Bremer Stadtmusikanten, →Schwedische Katzenmärchen, →Katzenmärchen 5a. «Der Kater und der Dummling»: Ein Junge erbt einen Kater und einen Ofen. Damit sein Herr ihn nicht verspeist, besorgt der Kater ihm Lebensmittel und Kleider. Dann überlistet er den ‹Drachen von der Berghöhle› und verschafft dem Dummling dessen Güter. Als ‹Herr Aschenpuster› wird der Junge ein angesehener Gutsbesitzer. Der →Gestiefelte Kater, →Katzenmärchen 2a. «Die sieben Simeonsbrüder»: Der jüngste Bruder ist ein Meisterdieb. Er stiehlt für seinen König eine Prinzessin, die er mit Hilfe einer schönen sibirischen Katze, einem für sie unbekannten Tier, auf sein Schiff lockt. Der König heiratet die Prinzessin, und die sieben Brüder dürfen fortan steuerfrei in seinem Land leben. →Katzenmärchen 2b.

Russische Legende: Hund und Katze bewachen den Eingang zum Paradies. Während es dem Teufel gelingt, sich an dem Hund vorbeizuschleichen, wird er von der wachsamen Katze gefangen.

Ruthenisches Katzenmärchen «Prinz Iwaniewicz»: Ein Bauernjunge kauft für seinen Jahreslohn, einen Groschen, einen Kater, der ihm zu Glück und Reichtum verhilft. Er besorgt einem mächtigen Bojaren eine Hasenherde und erlistet von einer alten Frau Güter und ein Schloß für seinen Herrn, den angeblichen Prinzen Iwaniewicz. Der →Gestiefelte Kater, →Katzenmärchen 2a.

Rutledge, Leigh W., ließ sich von dem roten Kater Hemingway einen Tag in einer amerikanischen Kleinstadt beschreiben. Das Ergebnis erfahren Sie in «Hemingways Tagebuch», 1996.

Rütting, Barbara. Die Schauspielerin, Schriftstellerin und engagierte Tierversuchsgegnerin widmete ihrem Kater Fettucini das reizende Kinderbuch «Ach du grüner Kater», 1979.

S

Sachmet, der ägyptischen Kriegsgöttin, war der Löwe heilig. Man stellte sie mit einem Löwenkopf dar. S. ist die Vorläuferin der sanften →Bastet, in deren Tempeln statt Löwen Katzen verehrt wurden.

Sachs, Hans (1494–1576). In seinem Meistergesang vom 1. 5. 1547 greift S. das Thema von der Feindschaft zwischen Hund und Katze auf, das schon der Rechenmeister Peter Probst am 14. 3. 1544 in einem Meisterlied behandelt hatte. Die Hunde schicken eine Gesandtschaft nach Rom mit der Bitte, auch am Freitag Fleisch essen zu dürfen. Der Papst gab ihnen einen Brief mit, in dem er ihnen dieses Privileg garantierte. Die Hunde ließen das wertvolle Dokument von der Katze aufbewahren. Aber die Mäuse fanden es und fraßen es auf. →Katzenmärchen 4a.

Sackarndt, Pol (geb. 1930), gab unter dem Titel «Katzen» eine hervorragende Sammlung von Katzengeschichten und -gedichten heraus mit Texten von Virchow und Brehm, Eggebrecht und Leip u. v. a. Im Bildteil 48 nostalgische Braunweiß-Fotos.

Sagard, ein französischer Pater und Missionar, schenkte kurz nach der Entdeckung →Amerikas einem Huronen (nordamerik. Indianerstamm) eine Kat-

ze. In der Neuen Welt waren Hauskatzen unbekannt und hochwillkommen als Vertilger von Mäusen und Ratten.

Saharakatze (felis margarita margarita), eine graugelbe bis sandgelbe,

90 cm lange Katze mit großen Ohren, gehört zu den engsten Verwandten unserer Wildkatze. Zeichnung: Deutliche Querstreifen und Schwanzringe.

Saki, eigentlich H. H. Munro (1870–1916). In «Tobermory» schildert der englische Schriftsteller, wie ein kauziger Engländer dem Kater das Sprechen beibringt. Tobermory plappert mit köstlicher Indiskretion sämtliche Geheimnisse der Lady Blemley und ihrer Gäste aus. In «Die Buße» hat ein englischer Landedelmann eine kleine gefleckte Katze zu Tode gehetzt, weil er sie für einen Hühnerdieb hielt. Das Tier gehörte drei Kindern, die grausame Rache nehmen …

Sakina, die «göttliche Gegenwart», wurde in Gestalt einer weißen Katze in das Herz des Propheten Mohammed eingeführt, als Engel es reinigten und ihm ihr Siegel aufdrückten.

Sakristeikater In Italien gab es früher häufig S., die selbstbewußt und würdevoll sogar der Messe beiwohnten, so berichtete 1871 der Italienfahrer Fridolin Hoffmann. →Klosterkatzen.

Salem, Massachusetts / USA. Hier fanden 1692 besonders grausame Hexen- und Katzenverfolgungen statt.

Salier Unter den salischen Kaisern (1024–1125) wurde gesetzlich festgelegt, daß bei Übergabe eines Bauernhofes an einen neuen Besitzer sich auch eine Katze unter den «notwendigen Gütern» befinden müsse.

Salis, Rodolphe, ein kaum bekannter französischer Dichter, gründete im vorigen Jahrhundert den «Club du Chat Noir» und machte einen schwarzen Kater, den er auf der Straße aufgelesen hatte, zum Patron des Dichter- und Künstlerzirkels vom Montmartre.

Salomon Der biblische König soll, der Legende zufolge, eine Katze besessen haben, die ihm das Licht gehalten hat, →Dante. Als sein Freund Mäuse mitbrachte, vergaß sie ihre Aufgabe, um zu jagen. Deshalb sagt man: «Er ist so klug wie Salomons Katze», das heißt, sein Wissen ist nur angelernt.

Salomon, Ernst von (1902–1972). Jean Luc, der Kater des Schriftstellers, frühstückte jeden Morgen mit ihm und regte ihn zum Katzenbüchlein «Miau, miau, miau» an. Bravo, Jean Luc!

Salten, Felix (1869–1947), machte sich einen Namen als Tierbuchautor («Bambi»). In «Djibi, das Kätzchen», 1945, schildert er das abenteuerliche, aber stets bedrohte Leben einer Katze auf dem Lande.

Salz ist wichtig für die Bildung der Salzsäure im Magen. Deshalb sollte man selbstzubereitetem Futter winzige Prisen Salz zufügen oder das Katzenfutter in schwach gesalzenem Wasser kochen. Bei Durchfall benötigen Katzen mehr Salz.

Salzkatze, auch Kleinfleck- oder Geoffroykatze genannt (leopardus geoffroyi), ist eine →neuweltliche Kleinkatze, die gut klettert und schwimmt.

Ihre Heimat ist das Mato-Grosso-Gebiet in Südamerika. Das Fell ist ockergelb bis silbergrau, gezeichnet mit feinen schwarzen Tupfen. Die S. wird bis zu 110 cm lang.

Salzlösung für Hausbehandlungen zum Ausspülen des Mäulchens und Abtupfen von Wunden wird so hergestellt: Auf einen halben Liter abgekochtes Wasser kommt ein Teelöffel Salz.

«**Samtpfötchen**» ist der zuckersüße Name für eine barbarische Operation, bei der den Katzen nicht nur die Krallen, sondern auch das dritte Zehenglied amputiert werden, damit Vorhänge und Möbel heil bleiben. Die verstümmelten Tiere haben in der Freiheit keine Chance, sie können keine Maus fangen und auf keinen Baum flüchten bei Gefahr. Diese Prozedur ist beliebt in Amerika, wo jährlich Abertausende von Katzen zur Urlaubszeit ausgesetzt werden. Leider wird dieser ans Kriminelle grenzende Unfug in sonst durchaus vernünftigen Katzenbüchern amerikanischer Autoren empfohlen. In der Bundesrepublik Deutschland und der Schweiz ist diese Verstümmelung glücklicherweise verboten. Es ist sicher, daß die Katzen nach der Operation große Schmerzen erleiden. →Krallenpflege, →Krallenschneiden.

Sanaubari, Dichter am Hof von Aleppo, Syrien, im 10. Jahrhundert, schrieb ein Gedicht zum Lob eines Tigerkaters, der ein hervorragender Mäusefänger war und «getreuer und besser als all unsere anderen Freunde».

Sandkatze →Wüstenkatze.

Sarmans ist der Name von rot getigerten, langhaarigen türkischen Angorakatzen, die in den USA als →Zuchtkatzen anerkannt sind. →Beyaz, →Tekir.

Sartre, Jean-Paul (1905–1980). Der Philosoph des Existentialismus beschreibt in «Zeit der Reife», dt. 1961, einen jungen Mann, der plötzlich beschließt, seine drei erwachsenen Katzen zu ertränken, einfach so, um sich irgend etwas zu beweisen. Er packt sie in einen Korb, fährt zur Seine, bindet einen Stein an den Korb – aber dann bringt er den Mord doch nicht fertig, kehrt um und bringt die völlig verstörten Katzen wieder heim …

Sauberkeit Wegen ihrer S. avancierte die Katze im späten 19. Jahrhundert, als man die Hygiene entdeckte, zum beliebtesten Haustier. Sogar ihre Gegner erkennen die S. der Katze an. Wenn eine Katze verwahrlost aussieht, ist sie schwerkrank. Gesunde Tiere putzen sich sorgfältig und verscharren ihr Geschäft. Deshalb ist es, von Ausnahmen abgesehen, völlig überflüssig, Katzen zu →baden.

Säugen Daß eine Mutterkatze keine Milch hat, was vor allem bei orientalischen Zuchtkatzen bei der ersten Niederkunft auftritt, merkt man zuerst an den Jungen; sie schreien vor Hunger. Man muß sie alle zwei Stunden füttern, auch nachts →Aufzucht. Die Milchproduktion wird angeregt durch warme Umschläge auf dem Gesäuge, vier bis fünfmal täglich je zehn Minuten lang, durch leichte Massage mit Speiseöl oder Hormonspritzen.

Sayer, Angela. Die englische Autorin veröffentlichte bei uns 1977 den Bildband «Junge Katzen in Farbe». 1980 erschien «Katzen», ein reich illustrierter Leitfaden durch das Labyrinth der Katzenrassen. Zusammen mit →G. Pond schrieb sie «Die intelligente Katze», dt. 1981.

Sayre, Rockwell, Bankier aus Chicago, war ein fanatischer Katzenfeind. 1925 startete er eine Kampagne zur Vernichtung aller Katzen auf der Welt. Zehn Cent Belohnung sollte jeder erhalten, der eine Katze tötete, wer die letzte Katze der Welt umbrachte, auf den wartete eine Belohnung von 100 Dollar. S. rechnete damit, daß in zehn Jahren keine Katze mehr am Leben sein würde. Er selber starb glücklicherweise vor Ablauf dieser Frist.

Scarlatti, Domenico (1685–1757), italienischer Komponist, schuf eine «Katzenfuge», der Anekdote nach inspiriert von dem «Klavierspiel» seiner Katze, die über die Tasten lief.

Schamgefühl «Die Sittsamkeit» der Katze lobte schon →Rabbi Jochanan. Eine Katze mag nicht beobachtet werden, wenn sie ihre Geschäfte verrichtet, und verscharrt alles sorgfältig. Wenn sie es nicht verhindern kann, daß jemand in ihrer Nähe ist, wenn sie die Katzentoilette benutzt, wendet sie ihm stets die Vorderseite zu.

Schär, Rosemarie, eine Schweizer Verhaltensforscherin, geht in ihrem Buch «Die Hauskatze», 1989, der Lebensweise und den Ansprüchen unserer Katzen nach. Illustriert mit schönen Farbfotos.

Scheckung Als gescheckt gelten alle Katzen, die eine oder mehrere Farben plus Weiß aufweisen. Schon ein →Medaillon gilt als Scheckung.

Scheffel, Joseph Viktor von (1826–1886), ist der «Vater» von Hiddigeigei, einem der berühmtesten Kater der Weltliteratur. Personalien: «Schwarzes Samtfell, mächtiger Schweif». Hiddigeigeis Lieder sind aufgezeichnet im «Trompeter von Säckingen». Seine Lebensweisheit: «Menschentum ist ein Verkehrtes, Menschentum ist Ach und Krach, im Bewußtsein seines Wertes sitzt der Kater auf dem Dach.» Hiddigeigeis Verse wurden zwischen 1980 und 1983 als Lieder für Baß und Klavier vertont von Kurt-Rolf Roner.

Scheintod Wenn eine Katze durch einen mächtigen, überraschend angreifenden Gegner zu Tode erschreckt wird, kommt es vor, daß sie wie tot umfällt und starr liegenbleibt. Hier wird ein Schutzmechanismus wirksam, der den Gegner zum Ablassen von seinem Opfer bewegen soll.

Scheinträchtigkeit kommt gelegentlich vor bei nicht kastrierten Kätzinnen. Manchmal entsteht dabei sogar starker Milchfluß. Wenn die Katze unter diesem Zustand offensichtlich leidet, →fachkundige Hilfe anfordern.

Blaue Perserkätzinnen und Siamesinnen neigen besonders zu S. Man kann Kätzinnen während der S. sogar als Ammen zur Aufzucht mutterloser Kätzchen benutzen.

Scheitlin, Peter, ein früher Vorläufer der Verhaltensforscher und Tierpsychologen, gab 1840 das Buch «Versuch einer vollständigen Tierseelenkunde» heraus. S. war ein begeisterter Katzenfreund; er hielt sie für «Tiere hoher Natur» und lobte ihren Mut, ihre Schlauheit, ihre Zärtlichkeit.

Scherpilzflechte, auch Ringelflechte (Trichophythie), wird von der Katze auch auf den Menschen übertragen. Die Symptome – kaum wahrnehmbare Hautveränderungen bei der Katze – werden oft zuerst beim infizierten Menschen wahrgenommen. Beide müssen behandelt werden.

Scherzfrage Es sieht aus wie eine Katz und maust wie eine Katz und hat einen Kopf wie eine Katz und einen Schwanz wie eine Katz und ist doch keine Katz. Was ist das?
(Ein Kater)

Schibli, ein frommer islamischer Mystiker (gest. 996), fand Gnade vor Gottes Augen, weil er einst mit einer frierenden Katze Erbarmen gehabt hatte, so berichtet die Chronik von Damaskus aus dem 12. Jahrhundert.

Schielen →Silberblick.

Schierenbeck, Anne Maria, ursprünglich ein Hundefan, schildert in «Puma, die gelbe Perserin», 1966, das Zusammenleben mit Katze(n), Hunden und einem Graupapagei. «Die Liebe zu einer Katze macht weise und nachsichtig», sagt die Autorin. «Die Liebe zu einem Hund fröhlich und gut.»

Schierling Der berühmte Schierlingsbecher, an dem Sokrates starb, hätte auch jede Katze umgebracht. S. ist für Katzen hochgiftig.

Schiff, Hermann, brachte 1826 als Zeichen seiner Bewunderung für E. T. A. Hoffmann den «Nachlaß des Katers Murr» heraus.

Schiffskatzen hatten und haben in aller Regel ein schönes Leben, denn Seefahrer fast aller Nationen glauben fest daran, daß eine Katze an Bord Glück bringt. Zahlreiche Begriffe aus der Nautik stehen in Beziehung zur Katze: →Katzenpfote, →Katzenkopf, →Katzenschiff, →Katzensteg. Auch die berüchtigte →neunschwänzige Katze gehört hierher. Japanische Seefahrer und Fischer schwören auf dreifarbige →Glückskatzen, die möglichst auch noch gestreift sein sollen. Schwedische Seeleute allerdings nehmen keine Katze an Bord, weil sie «den Sturm im Schwanz trägt». Anfang der sechziger Jahre wollte eine französische Schiffahrtsgesellschaft alle Katzen auf ihren Handelsschiffen «einsparen». Aber die Versicherungsfirma weigerte sich, «in Zukunft durch Nager verursachte Frachtschäden an der Ladung» anzuerkennen. Die S. durften bleiben. →Royal Navy. Viele Schiffskatzen erlangten fast legendäre Berühmtheit.

Die S. Minnie des Dampfers St. George wurde wegen ihrer allzu großen Fruchtbarkeit in New York an der Kreuzung Broadway / 72. Straße ausgesetzt. In derselben Nacht stach die St. George in See. Ein halbes Jahr später kam Minnie in Singapur an Bord, sie war «ihrem» Schiff nachgereist, über Bermuda, Kapstadt und Hongkong. Der Schiffskater Olaf fiel auf hoher See über Bord. Der New Yorker Dampfer «Subamerican», 17 000 Tonnen, stoppte, der erste Offizier und sechs Matrosen kletterten in ein Beiboot, um Olaf zu retten. Der schwarze Oskar arbeitete im Zweiten Weltkrieg auf der «Bismarck», die nach einer Schlacht im Atlantik sank. Unter den wenigen Überlebenden war Oskar; das britische Schiff «HMS Cossack» nahm ihn auf. Als die «Cossack» wenig später unterging, wurde Oskar wieder gerettet, von dem britischen Flugzeugträger «Ark Royal», dessen Untergang er gleichfalls überlebte. Ein englisches U-Boot interessierte sich für ihn, aber als der Kapitän die Vorgeschichte erfuhr, verzichtete er lieber auf Oskars Dienste. Seinen Lebensabend verbrachte der Kater in einem Seemannsheim. →Mayflower, →Phönizier, →Wikinger.

Schilddrüsenüberfunktion tritt vorwiegend bei älteren Katzen auf. Die Tiere sind ruhelos, verlieren trotz Heißhunger an Gewicht und neigen zu Aggressivität. Eine Operation bringt nur vorübergehend Besserung.

Schildpattkatzen sind dreifarbig: schwarz, rot und creme. Es gibt auch S. mit Weiß. Im Volksglauben gelten sie als →Glückskatzen, vielleicht wegen ihrer Seltenheit. S. sind fast immer weiblich, S.-Kater, wenn sie einmal auftreten, sind unfruchtbar.

Schilfkatze →Rohrkatze.

Schimmel, Annemarie, durchstreifte die Literatur und Folklore des islamischen Orients auf den Spuren der Hauskatze und präsentierte 1983 als Ergebnis das hochinteressante Buch «Die orientalische Katze», liebevoll illustriert mit alten und neuen Katzendarstellungen aus der islamischen Kunst.

Schinken (geräuchert oder gekocht) gehört nicht auf den Katzenteller; er ist für unsere Schleckermäulchen viel zu salzig.

Schlachtung Ja, Sie haben richtig gelesen. Es ist hierzulande nach dem geltenden Fleischbeschaurecht ausdrücklich vorgesehen, daß Katzen (und auch Hunde) geschlachtet werden, um Fleisch, Fell und Fett zu gewinnen. Das Land Hessen hat am 15. Februar 1985 eine Gesetzesinitiative im Bundesrat eingebracht, um dieser Barbarei ein Ende zu bereiten.

Schlaf a. Jungkätzchen schlafen mindestens ebensoviel wie Babies. Auch erwachsene Katzen haben ein hochentwickeltes, im Alter noch zunehmendes Schlafbedürfnis, bis zu 20 Stunden am Tag. Allerdings ist der Katzenschlaf leicht, sie wachen sofort auf, wenn eine Maus vorbeihuscht. Nach Möglichkeit sollte man schlafende Katzen nicht stören. →Muessa, →Paradoxer Schlaf,

→Träume. b. Schlaf in den Augenwinkeln sondert sich auch bei Katzen ab. Wenn eine Katze ihn nicht wegputzt, wischt man ihn sanft fort, damit sich nicht mit der Zeit Entzündungen im Augenwinkel bilden.

Schlafmittel, regelmäßig eingenommen, machen süchtig und haben andere unliebsame Nebenwirkungen. Die Hamburger Friseurin Bettina Sutarski weiß etwas Besseres: Sie hat ihre Katze daran gewöhnt, auf ihrem Bauch zu schlafen. Das gemütliche, gleichmäßige Schnurren schläfert auch die Besitzerin ein.

Schlafplatz Jede Katze sucht sich ihren S. selber, sie hat aber nichts dagegen, wenn man ihr einen Katzenkorb o.ä. anbietet. Viele wechseln den S. häufig, sie schlafen auf Sesseln, auf der Fensterbank, auf Schränken und Regalen, auf dem Teppich, in Kartons, in der Badewanne und selbstverständlich im Bett (nach Aussage eines österreichischen Tierarztes liebe Gewohnheit von 80 % aller Hauskatzen). Kaum jemand wird seine Katze mit ins Bett nehmen, wie Katzenfeinde gern behaupten. Aber welcher Katzenfreund bringt es schon übers Herz, eine Katze, die sich vertrauensvoll am Fußende niederläßt, zu verjagen?

Schlangen Viele Katzen nehmen den Kampf mit S. auf, und zwar auch mit großen, kräftigen Exemplaren. Sie arbeiten im Team, eine oder mehrere greifen die S. am Kopf an, die anderen am Schwanz. →Helena.

Schlangenbisse werden Katzen bei uns kaum davontragen, aber im Urlaub kann es schon mal passieren, daß die Katze eine Giftschlange angreift und von ihr gebissen wird. Wie beim Menschen hilft nur eine Injektion mit dem entsprechenden Schlangenserum. Erste Hilfe: Die Haare um die Wunde herum kurz abschneiden und die Wunde sehr lange und gründlich unter fließendem Wasser abspülen.

Schlanktyp →Kurzhaarkatzen werden in S. und →Plumptyp eingeteilt. Zum S. gehören die Abessinier, Burmesen, Orientalisch Kurzhaar, Rexkatzen, Havannas und Siamesen.

Schleichkatzen ist der Oberbegriff für eine urtümliche Katzenart, die in Afrika, Südasien, Spanien, Südfrankreich und auf Madagaskar zu Hause ist. Typisch ist der spitz zulaufende, fuchsähnliche Kopf. →Echte Katzen.

Schleichlaufen Dicht an den Boden gepreßt, jede noch so kleine Deckung nutzend, bewegt sich die Katze beim S. nahezu lautlos auf ihre Beute zu.

Schlingen aus Draht, wie sie von Wilderern benutzt werden, können Katzen schwere Schnittverletzungen an Hals, Brust oder den Pfoten zufügen.

Schlüsselblume →Primel.

Schlüsselreize lösen angeborene Handlungsbereitschaften aus, bei Katzen z.B. wird die Bereitschaft zum Beutefang geweckt durch leise knisternde und kratzende Geräusche oder durch mäuseähnliche Pieps- oder Pfeiftöne. →AAM.

Schmatzen hat bei Katzen nichts mit schlechten Tischsitten zu tun. Als S. bezeichnet man Geräusche, die den →Katergesang unterbrechen, weil der erregte Kater stark speichelt und entsprechend häufig schlucken muß.

Schmerzen Es ist nicht leicht zu erkennen, ob Katzen S. haben. Wenn eine Katze beim Wasserlassen einen Buckel macht und sehr viel trinkt, deutet das auf Nierenschmerzen hin. Wenn eine sonst zärtliche Katze sich nicht mehr anfassen läßt, hat sie ebenfalls S. Bei akuten S. schreien Katzen auf, jaulen oder wimmern. Schmerzhafte Stellen werden oft bepfotet. Unnatürliche Stellungen im Sitzen und Liegen oder das bevorzugte Liegen auf kaltem Steinboden deuten ebenfalls auf S. hin.

Schmerzmittel Da Katzen kaum zum Einnehmen von Pillen zu bewegen sind, ist es besser, ihnen gegen Schmerzen ein Kinderzäpfchen vorsichtig in den After einzuführen. Den Schwanz anschließend eine Weile andrücken, damit es nicht wieder hinausgleitet. Vorsicht: Das Zäpfchen darf weder →Aspirin noch →Kodein enthalten. Grundsätzlich nur verordnete Medikamente geben.

Schmetterlingsmuster nennt man die deutliche, an einen Schmetterling erinnernde Zeichnung auf beiden Schultern bei →Tabbykatzen.

Schmidt-Rottluff, Karl (1884–1976). Der deutsche expressionistische Maler schuf viele schöne Lithographien von Katzen.

Schmitt, Christa, hat in ihrem Buch «Die Katze in Sprichwort und Redensart», 1988, eine Vielzahl des Sprachschatzes rund um die Katze gesammelt. Illustriert mit außergewöhnlich schönen Fotos von Gertrud Glasow.

Schmitthauser, Gerd, schrieb den schönen Katzenroman «Der Tag, an dem die Katzen verschwanden», 1989. Keine Angst, die Katzen wurden nicht gestohlen, sondern haben sich zum Übergang in die Welt der Katzen entschlossen.

Schmuck Mit Juwelenhalsbändern und Goldohrringen wurden die Katzen der Reichen im alten →Ägypten geschmückt, sicher mehr zur Freude der Besitzer als der Katzen. →Haremskatzen.

Schmuckkatzen (prionailurus) haben nichts mit Preziosen zu tun und leben in Asien. Zu den S. gehören: →Bengalkatze, →Rostkatzen, → Fischkatzen und →Flachkopfkatzen.

Schnarchen hört man gelegentlich auch Stubenkatzen, besonders ältere Tiere. Aber es hält nicht lange an und klingt wesentlich leiser und melodischer als bei Menschen oder Hunden. Die Chinesen behaupten, je lauter eine Katze schnarche, desto besser sei sie als Mausefänger.

Schnattern können nicht nur Gänse. In der Katzensprache bedeutet S.: «Flugobjekt gesichtet + Leider schwer zu erreichen + Soll ich's versuchen? + Warum hab ich eigentlich keine Flügel? + Stoßseufzer + Ende.»

Schneck, Stephen, und Norris Nigel. Die englischen Autoren schrieben das Buch «Kranke Katze – was tun?», dt. 1977, ein Nachschlagewerk für alles, was mit der Gesundheit unserer Hauskatze zu tun hat.

Schnee übt auf Katzen eine starke Faszination aus. Gern schauen sie vom warmen Fensterplatz aus einem Schneegestöber zu, im Freien versuchen sie, die Flocken zu fangen, stapfen in dem kühlen Weiß herum, rollen sich sogar im Schnee und schaffen sich – wie Kinder – kleine Eisbahnen oder Rutschen. Nur Katzen mit sehr knappem Fell scheuen die Schneekälte.

Schneeball, als Gartenpflanze sehr beliebt, ist für Katzen leider giftig.

Schneeglöckchen Katzenbesitzer sollten auf die Frühlingsboten verzichten. Für Katzen sind sie reines Gift.

Schnieper, Claudia, veröffentlichte 1981 das Ratgeber-Büchlein «Katzen – Was Kinder über Katzen wissen sollten» mit vielen schönen Fotos.

Schnittblumen Die meisten Katzen interessieren sich so sehr für die bunte, duftende Pracht, daß sie die Vase umstoßen, um mit dem «Grünzeug» zu spielen. Andere entwickeln eine Leidenschaft für das Blumenwasser, obwohl klares Trinkwasser bereitsteht. Viele S. sind für Katzen giftig, ebenso das Blumenwasser. Also Vorsicht!

Schnittlauch ist eine ausgezeichnete Alternative zum →Grastopf, reich an Vitaminen und Mineralstoffen. Man kann Katzen ruhig einen S.-Topf hinstellen, die meisten sind begeistert.

Schnupfen, nicht zu verwechseln mit →Katzenschnupfen, beruht auf einer einfachen Erkältung. Die Katze niest häufig, hat wenig Appetit, und das Näschen läuft. →Homöopathische Mittel: Allium Cepa (Zwiebel) und Echinacea (Sonnenhut).

Schnurre, Wolfdietrich (geb. 1920). Der deutsche Schriftsteller berichtet in «Die Tat», wie zwei Kinder einen grausamen Mord an einer tragenden Katze begehen. Den Jüngeren verfolgt das Schuldgefühl, bis er im Zweiten Weltkrieg unter Lebensgefahr eine Katze rettet, die ihm zum Schicksal wird. In «Ein Fall für Herrn Schmidt» versucht ein 14jähriger Waisenjunge verzweifelt, eine Katze und ihre Jungen zu retten – vergebens.

Schnurren a. Alle Kleinkatzen vom Ozelot über den Puma bis zum Gepard können schnurren. Der Grund soll der vollkommen verknöcherte Zungenbeinapparat sein. b. S. nannte man früher heitere, gemütliche kleine Erzählungen. c. Robert →Crottet zum Thema S.: «Die ganze Welt müßte schnurren lernen. Wenn man schnurrt, so bedeutet das, daß man eine Seele hat, eine winzige Katze in der Tiefe seiner Brust.» d. S. ist ein Zeichen von Zufriedenheit und Wohlbehagen. Aber auch leidende und selbst sterbende Katzen s. oft. Wenn eine Katze Krankheitssymptome aufweist oder einen Unfall hatte und schnurrt, so heißt das nicht etwa, daß es ihr gutgeht. Sie muß trotzdem schleunigst behandelt werden.

Schnurrhaare sind die äußerst sensiblen, beweglichen Tastorgane, mit deren Hilfe die Katze sich auch noch im Dunkeln zurechtfindet, Hindernisse erkennen und das Auge vor Verletzungen schützen kann. Bei Ärger und Erregung legt die Katze die S. zurück. Im Traum zuckt sie oft mit den S. Das Beschneiden der S. ist üble Tierquälerei. →Antennen.

Schock ist ein Kreislaufzusammenbruch, der bei Katzen nach Unfällen, Herzversagen, bei Blutverlust, Verbrennungen, großem Wassermangel oder extremer Blutarmut auftritt. Die Symptome: Apathie, Untertemperatur, Zunge und Mundschleimheit blaß, schneller Puls, rasche, flache Atmung, Durst. Erste Hilfe: Warmhalten. Dann sofort →fachkundige Hilfe aufsuchen.

Schottischer Aberglaube Junge Damen, die in einem Haus mit einer schwarzen Katze wohnen, finden viele Verehrer.

Schottische Hängeohrkatzen entstanden durch →Mutation und werden weitergezüchtet. Die ersten Hängeohrkatzen tauchten 1961 in Perthshire in Schottland auf.

Schottische Waldkatzen gehören zu den europäischen →Wildkatzen. Sie sind groß und stämmig, haben einen dicken, geringelten Schwanz und einen kräftigen Kopf. Sie fischen gern.

«**Schrödingers Katze**» Nach den Gleichungen der Quanten-Wahrscheinlichkeitswellen ist S. gleichzeitig tot und lebendig. Auf dieser Theorie baute der amerikanische Schriftsteller Robert Anton Wilson, geb. 1932, sein gleichnamiges Buch auf, das 1981 in deutscher Sprache erschien, ein Lesevergnügen für Science-fiction-Fans.

Schuhe nennt man die vier weißen Pfoten der Birmakatze. →Handschuhe.

Schul, Bill, veröffentlichte in Deutschland 1979 das Buch «PSI bei Tieren», in dem verblüffende Erlebnisse mit Katzen und anderen Tieren geschildert werden.

Schuller, Linde. Die Tierärztin stellte einen 20-Punkte-Katalog auf mit dem Titel «So wird Ihre Katze stubenrein». Der heißeste Tip: Etwas Baldriantinktur auf die Streu im Katzenkästchen geben.

Schulz, Bruno, Berliner Tierschützer und Vorsitzender des Deutschen Katzenschutzbundes, fordert, daß die Aufzucht von Katzen gesetzlich verboten wird, «mindestens für einen Zeitraum von zwei bis drei Jahren, weil ein riesiges Heer von herrenlosen Katzen in den Städten, in den Parks und auf den Friedhöfen herumstreunt ... Lichtscheues Gesindel fängt die Katzen ein und verkauft sie zu Versuchszwecken an Institute.» Sein Buch «Die große Katzenfibel», 1967, mit vielen wichtigen Tips für den katzenschutzgerechten Umgang mit Haustigern, gehört zu den besten Büchern in der umfangreichen Katzenliteratur. Es sollte zur Pflichtlektüre für alle Katzenhalter erklärt werden. →Heimatlose Katzen, →Kastration, →Katzenschutz, →«Léautaud, →Schule der Katzen.

Schumann, Clara (1818–1896) und Robert (1810–1856). Der Komponist und die Pianistin hatten versucht, einen «Orden der schwarzen Katzen» zu gründen. Das Unternehmen scheiterte aber vorzeitig.

Schuppen auf dem Katzenfell sind oft ein Zeichen falscher Ernährung, bei der bestimmte Mineralien wie Zink, Kupfer, Mangan, Magnesium fehlen. Auch Mangel an Fettsäuren, Vitaminen oder gewissen Schwefel-Aminosäuren kann zu S. führen, außerdem trockene Hitze und Baden mit ungeeigneter Seife. Bei S.-Befall steigt die Gefahr, daß sich die parasitären →Haarlinge ansiedeln. Bei älteren Tieren treten S. häufiger auf. Durch regelmäßige Fellpflege und abwechslungsreiche Ernährung mit genügend Vitaminen kann man vorbeugen. Auch ein Eßlöffel Maiskeimöl pro Woche, verteilt auf mehrere Futterrationen, hilft.

Schwab, Gustav (1792–1850), deutscher Dichter der Romantik, schildert in «Wie durch eine Katze ganz Schilda abbrannte» den Versuch der Schildbürger, mit Hilfe einer Katze, ein für sie völlig unbekanntes, exotisches Wesen, der Mäuseplage Herr zu werden. Die Pointe: Sie geraten in panische Angst vor dem «Kammerjäger» und zünden ein Haus nach dem anderen an, um die Katze aus der Stadt zu vertreiben. Die läuft schließlich wirklich davon – aber die ganze Stadt brennt ab!

Schwab, Hillusch, schrieb den Roman «Wo bist du, Katalina?», 1975, mit eigenen Illustrationen. Die deutsche Autorin verliebte sich auf ihrer Ferieninsel in eine schwarze, heimatlose Katze und bringt es fertig, über Jahre hin für das Tier und seine jeweiligen Jungen zu sorgen. Am Ende wird die wilde Katalina eine brave, kastrierte Hauskatze.

Schwäbische Katze ist eine andere Bezeichnung für die schwarzweiß gescheckte Katze. Der Rücken ist schwarz, das Gesicht schwarz mit weißen Flecken und/oder weißer →Blesse, Bauch und Kehle sind weiß.

Schwangart, Friedrich, gründete in den dreißiger Jahren den «Bund für Katzenzucht und Katzenschutz». S. war ein Katzenexperte, der auch selber Katzen züchtete, →Ägypter, →Deutsch Langhaar, →Ankarakatzen, dabei aber stets großen Wert legte auf die Gesundheit und Lebensfähigkeit der Tiere, statt in erster Linie auf ihre Schönheit zu achten. Er hat mit seinen Veröffentlichungen einen Grundstein für die Erforschung der Hauskatze gelegt: «Stammesgeschichte, Rassenkunde und Zuchtsystem der Hauskatze», 1929, «Zur Rassenbildung und -züchtung der Hauskatze», 1932, «Hund und Katze», 1933, «Haltung und Zucht der Hauskatze», 1933, «Über den Wert der Katzenhaltung», 1936, «Vom Recht der Katze», 1937, «Der Problemkreis um die schwanzlose Katze», 1950, und «Übersicht und Beschreibung der Hauskatzenrassen», 1954.

Schwanz Der S. einer Katze ist ihr Stimmungsbarometer. Vibrieren der Schwanzspitze und leichtes Zucken deuten Verstimmung und Ärger an. In heftiger Erregung peitscht der S. durch die Luft, die Katze ist angriffslustig. Gesträubter «Pinsel- oder Fuchsschwanz» bedeutet Zorn, Kampfeslust. Leicht gesenkter S. heißt Unsicherheit, Furcht, hoch erhobener S. dagegen Stolz, Freude, gute Laune. Sanfte Bewegungen zeigen Interesse und Spaß an, →Körpersprache. Der S. dient auch als Gleichgewichtssteuer. →Freier Fall.

Schwanzknoten sind eine erbliche Mißbildung, die früher zum Wahrzeichen der →Siamkatzen gehörten.

Schwanzlähmung kann als Folge von Unfällen auftreten. Der Schwanz schleift schlaff über den Boden. Wenn die S. nach drei Wochen nicht behoben ist, sollte der S. amputiert werden, vor allem bei →Auslaufkatzen, denn es besteht die Gefahr, daß er irgendwo eingeklemmt wird. Jede zusätzliche Verletzung aber birgt das Risiko einer gefährlichen Infektion. Da die Katze den Schwanz nicht mehr bewegen kann, ist er verschmutzt und ein Herd für alle möglichen Bakterien.

Schwarze Katzen sind eigentlich →Tabbykatzen, bei denen die schwarzen Streifenmuster mit dem schwarzen Fellgrund verschmelzen. Bei bestimmtem Lichteinfall kann man sie erkennen, auch die Ringe am Schwanz. Als Glücksbringer sind sie beliebt in England, Schottland, im Orient und bei chinesischen Seeleuten, als Unglücksboten verteufelt in Deutschland, den USA, Irland und in arabischen Ländern. Während der →Hexenverfolgungen mußten so viele schwarze Katzen ihr Leben lassen, oft unter furchtbaren Qualen, daß es fast ein Wunder ist, daß sie nicht völlig ausgerottet wurden. Der →Aberglauben beschäftigt sich mit Vorliebe mit ihnen. Einige Beispiele: Wenn eine schwarze Katze auf das Bett eines Kranken springt, steht dessen Tod unmittelbar bevor. Läuft einem bei Mondschein eine schwarze Katze über den Weg, bedeutet das Tod durch eine Seuche. Sitzt eine schwarze Katze auf einem Grab, so hat der Teufel die Seele des Verstorbenen in seiner Gewalt. Ein gutes Omen: Wenn eine schwarze Katze am Hochzeitstag vor der Braut niest, wird die Ehe glücklich.

Schwarzfußkatze (felis nigripes), zu Hause in der südwestafrikanischen Steppe, ist die kleinste bekannte Katzenart mit einem Gewicht von höchstens 2,5 kg. Sie ähnelt der →Falbkatze. Ihr Kennzeichen: schwarze Fußsohlen. Die S. ist sehr selten.

Schwarzwälder Katzenmärchen «Die Katze und der Holzfäller»: Ein armer Holzfäller fand ein Kätzchen. Da er es nicht ernähren konnte, setzte er es im Wald aus. Neunmal kam das Kätzchen zu ihm zurück. Da behielt er es. Von dem Tag an hatte er Glück, reichlich Arbeit, genug zu essen für sich und die Katze. Schließlich konnte er sich sogar ein hübsches Häuschen bauen. Wenn die Leute ihn fragten, was geschehen sei, sagte er, daß er sein Glück den neun Leben seiner Katze verdanke. →Katzenmärchen 2c.

Schwedische Katzenmärchen «Der Braten für den Pfarrer»: Eine Katze soll in der Bratpfanne des Pfarrers landen, flieht aber und nimmt Hahn, Gänse, Stier und Widder mit. Auch ein Hase schließt sich an. Sie finden einen Wohltäter und entzaubern dessen Hütte. Die →Bremer Stadtmusikanten, →Katzenmärchen 5a. «Hund und Katze»: Ein Hund rettete das Leben einer Prinzessin. Ihr Vater gab ihm einen Vertrag: Alle Hunde, die in sein Reich kämen, erhielten Essen und Quartier. Der Hund bat die Katze, das Schriftstück zu verwahren, aber die Ratten fanden es und fraßen es auf. →Katzenmärchen 4a. S. aus Finnland: «Katze und Hund»: Die Katze mußte verreisen und gab ihren Paß dem Hund in Verwahrung, der ihn verlor. Das hat sie ihm nie verziehen. →Katzenmärchen 4a.

Schweinefleisch und -innereien darf man Katzen nur gar gekocht geben. →Aujeszkysche Krankheit.

Schweitzer, Albert (1875–1965). Der große Menschen- und Tierfreund (Friedensnobelpreis 1952) war den Katzen besonders zugetan. Um die Katze, die in seinem linken Arm ruhte, nicht zu stören, versuchte der geborene Linkshänder sogar, mit rechts zu schreiben. →Mohammed.

Schweiz Bereits 2000 Jahre v. Chr., also zur Zeit der alten →Ägypter, wurden dort in Pfahlbauten Katzen gehalten, die sich mit unseren Hauskatzen vergleichen lassen, wie Skelettfunde zeigten.

Schweizer Sprichwort «Wer eine heimatlose Katze aufnimmt, dem bringt sie Segen auf sein Haus.»

Schwellenstarre Keine Katze tritt rasch und beschwingt zur Tür herein, auch dann nicht, wenn sie vorher um Einlaß gebeten hat. Sie zaudert, überlegt, sichert – sehr zur Ungeduld der Menschen, die wieder die Tür schließen möchten, besonders im Winter. Man muß ihr Zeit lassen, drängen nützt nichts. Ein Trick: Selber schnell hinausschlüpfen, sich hinter die Katze stellen und leicht auf der Stelle treten.

Schwerhörig werden viele ältere Katzen genauso wie ältere Menschen. S. kann aber auch als Folge einer Blutvergiftung auftreten →Taubheit.

Schwertlilien oder Iris sind für Katzen leider außerordentlich giftig.

Schwimmen Mit Ausnahme der →Türkischen Van-Katze sind Katzen eher wasserscheu. Trotzdem können sie ausgezeichnet und ausdauernd schwimmen – wenn es sein muß!

Schwind, Moritz von (1804–1871), zeichnete unter dem Titel «Zukunftsmusik» ein Notenblatt für Violine mit zahlreichen schwarzen Kätzchen anstelle der Notenköpfe. Außerdem gibt es eine prachtvolle Illustration zu «Der →Gestiefelte Kater» von ihm.

Schwitzen Katzen besitzen nur relativ wenig Schweißdrüsen: zwischen den Zehen und Sohlenballen, an den Lippen, im Kinnwinkel, rund um den Po und in der Gesäugegegend. →Colette beschreibt in «Saha», wie einer Katze an den Sohlen der Schweiß ausbricht – aus Furcht vor ihrer eben dadurch entlarvten Feindin, die versucht hatte, sie umzubringen.

Scilla ist eine für Katzen giftige Zierpflanze.

Scott, Sir Walter (1771–1832). Der englische Schriftsteller war ein Katzenfreund und tradierte das →englische Märchen vom →«Katzenkönig».

Searle, Ronald. Der englische Zeichner ist der Autor von «Ronald Searle's großes Katzenbuch» (1982). Seine Katzen, die oft eine wohl nicht nur zufällige Ähnlichkeit mit Ratten haben, sind bei uns auch als Postkartenmotive erhältlich.

Seekatzen oder Königsfische (chimaera monstrosa) sind keine Katzen, sondern Knorpelfische, die im östli-

chen Atlantik leben. Sie werden bis zu einem Meter lang, sind netzartig gezeichnet und dunkel marmoriert.

Seele Das →Christentum sprach den Tieren die S. ab. Descartes stellte die Behauptung auf, daß sie nicht leidensfähig und ihre S.n von anderer Beschaffenheit seien als die der Menschen. Die alten →Ägypter feierten Freudenfeste, wenn sie ihre toten, mumifizierten Katzen zur Beisetzung nach →Bubastis brachten, denn erst dann stand ihren S.n der Weg ins Jenseits offen. Die Vorstellung der Inder von Seelenwanderung erstreckte sich auch auf die Tiere; sie glaubten sogar, daß Katzenfeinde in einem früheren Leben Ratten waren. →Mohammed, der große Katzenfreund, versprach seinen Lieblingen den Einlaß ins Paradies. Chinesen und Japaner glaubten, daß die S.n der Katzen sich aus dem Jenseits für Mißhandlung im Diesseits rächen können. In der

Bibel steht, daß Gott die Tiere erschaffen hat. Davon, daß er ihnen keine S. gegeben habe, ist nicht die Rede.

Seelenwanderung Die alten Chinesen glaubten, daß die Seele verstorbener Menschen in Tiere schlüpfen könne. Bär und Habicht, Katze und Tiger wurden als heilig angesehen. Einer Legende zufolge wurden Siamkatzen in ihrer Heimat Thailand gezüchtet, damit sie die Seelen verstorbener Mitglieder des Königshauses aufnehmen konnten, wenn diese bei ihrer nächsten Inkarnation in Körper von Tieren schlüpften. →Kennek, →Zwillinge.

Seewald, Richard (1889–1976). Der deutsch-schweizerische Maler hat als engagierter Tierfreund zahlreiche Tierbücher illustriert, so auch «Katzen und Kätzchen» von →B. Marshall.

Seidelbast mit seinen stark duftenden rosa Blüten gehört zu den vollkommen geschützten Pflanzen. Er enthält Mezerein, das für Katzen hochgiftig ist. Symptome: Haut- und Schleimhautreizungen, Erbrechen, Durchfall, Übererregbarkeit, Fieber, Atembeschwerden, schließlich Bewußtlosigkeit. Ohne sofortige tierärztliche Hilfe ist die Katze verloren.

Seidenhaar nennt man das knappe, eng am Körper anliegende Fell von Siamesen, Orientalisch Kurzhaarkatzen, Burmakatzen, Tonkanesen und manchen Koratkatzen. Die Unterwolle ist nur spärlich entwickelt, das Deck- und Grannenhaar dominiert. Seidenhaar ist «pflegeleicht».

Seifenblasen sind bei Katzen womöglich noch beliebter als bei Kindern. Mit glänzenden Augen beobachten sie fasziniert die schillernden Kugeln, je nach Temperament regungslos, oder sie riskieren schon mal einen Pfotenhieb in die bunte Pracht. Ein Schauspiel, das strapazierten Menschennerven wohltut. Sehr geeignet zur →Ablenkung.

Seismographen Es gibt viele Beispiele dafür, daß Katzen empfindlich wie S. reagieren. Bei den Bombenangriffen auf London im letzten Weltkrieg warnten die Katzen die Bevölkerung früher als die Sirenen. In Scharen rannten sie mit gesträubtem Fell in die Schutzräume. Noch vor Kriegsende wurde ihnen deshalb die Dickin-Medaille verliehen. Darauf war eingraviert: «Auch wir dienen.» Vor der Implosion von Fernsehgeräten, schwelenden Bränden, eindringendem Wasser u. v. a. haben Katzen allerorts ihre Menschen gewarnt. →Erdbeben.

Selbstmord a. Passiver Selbstmord, darüber sind die Verhaltensforscher sich einig, wird von Tieren des öfteren verübt, und zwar durch Futterverweigerung. Dazu neigt ganz besonders die sensible Katze bei Trennung von ihrem Menschen. b. Aktiver S. dagegen wird von der Forschung bei Tieren allgemein negiert. Subjektive Beobachtungen von Katzenfreunden zeigen ein anderes Bild. In mindestens zwei Fällen scheint aktiver Selbstmord von Katzen vorzuliegen, die von ihrem Menschen schwer enttäuscht wurden →Barrès, →Ehrenstein. R. Amberson berichtet von dem unzertrennlichen Siampärchen Sechuri und Senu. Senu stürzte sich in den Tod, als die telefonische Nachricht vom Tod Sechuris durchkam.

Selbstverstümmelung Es handelt sich um eine schwere Form der →Neurose, die bei besonders nervösen Katzen, vorwiegend bei Siamesen, auftreten kann. Diese Tiere beißen wie besessen auf ihrem Schwanz herum oder saugen an den Pfoten, ähnlich wie Kinder oder Erwachsene, die Nägel kauen. Es ist sogar schon vorgekommen, daß sie sich die Schwanzspitze abbeißen. Der Hang zu S. scheint in der Katzenfamilie zu liegen. Mit viel Liebe, Zeitaufwand, Geduld und Ablenkung kann man die Katzen noch am ehesten davon abbringen. Außerdem muß natürlich die Ursache der Neurose erforscht und abgestellt werden.

Selen ist ein für den Zellstoffwechsel der Katze wichtiges →Spurenelement. Es kommt vor in →Rind- und Schweinefleisch, →Rinderleber und Vollmilch.

Semi-Langhaar-Cornish-Rex, eine Mutation der Mutation: Ein nach Holland verkaufter Kater hatte offene, weichfallende Locken statt des erwarteten Kräuselfells. Die neue Besitzerin fing an zu züchten. Anerkannt ist die neue Rasse noch nicht. →Rexkatzen.

Seneca (4 v.–65 n. Chr.), berühmter Philosoph der römischen Stoa und Lehrer Kaiser Neros, der ihn zum Selbstmord zwang, riet den Bauern, die Hühner vor der Katze zu schützen. →Wiesel.

Sensibilität Katzen sind äußerst sensibel. Sie leiden unter →Lärm, Launenhaftigkeit, Schmutz, reagieren feinfühlig auf die Stimmungen ihrer Menschen und versuchen oft, sie zu trösten. →Mitleid, →Ungerechtigkeit.

Serval (leptailurus serval), auch Buschkatze und Barabara, auf Suaheli Tschui, ist eine afrikanische Kleinkatze mit zahlreichen Unterarten. Das Fell ist mit kleinen und großen Flecken gemustert. Im Unterschied zum sonst sehr ähnlichen →Gepard hat der S. lange Ohren und einen kürzeren Schwanz.

Servalkatze (leptailurus serval liposticta). Die S. lebt in West- und Zentralafrika. Man kann die Jungtiere zum Fischen abrichten.

Seschesch (Sistrum), ein altägyptisches Musikinstrument, soll das Fauchen der Katzen nachgeahmt haben.

Seton, Ernest Thompson (1860–1946). Der kanadische Autor und Begründer der Pfadfinderbewegung in Amerika schrieb die hübsche Geschichte von der Hinterhofkatze Kitty, die als «Königliche Analostan» mit gefälschtem Stammbaum den ersten Preis erhielt. Sie floh und errang sich nach vielen Abenteuern eine geachtete Stellung als tüchtige →Rattenkatze.

Seuchenopfer Um auf magische Weise den Seuchen Einhalt zu gebieten, wurden früher vielerorts Katzen ertränkt oder lebendig begraben, manchmal auch zusammen mit Menschen. In Rußland wurde noch 1871 bei Seuchenausbruch durch das Los entschieden, wer sich zusammen mit einer Katze lebendig begraben lassen mußte. In der Nähe von Moskau wurde zu dieser Zeit eine Strohpuppe mit einer lebendigen Katze zusammengebunden und im Fluß versenkt. →Pest.

Shakespeare, William (1564–1616). Der große englische Dichter und Lyriker erwähnt immer wieder mal eine Katze, und zwar positiv bis neutral. In «Macbeth» IV, 1, heißt es z. B..: «Dreimal hat Buntkätzchen miaut.» An anderer Stelle nennt er Katzen «harmlose und nützliche Geschöpfe».

Shaw, George Bernard (1856–1950). Der englische Dramatiker, Tierfreund und Vegetarier aus ethischen Gründen sagte einmal: «Der Mensch ist erst dann als zivilisiert zu betrachten, wenn er die Katze versteht.»

Shelly, Percy (1792–1822). Der englische Dichter und Katzenfreund hat bereits lange vor →Cocteau das →englische Märchen vom →«Katzenkönig» aufgezeichnet.

Siamkatzen Herkunft: →Gould. Wahrscheinlich handelt es sich um eine Züchtung aus thailändischen Hauskatzen und →Bengalkatzen. Alter Typus: mittelschlank, wohlgerundetes Gesicht, oft →Knick- oder Stummelschwanz, Silberblick. Neuer Typus: langer, schlanker Körperbau, zarte, gestreckte Gliedmaßen, Dreiecksgesicht, Peitschenschwanz. Besondere Kennzeichen: leuchtend blaue Augen und große Ohren. Die →Abzeichen (Gesichtsmaske, Ohren, Pfoten und Schwanz) sind farblich deutlich von dem hellen Körper abgesetzt. Das kurze Fell glänzt seidig, das Deckhaar liegt eng am Körper an, die Unterwolle ist nur spärlich entwickelt. Deshalb brauchen S. viel Wärme. Man unterscheidet Siam Bluepoint, Chocolatepoint, Cremepoint, Lilacpoint, Redpoint, Sealpoint (die klassischen S.), Tabbypoint und Tortiepoint (Abzeichen in Schildpatt). S. brauchen viel Liebe und Unterhaltung, sie sind äußerst lebhaft und spielfreudig. Ihre Stimme ist laut und durchdringend. Zuchtschäden: Die überzüchteten, übermageren S. haben weniger Gehirnvolumen als andere Hauskatzen, oft sogar Gehirnschäden wegen des «windhundschmal» gezüchteten Kopfes. In den schmalen Kiefern haben die Zähne oft nicht genügend Platz. Diese Tiere sind auch besonders anfällig für Infektionen, was vor allem für die gefährliche →Leukose gilt. Häufig treten auch hypernervöse S. auf. Junge S. werden immer schneeweiß geboren.

Sidi Maschisch, ein nordafrikanischer Heiliger des Islam, dessen Name «Katze» bedeutet, war stets von einer großen Katzenschar umgeben, die er seine Familie, seine Freunde nannte. Sein Nachfolger, dem er seine Katzen anvertraute, war Sidi Heddi. →Heddawa, →Islam.

Sieben Leben hat die Katze, heißt es im Volksmund. Tatsächlich überleben Katzen oft unter unvorstellbaren Bedingungen. Ein Beispiel für viele: 1981 wurde das Katzenkind Sherpa unbemerkt in den Hohlraum unter dem Trittbrett eines LKWs eingeschweißt. Fast 14 Tage dauerte es, bis der Fahrer das Mauzen hörte, lokalisierte und das Tierchen rettete. →Neun Leben hat die Katze.

Sieben Seelen hat die Katze im arabischen Glauben. Es ist eine schwere Sünde, ihr Böses zu tun, die der Todesengel grausam rächt. →Islam, →Mohammed.

Siebenbürgische Fabel «Die Katze und der Adler»: Eine Katze und ein Adlerpärchen leben friedlich zusammen in einer Eiche. Die Katze schenkt den beiden oft Mäuse. Doch dann überredet das Adlerweibchen ihren Mann, die Katze auf einen hohen Berg zu bringen und zu töten. Sie bildet sich ein, ihr Fleisch müsse wunderbar nach Mäusen schmecken. Der Adler verrät aber aus Mitleid den Plan der Katze und setzt sie in einem Wald ab. Dort befinde sich ihr Herz, sagt die Katze, und das sei das Beste an ihr. Natürlich verschwindet sie auf Nimmerwiedersehen. →Katzenmärchen 5 f.

Silberblick (leichtes Schielen) gehörte früher zu den Kennzeichen der →Siamkatzen. Die Legende berichtet, daß sie sich in ihrer Heimat als Wächter der Tempelschätze so anstrengten, alles Wertvolle im Auge zu behalten, daß sie anfingen zu schielen. Es handelt sich weniger um einen Schönheitsfehler als vielmehr um einen Defekt. Die Katze ist sehbehindert, sie kann nicht mit beiden Augen gleichzeitig einen Gegenstand scharf erfassen. Eine Operation bringt meist nicht viel. Schielende Katzen sollten sich nicht vermehren, das Leiden ist erblich bedingt.

Silberlöwe →Puma.

Silvester Die Knallerei zur Begrüßung des neuen Jahres ist für viele Katzen eine Tortur. Lassen Sie Ihre Samtpfoten auf keinen Fall am Silvesterabend allein, und achten Sie bei →Auslaufkatzen darauf, daß spätestens am Nachmittag, wenn es dunkel wird, alle daheim sind. Türen und Fenster hält man verschlossen. Sehr ängstliche Katzen brauchen außerdem eine Zuflucht in einem abgedunkelten Raum oder in einem Schrank. Im übrigen hängt viel davon ab, wie die Menschen sich verhalten. Wenn man Ruhe ausstrahlt, kommen die Katzen vielleicht sogar auf die Fensterbank, um das Feuerwerk zu begutachten.

Simenon, Georges (1903–1989). Der französische Krimiautor berichtet in seinem Roman «Der Kater», 1967, von dem mörderischen Kleinkrieg zwischen einem alten Ehepaar, dessen erstes Opfer der von dem Mann heiß geliebte schwarze Kater Joseph wird. Verfilmt mit Jean Gabin und Simone Signoret.

Siné, eigentlich Maurice Sinet (geb. 1928), französischer Zeichner und Filmemacher. Der Katzenfan zeichnete in seinem Buch «Katzenjammer» einen Querschnitt durch die «Kosmopolitische Katze», von «Lady-Chat-terley» über «Chat-plin», «Bo-katz-io», «Falsi-fi-katz-ion» bis zu «bella-ra-katz-a» und «gei-chat».

Singapura Diese Katze stammt tatsächlich aus Singapur. Seit 1975 wird sie in Amerika gezüchtet. Steckbrief: sehr klein, nur zwei Kilogramm schwer, große Augen und Ohren. Farbe: Altes Elfenbein mit dunkelbraunem →Tikking an Rücken, Kopf und Beinen.

Sinh, der heilige Kater, ist nach einer Legende des Khmer-Volkes der Ahnherr der →Birmakatzen: Bei einem Angriff siamesischer Krieger erlitt der Hohepriester beim Gebet zu der Göttin Tsun Kajan Kse einen tödlichen Herzanfall. Sein weißer Kater S. sprang auf den Toten, um ihn zu beschützen. Ein Wunder geschah. Er erhielt die saphirblauen Augen der Göttin, sein Fell wurde goldfarben, die Beinc dunkel, nur die Pfoten blieben weiß. Gestärkt durch S.s beschwörenden Blick, besiegten die Khmer ihre Feinde. Der heilige Kater starb sieben Tage später und trug die Seele des verstorbenen Hohepriesters in den Himmel.

Sinusitis ist eine Infektion der Nasennebenhöhlen. Wenn nicht ein Fremdkörper der Auslöser ist, tritt S. oft zusammen mit →Katzenschnupfen auf. Erste Hilfe: Ein Dampfbad, →Inhalieren. Unbedingt →fachkundige Hilfe aufsuchen.

Si-Rexkatzen sind, ganz einfach, →Rexkatzen mit →Siam-Abzeichen.

Si-Sawat ist der thailändische Name der dort heimischen →Koratkatze. Er bedeutet «Glück und Wohlstand».

Sivinty, C. N. und P. T. In ihrem Buch «Udjat-Katzen» 1972, werden künstlerisch begabte Katzen aus dem alten Ägypten unter die Lupe genommen. →Ägyptische Malerei, Katzenkunst.

Skarabäus Der heilige ägyptische Mistkäfer, ein Symbol der ewigen Wiederkehr, wurde häufig auf Brust und Kopf von Katzenstatuen eingeritzt, als Zeichen der Hoffnung auf Unsterblichkeit für die Seele der abgebildeten Katze.

Skarabäus-Zeichnung In den feinen Streifen auf der Katzenstirn von →Tabbykatzen will man den →Skarabäus erkennen. Man spricht auch von Mimik-Zeichnung, weil sie den jeweiligen Gesichtsausdruck der Katze verstärkt.

Skasa-Weiß, Eugen (1905–1977), war eine Autorität auf dem Katzensektor. 1963 erschien, von ihm herausgegeben und kenntnisreich eingeleitet, der «Katzenspiegel», eine hervorragende Anthologie. In «Zimmerherr mit schwarzer Katze», 1969, veröffentlichte er eigene Essays und Erzählungen zum Thema Katze.

Skaukatts (norwegische Waldkatzen) sehen den →Maine-Coon-Katzen zum Verwechseln ähnlich. Sie haben ein dichtes, halblanges Fell in allen Farben und Mustern, buschige Schwänze und grüngoldene Augen.

Skelett Die Katze besitzt etwa 240 Knochen. Besonders beweglich ist ihre Wirbelsäule, die aus sieben Halswirbeln, 13 Brustwirbeln mit Rippen, sieben Lendenwirbeln und drei Kreuzbeinwirbeln besteht. Dazu kommen 20–23 Schwanzwirbel. Ellenbogen, Knie (nur an den Hinterläufen) und Kiefer besitzen Scharniergelenke, der Hals ein Drehgelenk, die Hüften Kugelgelenke. Das Schlüsselbein ist verkümmert, das Schulterblatt ist nicht knöchern mit dem übrigen S. verbunden.

Skramlik, E. v., der sich als Verhaltensforscher mit der Lernfähigkeit der Katzen beschäftigte, kam in seinem Buch «Über die Auffassungsgabe und Lernfähigkeit von Katzen», 1949, zu dem Schluß: «Katzen werden nicht erzogen, sie erziehen sich selbst.»

Slevogt, Max (1868–1932). Der deutsche Maler schuf das Gemälde «Frau mit Katze», das 1978 der Deutschen Bundespost als Vorlage für eine Briefmarke diente.

Smart, Christopher (1722–1771). Der englische Dichter schrieb seines Katers Gotteslob, ein langes Gedicht, aus dem wir hier zwei Beispiele anführen: «Denn er ist des lebendigen Gottes Knecht ... Denn der Katercherub ist ein Grenzfall des Tigerengels ...» Sein Kater Geoffrey begleitete den Dichter ins Irrenhaus, wo man ihn vorübergehend gefangen hielt.

Smierragatto (Butterkatze) nannten die Norweger, Schweden und Lappen ihren →Kobold, der ihnen Glück brachte, bei der Arbeit half und als Entgelt nur ein Schälchen Milch verlangte.

Smilodon ist der Sammelname für die ausgestorbenen Vorfahren der Katzen →Miacis und →Dinictis. In einer brasilianischen Höhle wurden vor einigen Jahren eineinhalb Millionen alte S.-Schädel entdeckt.

Smoke (Rauch) werden aschfarbene Katzen mit schwarzem Deckhaar genannt; das Fell wirkt rauchfarben.

Sohlenfleck Wildkatzen tragen an den Hinterbeinen einen kleinen schwarzen S., den man auch bei vielen unserer Braun- und Grautiger finden kann.

Soltikow, Michael Graf, schrieb den Roman «Die Katze meldet», 1977. «Die Katze» war der Deckname der französischen Spionin Mathilde Carré im Zweiten Weltkrieg.

Somalikatzen oder Hasenkatzen sind langhaarige →Abessinierkatzen, die seit 1972 gezüchtet werden. Es gibt S. in Wildfarben und Rot (rote Füchslein). Der Schwanz ähnelt einer Feder. Sie haben goldgrüne Augen.

Songling, Pu (1640–1715). Der chinesische Verfasser gab eine Sammlung volkstümlicher Erzählungen heraus. In «Die List der Katze» wird von einer weißen →Löwenkatze berichtet, die sich von einer Riesenratte so lange jagen ließ, bis die Ratte erschöpft war. Dann konnte die Katze sie töten.

Sonnenbad ist bei Katzen ebenso beliebt wie bei den Menschen. Aber Katzen wollen nicht braun werden, sie haben ein anderes Motiv: Bei Sonneneinstrahlung bildet sich →Vitamin D auf der Haut.

SOS Katzen stoßen in höchster Not laute Hilferufe aus, die einem Katzenfreund wirklich durch Mark und Bein gehen. Mein Nello gab genau drei Schreie von sich, die wie SOS klangen. Jeder halbwegs brauchbare Katzenhalter läßt sofort alles fallen, was er gerade in der Hand hält, und eilt der Katze zu Hilfe.

So-Shiseki, japanischer Maler des 19. Jahrhunderts, schuf Katzenbilder von atemberaubender Lebendigkeit.

Soult, Marschall Napoleons, war ein Pantoffelheld. Seine Katze machte Weltgeschichte, und das kam so: Madame Soult und ihre das ganze Haus beherrschende Katze «erlaubten» dem Marschall gnädigerweise, die Heere in Spanien und Portugal anzuführen. Dort errangen sie 1808 glänzende Siege. Katzen wurden Mode unter den Militärs, der Marschall bekam nicht weniger als 18 Katzen geschenkt. Leider machte er sich gar nichts aus ihnen und verschenkte sie schleunigst weiter.

Soziales Verhalten Katzen sind sozial hochentwickelt, wenn sie auch keine Staaten bauen und keine Arbeitsteilung kennen. In der Regel lassen sie hungrige, fremde Katzen bereitwillig an ihren Futternapf. Sie →adoptieren häufig verwaiste Junge, nicht nur kleine Katzen, und ziehen sie auf. Der Kater – sofern man ihm Gelegenheit dazu gibt – kümmert sich liebevoll um seinen Nachwuchs und hilft der Katzenmutter sogar bei der Geburt. Auch beim Spielen kann man s.V. beobachten. Wenn eine Katze mit einem Spielzeug intensiv beschäftigt ist, sehen die anderen zu, mischen sich aber meist nicht ein, bevor die erste Katze die Lust verliert, weggeht und anderen das Spielzeug überläßt. →Wegerecht, →Fellpflege.

Spangenberg, Rolf, von Beruf Tierarzt, verfaßte ein ebenso nützliches wie allgemein verständliches Buch über «Katzenkrankheiten» (1983).

Spanien Die Römer ließen die Hauskatze in S. heimisch werden. Lange Zeit galt sie dort als Glücksbringerin. Wenn die Spanierinnen eine besondere Bitte an die Madonna hatten, ließen sie ihre Katze über Nacht in der Kirche, damit sie die Muttergottes gnädig stimmte.

Spanische Katzen ist eine ältere volkstümliche Bezeichnung für →Schildpattkatzen mit Weiß.

Spanische Kragen aus Plastik oder starker Pappe legt man Katzen um, um sie daran zu hindern, bei bestimmten Verletzungen, bei Haut-, Augen- und Ohrenkrankheiten die Sache durch Beißen und Kratzen an der Wunde zu verschlimmern.

Spaziergang ist ein Fachausdruck für die Pause zwischen dem Ablegen und dem Verzehren der Beute. In dieser Zeit macht die Katze einen kleinen S., sie untersucht etwa den Raum, in dem sie sich befindet, auch wenn sie ihn genau kennt, und reagiert die Erregung vom Beutefang ab.

Spaziergänge mit Katze, ob an der Leine oder nicht, sind reine Nervensache. Die Katze hat ihr eigenes Tempo, ihre eigene Route und unendlich viel Zeit. Abstecher auf Bäume, Zäune, in Gebüsche und Gräben liebt sie über alles. Wer viel Geduld und Einfühlungsvermögen hat, kann mit einer Katze spazierengehen – natürlich nicht gerade in der Großstadt –, aber anraten möchte ich es nicht unbedingt. Wichtig ist ständiger Blick- und Sprechkontakt.

Speck ist allenfalls hier und da als Belohnung geeignet. Der hohe Salzgehalt bekommt Katzen nicht. Die «Ostpreußische Katze» von K. →Tucholsky war da allerdings anderer Meinung …

Speckter, Otto (1807–1871), hat Zeichnungen zu einem «Katzenbuch» hinterlassen, das schließlich 1900 veröffentlicht wurde. Die Geschichte dazu schrieb Gustav Falke. Man sieht den Illustrationen an, daß die Katze das erklärte Lieblingstier des Hamburger Malers war. «Der →Gestiefelte Kater».

Speicheln Völlig unbedenklich ist das sog. Aufregungsspeicheln, das beim intensiven Schmusen auftreten kann oder auch aus Angst, z. B. beim Tierarzt. Besorgniserregend ist dagegen ein langanhaltendes S., oft verbunden mit Schwierigkeiten beim Fressen. Es kann sich um ein Geschwür im Mäulchen oder an der Zunge handeln, um locker sitzende Zähne oder Schleimhautverletzungen, etwa durch einen Fremdkörper.

Sphynxkatzen (Nacktkatzen) werden (zum Glück nicht bei uns in Deutschland) für Menschen gezüchtet, die eine Allergie gegen Katzenhaare haben. Vielleicht wäre es diesen Tierfreunden zumutbar, sich ein Aquarium anzuschaffen! Bei S. handelt es sich um eine →Mutation von Hauskatzen ohne Fell, die 1966 in Ontario in Kanada zuerst auftrat. S. sehen aus wie unglückliche kleine Gespenster und sind abgrundtief häßlich. Sie verbrauchen Unmengen von Kalorien, sprich Futter, um sich warm zu halten, und haben ständig Verdauungsprobleme. Sie vertragen keine Sonne, weil die schutzlose Haut sofort zu Verbrennungen neigt. Jede kleine Unpäßlichkeit ist lebensgefährlich. Diese bedauernswerten, abnormen Geschöpfchen sollten sich auf gar keinen Fall vermehren.

Spiegel Für Katzen existiert nur das, was sich bewegt. Das gilt auch für Spiegelbilder. Manche Katzen beobachten das Tun und Treiben ihrer Menschen im Spiegel, nicht ohne ihre Eindrücke ab und zu am Original zu überprüfen. Andere suchen hinter dem Spiegel nach ihrem Ebenbild. Andere zeigen kein Interesse für Spiegelfechtereien. Entscheidend ist wahrscheinlich die erste Begegnung mit einem Spiegel und das, was die Katze oder ihre Menschen daraus machen. →Eitelkeit.

Spielen Junge Kätzchen sind besonders verspielt, aber auch erwachsene Tiere, die im Haus gehalten werden, brauchen Spiel, um jung und elastisch zu bleiben. Das tägliche Fitnesstraining mit →Spielzeug ist ebenso lebens-

wichtig wie das regelmäßige Futter und die Streicheleinheiten. Viele Katzen denken sich selber phantasievolle Spiele aus: Verstecken unter einer Zeitung oder Teppichbrücke, Apportieren, Wassertropfen fangen u. v. a. m. Kleine Katzen spielen gern miteinander und mit der Mutter, größere in der Regel lieber mit ihren Menschen.

Spieltrieb bei erwachsenen Hauskatzen ist sublimierter →Jagdtrieb.

Spielzeug Katzen sind nicht wählerisch, sie spielen mit allem, was sich bewegt, knistert, sich hin- und hertragen läßt. Aber nicht jedes improvisierte Spielzeug ist geeignet. Alles, was so klein ist, daß die Katze es verschlucken könnte, sollte in einem Katzenhaushalt fortgeräumt werden (Büroklammern, Ringe, Gummibänder, Nadeln, Nägel, Perlen, Knöpfe, Pralinenpapier, Zigarettenstummel, Tubenverschlüsse u. a. m.), ebenso alles, was sie anknabbern könnte (Wollreste, Plastiktüten, Spielzeug aus Weichplastik, Watte). Geben Sie ihr statt dessen leere Garnrollen, saubere Korken, Papierknäuel, Pingpongbälle, Walnüsse, Kordeln oder Stoffgürtel (ohne Schnallen). Sehr beliebt in Katzenkreisen ist eine lange Kordel, die von der Zimmerdecke herabhängt und am Ende, knapp über dem Boden, ein eingeknotetes Spielzeug enthält, etwa zwei oder drei Korken. Auch manches Spielzeug für Katzen aus dem Zoohandel ist gefährlich, z. B. Stoffmäuschen mit eingesetzten Glasaugen u. ä. Die Katze arbeitet so eine Ersatzmaus schnell auf und kann sich dabei leicht an den harten, winzigen Teilen verletzen oder sie verschlucken. Aus kaputten Strumpfhosen läßt sich ein herrliches S. für Katzen basteln. Einfach die beiden Enden zusammenknoten, bis ein dickes Knäuel entstanden ist. Viele Katzen beschäftigen sich stundenlang damit. Wichtig ist, daß man der Katze nicht einfach ein Spielzeug hinlegt und die beiden sich selber überläßt. Was still auf dem Boden liegt, interessiert die Katze nicht. Spielzeug muß sich bewegen, damit es akzeptiert wird und seinen Zweck erfüllt. →Ping-Pong, →Seifenblasen, →Wunderkerzen.

Spielzeugkatzen sind in unserer Zeit nichts besonderes. Interessant aber ist, daß man schon im alten →Ägypten S. aus Holz kannte, deren Mund sich öffnen und schließen ließ.

Spinat Manche Katzen haben eine ausgesprochene Vorliebe für S. und futtern mit sichtlichem Genuß frische, rohe Spinatblätter. Gönnen wir ihnen die Freude, sicherlich ist irgend etwas drin, was ihnen guttut, vielleicht Folsäure?

Spindelbaum →Pfaffenhütchen.

Spinnen ist ein veralteter Ausdruck für →Schnurren.

Sporen Bezeichnung für die in einer hohen Spitze auslaufenden weißen →Schuhe an den Hinterbeinen der →Birmakatze.

Sprache Selbstverständlich haben Katzen eine Sprache. Sie setzt sich zusammen aus →Lautäußerungen, →Mimik, →Augensprache, →Körpersprache und ist für den aufmerksamen Beobachter kein Buch mit sieben Siegeln. →Katzensprache.

Sprechende Katzen Das Ehepaar Deem in Hillside Acres, Florida, war überzeugt davon, daß der ihnen 1963 zugelaufene weiße Kater Whitney sprechen konnte, und zwar einfache Sätze wie «Ich habe Hunger», «Ich will ins Freie», «Warum liebt mich keiner?» u. ä. Als 1965 Vertreter der Presse Zeuge sein wollten, verhielt Whitney sich allerdings schweigsam. Aber ein Nachbar der Deems, Joe Rhodes, schwor, er habe den Kater gleichfalls sprechen gehört. Eines Tages habe er im Freien zu ihm gesagt: «Du kannst mich nicht fangen», was der Wahrheit entsprach. →J. Michell. Auch von der Katze eines japanischen Klosters wird überliefert, daß sie sprechen konnte. Als der Abt 1795 die Tauben in ihrer Nähe aufscheuchte, sagte sie: «Wie schade.» Der Abt regte sich verständlicherweise sehr auf. Er fürchtete, einen Dämon, eine →Nekomata, vor sich zu haben. Aber die Katze erklärte ihm, daß alle Katzen sprechen könnten, wenn sie über zehn Jahre alt seien. Mit 24 oder 25 Jahren könnten sie sogar eine andere Gestalt annehmen, nur sei leider noch nie eine Katze so alt geworden. In der türkischen Stadt Konya lebte vor etwa zehn Jahren eine sprechende Katze, die schwarzweiße Pala. Sie konnte «Mama», «Papa», «Milchi haben» und ein paar andere Worte sagen. Der Fall beschäftigte sogar das Institut für Tiermedizin in Istanbul. Die Spezialisten gelangten zu dem Schluß: «Pala lernte sprechen, weil sie eifersüchtig war. Sie imitierte jene Worte, die einem Zauber gleich die Mutter herbeirufen, wer sie beherrschte, wurde genauso verwöhnt wie das Baby der Familie.» Und da gibt es immer noch Leute, die bezweifeln, daß Katzen denken können ... →Intelligenz.

Sprichwörter rund um die Katze gibt es wie Sand am Meer. Eines der schönsten: «Die Katze ist der beste Hausfreund.» In vielen Sprichwörtern spiegelt sich eine positive Einstellung zur Katze. Ausnahme: «Das sind die gefährlichen Katzen, die vorn lecken und hinten kratzen.» In Liebesdingen gelten Katzen meist als gutes Omen: «Wäscht sich's Kätzchen, triffst du's Schätzchen.» «Wer Katzen nicht leiden kann, dem verregnet's den Hochzeitstag.» «Wer keine Katzen leiden mag, bekommt keine schöne Frau.» →Chinesische Weisheit. Auch fürs Haus bringen Katzen Segen: «Wer die Katze ins Wasser trägt, der trägt sein Glück aus dem Haus.» «Die schwarze Katze, das schwarze Huhn, soll keiner aus dem Hause tun.» «Ist die Katze aus dem Haus, tanzen die Mäuse auf dem Tisch.» Eine kleine Auswahl weiterer S.: «Auch die Katze stirbt vor Sorgen.» «Die Katze läßt das Mausen nicht.» «Sie lacht in sich hinein wie eine

→Klosterkatze.» «Nachts sind alle Katzen grau.» «Katzen und Herren fallen immer auf die Füße.» «Die Katze hat neun Leben, die Zwiebel und das Weib sieben Häute.» →Arabische, →chinesische, →englische, →französische, →indische, →Schweizer und →türkische Redensarten. →Schmitt, Christa.

Springen Aus ihrer Vergangenheit als Jägerin beherrscht auch die Stubenkatze die drei Disziplinen: Hochsprung, Weitsprung und Bogensprung.

Spucken ist bei Katzen kein Synonym für →Erbrechen. Eine fauchende Katze stößt, wenn sie in noch größerere Erregung gerät, Töne aus, die als S. bezeichnet werden. Es handelt sich um ein kurzes, schnelles, stoßweises →Fauchen.

Spulwürmer →Rundwürmer.

Spurenelemente Wichtig für den Organismus der Katze und ihren Stoffwechsel sind, in ganz kleinen Mengen, die S. →Eisen, →Jod, →Kobalt, →Kupfer, →Mangan, →Selen und →Zink. Noch geringer ist der Bedarf an folgenden S.: Arsen, Blei, Chrom, Fluor, Molybdän, Nickel, Silicium und Vanadium. Bei normaler, abwechslungsreicher Ernährung ist der Bedarf an S. in der Regel gesichert.

Staatsbegräbnis Ein S. erhielt Peter, der Kater des britischen Innenministeriums, am 14. 3. 1964. Er wurde 16 Jahre alt und bezog einen Wochenlohn von 2 Shilling und 6 Pence für Futter.

Stalin, Josef (1879–1953), russischer Staatsmann, zählte, wie es sich für einen Diktator gehört, zu den Katzenfeinden.

Stammbaum (Ahnentafel) ist der Abstammungsnachweis der →Zuchtkatze.

Stammbaumkatzen Züchter in aller Welt bemühen sich eifrig, das Heer der Katzen zu vermehren, mit oder ohne Schwanz, mit blauen, kupferfarbenen oder grünen Augen, mit Schlappohren, langem, halblangem, kurzem oder ohne Fell. Hobby oder Geschäftstüchtigkeit? Auf jeden Fall grober Unfug, denn S. sind oft anfällig, erbgeschädigt und, auf sich allein gestellt, in der Regel lebensuntüchtig. Sie nehmen dem Nachwuchs gesunder, schöner und intelligenter Hauskatzen die guten Plätze weg. →Zuchtkatzen.

Staubsauger, ein für Katzen verhaßter, lärmender Gegenstand, den sie meiden. Es soll aber auch Katzen geben, die sich leidenschaftlich gern absaugen lassen.

Stauungsspiel Beim S. reagiert die Katze ihre nicht genügend befriedigte Jagdlust ab. Je länger es her ist, daß sie eine Beute gefangen hat, desto länger dauert das S. mit der noch lebenden Beute. Kein erfreulicher Anblick für uns Menschen, aber mit Grausamkeit hat das nichts zu tun. Es ist nicht die Schuld der Katze, wenn sie in unserer Zivilisation kaum noch Gelegenheit hat, ihrem angeborenen Jagdtrieb nachzugehen.

Stechapfel ist ein für Mensch und Katze giftiges →Nachtschattengewächs, das auch zur Arzneimittelgewinnung dient.

Stechpalme ist eine gefährdete und vollkommen geschützte Pflanze mit kleinen roten Früchten, die giftig sind. Bei Katzen führt der Genuß der Beeren zu starkem Erbrechen, Durchfall sowie Entzündungen der Magen- und Darmschleimhaut.

Steckerkatzen ist der zynische Ausdruck im medizinischen Fachjargon, mit dem Katzen bezeichnet werden, die zur Erforschung des Gehirns in →Tierversuchen zu Tode gemartert werden.

Steen, Germain van der (geb. 1897). Der selbsternannte «Katzenkaiser» malte phantasievolle, abenteuerliche Katzengeschöpfe wie z.B. Alchimisten-Katzen, Sonnen-Katzen, Katzenträume. Das Buch «Van der Steens unheimliche Katzen», 1965, wurde von Richard →Katz eingeleitet.

Steinbeck, John (1902–1968), amerikanischer Dichter, Nobelpreis 1962, beschreibt in «Straße der Ölsardinen» Teeparties für Katzen, die eine partyversessene Dame namens Mary Talbot veranstaltet, der es am nötigen Kleingeld für richtige Menschenparties fehlt.

Steinberg, Jill, ist die Autorin der amüsanten Geschichten um Miss Lucie, eine kapriziöse schwarzweiße Katze, die Haus und Familie in Atem zu halten versteht; z.B. «Neue Geschichten von Miss Lucie» (1983).

Steinklee gehört zu den für Katzen leider giftigen Pflanzen. →Vergiftungen.

Steinlen, Théophile Alexandre (1859–1923). Der in der Schweiz geborene Maler lebte und arbeitete in Paris. Er schuf zahllose hinreißende Lithographien, Zeichnungen und Radierungen von Katzen. Seine Modelle wählte er sich auf den Straßen von Paris aus. 1900 gab er das Buch «Des Chats» heraus, das 26 ganzseitige Bildergeschichten und eine Reihe von Skizzenblättern enthält.

Steinröschen gehören wie →Seidelbast zur Gattung der →Daphnegewächse und sind für Katzen giftig.

Stephanskraut ist eine für Katzen leider giftige Pflanze.

Sterilisation nennt man die Durchtrennung der Eileiter beim Weibchen und der Samenstränge beim Kater. Sie kommt in der Praxis kaum vor. Katzen beider Geschlechter werden in der Regel durch →Kastration unfruchtbar gemacht.

Sterilität ist bei Zuchtkatern keine Seltenheit. Physische Ursachen sind z. B. falsche Ernährung, Fettsucht oder längere Krankheit. Psychische Ursachen kommen gleichfalls in Frage, etwa der Schock, den ein unerfahrener Kater durch die heftige Gegenwehr einer Katzendame erfährt, oder die Frustration eines Zwinger-Katers, der keine Gelegenheit hat, →Rangkämpfe auszufechten und ein normales Katerleben zu führen. Vielleicht ist S. aber auch ein Ausdruck der Weisheit der Natur, möglicherweise sogar der Kater selber, die besser als viele Menschen wissen, wie überflüssig in unserer von armen heimatlosen Katzen überquellenden Welt es ist, Katzen zu züchten.

Stevenson, Adlai (1900–1965), glückloser Gegenkandidat mehrerer amerikanischer Präsidenten, gebührt Ehre und Anerkennung für eine Entscheidung, die er als Gouverneur von Illinois fällte. Vogelfreunde hatten verlangt, Katzen dürften nur noch an Leinen ins Freie, heimatlose Katzen sollten mit Fallen eingefangen werden. S. meinte: «Das Problem Katze gegen Vogel ist so alt wie die Natur», und lehnte die Vorlage ab. →Vogelschutz.

Stichelhaar ist der Name für vereinzelte weiße Haare im Fell einer schwarzen Katze, was sehr reizend aussieht, wie ein Spitzenüberwurf. Bei Zuchtkatzen ist S. jedoch Grund genug für eine Disqualifikation.

Stiller, Rainer. Der junge deutsche Autor schrieb die spannende und hochaktuelle Geschichte «Tiger leben länger» von einem gleichnamigen Kater, der gestohlen wird, in einem Versuchslabor landet und von Tierbefreiern im letzten Moment gerettet wird.

Stillhalten In jedem Katzenleben wird es manchmal nötig sein, die Katze auch gegen ihren Willen festzuhalten, sei es zum Eingeben von →Medikamenten, zum →Fiebermessen, Verbinden oder um sie vor einer Gefahr zu bewahren. Damit es keine Kratz- und Beißwunden gibt, sollte man die Katze frühzeitig oft auf den Arm nehmen und mit ihr schmusen. Dabei entwickelt sie so viel Vertrauen zu ihrem Menschen, daß sie auch in kritischen Situationen eher stillhält.

Stocks, Minna (1846–1928), machte sich zu ihrer Zeit einen Namen als deutsche Katzenmalerin.

Stoker, Bram (1847–1912). Der englische Autor, Vater der literarischen Gestalt des Grafen Dracula, erzählt in «Squaw», wie eine Katze fürchterliche

Rache nimmt für das Unrecht, das ihr und ihrem Kind zugefügt wurde.

Stokesly, späterer Bischof von London, wurde im frühen 17. Jahrhundert beschuldigt, eine Katze getauft und so einen Pakt mit dem Teufel geschlossen zu haben. Angeblich soll die Katze ihm dann einen verborgenen Schatz gezeigt haben.

Stop, aus dem Englischen stammender Begriff der Katzenfachsprache, bezeichnet den Absatz zwischen Nasenrücken und Stirn, meist stark ausgeprägt bei Persern, während er bei Siamesen (griechisches Profil) fehlt.

Storm, Theodor (1817–1888), beklagte bereits die sagenhafte →Fruchtbarkeit der Katzen mit dem Stoßseufzer: «Was fang ich an mit 56 Katzen!» In seinem Märchen «Bulemanns Haus» üben die Katzen Graps und Schnores Rache an einem Geizkragen. S. war auch privat ein Katzenfreund. In «Von Kindern und Katzen und wie sie die Nine begraben» erzählt er von seinen einschlägigen Erlebnissen. Außerdem zeichnete er viele Katzenbilder.

Strafanzeigen gegen Katzenbesitzer gehen aus den verschiedensten Gründen ein und beschäftigen die Gerichte, z. B. →Auto contra Katze, →Bubu, →Eigentumswohnungen, →Mietrecht, →Jäger contra Katze, →Vogelfreunde contra Katze, →Gartenbesitzer dito. Die →Urteile fallen je nach Richter verwirrend unterschiedlich aus.

Strafen a. Man darf Katzen weder schlagen noch laut auszanken, damit verschreckt man sie nur. Die einzige wirkungsvolle Strafe, die ich kenne, besteht darin, sie für genau zehn Minuten auszusperren, in den Flur, ins Bad oder einen gerade nicht benutzten anderen Raum. Danach aber muß alles vergessen und vergeben sein. Mit

→Tricks und →Ablenkungsmanövern lassen Katzen sich am besten gängeln. b. Strafen gegen Katzenquäler und -diebe sind oft lächerlich gering. Katzenfreunde sollen dagegen oft noch für ihre Tierliebe büßen. 500 000 Mark Ordnungsstrafe soll z. B. eine Freiburgerin zahlen, der eine Katze zulief. Musch ist dem Vermieter, der Neuen Heimat, ein Dorn im Auge … →Bubu, →Urteile.

Stranger, Joyce. Die englische Autorin schrieb einen ebenso spannenden wie liebenswerten Roman über ihren Siamkater: «Der Kater Kym», dt. 1978, und «Das Glück hat sanfte Pfoten».

Straparola, Giovanni Francesco, gilt als der «Vater» des →Gestiefelten Katers. Jedenfalls stammt die älteste uns bekannte Fassung des Märchens von dem Ende des 15. Jahrhunderts in Caravaggio lebenden Italiener.

Strawinsky, Igor (1882–1971). Der berühmte russische Komponist schrieb 1915/16 «Wiegenlieder für die Katze» für eine Altstimme und drei Klarinetten.

Strebekatze Mit jemandem «die S. ziehen» bedeutet, mit jemandem einen Streit ausfechten.

Strecken nach dem Aufwachen ist ein wertvolles Fitnesstraining, das wir der Katze abschauen sollten. Es dient der Lockerung und Durchblutung des gesamten Organismus.

Streicheleinheiten sind für Katzen lebensnotwendig, und unsere Schnurrtiger zeigen uns deutlich, wann sie gestreichelt werden wollen. Jeder halbwegs geeignete Katzenfreund geht selbstverständlich darauf ein, übrigens auch im eigenen Interesse. Untersuchungen haben nämlich ergeben, daß der Blutdruck sinkt, das Herz sich beruhigt, wenn man seine Katze streichelt. Risikopatienten wird deshalb von fortschrittlichen Ärzten ein Haustier – Hund oder Katze – «verordnet». Aber bitte nicht gegen den Strich streicheln, das mögen die meisten Katzen gar nicht. Ausnahmen bestätigen auch hier die Regel.

Streßfaktoren für Katzen: Abwesenheit oder Tod der menschlichen Bezugsperson, Aufenthalt im Tierheim oder einer Tierpension, Konfrontation mit dominanten Artgenossen oder Hunden, Lärm (dazu gehört auch laute Musik), Mangel an Bewegungsraum, neue zwei- oder vierbeinige Mitbewohner, Reisen, Tierarztbesuch, Umzug. Mögliche Folgen: Aggressivität oder Ängstlichkeit, Ausbruch einer latenten Krankheit, Futterverweigerung, hektisches Fellputzen und -ausrupfen, Scheu, Unruhe, Unsauberkeit.

Streunende Katzen ist ein abwertender, ungerechter Ausdruck für heimatlose, verstoßene Hauskatzen.

Streuner, Der, ist der Titel eines Buches von A. N. Wilson, in dem ein heimatloser Kater seinem Enkelkind die abenteuerliche Geschichte seines Lebens erzählt.

Strohschneider-Kohrs, Ingrid, stellte die zauberhafte Anthologie «Katzen – Spiel und Geheimnis» zusammen, die 1978 in der Schweiz erschien. Die hervorragenden Fotos zur Illustration dieses literarischen Bilderbuchs schoß Peter Andreas.

Strychnin ruft bei Katzen schwerste Vergiftungen hervor. Die Symptome treten meist schon nach 20 Minuten auf: Unruhe, Schreckhaftigkeit, Krämpfe. Man muß die Katze sofort zum Erbrechen bringen, indem man ihr einen Teelöffel Salz hinten auf die Zunge gibt. Dann sofort den Tierarzt alarmieren. S. ist in Giftweizen enthalten, der gegen Mäuse und Ratten gestreut wird.

Stubenrein sind Katzen (fast) von Haus aus. Die Katzenmutter bringt den Kleinen frühzeitig bei, ihr Geschäft fachgerecht zu verscharren. Aber auch mutterlose Kätzchen lernen schnell, die →Katzentoilette zu benutzen, wenn man sie ihnen geduldig immer wieder zeigt und sie hineinsetzt. Unsaubere Katzen sind krank oder verhaltensgestört, oder sie protestieren gegen einen ihnen unerträglichen Zustand. Schelten nützt da gar nichts. Wenn alte Katzen manchmal unsauber werden, hat das organische Gründe.

Stummelschwanz Es handelt sich um eine Verkrüppelung, die zwischen 1925 und 1935 in England als typisches Merkmal vieler →Siamkatzen galt. Heute ist diese «Mode» überholt. Einen S. haben →Manxkatzen und →Japanische Stummelschwanzkatzen.

Stummes Miau Es gibt Katzen, die nicht mauzen können. Meistens sind sie taub. Sie öffnen das Mäulchen und schauen einen mit weitgeöffneten Augen an. Ein herzzerreißendes, sehr wirkungsvolles stummes Miau.

Stumpy ist der englische Ausdruck für eine →Manxkatze mit einem Stummelschwanz. →Rumpy.

Sturmkatze nannte man im Mittelalter eine Belagerungsmaschine, aus der Steine auf die Mauern geschleudert wurden.

Suezkrieg «Heldenhaft und listig» errangen die Ägypter im Spätherbst 1951 einen Sieg über die Engländer im Kampf um die Suezkanal-Zone. Da die Engländer als Katzenfreunde bekannt waren und heimatlosen Tieren oft Futter gaben, fingen die Ägypter zahlreiche Katzen ein, banden ihnen benzingetränkte Lappen um und zündeten die Fetzen an. Die gequälten Tiere flüchteten in höchster Not zu ihren Freunden, den Engländern, und zündeten deren Zelte an. Das Lager ging in Flammen auf. Der empörten österreichischen Journalistin →G. Svoboda erklärte der stellvertretende Verteidigungsminister Ägyptens ungerührt: «Im Krieg und in der Liebe ist alles erlaubt.»

Sullivan, Pat, schuf den Cartoon-Kater →Felix. →Comics, →Zeichentrickfilme.

Sumach oder Rhus heißt eine Gattung von Anakardiengewächsen, die im Herbst leuchtend rote Blätter bekommen und als Ziersträucher beliebt sind. Giftig für Menschen und Katzen ist der Giftsumach, vorwiegend für Katzen der Lacksumach. →Vergiftungen. In der →Homöopathie wird er als Heilmittel bei Verstauchungen, Zerrungen, Verrenkungen und Ruhelosigkeit angewendet.

Sumiko schrieb und illustrierte das englische Bilderbuch «Kittymaus», dt. 1979, in dem es um ein verwaistes Kätzchen geht, das von einer Mäusefamilie aufgezogen wird.

Sumpfdotterblume →Hahnenfußgewächse.

Sumpfkatze →Rohrkatze.

Supilak heißt eine neue, bisher nur in den USA anerkannte Katzenrasse, die aus Thailand stammt und ein kupferfarbenes Fell hat.

Suppen Katzen machen sich im allgemeinen soviel daraus wie der berühmte Suppenkasper aus dem «Struwwelpeter». Kranken oder alten Katzen mit schlechten Zähnen sollte man trotzdem ein Süppchen schmackhaft machen. Zwei bewährte Rezepte: In Fleisch- oder Hefebrühe Haferflocken, Nudeln oder Reis garen, ein rohes Eigelb hineinrühren, einen Schuß Dosenmilch zugeben, mit ein wenig Petersilie garnieren und lauwarm servieren. In Fleisch- oder Hefebrühe ein paar Fleisch- oder Leberstückchen mit etwas Reis garen, abkühlen lassen, Quark untermischen. Katzen, die Fisch lieben, kocht man statt dessen ein Fischsüppchen. Mit warmem Wasser suppig angerührtes Dosenfutter ist eine gute Alternative für ältere Katzen, die nicht mehr so gut kauen können, und für Stubentiger, die zuwenig Wasser trinken.

Surian ist der italienische Name für graue Tigerkatzen mit einem M auf der Stirn →Maria. Eine solche Katze hatte, der Legende zufolge, die Madonna in ihrem Haus in Nazareth, als vorzügliche Mausejägerin. Deshalb wurden die Grautigerchen in Italien während des Hexenwahns nicht verfolgt.

Svoboda-Srucik, Gertrud, führte elf Jahre lang Tagebuch über ihre Katzen. 1981 veröffentlichte sie das Ergebnis: «Kater Moritz und sein kleiner Harem».

Swimmingpools können für eine hineingefallene Katze zur Todesfalle werden. An den glatten Wänden gleiten sie ab, die rettende Treppe finden sie oft nicht. Deshalb sollte man vorsichtshalber ein Schwimmbrett als Rettungsfloß auf dem Wasser treiben lassen. →Ertrinken.

Szymkowiak, Margot, übersetzte in ihrem 1983 erschienenen Buch «Katzensprache» das Kätzische ins Deutsche. Ihr Lebensgefährte Peter Engel steuerte die Illustrationen bei. Praktische Tips gibt die Autorin in «Die Katze läßt das Mausen nicht», mit witzigen Zeichnungen von Josef Blaumeister.

T

Tabak Zum Glück sind Katzen Nichtraucher. Es kann aber vorkommen, daß vor allem junge Kätzchen neugierig an Tabakwaren knabbern. Deshalb sollte man in einem Katzenhaushalt Zigaretten u. ä. unter Verschluß halten. Denn die Folgen sind dramatisch: Brechreiz, nervöse Zuckungen, Koliken, Sehstörungen, kalte Pfoten, Nase und Ohren sowie verminderte Atemfrequenz. Sofort →fachkundige Hilfe holen. Auch Tabakpflanzen sind für Katzen hochgiftig.

Tabbykatzen heißen nach einer eingedeutschten Bezeichnung aus dem Englischen alle →marmorierten, gestromten oder Räderkatzen in Braun, Blau, Grau, Rot und Silber. →Atabi.

Tabor, Roger. In seinem Buch «That's Cats», 1995, schildert der Biologe den Triumphzug der Katzen, die den Hund vielerorts bereits als Haustier überrundet haben.

Taighairn Bei diesem bekannten alten Fest, das in Schottland gefeiert wird und vier Tage dauert, wurden früher unzählige Katzen verbrannt, und zwar als Opfer an den Teufel, als dessen Dienerinnen sie galten.

Taine, Hippolyte (1828–1893), französischer Philosoph und Historiker, machte den Katzen ein großes Kompliment: «Ich habe die Philosophen und die Katzen studiert. Doch die Weisheit der Katzen ist letztlich um ein Weites größer.» Für seine zahlreichen Katzen schrieb T. 1883 zwölf Sonette.

Tangye, Derek. Der englische Bestseller-Autor war nach eigenem Eingeständnis ein Katzenfeind. Der rote Tigerkater Monty bekehrte ihn, dokumentiert in: «Die Katze am Fenster», 1962. In: «Meine Katzen-Affäre», 1976, machen die schwarze Katzendame Lana, der einsame Oliver und der winzige rote Ambrosius ihre Rechte geltend.

Tanizaki, Junichiro: «Eine Katze, ein Mann und zwei Frauen», 1997, ist eine Liebesgeschichte voll subtiler Komik. Zwei Frauen lieben einen Mann, der aber liebt seine Katze …

Tante Amanda (Hoppe-Leyler), gab 1845 «Eine Kätzchengeschichte» für ihre Neffen und Nichten heraus, mit zauberhaften, handkolorierten Stichen. Ein schwarzweißes Kätzchen soll ertränkt werden, weil es genascht hat.

Es kann aber fliehen und gerät auf ein Schloß, wo Prinzessin Rosa es liebevoll aufnimmt. Und als der Prinz aus dem Krieg zurückkehrt, bringt er einen tiefschwarzen Kater mit, der das Kätzchen heiratet.

Tapetum lucidum →Augenhintergrund.

Tarent war anscheinend die erste Stadt auf italienischem Boden, in der Katzen heimisch wurden. Ein griechischer Kaufmann brachte um 400 v. Chr. seiner Frau von einer Reise nach Cyrene im heutigen Libanon eine kleine blaugraue Katze als wertvolles Geschenk mit. →Münzbilder.

Tasso Haustierzentralregister, Postfach 1230, 65795 Hattersheim. Computerzentrale für die Erfassung aller Täto-Nummern. →Tätowierung.

Tasso, Torquato (1544–1595). Der italienische Dichter verfaßte ein Gedicht «Auf die Katzen im Irrenhaus St. Anna». Er verglich ihre Augen mit Sternen, die ihn im Dunkeln leiten, und bat Gott, sie stets vor Hieben zu beschützen. T. machte sich bereits 1580 Sorgen um die allzu große →Fruchtbarkeit der Katzen. Er soll auch schon schwanzlose Katzen gekannt haben.

Tastsinn Bei der Begrüßung schnuppert die Katze nicht an ihrem Menschen, sondern sie tastet ihn mit Hilfe ihrer Schnurrhaare ab. Katzen können sogar, ohne die Gegenstände zu berühren, sie mit Hilfe dieser Sensoren aus einiger Entfernung ausmachen und als Hindernis umgehen. Bei einem abscheulichen Experiment stellte man fest, daß Katzen ohne Barthaare völlig hilflos sind und sogar zum Schwachsinn neigen: Man rasierte ihnen die Tastorgane ab und setzte sie in ein stockfinsteres Labyrinth.

Tätowierung von Katzen im Ohr bietet einen Mindestschutz gegen Diebstahl. Landet die Katze, die sich verirrt hat, bei einem Tierfreund, so wird dieser sie mit Hilfe der T. rasch ihrem Besitzer zurückgeben können. Professionelle Tierdiebe aber schneiden der Katze schon mal das tätowierte Ohr ab oder lassen die T. unkenntlich machen durch Übertätowieren. Eine Garantie kann die T. also in keinem Fall bieten. →Katzenklau, →INDECEL, →Tasso.

Taubheit Erbliche T. liegt oft vor bei weißen Katzen mit blauen Augen. Tiere, die nicht auf ihren Namen reagieren, sind meist taub, nicht schwachsinnig. Auf diese Behinderung muß der Besitzer Rücksicht nehmen. Da der akustische Kontakt fehlt, brauchen diese Katzen besonders viele →Streicheleinheiten. Man verständigt sich mit ihnen durch Handzeichen oder Augensprache. An taube Katzen sollte man nie von hinten herangehen, sie erschrecken sich sonst. Auch ist absolut davon abzuraten, sie unbeaufsichtigt ins Freie zu lassen.

Taurin Die für Katzen lebenswichtige →Aminosäure kommt nur in tierischem Eiweiß vor. Mangel an T. kann zur Erblindung führen.

Taylor, David. Der englische Katzenforscher veröffentlichte 1988 «Meine Katze» und 1990 «Das Heyne-Katzenbuch». Schwerpunkte: Gesundheit, Verhalten, Ernährung und – Katzenrassen.

Tecchi, Bonaventura (1896–1968), italienischer Erzähler und Kritiker, schrieb die traurige Katzengeschichte «Zinzino» von einem Siamkater, der erst geliebt und verhätschelt wird, dann aber seiner mißtönenden Stimme wegen alle Sympathien verliert und im Stich gelassen wird.

Teer an den Pfoten ist gefährlich, denn Katzen sind sehr empfindlich gegen T. und Teerprodukte. Man weicht den T. in einer Mischung von warmem Salzwasser und Speiseöl auf und reibt alle Reste gründlich mit einem darin getränkten Lappen ab. Anschließend die Pfoten trocknen und dabei nachsäubern. Notfalls die ganze Prozedur wiederholen. Leider ist T. in vielen gebräuchlichen →Putzmitteln enthalten. →Karbol. Deshalb muß man sie in einem Katzenhaushalt gut wegräumen.

Teerseife, wie sie zum Baden von Hunden verwendet wird, ist für Katzen absolut giftig.

Tefnut Die ägyptische Göttin mit dem Spitznamen «Die äthiopische Katze» zog der Legende nach von Nubien nach →Ägypten. Interessant daran ist, daß Nubien als Heimat unserer Hauskatzen durchaus in Frage kommt.

Teil-Albinos sind helle Katzen mit dunklen Haarspitzen an einzelnen Körperstellen, wie z. B. alle →Siamkatzen.

Tekir (Tiger) heißen langhaarige →Türkische Angorakatzen in Hellgrau oder Braun mit breiter schwarzer Bänderzeichnung. →Sarmans, →Beyaz.

Telepathie Die Begabung von Katzen für T. wurde 1952 in den USA getestet. Man baute ein kompliziertes Labyrinth, das zwei Ausgänge hatte, die gleich schwer zu finden waren. Durch telepathische Beeinflussung versuchte ein für die Katzen nicht sichtbarer Forscher, sie auf einen bestimmten der beiden Ausgänge hinzusteuern. Der größere Teil der Katzen gehorchte der Suggestion. Katzenfreunde zweifeln sowieso nicht daran, daß die Schnurrtiger Gedanken lesen und lenken können. Das bestätigt z. B. das Erlebnis von Mr. Duke, berichtet in den «Annalen der psychischen Wissenschaften», Jahrgang 1911. Er saß nachts an einer wichtigen Arbeit. Plötzlich hatte er das Gefühl, seine Katze brauche ihn. Es war aber nichts zu hören. Trotzdem stand Mr. Duke auf und suchte die Katze. Schließlich fand er sie am Ende des Gartens – in einer Falle. Das Tier saß laut- und regungslos da, bei der geringsten Bewegung hätte die tödliche Schlinge sich zugezogen und es erwürgt. So konnte er seinen Liebling retten. →PSI.

Temminckkatze →Asiatische Goldkatze.

Temperament Am lebhaftesten, oft schon regelrecht nervös, sind →Siamkatzen, gefolgt von Orientalisch Kurzhaar. Langhaarkatzen sind in der Regel ruhig, manchmal sogar schon zu phlegmatisch. Normale Hauskatzen ohne Stammbaum haben ein ausgeglichenes Temperament und halten die richtige Mitte zwischen Überdrehtheit und Bärenruhe. Jungkätzchen aller Rassen sind wesentlich temperamentvoller als erwachsene Tiere.

Teppiche werden von vielen Katzen heiß geliebt. Man kann so herrlich daran die Krallen schärfen, was übrigens halb so schlimm ist. Geknüpfte T. halten diese Behandlung oft über längere Zeit erstaunlich gut aus. Viel Spaß macht auch das «Teppichspiel», wobei die Katze unter eine Teppichbrücke kriecht und darauf wartet, daß eine vier- oder zweibeinige Mitkatze vorbeikommt, die man dann wunderbar erschrecken kann.

Terpentin ist für Katzen ganz außerordentlich giftig, ebenso wie →Benzin und →Petroleum. →Vergiftungen.

Territorium →Revier.

Testament Leider ist es in der Bundesrepublik Deutschland nicht möglich, Katzen oder andere Haustiere als Erben einzusetzen, im Gegensatz zu England und Amerika. Man kann nur den menschlichen Erben Auflagen machen, damit ein Teil des Nachlasses zur Pflege zurückgelassener Haustiere verwendet wird, was man am besten durch einen Testamentsvollstrecker überwachen läßt. Oder man bringt das Vermögen in eine Stiftung zugunsten von Tieren ein, die dann auch die Aufgabe hat, für die eigenen Lieblinge zeitlebens zu sorgen. Oder man vermacht einem Tierschutzverein die Tiere und genügend Geld für ihre Versorgung. Das entsprechende Tierheim sollte man sich aber vorher mehrmals, auch unangemeldet, sehr genau anschauen. 30000 Dollar erbte 1961 die amerikanische Katze von Margaret Montgomery, die 19 Jahre alt wurde, bis sie 1966 schließlich starb. 450000 Dollar hinterließ 1963 Dr. William Grier seiner Sekretärin und seinen vier Katzen für «erwiesene Liebesdienste». Eine große Katzenfreundin war Lady de Puis. Als sie 1678 starb, erhielten alle ihre Katzen eine Pension. Die menschlichen Erben wurden mit der Auflage beglückt, den Katzen jede Woche einen Besuch abzustatten. Allerdings fochten die Erben die letztere Bestimmung mit Erfolg an. Auch →Richelieu setzte testamentarisch Legate für seine zwölf Katzen aus. Sein letzter Wille wurde jedoch schmählich mißachtet. Unter dem Namen Belle Stuart ließ sich die Gräfin Richmond am Hofe des englischen Königs Charles II. huldigen. Nach ihrem Tode hinterließ sie ihr gesamtes Vermögen ihren Katzen.

Tha'alibi, ein arabischer Literat des Mittelalters, lobte die Dankbarkeit und Anpassungsfähigkeit der Katze. Auch scheint er schon Freundschaften zwischen Maus und Katze beobachtet zu haben.

Thai-Katzen Unter diesem Namen wird die ursprüngliche Form der →Siamkatzen wieder rückgezüchtet.

Thallium ist oft in →Rattengift enthalten. Die Katze kann sich an dem Köder oder einer vergifteten Ratte infizieren. Die Symptome ähneln einer Vergiftung mit →Arsen; außerdem kommt es zu starkem Haarausfall; an Lidern und Lippen bilden sich schwärzliche Krusten. Die Katze muß sofort zum Erbrechen gebracht werden, mit einem Teelöffel Salz, den man ihr hinten auf die Zunge gibt. Dann sofort zum Tierarzt.

Theaterkatzen, die Kostüme und Kulissen vor Mäusen schützen, sind an vielen deutschen und ausländischen Bühnen beschäftigt. Gelegentlich zieht es sie zu Höherem, und sie springen mitten in der Aufführung auf die Bretter, die die Welt bedeuten. Meist ist ihnen bei diesen Extratouren ein Applaus sicher. →Eliot. In Kairo brannte vor über 20 Jahren die Oper ab. Angeblich hatte der Schwanz einer Katze Feuer gefangen und die Kulissen entzündet.

Theilig, Sigrid und Harald, schrieben das übersichtlich gegliederte Büchlein «Unsere Katze», 1986, ein kleines Katzen-Brevier mit schönen Abbildungen.

Theodoros Prodomos, ein byzantinischer Dichter des 12. Jahrhunderts, schrieb eine Katomyomachia (Kampf der Katzen gegen die Mäuse) zum Lob der Katzen, die Burg und Stadt vor den mit Pfeil und Bogen anrückenden Mäuseheeren beschützen. →Katzenmärchen 1 a.

Thiamin →Vitamine.

Tibetanische Katzenmärchen «Die Katze»: Eine Katze versucht sich als Jurist. Ihre Klienten sind Mäuse und Spatzen. «Die zwei streitenden Katzen»: Ihr Streit ums Futter bringt ihnen dank falscher Schiedsrichter (Affe und Fuchs) nur Schaden ein. →Katzenmärchen 11.

Ticking Fachausdruck aus dem Englischen für die dunkle Bänderung oder Ringelung jedes einzelnen Fellhaares, wie z. B. bei →Abessinierkatzen und →Ägyptischen Maukatzen.

Tiddles ist der Name des gewichtigen Katers, der jahrelang die Damentoilette der englischen Bahnstation Paddington «beaufsichtigte».

Tieck, Ludwig (1773–1853), dramatisierte das Märchen «Der →Gestiefelte Kater». →T. Dorst.

Tiepolo, Giovanni Battista (1692–1770). Der berühmte italienische Maler des Rokoko scheint Katzen geliebt zu haben. Dieser Eindruck entsteht jedenfalls beim Betrachten seiner hinreißenden Katzenzeichnungen.

Tierarzt Katzen sind oft schwierige Patienten. Die Scheu vor dem T. nimmt mit der Anzahl der Begegnungen mit dem Weißkittel zu, auch wenn die Behandlung selbst gar nicht weh tut. Schon der Geruch in der Praxis schreckt Katzen ab; die anderen Tierpatienten, die dort warten, irritieren sie. Man läßt die Katze im Wartezimmer im geschlossenen Behälter und spricht ab und zu beruhigend auf sie ein. Wenn sie an →Geschirr und Leine gewöhnt ist, legt man ihr zu Hause noch beides an, denn so läßt sie sich besser auf dem Behandlungstisch festhalten. Je ruhiger der Besitzer bleibt, desto eher beruhigt sich auch die Katze. Für Impfungen und zur Kastration, bei Unfällen und allen chirurgischen Problemen empfiehlt es sich, einen T. zu wählen, der ein Katzenfreund ist und entsprechend gut mit den Samtpfoten umzugehen weiß. Bei anderen Erkrankungen ist zu überlegen, ob ein →Tierheilpraktiker oder ein T., der sich auch auf →Homöopathie versteht, vorzuziehen ist, da Katzen oft sehr empfindlich auf chemische Medikamente reagieren und es entsprechend schwierig ist, sie ihnen einzugeben.

Tierheilpraktiker ist ein Beruf, der Zukunft hat, da es sich allmählich herumspricht, daß chemische Medikamente auch für Katzen oft schädliche Nebenwirkungen haben. Der T. verwendet dagegen homöopathische Mittel, die bekömmlicher und leichter einzugeben sind, da sie auf Milchzuckerbasis beruhen, oder Mittel der Naturheilkunde, mit denen oft gerade bei Katzen verblüffende Erfolge erzielt werden. Außerdem leistet jeder, der für sich und seine Haustiere Naturheilmittel und homöopathische Medizin vorzieht, einen Beitrag gegen →Tierversuche. Für die Medikamente der Pharmaindustrie werden jährlich viele Millionen von Tieren, darunter auch zahllose Katzen, «verbraucht», wie es im Fachjargon so bezeichnend heißt.

Tierheime sind die letzte Station für unglückliche, verstoßene Katzen. Wegholen – ja, hinbringen – nein. Wenn man sich wirklich Mühe gibt, findet man auch im allerverzweifeltsten Fall eine andere Lösung. Tier- und Katzenschutzvereine helfen dabei, ein neues Heim für Katzen zu finden.

Tierquälerei Leider gibt es immer wieder Sadisten, die Freude daran haben, wehrlose Katzen zu Tode zu martern, und leider fallen die Strafen oft viel zu milde aus. T. begehen aber auch ganz normale Menschen, aus Unwissenheit, Gleichgültigkeit oder Ungeduld. Dazu gehört z. B. die immer noch nicht ausgestorbene Unsitte, die Nase der Katze in ihr kleines oder großes Geschäft zu stupsen, wenn sie den Teppich oder das Sofa mit ihrem Toilettenkästchen verwechselt hat. Das ist für die geruchsempfindliche, peinlich saubere Katze eine schlimme Tortur und nützt gar nichts. Auch das →Krallenschneiden gehört dazu und ganz besonders das Abschneiden der →Schnurrhaare, ebenso das Umwickeln der Pfoten oder des Schwanzes mit Gummibändern, was vor allem Kinder manchmal tun, ohne zu ahnen, was sie damit anrichten. Unter T. fällt auch das Erschlagen, Ertränken oder sonstige Töten von Jungkätzchen mit Ausnahme des schmerzlosen Einschläferns durch den Tierarzt in den ersten Lebenstagen.

Tierschutzgesetz Unser T. weist viele Mängel auf. Aber verboten ist immerhin das Ertränken, Erschlagen oder sonstige Töten sowohl von Babykatzen als auch von erwachsenen Tieren. Der Tierarzt durfte bis 1996 nur kranke oder verletzte Katzen einschläfern und Jungkätzchen ein paar Tage nach der Geburt. Im neuesten Tierschutzgesetz (1997) ist das Einschläfern «überzähliger» gesunder Tiere skandalöserweise wieder gestattet. Das Aussetzen von Hauskatzen ist nach dem T. verboten und kann mit Geldstrafen bis zu 10 000 DM belegt werden.

Tierversuche Der französische Physiker De la Croix wollte einmal vor großem Publikum vorführen, wie stark verdünnte Luft in großen Höhenlagen auf das Befinden wirkt. Er setzte eine Katze in einen verschlossenen Kasten und sog mit der Pumpe die Luft heraus. Die Katze litt sichtlich, wußte sich aber zu helfen. Sie setzte eine Pfote auf das Loch und verhinderte damit den Luftabzug. Das wiederholte sie mehrmals. Die Zuschauer klatschten dem klugen Tier Beifall, und der Physiker mußte das Experiment abbrechen. Heute noch werden Katzen in vielen Bereichen der wissenschaftlichen Forschung für Versuche mißbraucht, die ihnen erhebliche Leiden und Schäden zufügen, ja, sie werden sogar eigens für diese Zwecke gezüchtet →Katzenfarmen. Nach Meinung der Experimentatoren ist die sensible, deutlich auf Streß und Schmerz reagierende Katze ein ideales Versuchsobjekt. Es gibt keine Grausamkeit, die unseren lieben Haustigern im Labor nicht angetan wird. Sie werden gnadenlos erschlagen, verbrüht, vergiftet, man läßt sie verhungern, taucht sie in eiskaltes Wasser, verstopft ihnen Nase und Mäulchen, um festzustellen, wie lange es dauert, bis sie ersticken. (40 Sekunden, wenn es jemanden interessieren sollte.) Man hindert sie am Schlaf, bis sie wahnsinnig werden. Besonders häufig aber untersucht man ihr Gehirn, indem man es freilegt, dann eine Art

Kappe daraufmontiert, mit Spritzen und Elektroden versehen, die direkt ins Gehirn führen. Auf Stromschlag z. B. reagieren diese armen Katzen mit epileptischen Zuckungen. Im Fachjargon spricht man von →Steckerkatzen. Tierversuchsgegner in aller Welt kämpfen auch für die Befreiung der Katzen von diesen Folterqualen, wenn sie für das Verbot aller Tierversuche eintreten. Daran sollten Katzenfreunde denken, wenn sie meinen, Tierversuche wären notwendig für das «Wohl des Menschen». →Katzenklau.

Tiffany Cats nennt man die langhaarigen →Burmakatzen, eine der neuesten Züchtungen in den USA.

Tigerkatzen sind in großen Städten am häufigsten verteten, zu 81 % in London, zu 78 % in New York und Paris, zu 47 % in Rom. Man sagt ihnen gute Chancen voraus, nach und nach alle anderen Hauskatzenarten zu eliminieren. T. haben auf braunem, grauem, rotem, blauem oder silbergrauem Fellgrund viele schmale dunkle Querstreifen, die wie beim Tiger vom Rücken zum Bauch verlaufen. Schwanz und Beine sind geringelt. Sie sind in der Regel groß und kräftig und gelten als gute Mäuse- und Rattenfänger.

Tipping ist die englische Bezeichnung für Spitzenfärbung. Die Spitzen der einzelnen Haare sind dunkler gefärbt als das übliche Fell, die Unterwolle ist im Idealfall reinweiß. T. tritt z. B. auf bei der Chinchilla-Perserkatze, bei einigen anderen Persern, aber auch bei Europäischen Kurzhaarkatzen.

Tischleindeckdich Katzen lieben Reinlichkeit, auch beim Essen. Die Tellerchen und Schälchen müssen nach jeder Mahlzeit mit heißem Wasser gründlich gespült werden. Zwei Katzen, die sich gut verstehen, futtern oft von einem Teller. Bei mehr als zwei Tieren sollte jedes sein eigenes Geschirr bekommen. Es ist zu empfehlen, die Tellerchen auf abwaschbare Sets zu stellen, da viele Katzen sich die Brokken mit der Pfote herausangeln und erst noch ein bißchen Katz und Maus damit spielen. Futterreste wirft man in den Mülleimer, nicht ein zweites Mal anbieten, sondern der Katze lieber in Zukunft etwas weniger geben.

Tod Solange das Herz noch schlägt, lebt die Katze. An einem Spiegel, den man ihr vor das Näschen hält, erkennt man, ob sie noch atmet. Beschlägt er, so besteht noch Hoffnung. Der Körper einer toten Katze erschlafft, nach kurzer Zeit wird er steif. Die Augen sehen glasig aus, die Pupillen sind erweitert und schimmern grünlich, wenn man die Augen anleuchtet.

Todesahnung Es gibt zahlreiche Geschichten von Katzen, die den Tod eines befreundeten Artgenossen oder eines Menschen vorausahnten. Artgenossen werden oft vor dem Tode auffällig gemieden, Menschen dagegen, denen ein Angehöriger gestorben ist, liebevoll getröstet, und zwar oft schon, bevor die Trauerbotschaft eintrifft! →PSI.

Todesstrafe wurde im alten →Ägypten für das Töten einer Katze verhängt.

Todesursachen bei Katzen sind nach einer Untersuchung in den USA:
1. *Krebs:* 30 % unter 10 Jahre alt, 21 % 11–15 Jahre alt, 15 % über 16 Jahre alt. 2. *Harnwegerkrankungen:* 13 % unter 10 Jahren, 26 % 11–15 Jahre, 27 % über 16 Jahre. 3. *Autounfälle:* 13 % unter 10 Jahren, 4 % 11–15 Jahre, 1 % über 16 Jahre. 4. *Altersbeschwerden:* 5 % bis 10 Jahre, 7 % 11–15 Jahre, 24 % über 16 Jahre. 5. *Andere Ursachen:* 39 % unter 10 Jahre, 35 % 11–15 Jahre, 28 % über 16 Jahre. Die drei ältesten Katzen Amerikas wurden 29, 27 und 25 Jahre alt.

Tofting in Schleswig. Hier wurden die Knochenreste von acht Katzen aus der Zeit zwischen dem 2. und 10. Jahrhundert n. Chr. gefunden.

Tokopherol →Vitamine.

Tollkirschen sind für Katzen ausgesprochen giftig.

Tollwut ist eine gefährliche Seuche, die durch Biß oder Speichelinfektion (bei kleinen Hautverletzungen) übertragen wird, auch auf den Menschen. Bei jedem Grenzübertritt ist die Tollwutimpfung für Katzen Vorschrift. Die Symptome treten meist zwei bis vier Wochen nach der Infektion auf; Angriffslust oder auch Furchtsamkeit (stille T.), Schwierigkeiten beim Essen und Trinken, unsicherer Gang, starker Speichelfluß. Ein Heilmittel gibt es nicht. Die Katze muß aber umgehend einem Tierarzt vorgeführt werden. Alle Tollwutfälle sind meldepflichtig.

Tolstoi, Leo N. (1828–1910). Der russische Dichter schrieb auch Fabeln, darunter eine Version von «Wer hängt der Katz' die Schelle um», →Katzenmärchen 1 d, und «Die Katze und der Fuchs», →Katzenmärchen 5 b.

Tomatenpflanzen machen Katzen krank, zumindest gilt das für alle grünen Teile. Das Gift Tomatidenol führt zu Erbrechen, Durchfall, Speichelfluß, Atembeschwerden und Schwächezuständen. Bei schwerer →Vergiftung kommt es zu Bewußtlosigkeit, der Tod kann eintreten.

Tonband Die Stimme «ihres» Menschen wirkt wie Arznei auf die Katze, auch wenn der Betreffende gar nicht anwesend ist. Wenn eine Katze unbedingt in die Klinik muß, kann ein mitgegebenes Tonband, auf dem der Besitzer freundlich zu ihr spricht, Wunder wirken. Das gleiche gilt für den Fall, daß der Besitzer in Urlaub fährt oder selber ins Krankenhaus muß. Lassen Sie von einem Betreuer täglich das Tonband abspielen, als Trost für die daheimgebliebene Katze.

Tonkanesen werden neuerdings in Amerika gezüchtet, und zwar aus →Siam- und →Burmakatzen. Sie haben ein kurzes Fell in verschiedenen Brauntönen, blaugrüne Augen und Siamabzeichen.

Topsch, Wilhelm, schrieb mit Hilfe seiner kleinen Tochter Kati das Kinderbuch «Mein Hund hat einen Kater», 1980, die Geschichte einer Freundschaft zwischen Hund und Katze.

Topsell, Edward. Dem englischen Naturforscher, der 1607 seine «Geschichte der vierfüßigen Tiere» herausgab, lag die Rehabilitierung der zu seiner Zeit weithin noch verteufelten Hauskatze sehr am Herzen. Er berichtete von zwei Zeitgenossen, die Katzen liebten, der eine war der Kanzler König Heinrichs VIII., der andere ein gewisser Mr. Coelius. Die typische englische Hauskatze beschrieb er als weißlich grau. Schwarze Katzen kamen seiner Meinung nach aus Spanien.

Totenklagen für Katzen wurden vorwiegend aus dem arabischen Raum bekannt. Im 10. Jahrhundert verfaßte Abu Muhammad al-Quasim in Bagdad eine T. auf eine wundervolle Katze, der keine Maus, kein Ungeziefer entging, die bescheiden, fromm und treu war. Sie starb an einem Unfall. Im 16. Jahrhundert schrieb der türkische Dichter Meali eine T. für seinen verstorbenen Kater, in der er verzweifelt ausruft: «Was soll ich tun, ach Pussy? Was soll ich machen, Puss?» T. im europäischen Raum verfaßten u. a.: →Bellay, Th. →Hardy, F. Th. →Vischer, →Klabund, R. →Huch, M. →Krüger und I. →Bodden.

Totgeburten →Letalfaktor, →Vererbung.

Tötungshemmung Eine T. scheint Katzen angeboren zu sein. Bevor sie 10 Wochen alt sind, ist es ihnen nicht möglich, irgendein Beutetier zu töten. Katzen, die bis zum Alter von 20 Wochen keine Gelegenheit fanden, lebende Beute zu töten, lernen es oft ihr ganzes Leben lang nicht. Die T. gesunder Jungkatzen wird überwunden, wenn die Katzenmutter mehrfach lebende Mäuse bringt, den Tötungsbiß im Nacken vorführt und die Kleinen gewissermaßen üben läßt. Unter dem Einfluß der Konkurrenz der Geschwister und im Zustand höchster Erregung, hervorgerufen durch den angeborenen Jagdtrieb, wird die T. dann überwunden. →Arterhaltung, →Nackenbiß.

Tovačovský, Ctibor (1437–1494). Der tschechische Jurist legte die älteste uns bekannte Märchenfassung von der Feindschaft zwischen Hund und Katze schriftlich nieder: «Die Bauern schlossen mit Hunden und Wölfen einen Vertrag ab, den die Katze bewachen sollte. Sie versteckte ihn sorgfältig, aber die Mäuse fraßen ihn an. Als die Feindschaft zwischen Wölfen, Bauern und Hunden wieder aufflackerte, war der Vertrag unbrauchbar geworden. Deshalb haßt der Hund die Katze und die Katze die Maus.» →Katzenmärchen 4a.

Tovey, Doreen, ist die Autorin der reizenden Katzenbücher «Die Katze mit den blauen Augen», 1994, «Der kleine Kater Samson», 1995, und «Meine freche Katze Saphra», 1997.

Toxoplasmose wird gelegentlich von der Katze auf den Menschen übertragen. Eine Gefahr besteht dabei für das ungeborene Kind. Die Ansteckung erfolgt ausschließlich durch direkte Berührung mit Katzenkot und nur, wenn die Katzentoilette nicht regelmäßig mit heißem Wasser gereinigt wird. Die Gefahr, sich beim Hantieren mit rohem Fleisch (Tatar, halbgares Roastbeef, Mett o. ä.) zu infizieren, ist wesentlich größer. Werdende Mütter können beim Tierarzt einen T.-Test machen lassen, um festzustellen, ob ihre Katze T.-Träger ist. Das trifft auf nur ein Prozent der Katzen in Deutschland zu.

Tragegriff Der Nackengriff, den die Katzenmutter anwendet, ist ihr vorbehalten. Wir tragen eine Katze seitlich in Hüfthöhe, eine Hand unter Brust und Bauch zum Abstützen, die andere leicht, aber fest im Nacken der Katze. Man kann auch den ausgestreckten Arm längs unter die Katze schieben, so daß auf jeder Seite eine Vorder- und eine Hinterpfote herabbaumelt. Dabei muß man mit der Hand des Arms, auf dem die Katze liegt, von vorn gegen ihre Brust drücken, so daß sie nicht abspringen kann. Bei kranken und verletzten Tieren muß man allerdings vorsichtig sein, auch wenn man sie noch so gut kennt. →Nackenbiß, →Hochheben.

Tragstarre Wenn die Mutter ein Jungkätzchen im Genick packt und fortträgt, verfällt das Kleine in Tragstarre. Vorsicht: Nur Katzenmütter kennen den richtigen Griff. Erwachsene Katzen darf man nie am Nackenfell hochheben, sondern am besten in Sitzhaltung, eine Hand unter die Vorderbeine legen, eine als Stütze unter die Hinterpfoten.

Tragzeit Eine Katze trägt ihre Jungen normalerweise bis zur Geburt 63 Tage lang.

Tränenausfluß tritt besonders bei Langhaarkatzen auf infolge einer überzüchteten, erblichen Verstopfung des Tränenkanals, der die Augenhöhle mit dem Rachen verbindet. Es kann dadurch leicht zu Infektionen kommen. Vorbeugend empfiehlt sich, die Tränen regelmäßig mit einem sauberen, feuchten Läppchen abzuwischen. Der Tierarzt kann mit einem kleinen Eingriff helfen.

Transport Katzen transportiert man grundsätzlich am besten in verschlossenen Katzenkörben oder anderen Behältern →Reisen. Verletzte Katzen sollten so wenig wie möglich bewegt werden, die Lage des Tieres nach Möglichkeit nicht verändern. Wenn die Katze in Panik gerät und um sich beißt, vorsichtig eine Decke unter sie schieben und über ihr zusammenschlagen. Da bei Unfällen u. ä. immer mit einem Schock zu rechnen ist, sollte man die Katze im Auto leicht zudecken, damit kein Wärmeverlust entsteht. Vor der Abfahrt bittet man irgend jemanden, den Tierarzt anzurufen und auf den Notfall vorzubereiten, damit keine Verzögerung entsteht. →Kennel.

Traubenzucker kann dem Futter kranker Katzen in kleinen Mengen zugesetzt werden. Besonders günstig ist die Wirkung bei geschwächten, apathischen Tieren. Man mischt den T. direkt ins Futter oder gibt ihn ins Trinkwasser (zwei Eßlöffel auf einen halben Liter). Aber bitte vorher den behandelnden Tierarzt oder Tierheilpraktiker fragen.

Trauer Deutliche Trauer zeigen Katzenmütter, deren Junge gestorben sind oder ermordet wurden. Sie suchen die Kinder oft noch tagelang. Auch wenn in einer Gruppe von befreundeten Katzen eine stirbt, trauern die anderen eine Zeitlang. Sehr oft zeigen sie durch ihr ganzes Verhalten, bis hin zu ernsten →Verhaltensstörungen, T. um einen geliebten Menschen. →PSI, →Todesahnung, →Treue.

Trauerzüge von Katzen wurden beobachtet von dem englischen Dichter →Keats und von drei Damen in Rom, die 1955 aus dem Auto einen Katzentrauerzug gesehen haben wollen. →Katzenringe, →Michell.

Traumdeutungen a. *In Deutschland:* Wenn man vom Streit mit einer Katze träumt, ist ein Dieb im Haus. Kann man die Katze bezwingen, wird auch der Dieb gefangen werden. Ist es eine Katze, die man kennt, so kennt man auch den Dieb. Verliert man den Kampf mit der Katze, so kommt auch der Dieb davon. Es steht eine schwere Zeit bevor, vielleicht sogar eine ernste Krankheit. b. *In Arabien:* Stiehlt im Traum eine Katze etwas, so ist ein Dieb im Haus. Beißt und kratzt dich im Traum eine Katze, so steht der Verlust eines Dieners bevor. Erscheint dir im Traum eine Katze, ohne zu miauen, so steht dir ein Jahr der Ruhe bevor.

Träume Was Katzen in ihrem schlafreichen Leben alles träumen, wissen wir nicht. Daß sie träumen, ist absolut sicher, und zwar doppelt so lange wie Menschen, nämlich drei Stunden pro Tag (und Nacht). Junge Kätzchen verbringen in den ersten Wochen sogar die Hälfte ihres Schlafs im Traum. Wenn eine schlafende Katze mit den Schnurrhaaren zuckt, die Pfoten, den Schwanz bewegt, ohne aufzuwachen, dann träumt sie mit Sicherheit. →Paradoxer Schlaf.

Treteln Katzenbabies regen durch Tritte gegen das Gesäuge der Mutterkatze den Milchfluß an. Erwachsene Katzen, die zu früh von der Mutter entfernt wurden, behalten diese Angewohnheit, auf den Menschen übertragen, oft ihr ganzes Leben lang bei. Sie t. mit Vorliebe auf dem Schoß oder im Bett des Besitzers und saugen dabei oft am Pullover, der Bluse oder Bettdecke. Es handelt sich um ein frühkindliches Verhalten, zu dem Katzen, die völlig auf den Menschen bezogen sind, auch sonst neigen. →Leerlaufhandlungen.

Treue bis in den Tod, angeblich das privilegierte Markenzeichen der Hunde, kommt auch bei Katzen häufig vor. Einige Beispiele: Eine Katze in Oberhofen, Schweiz, erlitt 1864 schwere Brandwunden und wurde von ihrem Herrn liebevoll gesundgepflegt. Als er fünf Jahre später erkrankte, saß sie bis zu seinem Tode neben dem Bett. Sie folgte dem Sarg und starb zwei Tage nach der Beerdigung auf dem Grab. – Als der Herr des Katers Bill nach einem Eisenbahnunglück 1963 im Krankenhaus starb, entdeckten die Leidtragenden zu ihrer Überraschung das Tier bei der Beerdigung auf dem Friedhof. Bill ging als letzter ans Grab, blickte eine Weile ernst auf den Sarg, dann drehte er sich um und ging nach Hause. – Der Kater Felix in St. Kildu in Australien verschwand nach dem Tode seines 90jährigen Herrn. Als die Familie das Grab auf dem zehn Meilen entfernten Friedhof besuchte, fand sie Felix dort vor. Er spielte sogar mit dem Kind, war aber nicht zu bewegen, mit heimzukommen. Die Leute beauftragten schließlich den Friedhofswärter, für das Tier zu sorgen. – 1974 betreute Bridget Wastie in Charlbury, Oxfordshire, die Katze Moggie, deren Besitzerin im Krankenhaus lag. Als die alte Dame starb, verschwand Moggie. Zwei Tage später sah Mrs. Wastie sie wieder, am Grabe der Besitzerin, in einem 25 km entfernten Dorf, in dem die Katze noch nie gewesen war. T. unter Tieren: Abälard und Héloise hieß ein unzertrennliches Katzenpärchen in Schaffhausen. Als Abälard tödlich verunglückte, starb Héloise wenig später an gebrochenem Herzen. →Hauff, W.

Tricks Im Umgang mit Katzen werden T. ganz groß geschrieben. Katzen sind eigenwillig, von →Erziehung und Dressur halten sie nicht viel. Man muß sich schon etwas einfallen lassen, um zu einer Koexistenz zu gelangen, die für beide Teile – Mensch und Katze – zufriedenstellend ist. →Ablenkung, →Spielen.

Trinkwasser Frisches Wasser muß immer für die Katze bereitstehen; es muß zweimal täglich erneuert werden, im Sommer auch öfter – auch wenn Sie den Eindruck haben, daß die Katze es gar nicht anrührt. Manche Tiere nehmen normalerweise nur sehr wenig Wasser zu sich. Rühren Sie ihnen ein bis zwei Eßlöffel Wasser unters Futter. Der Bedarf an T. steigt bei Fütterung mit →Trockenfutter, bei fiebrigen Erkrankungen und bei →Vergiftungen.

Trocken Mit diesem seltsamen Ausdruck – nasse Katzen sieht man selten – ist gemeint, daß die Katze keine Fettpolster unter der Haut hat und das Spiel der Muskeln besonders deutlich zu erkennen ist.

Trockenblumensträuße zur Dekoration sind für Katzen hochinteressant, aber leider auch gefährlich, und zwar wegen der chemischen Farb- und Konservierungsmittel. Stellen Sie das Prachtstück lieber hinter Glas auf.

Trockenfutter wird von vielen Katzen gern genommen. Es enthält Vitamine und Mineralstoffe und hilft bei der Sauber- und Gesunderhaltung der Zähne. Nachteile: Es kann, besonders bei Katern, zu Steinbildungen in Blase und Nieren führen, aufgrund des hohen Anteils an Magnesium. Deshalb sparsam dosieren und immer reichlich frisches Trinkwasser hinstellen.

Trockenshampoo für Katzen. Am besten eignen sich grob gemahlenes Getreidemehl, Kartoffelmehl oder Bleicherde. Man reibt das T. sanft ins Fell und bürstet es dann gut aus. Wenn keine zu starken Verschmutzungen vorliegen, ist eine Reinigung mit T. immer dem bei Katzen gar nicht beliebten →Baden vorzuziehen. →Fellpflege, →Fettschwanz.

Trollblume →Hahnenfußgewächs.

Truffaut, François (geb. 1932). Der französische Filmregisseur ist ein erklärter Katzenfan. In jedem seiner Filme spielt eine Katze eine winzige Rolle.

Tschaikowsky, Peter (1840–1893). In dem Ballett «Schlafende Schönheit» bringt der russische Komponist eine Szene mit zwei als Katzen verkleideten Tänzern, dem →Gestiefelten Kater und der weißen Katze. →Katzenmärchen 9a, →Aulnoy.

Tucholsky, Kurt (1890–1935), führte in Paris ein langes, tiefschürfendes Gespräch mit einer «Ostpreußischen Katze» und gab sich redlich Mühe, dem weißen Kater Mingo die Vorzüge von A. →Eggebrechts Katzenbuch zu erklären, dem «allerreizendsten Buch, das ihm seit langem unter die Kritikerkrallen gekommen war».

Tulpen sind nicht nur sehr dekorativ, sondern leider auch giftig, zumindest für Katzen. Sie bekommen Durchfall, heftigen Durst und Krämpfe, wenn sie die bunte Pracht mit frischem →Gras verwechseln. →Vergiftungen.

Tumore können bösartig →Krebs, oder gutartig sein. Die gutartigen sind klar abgegrenzte runde Klumpen, wachsen langsam und breiten sich nicht aus. Die bösartigen sind nicht klar abgegrenzt, wachsen schnell und breiten sich aus, wobei sie in einzelne Geschwüre zerfallen.

Türkei Widersprüchlich ist das Verhältnis der heutigen Türken zu Katzen. Einerseits als Lieblingstier →Mohammeds geschützt und geliebt, findet man andererseits Scharen total heruntergekommener, hungriger und kranker Katzen, um die sich niemand kümmert. In Istanbul gibt es «Offene Häuser» für heimatlose Katzen, wo sie Futter und Schlafplätze finden, in Izmir und anderswo sterben sie auf der Straße. Die gleiche Ambivalenz trifft man in anderen islamischen Ländern an. Drei Gründe lassen sich dafür anführen: Die Armut der Bevölkerung, die kein Verständnis dafür aufkommen läßt, daß die Katze auch einen Anteil an der schmalen Fleischkost braucht und notfalls stiehlt, die sagenhafte →Fruchtbarkeit der Katzen und der uralte Gegensatz zwischen Beduinen und Seßhaften. Die nomadisch lebenden Beduinenstämme brauchen keine Katzen zum Schutz der Nahrungsvorräte; die Seßhaften sind darauf angewiesen. →Beduinenmärchen, →Islam.

Türkische Angorakatze →Ankarakatze, →Beyaz, →Sarmans, →Tekir.

Türkische Katzenmärchen «Die Katze und der Löwe»: Ein alter Löwe läßt sich von einer Katze die Mäuse aus dem offenen Maul wegfangen, wenn er schläft – bis er Appetit auf die jungen Katzen bekommt. →Katzenmärchen 5g. «Die Katze und der Tiger»: Ein junger Tiger wundert sich, daß sein Onkel, der Kater, so klein ist, und erhält eine böse Lehre. →Katzenmärchen 5d. «Die Katze im Palast»: Eine Katze lebt bei armen Leuten, die sie lieben, aber nicht genügend Futter für sie haben. Als sie aber versucht, im nahegelegenen Palast unterzuschlüpfen, bedauert sie es bald. →Katzenmärchen 11.

Türkische Redensart «Sein Vermögen der Katze aufladen» bedeutet soviel wie Bankrott machen.

Türkische Sprichwörter «Die edle Katze läßt sich nicht sehen, wenn sie stirbt.» – «Die Katze benimmt sich so lange gut, bis sich eine Maus zeigt.» – «Wenn die Katze ihre Jungen frißt, hält sie sie für Mäuse.» – «Wer Katzen liebt, dessen Glaube ist stark» → Mohammed. – «Eine schwarze Katze am Morgen bringt Unglück.» – «Seit er zur Katze geworden ist, hat er eine Maus gefangen» (= Endlich fängt er an, etwas zu leisten).

Türkische Van-Katzen, am Van-See zu Hause, sind freilebende Katzen, die ausgezeichnet schwimmen, sehr selbstbewußt sind und gern im Rudel leben. Sie werden seit 1953 in England weitergezüchtet, haben ein kalkweißes Fell mit einzelnen kastanienroten Flekken am Kopf und einen kastanienroten Schwanz. Das Fell ist glatt, halblang, seidenweich und pflegeleicht, d. h., es braucht nicht oft gebürstet zu werden. An den Hinterbeinen haben sie dickes Fell, die sog. Hosen. Die →Unterwolle fehlt. Auch an den Zehen befinden sich Haarbüschel. Nasenspiegel, Innenohr und Fußballen sind zartrosa, die Augen bernsteinfarben. Sie haben einen besonders schönen intelligenten Gesichtsausdruck, ähnlich dem unserer weißroten Haustiger. Man sollte sie nicht als →Einzelkatzen halten, sie lieben Katzengesellschaft.

Türkischer Aberglaube «Wenn eine Katze im Hause ihre Jungen auffrißt, gibt es einen Todesfall.» – «Wenn eine Katze im Herbst besonders laut schnurrt, kommt ein strenger Winter.» →Wetterpropheten.

Turkmenische Sandkatze (felis margarita thinobia), auch Barchankatze, ist eine Unterart der →Wüstenkatze und eng verwandt mit der Wildkatze. Sie lebt in den Ödgebieten des Karachum in Turkmenien und Rußlands. Das Fell ist sandgelb bis gelbgrau, ohne jedes Muster. Diese Katzen werden bis zu 90 cm lang.

Turner, Dennis C. Die Standardwerke des weltbekannten Verhaltensforschers sind: «Das sind Katzen», 1988, und «Die domestizierte Katze», 1989. Sechs Jahre später erschien «Katzen lieben und verstehen», ein kleiner humorvoller Wegweiser für Katzenfreunde mit Cartoons von Fulvio Federi.

Twain, Mark (1835–1910). Der amerikanische Schriftsteller war ein großer Katzenfreund. Sein Liebling unter seinen elf Katzen war der Kater Sour Mash. Unter dem Namen Tom Quartz machte er ihn unsterblich in seinem Buch «Durch dick und dünn». →Roosevelt. Von T. stammt der schöne Satz: «Wenn der Mensch mit der Katze gekreuzt werden könnte, würde der Mensch verbessert, die Katze aber verschlechtert.»

U

Überpopulation Wesentlich fruchtbarer als der Mensch, bringt jede gesunde, nicht kastrierte Katze so viele Junge zur Welt, daß an gute Plätze für all den Kindersegen gar nicht zu denken ist. Grausam ist das Schicksal der «Überzähligen». Sie werden vergiftet, erschlagen, ertränkt, von Jägern als «Wilderer» erschossen, an Versuchslaboratorien verkauft.

Übersprunghandlungen sind Verlegenheitslösungen. Wenn eine Katze in einer Konfliktsituation nicht weiß, was sie tun soll, fängt sie z. B. plötzlich an, sich zu putzen.

Ukrainische Märchen «Iwan der Reiche»: Mit ziemlich gewagten Tricks macht ein Kater den armen Iwan zum Schwiegersohn des Zaren. Der →Gestiefelte Kater, →Katzenmärchen 2a.

Ukrainische Sage Christus erschuf, als er mit Petrus auf Erden ging, einen Kater und einen Hund. →Katzenmärchen 3b.

Umzug bedeutet für Katzen nur dann eine Katastrophe, wenn der neue Vermieter keine Katzen duldet und die Menschen sich lieber von dem Familienmitglied Katze trennen, als auf die neue Wohnung zu verzichten. Die enge Bindung der Katze ans Haus ist ein →Ammenmärchen. Während des größten Trubels sollte man die Katze in einen geschlossenen Korb setzen, damit ihr nichts zustößt und sie nicht entwischt. Im neuen Heim sollte man sie erst nach 14 Tagen ins Freie lassen, damit sie mit Sicherheit zurückfindet. →Auslaufkatzen haben es schwerer, sich umzugewöhnen, denn sie verlieren auch ihr →Revier im Garten oder im Freien und müssen sich in der neuen Umgebung ihre Rechte erst wieder erkämpfen.

Unfallquelle Nr. 1 ist für Katze und Mensch der Haushalt. Fenster, Balkon, Reinigungsmittel, Zimmerpflanzen, Nähkästchen, Hausapotheke, offene Toilettendeckel, Kochherd, Heizlüfter, Plastiktüten, Zigaretten u. v. a. m. können der Katze, besonders Jungtieren, zum Verhängnis werden. Diese Unfallquoten lassen sich mit etwas Mühe und Phantasie entschärfen: Geöffnete Kippfenster können tödliche Wirbelsäulenquetschungen hervorrufen, wenn die Katze in den Spalt springt und sich darin einklemmt. Klemmen Sie deshalb vorbeugend eine

Decke oder ein festes Kissen in den Spalt. Zuschlagende Türen können Katzen gleichfalls sehr gefährlich werden. Deshalb sollte jeder Katzenfreund dafür sorgen, daß offenstehende Türen auch bei starker Zugluft offenbleiben – durch Türstopper, Feststellen der Türen oder notfalls mit Hilfe eines Stuhls.

Unfruchtbarkeit kommt auch bei Katzenweibchen vor. Schuld ist oft falsche Ernährung mit mangelhafter Versorgung an Vitaminen und Mineralstoffen. Jede Entzündung der Gebärmutter oder Infektion der Genitalien kann gleichfalls U. zur Folge haben. →Sterilität, →Kastration.

Ungarische Katzenmärchen «Die überlisteten Adler»: Variante zu →Siebenbürgische Fabel, →Katzenmärchen 6f. «Katze und Hund»: Ein Schwein besitzt eine wertvolle Urkunde und gibt sie dem Hund in Verwahrung. Der reicht sie weiter an die Katze. Schließlich finden die Mäuse das Versteck und fressen das Schriftstück auf. Seither herrscht Krieg zwischen Hund und Katze und zwischen Katze und Maus. Variante: Ein Adelsbrief der Hunde geht auf die gleiche Weise verloren. →Katzenmärchen 4a. «Abend, Mitternacht und Morgendämmerung»: Morgenröte nimmt einem 24köpfigen Drachen die Augen ab, die er einem Menschen gestohlen hat. Aber die Katze ißt eins davon. Zur Strafe nimmt Morgenröte ihr eines ihrer Augen und gibt es dem Menschen. Und der muß nun jede Nacht hinter Mäusen herjagen. →Katzenmärchen 11.

Ungerer, Tomi (geb. 1931), schrieb und zeichnete das Katzenbuch «Kein Kuß für Mutter», dt. 1974, die Story von Toby Tatze, einem Kater im besten Flegelalter, der einen verbissenen Kleinkrieg gegen seine besorgte, kußwütige Mama führt.

Ungerechtigkeit kann die Katze nicht ertragen. Wer sie ungerecht und launisch behandelt, zerstört systematisch ihr →Vertrauen. Wenn irgend möglich, wird die Katze sich eine andere Bezugsperson suchen, wenn nicht, wird sie mürrisch, distanziert, scheu und mit der Zeit höchstwahrscheinlich neurotisch.

Ungeziefer →Parasiten.

Unkrautvertilgungsmittel sind für Katzen hochgiftig. Die Dosen sorgfältig wegschließen und die Katze nicht in den Garten lassen, wenn das Zeug gerade verwendet wurde. Mindestens zwölf Stunden verstreichen lassen, besser noch mehr.

Unsauberkeit ist so untypisch für Katzen, daß es sich immer um ein Alarmzeichen handelt. Als Gründe kommen in Frage: Vernachlässigung oder Liebesentzug durch den oder die Besitzer, Angst vor einem neuen, auch einem vierbeinigen, Hausgenossen, irgendeine für die Katze problematische Veränderung im gewohnten Alltagsleben, z. B. eine neue, unbekannte Einstreu in der →Katzentoilette, oder auch eine Erkrankung, insbesondere der Harnwege. Helfen kann man dem armen Tier nur mit viel Einfühlungsvermögen und Liebe und – wenn irgend möglich – Herstellung der alten Situation. Oft helfen Extrazuteilungen an Streicheleinheiten, Strafen sind sinnlos. →Baldrian.

Unterhalt Erwachsene Katzen fühlen sich oft verpflichtet, zum U. der Familie, in der sie leben, einen Beitrag zu leisten. Deshalb tragen →Auslaufkatzen tote Mäuse oder irgendwelche Abfälle ins Haus. Nicht schelten, es handelt sich um ein Geschenk. Machen Sie es so, als wenn Tante Marie mit einer unmöglichen Vase aufkreuzt. Freundlich danken – und das corpus delicti unauffällig verschwinden lassen.

Unterwolle ist das dichte, weiche, wollige Fell unter dem →Deckhaar. Bei den verschiedenen Rassen fällt es verschieden dicht aus, bei Rex- und Siamkatzen sowie Orientalisch Kurzhaar fehlt es gänzlich. Auch die →Türkischen Van-Katzen haben keine U. Da die U. der Wärmeregulierung dient, sind diese Katzen besonders empfindlich gegen Kälte.

Ur In Mesopotamien hielt man schon lange vor den alten Ägyptern Hauskatzen, wie u. a. ein Rollensiegel aus Ur mit der Darstellung eines Hirten mit einer Katze aus dem frühen 3. Jahrtausend v. Chr. beweist.

Urlaubsfreundschaften mit heimatlosen Katzen schließen Katzenfreunde leicht. Aus Verantwortungsgefühl sollte man diese Katzen zwar füttern, sie, wenn möglich, auch von Parasiten befreien, entwurmen, notfalls durch Zufügung von kleinen →Knoblauchstückchen ans Futter, und vielleicht sogar kastrieren lassen, aber nur dann ins Ferienhaus nehmen, wenn man sie auch nach Hause mitnehmen kann und will. Sonst ist die Enttäuschung der im Stich gelassenen Katze nach der Abreise groß.

Urlaubszeit ist für viele Katzen die schlimmste Zeit des Jahres. Immer noch setzen sog. Tierfreunde ihre treuen Vierbeiner einfach aus, um ungestört den Urlaub «genießen» zu können. Auch in →Katzenpensionen und Tierheimen fühlen Katzen mit Familienanschluß sich todunglücklich. Besser gibt man sie zu guten Freunden oder läßt sie daheim von lieben Nachbarn betreuen. Oder man nimmt sie mit auf →Reisen.

Urteile Nur 2500 Mark mußte ein Würzburger Jäger berappen, der zwei Katzen, die ihm zum Töten überlassen wurden, im Keller seines Hauses von einem Jagdhund totbeißen ließ. Ein Jahr Gefängnis bekamen 1985 drei junge Männer vom Amtsgericht Oberkirch, die die schwarzweiße Hauskatze einer Verwandten nach einer Zechtour an die Wand geworfen und das schwerverletzte Tier dann in einen brennenden Ofen gesteckt hatten. Als sich die brennende Katze noch retten konnte, warfen die Tierquäler sie wieder in den Ofen. Danach prahlten sie vor der Besitzerin der Katze mit ihrer Untat. →Bubu.

Usambaraveilchen sind nicht das richtige Mitbringsel für einen Katzenbesitzer. Leider enthalten die hübschen Pflanzen ein für Katzen gefährliches Gift.

U Thant, Sithu (1909–1974), birmanesischer Politiker und Generalsekretär der Vereinten Nationen von 1961–1971, war ein unverbesserlicher Katzenfreund, was ihm, bevor er Karriere machte, viel Ärger mit Vermietern eintrug.

Utamaro, Kitagawa (1753–1806), einer der berühmtesten japanischen Maler und Holzschneider, schuf einige sehr schöne Darstellungen von Katzen.

V

Valle, Pietro della, römischer Aristokrat und Weltreisender, soll im 17. Jahrhundert die ersten Langhaarkatzen aus →Chorassan nach Europa gebracht haben.

Vandalen In einem ungarischen Vandalengrab bei Kesthely unweit vom Plattensee, etwa 350–400 n. Chr., fand man das Skelett einer Katze. Es lag direkt auf der Brust des Toten.

Vaterliebe ist in Katzenkreisen keineswegs so unbekannt, wie oft behauptet wird. Aber welcher Kater hat schon Gelegenheit, sie unter Beweis zu stellen? Bei Katzenpärchen, die zusammenleben, wurde beobachtet, daß der Kater sogar bei der Geburt hilft, der Katze das Gesicht ableckt, sie stützt, Wache bei den Jungen hält und die ganze Familie mit Futter versorgt. Die Kleinen werden liebevoll von ihm abgeschleckt, nicht etwa verspeist. →Kannibalismus.

Vega, Lope de (1562–1635). Der spanische Dichter schuf eine schöne Katzen-Helena, die reizende Kätzin Zapaquilda, in seiner Tragikomödie «Gatomacchia» (Katzenkrieg). →Katzenmärchen 1 a.

Vegetarier sind Katzen von Haus aus nicht. Doch Ausnahmen bestätigen die Regel. Eine Münchener Tierärztin fand einen sechs Monate alten Kater, der sich vor Fleisch und Fisch in jeder Form buchstäblich ekelte. Er gedieh prächtig mit Käse, Joghurt, Mais, Hirse, Hafer- und Hefeflocken, Margarine, Nudeln, Kartoffeln, Eiern, Quark und etwas Gemüse, einer auch für Katzen vollwertigen Alternativkost. Auch von Verhaltensforschern wurden, wie →Leyhausen berichtet, Versuche gemacht, Katzen vegetarisch aufzuziehen. Diese Katzen fangen später sogar Mäuse, aber verzehren sie nicht.

Veitstanz, eine schwere Nervenkrankheit, wird von Katzen weder verbreitet noch übertragen, noch sonst etwas. Aber im französischen Metz war man 1344 fest davon überzeugt, der Teufel in Gestalt einer schwarzen Katze sei schuld an einem Ausbruch von V. Deshalb verbrannte man an jedem 24. Juni auf dem Marktplatz 13 lebendige Katzen, und das 400 Jahre lang. Vom V. wurde dadurch niemand geheilt, der Verbreitung der →Pest durch die Ratten aber hat jede Vernichtung von Katzen zweifelsfrei genützt.

Venedig Venezianische Seeleute brachten von ihren Reisen schöne türkische Katzen mit →Ankarakatzen. Die seltenen Tiere verschenkten die Stadtväter an die Mächtigen dieser Welt, so z. B. an den französischen Sonnenkönig →Ludwig XIV., der daraufhin V. unter seinen Schutz nahm. Die berühmte venezianische Druckerei

der Gebrüder Sessa kreierte 1578 als Markenzeichen ein Signet, in dessen Mitte eine Katze thront, als Symbol der Pressefreiheit. Heute leben in V. wie in allen italienischen Städten viele heimatlose Katzen, die →Asturias in einem schönen Gedicht besingt.

Verantwortung Wer ein Tier zu sich nimmt, muß wissen, was auf ihn zukommt. Katzen können 15-18 Jahre und älter werden, sie können krank werden und Angewohnheiten entwikkeln, die stören. Sie brauchen regelmäßig Zuwendung, Fürsorge, Futter, Extras, Spielzeit und Streicheleinheiten. Man muß bereit sein, den Katzen zuliebe auf manches zu verzichten – ausgedehnte Wochenendausflüge, durchtanzte Nächte, Urlaub –, es sei denn, man findet einen zuverlässigen Betreuer. Wer bereit ist, diese V. auf sich zu nehmen, wird viel Freude an seinem lieben Katzenfreund haben und vielleicht sogar manchen Verzicht als Gewinn verbuchen können. Wer ein Spielzeug sucht, das er nach Belieben in die Ecke stellen kann, sollte die Finger lassen von der «süßen kleinen Katze». Sie wird rasch groß und bei ihm bestimmt todunglücklich.

Verätzungen Die Wunde ist feucht, das Haar rund um die verätzte Stelle fällt meist aus. Die Ätzflüssigkeit muß mit viel Wasser und Seife abgewaschen werden. Bei V. mit Säure benützt man Natronlauge (Natron in Wasser auflösen), bei alkalischen V. verdünnten Essig.

Verbände Eine Katze zu verbinden ist sehr schwierig, denn sie wehrt sich natürlich. Man überläßt es am besten dem Fachmann; er zeigt auch, wie man den Verband wechselt. Katzen hassen V. und versuchen energisch, sich wieder davon zu befreien. Manchmal hilft ein →Trick: Man bringt an den gesunden Pfoten V. an, die sie abreißen dürfen.

Verbrennungen entstehen durch trockene Hitze, z. B. am offenen Fenster, an Elektroöfen, Bügeleisen, u. ä. Erste Hilfe: →Verbrühungen. Bei Langhaarkatzen entdeckt man vielleicht erst nach Tagen kleine Brandwunden mit klebrig grünen Krusten. Nicht ablösen! Fallen sie nach ein paar Tagen nicht von allein ab, so sollte man sie mit einer sterilen Kochsalzlösung (1 Teelöffel Salz in $1/2$ Liter Wasser aufkochen und abkühlen lassen), abweichen. Die nässende Stelle darunter mit steriler Gaze abtupfen, etwas Lebertran oder Lebertransalbe auf frische, sterile Gaze geben, die Wunde damit bedekken und verbinden. Bei größeren V. sofort →fachkundige Hilfe holen.

Verbrühungen durch heißes Wasser, heißen Wasserdampf oder heißes Fett in der Küche erfordern sofortige →Erste Hilfe Maßnahmen: Die betroffenen Haut- und Fellpartien müssen umgehend mit viel kaltem Wasser abgekühlt werden →Baden. Zur Weiterbehandlung →fachkundige Hilfe aufsuchen. Der Katze reichlich zu trinken geben.

Verena von Zurzach ist cinc wcitcrc Katzenheilige. Sie erteilt jungen Mädchen und kinderlosen Ehepaaren den Fruchtbarkeitssegen. Ihr Festtag ist der 1. September.

Vererbung kann zum Tode führen. Katzen übernehmen von ihren Eltern je eine Hälfte der Erbanlagen für bestimmte Eigenschaften (Haarlänge, Augenfarbe etc.) und besitzen sie jetzt in doppelter Ausfertigung. Jede dieser Eigenschaften ist mit zwei Buchstaben markiert. Gleiche Buchstaben besagen, daß das Tier für diese Eigenschaft reinerbig ist. Es trägt keine andere Eigenschaft dieser Art. Groß- und Kleinbuchstabe bedeuten: Das Tier ist mischerbig, trägt also sowohl die eine als auch die andere Eigenschaft dieser Art. Werden nun z. B. zwei schwanzlose Manx Mm miteinander verpaart, so werden die Erbanlagen M und m nach folgendem Muster an die Nachkommen verteilt: Ein Kätzchen erhält von den beiden Eltern jeweils die tödliche Anlage «M». Es stirbt daher bereits im Mutterleib ab, da es jetzt ja diesen Letalfaktor doppelt hat und nicht lebensfähig ist. Das andere Kätzchen erhält jeweils die Anlage «m» und ist somit gesund und normalschwänzig. Die restlichen zwei Jungen bekommen von dem einen Elternteil die Anlage «M» und von dem anderen die für «m». Es wird wie die Eltern schwanzlos. →Manxkatzen.

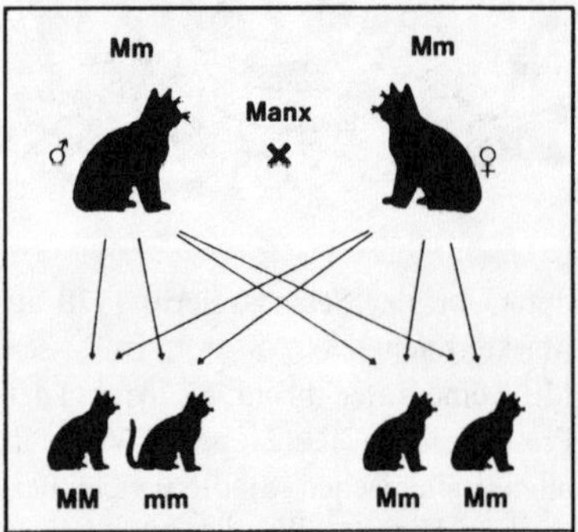

♂ = männlich, ♀ = weiblich, M = schwanzlos mit Letalfaktor (= Erbfehler, der zum Tod führt), m = Normalschwaz, MM = reinerbig schwanzlos und tot, mm = reinerbig mit Normalschwanz, Mm = mischerbig, schwanzlos

Der Letalfaktor wird auch bei →Sphynxkatzen vererbt. Negative Erbfaktoren bei →Perserkatzen sind: Tränende Augen, chronische Atembeschwerden, Hautkrankheiten, Komplikationen bei der Geburt. Bei weißen Katzen mit blauen Augen ist Taubheit erblich bedingt. Erbschäden bei →Siamkatzen sind: Kiefer- und sogar Gehirnschäden auf Grund des überzüchteten superschmalen Schädels, Anfälligkeit für Infektionen, Schielaugen (heute weitgehend «weggezüchtet»), ebenso wie der Knickschwanz, der nicht nur bei Siamesen auftritt. Gespaltene Füße gehören gleichfalls, ebenso wie →Polydaktylie, zu den Erbschäden: Der Spalt liegt in der Mitte von einer oder beiden Vorderpfoten, oft treten gleichzeitig doppelte Krallen, fehlende Zehen oder mißgebildete Ballen auf. Zu den Erbfehlern bei Katzen gehören auch →Hängeohren.

Vergewaltigung Katzen lassen sich in der Regel nicht vom Kater vergewaltigen: sie sind sehr selbstbewußt, wissen sich zu wehren und suchen sich ihren Partner selber aus →Katzenhochzeit. Zur V. einer Katze oder auch eines Katers kann es kommen, wenn in einen Katzenkäfig ein neues Tier gesteckt wird, das ängstlich reagiert und sich lang ausgestreckt in eine Ecke legt. Das empfindet der ranghöchste Kater als sexuelle Aufforderung. →Bisexualität, →Rangordnung.

Vergiftungen sind oft schwer zu diagnostizieren. Ein wichtiges gemeinsames Merkmal: Sie erzeugen kein Fieber. Nach zehn bis höchstens 15 Minuten nach Aufnahme des Giftes kann man u. U. das Leben der Katze retten, wenn man sie zum Erbrechen bringt. Man streut ihr $^1/_4$ Teelöffel Salz möglichst weit hinten auf die Zunge oder gießt ihr einen Teelöffel dreiprozentiges Wasserstoffsuperoxyd auf den Zungengrund. Niemals einer vergifteten Katze Milch geben! Nicht erbrechen soll die Katze bei V. mit Bleifarbe, Salzsäure, Ätznatron o. ä. Flößen Sie ihr in diesen Fällen reichlich Speiseöl ein. Auch bewußtlose Katzen darf man nicht zum Erbrechen bringen. Ein erprobtes Gegenmittel in allen Fällen ist folgende Mischung: Zwei Teile pulverisierte Holzkohle, ein Teil Magnesiummilch und ein Teil Gerbsäure oder starker schwarzer Tee, verteilt auf etwa einen Eßlöffel. Wenn man genau weiß, womit die Katze sich vergiftet hat, ist es leichter, ihr zu helfen.

Ätznatron und Ätzkalk: Zwei Eßlöffel Essig mit einem halben Liter Wasser mischen, davon der Katze zwei Eßlöffel einflößen. Das Mäulchen mit verdünntem Essig auswaschen. Anschließend Speiseöl geben. Kein Erbrechen hervorrufen.

Phosphor (z. B. von Feuerwerkskörpern, ausländischen Streichhölzern, Schädlingsbekämpfungsmitteln): Mit Kochsalz zum Erbrechen bringen, alle 15 Minuten eine Lösung von einem Teelöffel Kaliumpermanganat (aus der Apotheke) in $^1/_2$ l Wasser eingeben, abwechselnd mit 0,4 %iger Kupfersulfatlösung. Seifenwasserklistier geben. Fünf Tage lang keinerlei Fett und keine Milch.

Quecksilber (enthalten in einigen Salben, Mitteln gegen Pilzinfektionen, antiseptischen Mitteln, auch von zerbrochenen Thermometern): Erbrechen mit einem Teelöffel Sodapulver herbeiführen, nicht mit Salz! Danach viel

Milch und rohes Eiweiß von zwei bis drei Eiern einflößen. Dann nochmals zum Erbrechen bringen. Später dünnen Reisschleim füttern.
Ratten- und Mäusegift. a) Arsenvergiftung (auch in Insektiziden und vielen Chemikalien enthalten): Mit Salz Erbrechen auslösen. Dann zwei Eßlöffel Natron auf 1/2 l Wasser einflößen. Klistier mit warmem Seifenwasser machen. Später Milch, Reisschleim, dünnen Brei aus Kartoffelmehl und Wasser geben. b) Blutgerinnungshemmendes Gift: Es besteht akute Verblutungsgefahr! Die Katze mit Salz zum Erbrechen bringen und sofort →fachkundige Hilfe holen.
Säure Vergiftung (Schwefelsäure, Salzsäure, Salpetersäure): Zwei Eßlöffel Natron in 1/2 l Wasser lösen, vier Eßlöffel davon einflößen. Dann vier Eßlöffel Milch, vermischt mit einem leicht geschlagenen Eiweiß oder Speiseöl, geben. Kein Erbrechen herbeiführen.
Schneckenkörner-Vergiftung (enthält das gefährliche Metaldehyd): Sofort mit Salz zum Erbrechen bringen.
Strychninvergiftung (in Ratten-, Mäuse- und Maulwurfgift, in für Menschen bestimmten Medikamenten): Hier muß der Tierarzt zur Katze kommen. Es handelt sich um einen akuten Notfall! Sofort mit zwei Teelöffeln Salz zum Erbrechen bringen. Dann starken schwarzen Tee, abgekühlt, einflößen.
Diese Tips zur Ersten Hilfe sind nur als Sofortmaßnahmen gedacht, danach immer →fachkundige Hilfe aufsuchen, und zwar rasch. Wenn Sie wissen, welches Gift die Katze erwischt hat, nehmen Sie eine Probe davon mit, möglichst in der Verpackung, damit wird die Behandlung erleichtert und beschleunigt.

Verhaltenskunde, speziell für Katzen, →Brunner, →Fox, →Leyhausen.

Verhaltensstörungen können angeboren (z. B. Aggressivität, Scheuheit) oder erworben sein, und zwar wird zumindest die Neigung zu V. schon in früher Jugend erworben. Erwachsene Katzen reagieren dann mit V. auf ihnen unerträgliche Veränderungen in der Umwelt. Beispiel: Ein dominierendes neues Haustier kommt in die Wohnung. Die Katze kann sich weder durch Flucht entziehen noch den Rivalen besiegen und verdrängen. Also reagiert sie mit Unsauberkeit, Scheu, Futterverweigerung, Berührungsangst, Aggressivität o. ä., bis hin zu schwerer Krankheit (Durchfall, Erbrechen, Apathie). Die Katze ist nicht «ungezogen» oder «eigensinnig», sie braucht dringend Hilfe. Am besten gibt man den Neuankömmling an einen guten Platz weiter. Das Verhalten der Katze normalisiert sich dann innerhalb von Stunden. Ist der Neuankömmling allerdings kein Haustier, sondern ein Baby, so gibt es zwei Möglichkeiten: Man schenkt der offensichtlich völlig in den Hintergrund gedrängten, vernachlässigten Katze sofort sehr viel liebevolle Aufmerksamkeit und Trost, oder man sucht sehr sorgfältig einen neuen Platz für sie, wo ihre gewohnten Bedingungen als Mittelpunkt der Familie wieder hergestellt werden. Auch veränderte Lebensgewohnheiten des Besitzers (Aufnahme einer Berufstätigkeit, viele Reisen, ein neuer Partner, der die

Katze nicht akzeptiert oder auf den sie eifersüchtig ist) können zu V. führen. In diesen Fällen kann man versuchen, der Katze – neben viel ganz bewußter Zuwendung – eine →Zweitkatze zur Gesellschaft zu geben, die aber auf keinen Fall mehr Beachtung finden darf als die erste. Die Faustregel in all diesen Fällen heißt: Harmonisierung, Abbau von Spannungsmomenten, Schaffung eines entspannten Klimas, in dem die Katze sich wieder wohlfühlt. Ist das unmöglich, so empfiehlt sich ein Milieuwechsel für das Tier. →Abnormes Verhalten, →Streßfaktoren.

Verkatert ist jemand, der unter einem →Kater (im übertragenen Sinne) leidet. In manchen Gegenden sagt man statt dessen: katerig.

Verkatzt nennt man, vor allem in Süddeutschland, Katzenfreunde, die ihren Vierbeinern alles nachsehen, unbegrenztes Verständnis für ihre Schwächen haben und ohne Katzen gar nicht leben können.

Verlaine, Paul (1844–1896). Der französische Dichter zollte der Katze seine mit Ressentiments vermischte Bewunderung. In dem Sonett «Frau und Katze» geht er dem Widerspruch zwischen Samtpfötchen und Krallentatze nach, der manche Menschen so irritiert. Einen ähnlichen Gegensatz erkennt er im Wesen der Frau.

Verrenkungen Ein verrenktes Bein wirkt starr, während ein gebrochenes schlaff herabhängt. Das betroffene Gelenk ist geschwollen. Wenn die Katze zu gehen versucht, knickt das kranke Bein um. Niemals zu schienen versuchen! Rasch zum Tierarzt, oft kann er das verletzte Bein wieder einrenken.

Verscharren Katzen v. ihr kleines und großes Geschäft sorgfältig. Das ist in Ordnung. Manchmal versuchen sie aber auch ihr Futter zu v. Nicht schelten, die Katze weiß besser als wir, was ihr bekommt. Geben Sie ihr etwas anderes.

Verständigung von Katzen untereinander erfolgt weitgehend lautlos durch →Mimik, Körper- und Augensprache. Die meisten →Lautäußerungen der Katzen sind für den Umgang mit Menschen bestimmt. Ausnahmen sind z. B. der →Katergesang, das →Jaulen der rolligen Katzendame, das →Schnurren und andere Laute der Mutterkatze im Umgang mit den Kleinen, das zornige →Fauchen, das warnende →Brummen.

Verstauchung Ein verstauchtes Bein schwillt stark an, die Katze lahmt. Man kühlt es mit kalten Umschlägen und läßt das verletzte Tier umgehend behandeln.

Verstopfung Probate Hausmittel sind Milch, angereichert mit 1 Teelöffel Milchpulver, rohe Rinderleber, rohe Rindermilz (nie Rohes vom Schwein geben!), Ölsardinen, ein Eßlöffel Paraffinöl oder gutes Speiseöl. Paraffinöl muß innerhalb von 24 Stunden wirken, sonst sofort →fachkundige Hilfe aufsuchen. Bei chronischer Verstopfung hilft nur eine radikale Futterumstellung: frisches Hack mit Eigelb mischen, öfter Ölsardinen geben, ins Normalfutter Kleie geben, Milch hinstellen (nicht aus der Dose) usw., s. o. Homöopathische Mittel: Graphites (Reißblei) und Lycopodium (Bärlapp).

«Versuch einer Katzengeschichte» – unter diesem Titel erschien 1772 die älteste Geschichte der Katzen anonym in Augsburg. Darin wird u. a. von fliegenden Katzen berichtet, die in Kaschmir leben sollten. Nach der Ansicht des unbekannten Autors handelte es sich um eine Art von dicht behaarten Fledermäusen.

Verteidigung Viele Katzen handeln nach dem Motto: Flucht ist die beste V. Steht kein Fluchtweg offen und fühlt die Katze sich dem Angriff gewachsen, so geht sie zum →Abwehrangriff über. Sonst beschränkt sie sich auf reine Abwehr. Bei Mutterkatzen ist die Bereitschaft zur V. ihrer Jungen sehr groß. →Mut.

Vertrauen Jedes Kätzchen, das von der Mutter nicht etwas anderes gelernt hat, kommt dem Menschen vertrauensvoll entgegen. Es ist an uns, dieses V. zu erhalten und zu festigen – mit Liebe, Lob und Belohnung, mit Streicheln und Spielen. Durch →Strafen, →Ungerechtigkeit, →Schimpfen, →Hektik und →Lärm zerstören wir das V. der Katzen, vielleicht für immer.

Verwilderte Katzen (in Bayern oft fälschlich Wildkatzen genannt) sind Katzen und deren Junge, die von Menschen im Stich gelassen wurden. →Heimatlose Katzen.

Video-Katzen Auch das Video wurde längst von den Katzen erobert. Sehr beliebt ist der Streifen «Du und deine Katze», ein farbiger Ratgeber für Katzenfreunde, Spielzeit 47 Minuten.

Vierfarbige Katzen, gescheckt in Rot, Weiß, Braun und Schwarz, sind immer weiblich. Im Volksmund nennt man sie →Glückskatzen.

Viktoria (1819–1901). Die Lieblingskatzen der englischen Königin waren Blauperser. Sie setzte sich auch für Tierschutzbestrebungen ein.

Vindonissa in der Schweiz. Hier fand man bei Ausgrabungen Knochenreste von Hauskatzen aus dem 1. Jahrhundert n. Chr.

Viner, Bradley, veröffentlichte 1990 ein Handbuch für Aufzucht, Ernährung und Pflege unter dem Titel «Katzenhaltung». Viele instruktive Abbildungen.

Vischer, Friedrich Theodor (1807 bis 1887). Der deutsche Philosoph und Schriftsteller verfaßte ein rührendes Gedicht auf seine verstorbene Katze, das mit den Zeilen endet: «Und leb ich nach dem Lärm hienieden noch fort auf einem stillen Stern, sei auch in Gnaden herbeschieden das Kätzlein zu dem alten Herrn.» →Totenklage.

Visscher, Cornelius (1619?–1662). Der niederländische Maler war fasziniert von der Schönheit und Grazie der zu seiner Zeit allgemein noch verkannten Katze und schuf viele schöne Katzenskizzen.

Vitamine *Vitamin A* ist vorhanden in roher →Leber (Vorsicht!), Butter, Quark, Milch, hochwertigen Innereien, Käse, Ei, Spinat, Petersilie, Möhren. Wachstumsvitamin für alle inneren Organe, Haut und Augen, Schutz vor Hautinfektionen. Überdosierung ist gefährlich, sie kann zu Knochenauswüchsen an der Wirbelsäule und an den Beinen, zum Lahmen und sogar zum Tode führen. Akute Vergiftung tritt schlagartig auf. Symptome: Appetitlosigkeit, Erbrechen, Taumeln, große Unrast.

Vitamin-B-Komplex: Hauptlieferant sind rohes Fleisch, Produkte aus Vollkorngetreide, Haferflocken, Hefe. Haut- und Wachstumsvitamin. Besonders hoher Bedarf bei werdenden und stillenden Katzenmüttern. Gefährlicher Mangel an V. B tritt auf bei häufiger Fütterung mit rohem Süßwasserfisch. V. B_1 (Thiamin) ist enthalten in: Hefe, Weizenkeimen, Getreide, Eidotter, rohem Fleisch, Haferflocken. Mangel an V. B_1 hat verheerende Folgen und kann zum Tode führen. Symptome: Appetitlosigkeit, häufiges Erbrechen, allgemeine Schwäche, Gehbeschwerden, Lähmungen. Es können auch Krämpfe auftreten, besonders bei Jungkätzchen. V. B_2 (Riboflavin) ist enthalten in: Hefe, Leber, rohem Fleisch, Reis. V. B_6 ist gleichfalls lebenswichtig, Mangel kann zur Bildung der bei Katzen seltenen Nierensteine führen. V. B_1, B_2 und B_6 sowie das lebenswichtige →Niacin und Panothensäure sind reichlich in Hefe(flocken) enthalten.

Vitamin C (Ascorbinsäure). Das wasserlösliche V. C braucht der Katze nicht mit der Nahrung zugeführt werden. Ihr Körper bildet es selbst. Künstliches V. C wird von der Katze in keiner Weise verwertet, sondern sofort wieder ausgeschieden.

Vitamin D (Gruppe der antirachitischen Vitamine) ist besonders wichtig für junge Katzen. Licht und Sonne fördern die Entwicklung von V. D in der Haut. Am reichsten vorhanden in Fischleber und Lebertran, außerdem in Leber, Ei, Milch, Hering, Pferdefleisch. Überangebot an V. D führt jedoch zu schweren Organschäden oder einer regelrechten V.-D-Vergiftung. Symptome: Appetitlosigkeit, Durst, allgemeine Schwäche, Müdigkeit, evtl. Durchfall, dann Verstopfung. Bei chronischer Vergiftung treten Schäden am Gefäß- und Knochensystem auf. Die betroffene Katze darf weder Milch noch Käse bekommen und bei Sonnenschein nicht ins Freie.

Vitamin E (Tokopherol), das Fortpflanzungsvitamin, ist in Eidotter, Weizenkeimen, Milch, Fleisch, Leber, Hering, Schellfisch, Käse enthalten. Es verhindert die Entartung des Fettgewebes.

Mangel an Vitamin A, D und E kann zur Geburt mißgebildeter Jungen führen. Die Verwertung dieser drei Vitamine im Organismus der Katze ist nur möglich, wenn sie nicht zu fettarm ernährt wird, da sie fettlöslich sind. Umgekehrt kann es bei Fütterung von ranzigem Fett, das diese Vitamine zerstört, zu Mangel an V. A, D und E kommen.

Vitamin F umfaßt eine Reihe von essentiellen Fettsäuren, die sowohl in tierischen als auch in pflanzlichen Fetten vorkommen: Mangel an V. F kann zu

Schuppenbildung und Haarausfall führen.
Vitamin H (Biotin) ist wichtig für die Gesunderhaltung der Haut und wirkt infektionsverhütend. Vorhanden in: Leber, Niere, Hefe und Eigelb. Rohes Eiweiß dagegen verhindert die Absorption von V. H im Darm und führt deshalb zu ernsthaften Verdauungsstörungen.
Vitamin K unterstützt die Blutgerinnung bei Verletzungen. Es wird im allgemeinen von der Katze selbst in ausreichender Menge im Darm gebildet. Enthalten in: →Schweineleber, die aber nie roh verfüttert werden darf (→Aujeszkysche Krankheit), außerdem in Lebertran, Leber allgemein, Fischmehl, Gemüse, Tomaten.

Vitaminpaste auf Hefebasis ist Kraftnahrung für Katzen, die während oder nach einer Krankheit keinen Appetit haben. Notfalls sanft aufs Mäulchen oder die Pfoten streichen – zum Abschlecken. Auch sehr empfehlenswert für tragende und stillende Katzenmütter sowie für Jungkätzchen. Als Belohnung oder Betthupferl geeignet für alle Stubentiger.

Vitamintabletten sind wertvolle Katzenbonbons. Schlechten Essern streut man sie zerbröckelt übers Futter. Ab und zu die Marke wechseln, denn die Zusammensetzung der einzelnen Präparate weicht leicht voneinander ab. V. enthalten auch wichtige →Mineralstoffe.

Vogelhäuschen zum Füttern der gefiederten Gäste schützt man vor Übergriffen durch Katzen mit Hilfe eines Anti-Katzen-Geländers, das rund um den Standpfahl verläuft, so daß die Katze nicht daran hochklettern kann. Besser als die im Handel erhältlichen stacheligen Katzengürtel, an denen das Tier sich leicht verletzen kann, ist es, einen Kranz von leeren Weinflaschen um den Stamm zu binden. Auf die gleiche Weise kann man Nistkästen für Vögel absichern. Sie müssen so gut befestigt werden, daß eine Katze sie nicht herunterreißen kann, wenn sie sie doch erreichen sollte.

Vogeljagd Auf einem alten ägyptischen Wandbild aus Theben ist ein Mann dargestellt, der von einem Floß aus Vögel jagt. Ein rotgetigerter Kater bringt ihm die erlegten Tiere. Es handelt sich aber nicht um eine frühe Hauskatze, sondern um eine gezähmte →Rohrkatze. →Jagdkatzen. Unsere Hauskatzen sind miserable Vogeljäger, sie erwischen fast nur alte, kranke oder ganz junge Vögel und gefährden den Singvogelbestand gewiß nicht. Im Mageninhalt freilebender Katzen fand man zu 89 % Reste von Ratten, Mäusen und Hamstern und nur zu 4,5 % Reste von Vögeln. →Wilderer.

Vogelkatze «Nach dem Leben» zeichnete Carl Gerber 1885 die V., die mit zahlreichen Vögel zusammen in einer Voliere in Berlin lebte und keinem von ihnen etwas zuleide tat. Ihr Besitzer fütterte sie mit lebenden Mäusen.

Vogelkirsche, die unveredelte Stammform unserer Kirschen, ist für Katzen hochgiftig.

Vogelknöterich, ein altes Volksheilmittel gegen Lungenleiden, ist für Katzen keine Medizin, sondern reines Gift.

Vogelschutz Besonders gefährdet sind die Vögel während der Brut und Aufzucht ihrer Jungen. Aus dem Nest gefallene Jungvögel werden leicht Opfer einer Katze. Zum Schutz der Vögel sollte man Katzen vom 15. März bis 15. August in den Dämmerstunden nicht unbeaufsichtigt ins Freie lassen. →Vogelhäuschen.

Vorsicht Katzen gehören zu den vorsichtigsten Lebewesen überhaupt. Nie betreten sie fremdes Gelände, ohne es sorgfältig mit allen Sinnen zuvor zu erkunden. Sehr zögernd und nach allen Seiten witternd nähern sie sich allem Unbekannten, stets zum Rückzug bereit. Vor jedem Sprung vergewissern sie sich genau, ob sie ihn auch riskieren können. Am Futter wird erst einmal vorsichtig geschnuppert, ob es auch genießbar ist. Während der Mahlzeit halten sie immer wieder ein und schauen sich rasch um, ob sich auch kein Feind nähert.

W

Wacholder, von indianischen Stämmen als Heilmittel gegen Schlangengift und Pest verwendet, von uns als Küchengewürz geschätzt, ist für Katzen giftig. Symptome: Magenkrämpfe, Erbrechen, blutiger Urin, Durchfall. In schweren Fällen tritt der Tod durch Lähmung des Zentralnervensystems ein. →Vergiftungen.

Wachsamkeit Eine Katze ist kein Wachhund, aber auch sie fühlt sich verantwortlich für das, was in ihrem →Revier vorgeht, und warnt ihre Menschen oft vor Gefahren, →Erdbeben. Wohnungskatzen zeigen oft deutlich an, wenn irgend etwas Ungewöhnliches im Haus vor sich geht. Sie bauen sich vor der Wohnungstür auf und →brummen. Auch wenn der Gashahn nicht zugedreht wurde,s wenn ein Feuer schwelt oder ein Familienmitglied in Not ist (Ohnmacht o. ä.), haben Katzen schon oft die anderen darauf aufmerksam gemacht.

Wachtmeister, Rosina. Die gebürtige Wienerin machte sich einen Namen mit pfiffigen Kollagen, in denen Katzen natürlich die Hauptrolle spielen.

Waeger, Gerhart (geb. 1929), veröffentlichte 1976 in «Die Katze hat neun Leben» katzennärrische Ausdrücke, Redewendungen und Sprichwörter – eine Fundgrube für Katzenfreunde, die sich für die Spuren interessieren, die ihre Lieblinge in der deutschen Sprache hinterlassen haben.

Waghalsigkeit Es gibt Katzen, die ausgesprochen waghalsig sind, vor allem in der Jugend. Meist handelt es sich um kleine Katzen. Nach meinen Erfahrungen tritt W. vorwiegend bei Katzen auf, die durch →Kaiserschnitt zur Welt kamen. Man muß alle →Gefahrenquellen besonders sorgfältig absichern und sollte diese Katzen möglichst nie unbeaufsichtigt ins Freie lassen. →Vorsicht.

Wain, Louis (1860–1939). Der englische Katzenmaler hatte 17 Katzen und wurde 1891 Präsident des National Cat Club. Adams Möbelpolitur warb schon um 1900 mit Katzenmotiven von W., unter dem Slogan «Just like Cream». Nach dem Untergang eines Schiffes mit von W. handbemalten Porzellankatzen und einem Busunfall wurde er 1924 für verrückt erklärt. →H. G. Wells erklärte, die englischen Katzen, die den

Wain-Katzen nicht ähnlich sähen, sollten sich schämen. Seine Katzen wurden von vielen Zeitgenossen allerdings eher als kurios empfunden, werden aber heute noch viel gesammelt. Es gibt bereits einen Spezialkatalog.

Waldis, Burkhard (1490–1556). Der Schriftsteller schloß sich der Reformation an. In «Esopus» findet sich auch die Erzählung vom «Schmied und seiner Katze», aus der die Redewendung stammt: «Das ist für die Katz.» Der Schmied hatte es seinen Kunden überlassen, für seine Arbeit der Katze etwas zu geben. Das Tier war bei dieser Praxis verhungert. →Katzenmärchen 5 b, Listensack.

Waldmeister Katzen lieben Wohlgerüche, von W. sollte man sie aber fernhalten, er ist für Katzen giftig.

Wallkatze, auch Basteikatze, hieß früher eine erhöhte, befestigte Stelle auf dem Bollwerk oder dem Hauptwall einer Befestigungsanlage.

Walser, Robert (1878–1956). Der Schweizer Schriftsteller und Lyriker war ein großer Katzenfreund. Er schrieb die Geschichten «Das Kätzchen» und «Katze und Schlange». Von W. stammt auch der schöne Ausspruch: «Der Katze leises Raunen trieb mich zum Dichten an.»

Wappen Zum Wappentier avancierte die Katze vor allem in Schottland und England. Der schottische Clan Chattan hatte eine riesige Bergkatze im Wappen, der Clan-Führer trug den Titel «Mohr ar Chat», →Catti. In den englischen Familienw. der Cateralls, Catesbys und Cattleys steht die Katze als Symbol der Freiheit. Auch das englische Schloß Catwater führt die Katze im W. 1964 entwarf Lord Snow sein eigenes W. mit zwei siamesischen Katzen. In früheren Zeiten trugen die Vandalen, Schwyzer und Sueben Katzenw., sogar einige römische Legionen hatten Katzenbilder auf ihren Bannern. Auch die Burgunder hatten die Katze zum W.-Tier erwählt →Klothilde von Burgund. Dazu paßt ihr Leitspruch: «Alles mit Liebe, nichts mit Gewalt.» Die Hunnen führten eine grüne Katze auf ihren Fahnen. →Attila. In Neapel führte die aristokratische Familie «della Gatta» eine silberne Katze im W. Das W. des heutigen Birma zeigt eine braune →Burmakatze.

Wärme Katzen lieben W. Ein molliges Plätzchen am Ofen oder der Heizung wird sehr geschätzt. Auch →Sonnenbäder sind beliebt. Große Hitze vertragen sie jedoch nicht. Deshalb müssen sie immer die Möglichkeit haben, sich an ein schattiges Plätzchen zurückzuziehen, auch im →Katzengarten.

Warnlaute Als W. bezeichnet man das →Knurren, mit dem Katzenmütter negative Erfahrungen mit Hunden, Menschen oder Autos an ihre Jungen weitergeben, um sie zu warnen.

Waschbärenzeichnung (auch Harlekinzeichnung) nennt man die schwach gestreifte →Maske junger rauch- oder smokefarbener Katzen.

Waschmaschine Katzen sind extrem neugierig und schlafen nach dem Spielen auf den unmöglichsten Plätzen ein. Schon manche Katze ist in die W. geklettert und erst entdeckt worden, als es zu spät war. Bitte immer nachschauen, ob nicht eine Katze zwischen der Wäsche liegt, bevor man die W. einschaltet.

Washington, George (1732–1799), der erste Präsident der USA, war ein großer Katzenfreund. Für sein Haus Mount Vernon zimmerte er eigenhändig eine →Katzentür für seine Schnurrtiger. Sie führte von seinem Arbeitszimmer direkt in den Garten und kann heute noch von Touristen besichtigt werden.

Wasser löscht Katzendurst. Wer mit seiner Katze in Urlaub fährt, darf ihr dort nur ausdrücklich als Trinkwasser deklariertes W. geben. Wenn eine kranke Katze nicht mehr trinken will, muß man ihr das lebenswichtige W. mit einer Pipette oder Einwegspritze alle zwei Stunden einträufeln. Katzen trocknen sehr schnell aus. Notfalls führt man die Spritze zwischen die zusammengebissenen Zähne ein. →Trinkwasser.

Wasserhähne Tropfende W. sind für viele Katzen unwiderstehlich. Spielen und Trinken läßt sich so auf das angenehmste miteinander verbinden.

Wasserspritzpistole Dieses Abwehrmittel wird von Autoritäten wie →P. Leyhausen empfohlen, um einen Kampf zwischen zwei Katzen oder einem Hund und einer Katze rasch und wirkungsvoll zu beenden. Man kann sie auch benutzen, um eine Katze vom Vogelfangen abzuschrecken, am besten so, daß die Katze nicht sieht, wie Sie die W. handhaben.

Wasserstoffsuperoxyd ist das unschädlichste antiseptische Mittel für Katzen. Eine kleine Wunde oder einen Kratzer erst mit Wasser und Seife reinigen, dann stark verdünntes W. daraufgeben, anschließend mit →Salzlösung nachspülen.

Watte gehört in Katzenhaushalten unter Verschluß. Auch erwachsene Katzen spielen gern damit herum und futtern ganze Fusseln auf. Das unverdauliche Zeug blockiert Darm und Magen.

Watteau, Antoine (1684–1721). Der französische Rokokomaler schuf einige besonders schöne Katzenskizzen.

Weben nennt man es, wenn Katzen liebevoll unsere Beine umschmeicheln.

Wegerecht Die hohe soziale Entwicklung der Katzen zeigt sich u. a. beim W. Wenn →Auslaufkatzen sich im Freien auf bekanntem Gelände begegnen, so darf nach einer Höflichkeitspause die ranghöhere zuerst weitergehen. Hat die rangniedere allerdings die «Kreuzung» bereits betreten, so gebührt ihr «Vorfahrt».

Weibersklave ist die wenig liebenswürdige Bezeichnung der Mongolen für die Katze.

Weihnachtsstern, eine beliebte Zierpflanze aus Südamerika, gehört zu den →Wolfsmilchgewächsen und ist für Katzen giftig.

Weinen – vor Schmerz oder Trauer – können Katzen nicht. Wenn die Katzenaugen Flüssigkeit absondern, liegt stets eine Erkrankung vor. →Augenleiden, →Tränenausfluß.

Weinraute, eine einheimische Wiesenpflanze, ist für Katzen leider giftig.

Weir, Harrison, ein englischer Katzenmaler, organisierte die erste Katzenausstellung der Welt, 1871 im Londoner Kristallpalast. In seinem Buch «Unsere Katzen», 1889, legte er Eigenschaften und Merkmale jeder Katzenrasse genau fest.

Weißdorn, ein Naturheilmittel gegen Herzkrankheiten, ist für Katzen giftig.

Weiße Katzen mit einem blauen und einem orangefarbenen Auge sind meist einseitig taub, auf der Seite des blauen Auges. →Ausfallmutation, →Taubheit.

Weißkäse oder Frischkäse, als Oberbegriff für alle weißen Käsesorten wie →Quark, Hüttenkäse u. a. m., ist für Katzen eine wertvolle Nahrung wegen des hohen Gehalts an →Eiweiß und Kalzium.

Weißrussische Katzenmärchen «Hund und Katze»: Der Hund besitzt einen Adelsbrief, der ihm großen Respekt verschafft. Die Katze versteckt ihn für den Hund, aber die Mäuse zernagen ihn. Variante: Der Wolf war im Besitz eines «Bettelprivilegs» und gab es dem Hund zur Verwahrung, der es der Katze zuschob. Schließlich fanden die Mäuse es und fraßen es auf. So entstand die Feindschaft zwischen Wolf und Hund, Hund und Katze, Katze und Maus. →Katzenmärchen 4 a.

Welche Katze paßt zu mir? Ruhige, ältere Menschen haben am meisten Freude an einer friedlichen älteren Katze. Auch zwei befreundete Katzen, die sich viel miteinander beschäftigen, passen gut zu Senioren. →Auslaufkatzen. Berufstätige, deren Wohnung tagsüber leer ist, sollten grundsätzlich zwei Katzen nehmen, die sich gegenseitig trösten und Gesellschaft leisten. Einzelkatzen verkümmern bei ihnen. Junge Kätzchen darf man nie länger als höchstens zwei, drei Stunden allein lassen. Auch bei zwei Katzen sollten Berufstätige sich vorher klarmachen, daß die Abende und die Wochenenden in Zukunft den Katzen gehören. Jungkätzchen brauchen viel Ansprache und müssen vier- bis fünfmal täglich gefüttert werden. Ob Kater oder Katze spielt eigentlich keine Rolle, wenn man das Tier rechtzeitig kastrieren läßt. Verschmust und lieb sind beide, wenn der Mensch sie liebevoll behandelt. Wer viel unterwegs ist, sollte auf Katzen verzichten, es sei denn, er ist in der glücklichen Lage, daheim jemanden zu haben, der die Katzen liebt und zuverlässig für ihr Wohl sorgt. Wer auf peinliche Sauberkeit bedacht ist, sollte daran denken, daß Perser- und andere Langhaarkatzen besonders viel Haare verlieren – auf Teppichen, Polstern und Kleidern. Wer Ruhe liebt, sollte sich nicht unbedingt eine Siamkatze anschaffen, die haben sehr laute Stimmen und sind besonders lebhaft. Wer nach einer Enttäuschung in der Liebe einen Ersatz sucht, sollte Urlaubskatzen aus der Nachbarschaft in Pflege nehmen, die kann er wieder abgeben, wenn ein neuer Partner auftaucht, der sein Herz und seine Zeit vollkommen beansprucht →Verantwortung. Wer mit dem Pfennig rechnen muß, sollte daran denken, daß Katzen auch Geld kosten, z. Z. muß man mit etwa 90 Mark im Monat rechnen, für Futter, Vitamine, Katzenstreu, Transportkorb und Tierarztkosten. →Anschaffung.

Wendisches Katzenmärchen
«Hund und Katze»: Der Hund hatte einen Vertrag, der ihm täglich ein Pfund Fleisch zusicherte. Als das Dokument von den Mäusen vernichtet war, bekam er kein Fleisch mehr. Daher sein Zorn auf die Katze, die es für ihn aufheben sollte, und deren Zorn auf die Mäuse. →Katzenmärchen 4.

Werbung Als Werbesymbol ist die Katze seit über hundert Jahren sehr beliebt. Schon →Steinlen warb mit Katzenplakaten für Milch. Als Symbol für strahlende Sauberkeit wurde seit 1850 mit Katzen für «Hoffmann's Stärke» geworben. Auch für «Adam's Möbelpolitur» in England und «Steckenpferd-Seife» einer Radebeuler Firma wurde eine Katze als Markenzeichen gewählt. Gemütlichkeit sollen die vier weißen Katzen auf Werbeträgern von «Seelig's Kornkaffee», um 1915, ausstrahlen, in trauter Gesellschaft mit einer lieben, rundlichen Oma. Bei Zigarettenreklamen wie z. B. der englischen Marke «Black Cat» ist der Bezug zum Produkt schon schwieriger herzustellen. Wenn Katzen etwas noch mehr verabscheuen als Zigaretten, so sind es Zitronen. Trotzdem wurde in den zwanziger Jahren eine schwarzweiße Katze als Werbesymbol für «Sunkist-Zitronen» bekannt. Selbstverständlich spielt die Katze eine große Rolle bei der Werbung für Schokolade →Naschkatze, →Katzenzungen. «Katzenriegel» ist der Name einer badischen Weinmarke, für die mit einer weißen Katze geworben wird. Die bekannteste Weinsorte mit Katzenimage dürfte «Zeller Schwarze Katz» sein. Hinreißend ist die Katze als Werbesymbol für Rolex-Uhren, in den fünfziger Jahren, ein umwerfend schönes Luxusge-

schöpf, um dessen Schwanz sich wertvoller Schmuck ringelt und dem «die Zeit ein Nichts» ist.

Wespen →Insektenstiche.

Westsudanisches Märchen «Der Schafhirt als Schöpfer»: Uende Naba, der Schöpfer, schuf Menschen und Tiere. Von allen seinen Geschöpfen gefiel ihm die Katze am besten. Er strich ihr leuchtenden Bleiglanz auf die Augen, damit sie auch nachts sehen kann, und gab ihr die Kraft, Menschen zu bezaubern, und das Recht, sich die Menschen selbst auszusuchen, mit denen sie Freundschaft schließen will. →Katzenmärchen 3 b.

Wetterpropheten Katzen als Wetterfrösche – diese Vorstellung stammt aus der Zeit des →Aberglaubens. Kommenden Wind sollte man angeblich daran erkennen, daß eine Katze sich putzt. Wenn sie Gras futtert, war Regen zu erwarten. Trank sie viel, so sollte es bald schneien. Frost war zu erwarten, wenn sie den Schwanz zum Ofen oder Herd richtete. Sturm und Gewitter drohten, wenn sie nieste, sich gegen den Strich putzte, sich am Schwanz kratzte oder am Baum rieb. In England glaubte man, alle Stürme würden von Hexen in Katzengestalt angeführt. Dort heißt es noch heute «Es regnet Katzen und Hunde», bei uns sagt man «Es hagelt Katzen». Auch Wetterbeeinflussung war im Volksglauben möglich: Wenn man einer Katze einen Leckerbissen gab, kam schönes Wetter, warf man sie ins Wasser, regnete es. →Regenzauber. Als moderner Wetterfrosch erwies sich der Kater Felix aus Oklahoma City: Er setzt sich nur auf die Fensterbank, wenn Sonnenschein bevorsteht, droht Regen, so flüchtet er in den Kleiderschrank. Er soll sich in vier Jahren nie geirrt haben.

Whittington, Dick (1350–1423), war dreimal Bürgermeister von London. Ob es sich um den gleichnamigen D. W. aus dem berühmten →englischen Katzenmärchen handelt, ist ungewiß.

Wiederbelebung bei bewußtlosen Katzen hat schon manchem Tier das Leben gerettet. →Künstliche Beatmung.

Wiegen Um das →Gewicht einer erwachsenen Katze festzustellen, setzt man sie entweder im Korb auf die Waage oder man nimmt sie auf den Arm. Das Gewicht des Korbes oder das Eigengewicht zieht man von der Gesamtsumme ab. Junge Kätzchen setzt man auf die Küchenwaage.

Wieninger, Peter R., setzt sich auf «Die Spur der Katzen», 1996, und bringt mit ihrer Hilfe eine gefährliche Sekte zur Strecke, die den Weltuntergang vorbereitet.

Wiesel wurden im Altertum in Griechenland und Rom neben Schlangen und Frettchen als Haustiere gehalten zur Bekämpfung von Mäusen und Ratten. Durch die W. kamen später sogar die Katzen in Verruf als angebliche Hühnerdiebe. Tatsächlich greifen Katzen erwachsene Hühner kaum jemals an, während W. im Hühnerstall großen

Schaden anrichten können und in einen regelrechten Blutrausch verfallen. Um 400 n. Chr. hatte sich die Katze allgemein gegen das W. als Haustier durchgesetzt.

Wieselkatzen oder Jaguarundis (herpailurus yaguarundi) wurden von Indianern gezähmt und als Haustiere gehalten. Sie sind 55–60 cm lang, von niedrigem Wuchs, mit einem schwarzbraungrauen oder gelbroten Pelz. W. kommen im Südwesten der USA, in Mexiko und Paraguay vor.

Wie viele Katzen? Faustregel: Nicht mehr, als die Wohnung oder das Haus Zimmer hat (ohne Küche, Bad, Flur, Abstellkammern). Präziser: Im Ein-Zimmer-Apartment können zwei junge Katzen oder Mutter und Kind glücklich werden, wenn sie viel Zuwendung erhalten und möglichst einen Balkon mitbenutzen dürfen. Für die Zwei-Zimmer-Wohnung reichen zwei Katzen gleichfalls. In Drei-Zimmer-Wohnungen sollten nicht mehr als drei bis höchstens vier Katzen leben, bei Vier- und Fünf-Zimmer-Wohnungen dürfen es vier bis sechs sein. Von Lüftungszeiten abgesehen, müssen aber den Katzen auch wirklich alle Räume zur Verfügung stehen. Wer sie nicht ins Schlafzimmer lassen will, muß einen Raum abziehen.

Wikinger Wie Skelettfunde von Hauskatzen aus Haithabu, dem bedeutendsten Handelszentrum der W. bei Schleswig, zeigen, war die Hauskatze im 10. und 11. Jahrhundert dort bereits heimisch.

Wilbourne, Carole C., eine amerikanische Katzenpsychologin, veröffentlichte 1981 das Buch «Ein Herz für Katzen».

Wilderer Etwa 300 000 deutsche Hauskatzen werden jährlich als angebliche W. erschossen. Dabei ergab eine Untersuchung des Mageninhalts von 240 freilebenden Katzen, daß sie überwiegend von Mäusen leben. Nur drei hatten ein Jungkaninchen verspeist, je eine eine Stockente und einen Fasan. Nur 4,5 % des Mageninhalts bestand aus Vögeln. Es besteht also keinerlei Grund, Katzen einfach abzuknallen, sobald sie sich ein wenig von der nächsten Ortschaft entfernen. →Fallen, →Freiwild, →Jäger, →Schlingen.

Wildfleck (englisch: thumb mark = Daumenabdruck) ist ein heller Fleck auf der Ohrrückseite, der bei allen →Aguti-Katzen auftritt.

Wildkatzen Die europäische W. oder Waldwildkatze (felis silvestris) ist wesentlich größer und stämmiger als unsere Hauskatze, sonst aber einem →Brauntiger sehr ähnlich: →Aalstrich auf dem Rücken, →Kehlfleck, Tigerzeichnung, →Sohlen- und →Wildfleck. Sie hat einen dicken geringelten Schwanz, kurze stämmige Beine, kleine Ohren mit dicken Ohrbüscheln, eine steile Stirn. W.n kreuzen sich mit unseren Hauskatzen und zeugen lebensfähige Junge. So wurde das Erbgut der W.n eingekreuzt, seit die ersten Hauskatzen ins nördliche Europa eingeführt wurden. W.n stehen bei uns seit 1934 unter Naturschutz. Als Waldpolizei erfüllen sie eine wertvolle Aufgabe und halten vor allem die Mäuse in Schach. Heute leben noch einzelne Tiere in der Eifel, im Harz, im Hunsrück und im Bayerischen Wald. Sie sind vom Aussterben bedroht. Deshalb wurde kürzlich ein Wiedereinbürgerungsprogramm in Angriff genommen. W.n sind für die Haltung in Haus und Garten vollkommen ungeeignet, ebenso wie Ozelots, Pumas und alle anderen nicht domestizierten Katzen. Die süßen, verspielten Jungtiere werden mit zunehmendem Alter zur Gefahr, auch wenn sie noch so vertraut sind mit dem Besitzer. Außerdem sind W.n nicht immun gegen die Krankheitskeime der häusichen Umgebung. Für Hauskatzen geeignete Medikamente bleiben bei ihnen oft wirkungslos. Wer eine junge W. aufzieht, sollte sie später unbedingt in eine für das erwachsene Tier besser geeignete Umgebung geben. →Verwilderte Katzen.

Wildlebende oder verwilderte Katzen sind Hauskatzen, die aus irgendwelchen Gründen kein Zuhause (mehr) haben.

Wille Ein starker Wille bei Menschen wird vielfach bewundert. Bei Katzen dagegen spricht man von →«Eigensinn». Katzen wissen genau, was sie wollen und was gut für sie ist, und finden in der Regel auch Mittel und Wege, es durchzusetzen.

Williams, Gladys, erfand das idyllische Städtchen Katzenham, bevölkert von Lady Kitty Manx, Wachtmeister Sardine, Herrn Zuckerwürzberg und Semolina Seidenpfote mit ihren Sprößlingen. In «Semolina Seidenpfote» (1968), «Feuerwerk für S. S.» (1966) und «Ein Auto für S.S.» (1968) berichtet die englische Autorin von höchst menschlichen Katzenabenteuern.

Williams, Tad. Sein magischer Katzenroman «Traumjäger und Goldpfote» avancierte zum Bestseller. Immer wieder verschwinden Katzen. Der rote Kater Fritti verfolgt eine heiße Spur …

Williams, Tennessee (1911–1983). «Die Katze auf dem heißen Blechdach» nannte der amerikanische Dramatiker und Katzenfreund ein Theaterstück um eine junge Frau, die «entschlossen ist, wie eine Katze auf dem heißen Blechdach». In seiner Novelle «Der Fluch» schildert er die Begegnung der Katze Nitchevo mit einem italienischen Einwanderer.

Williams, Ursula, schrieb das berühmt gewordene Katzenbuch «Balthasar oder die neun Leben einer Schiffskatze».

Wilson, Sir Harold (geb. 1916), ehemaliger britischer Premierminister, nahm seinen Siamkater Nemo mit in seinen Amtssitz in der Downing Street und ließ ihn auf offiziellen Familienfotos posieren.

Wind ist bei Katzen unbeliebt, anscheinend schätzen sie es ganz und gar nicht, wenn ihr sorgfältig «frisiertes» Fell in Unordnung gebracht wird.

Wippersberg, W. J. M. (geb. 1945), schrieb die bekannten Kinderbücher von dem sprechenden Kater Konstantin, der aus einer halbfertigen Geschichte des langweiligen Schriftstellers Franz Fliederbusch ausriß: «Der Kater Konstantin», 1973, «Konstantin wird berühmt», 1974, und «Konstantin auf Reisen», 1975.

Wirbelsäule Die W. der Katze ist außerordentlich biegsam. Sie besteht aus sieben Halswirbeln, dreizehn Brustwirbeln, sieben Lenden- und drei Kreuzbeinwirbeln. Die Verlängerung der W. bildet der Schwanz mit bis zu 26 Wirbeln.

Wochenstube Als W. für die Katze eignet sich ein hoher, stabiler Karton mit weicher Einlage. Er sollte an einem ruhigen, vor Zugluft geschützten Platz stehen. Werdende Katzenmütter sind allerdings sehr wählerisch bei der Auswahl der W. und bringen ihre Kinder dort zur Welt, wo es ihnen paßt. →Kastration.

Wohnungskatzen oder Stubenkatzen ohne →Auslauf leben doppelt so lange, trotz aller →Unfallquellen im Haushalt. Bei Katzenfreunden, die sich Mühe geben, ihnen ein interessantes Leben zu verschaffen, fühlen sie sich rundum wohl, auch ohne Abenteuer im Freien. Ersatz schafft ein abgesicherter →Balkon oder ein →Fensterplatz als Ausguck.

Wolf, Christa (geb. 1929). Die deutsche Schriftstellerin verfaßte – in den Fußstapfen von E. T. A. →Hoffmanns Kater Murr – das Buch «Neue Lebensansichten eines Katers», 1970. Der Psychologieprofessor Barzel, der den Ehrgeiz hat, per Computer das totale Menschenglück (TOMEGL) zu verbreiten, wird aufmerksam beobachtet und analysiert von seinem Kater Max. Der Stubentiger kommt zu dem Schluß: «Der Kater ist geheimnisvoll ... Dagegen der Mensch! Wie durchsichtig ist er mir und sich selbst!»

Wolff, Hans Günter. Der deutsche Tierarzt veröffentlichte 1983 das Buch «Unsere Katze – gesund durch Homöopathie». Ein Ratgeber für alle Katzenfreunde, die ihrem erkrankten Liebling wirkungsvoll und schonend helfen möchten. →Homöopathie, →Tierheilpraktiker.

Wolff, Rosemarie. Die deutsche Verhaltensforscherin und Katzenzüchterin faßte in ihrem Buch «Katzen – Rassen, Pflege, Verhalten», 1970 und 1984, alles Wissenswerte über Katzenhaltung, Ernährung und Rassen zusammen. Illustriert mit zahlreichen Fotos und Zeichnungen.

Wolfsmilchgewächse (Euphorbien) sind für Katzen, die daran knabbern, lebensgefährlich. Symptome: starkes Erbrechen, Durchfall, erweiterte Pupillen, Bewußtseinsstörungen, ohne sofortige →fachkundige Hilfe tritt der Tod ein.

Wolle Katzen spielen gern mit Wollknäueln und kauen darauf herum. Aber das ist eine gefährliche Sache. Das Wollzeug kann Magen und Darm blockieren, in schweren Fällen hilft nur noch ein chirurgischer Eingriff.

Wolsey, Thomas (um 1474–1530). Der englische Kardinal und Staatsmann nahm seine geliebte Katze zu jedem Gottesdienst mit in die Kirche.

Wondratschek, Wolf (geb. 1943). Der deutsche Schriftsteller («Ich habe nicht nur einen Vogel im Kopf, sondern auch eine Katze») ließ seinen zu Unfällen mit brennenden Kerzen und Schrotflinten neigenden Kater Lumen (Licht) auch in schlechten Zeiten niemals im Stich.

Woort, Lüder. Der plattdeutsche Autor schrieb 1861 eine Variante zu dem →Katzenmärchen 4a, vom Ursprung der Feindschaft zwischen Hund und Katze.

Wordsworth, William (1770–1850), einer der größten englischen Meister des Sonetts, schrieb eine Reihe schöner Katzengedichte.

Wriothesley, Sir Henry, bekannt geworden als Gönner Shakespeares, kam wegen Beteiligung an einem Aufstand gegen Königin Elizabeth I. in den Tower. Seine Lieblingskatze fand durch einen Kamin den Weg in seine Zelle. →Wyatt, H.

Wu, chinesische Kaiserin ab 638, liebte Katzen. Um den zerstrittenen chinesischen Völkern ein Beispiel zu geben, brachte sie ihrer Lieblingskatze bei, mit einem Papagei von einem Teller zu essen. Bei der öffentlichen Vorführung dieses kleinen Naturwunders kam es leider zu einer Panne. Die wohlerzogene Katze hatte ihren schlechten Tag und biß dem Papagei den Kopf ab.

Wunde Bei starker Blutung ein sauberes Handtuch fest auf die W. drücken, bis die Blutung aufhört. Bei hellem, arteriellem Blut eine →Aderpresse anlegen, zwischen dem Herzen und der W. Bei dunklem, venösem Blut die Aderpresse auf der vom Herzen abgelegenen Seite anbringen. Bei Blutungen am Rumpf und Hals so lange auf die W. drücken, bis das Blut nicht mehr fließt. Dann das Fell rundum abschneiden, die W. mit abgekochtem und abgekühltem Wasser und Seife oder, besser, Kamillentee vorsichtig auswaschen, immer vom Mittelpunkt her nach außen. Trockentupfen und einen trockenen Verband anlegen. Dann sofort →fachkundige Hilfe aufsuchen.

Wunderblumen haben in einem →Katzengarten nichts zu suchen, da sie für unsere Haustiger hochgiftig sind. →Vergiftungen.

Wunderkerzen gehören zum Schönsten für Katzen, was das sonst eher strapaziöse und hektische Weihnachtsfest zu bieten hat. Mit glänzenden Augen bewundern sie die funkelnde Pracht und können gar nicht genug davon bekommen.

Wurf Ein ziemlich abwertender Ausdruck für die Schar von Katzenkindern, die eine Katzenmutter zur Welt bringt. Von den beiden anderen Bezeichnungen aus dem Tierreich, Geheck und →Nest, würde ich die letztere vorziehen.

Würfel, Anna-Rose (geb. 1945). Die deutsche Katzenmalerin lebt z. Z. in Australien und bereitet ein Katzenbuch über die Geschichte einer «Einhorn-Katze» vor. Ihre liebenswerten naiven Katzenbilder wurden als Postkarten- und Kalendermotive bekannt.

Würmer →Bandwürmer, →Hakenwürmer, →Herzwürmer, →Rund- oder Spulwürmer, →Lungenwürmer. Bei jedem Wurmbefall ist Sauberkeit oberstes Gebot, d. h. täglich gründliche Reinigung der Futterschälchen und der Katzentoilette mit heißem Wasser. Enterobius (Madenwürmer) ist eine Wurmart, die bei Kindern, nicht aber bei Katzen vorkommt. Die Katze kann also diese Würmer nicht verbreiten und schon gar nicht schuld sein an der entsprechenden Erkrankung bei Kindern.

Wurmfarn gehört zur Familie der Tüpfelfarne. Gefährlich für Katzen ist der Wurzelstock, der das giftige Tilicin enthält. →Vergiftungen.

Wurfkiste →Wochenstube.

Wurst, vor allem Wursthaut, ist für Katzen schädlich. Das gilt vor allem für stark geräucherte und gewürzte Wurstwaren.

Wüstenkatzen, auch Sand- oder Sicheldünenkatzen (felis margarita), leben in den Wüsten und Steppen Nordafrikas und Vorderasiens. Sie sind eng verwandt mit unserer Wildkatze. Das Fell ist gelbgrau bis sandgelb mit blassen Querstreifen, die Schwanzspitze ist schwarz. W. haben auffällig große Ohren. Ihre Länge beträgt rund 90 cm. →Saharakatze und →Turkmenische Sandkatze.

Wyatt, Sir Henry (1460–1537), den der englische König Richard III. in den Tower werfen ließ, wurde von einer heimatlosen Katze, die durch das Gitter schlüpfen konnte, getröstet und – gefüttert. Sie fing Tauben für ihn. Nach seiner Befreiung ließ W. sich mit der Katze malen. →Wriothesley.

XYZ

Xanthippe, das streitlustige Weib des Sokrates, trieb den Philosophen oft aus dem Haus mit ihrem Gezänk. Auch unter Katzenweibchen gibt es kleine Xanthippen, die richtig zickig sind und versuchen, jede andere Katze aus dem Haus zu ekeln.

Yeats, William Butler (1865–1939), irischer Lyriker und Dramatiker, Nobelpreis 1923, besang seinen schwarzen Kater Minnaloushe im Mondenschein.

Young, Brigham, führte 1847 eine Katze und die Mormonen ins Salt Lake Valley/USA. Später ließ er noch 60 Mausefänger nachkommen.

Ypern In der belgischen Stadt wird noch heute in jedem Februar ein traditionelles Folklorefest veranstaltet. Der Narr der Stadt wirft Stoffkatzen vom Wachturm herunter – so die seit 1950 als Fremdenattraktion bekannte Variante. Der Brauch stammt aus dem frühen Mittelalter. Damals wurden lebendige Katzen auf diese grausame Weise getötet, auf Forderung der christlichen Missionare, die als Abschwörungsopfer von der germanischen Religion, in der die Katze der Göttin →Freya heilig war, die Tötung aller Katzen verlangten. Graf Baldhin führte 962 den sog. Katzenmittwoch ein, in der zweiten Fastenwoche. Er hielt sich bis 1813. Dann endlich griffen Tierfreunde ein, und die «Volksbelustigung» wurde verboten. Seit rund vierzig Jahren wird im Rahmen eines Katzenfestivals eine gereinigte Version praktiziert, bei der man Plüschkatzen vom Turm wirft.

Yves Der heilige Y. ist der Schutzpatron der Rechtsanwälte in Frankreich. Er wurde früher oft in Begleitung einer Katze dargestellt, die alle negativen Aspekte dieses Berufsstandes symbolisieren sollte …

Zachariaes, Justus (1726–1777), deutscher Schriftsteller der Aufklärung, läßt in der Parodie «Murner in der Hölle» den Kater Murner so lange spuken, bis er ein ordentliches Begräbnis bekommt.

Zähigkeit Es ist erstaunlich, welche ungünstigen äußeren Faktoren Katzen ertragen können (für innere Krankheiten gilt das nicht). Eine Katze wurde z. B. versehentlich in eine Kiste mit Maschinenteilen gesperrt und machte eine Schiffsreise von 41 Tagen von Detroit bis Ägypten, ohne Wasser, ohne Futter. Sie überlebte nicht nur, sie brachte sogar unterwegs vier Junge zur Welt... Ein Kater wurde bei der Erneuerung des Fußbodens in einem Büro in den engen Zwischenraum gesperrt und überlebte dort fast sechs Wochen, bis sein Besitzer ihn befreien konnte. →Neun Leben hat die Katze.

Zähmung Wie wurden die ersten eingefangenen →Falbkatzen an den Menschen gewöhnt? Auf sehr rauhe Art und Weise: Man band sie an einen Baum in der Nähe der Hütte und reizte und ärgerte sie so lange, bis sie apathisch jeden Widerstand und Fluchtversuch aufgaben. Dann wurden sie losgebunden, bekamen eine Kleinigkeit zu futtern und durften auf Mäusefang gehen. Dieses Verfahren wird heute noch in Nubien angewendet. Daneben gab es freilich die Möglichkeit, Jungkätzchen spielerisch an den Menschen zu gewöhnen, was vermutlich auch geschehen ist.

Zähne Jungkätzchen bis zu sechs Monaten haben ein Milchgebiß mit 26 Z. Die erwachsene Katze hat 30 Z. Die vier Eckz., auch Fang- oder Reißz., sind gebogen und wesentlich länger als die winzigen zwölf Schneidez., die zur Fellpflege dienen, nicht zum Kauen. Die insgesamt zehn Vorderbackenz. (je drei oben, je zwei unten) dienen wie die Reißz. zum Abbeißen von Fleischstücken. Schließlich folgen noch insgesamt vier Backenz. Die Katze kaut nicht wie wir, sondern reißt und schluckt. Harte Nahrung erhält die Z. gesund (Fleisch und Herz, Knorpel und ein wenig Hartfutter). Abgebrochene Reißz. bereiten Katzen allem Anschein nach keine Schmerzen, es handelt sich mehr um einen Schönheitsfehler.

Zahnfleischentzündungen entstehen meist durch Zahnstein. Wenn eine sonst gesund wirkende Katze weiche Nahrung vorzieht und trotz sichtlichem Appetit auf Fleisch u.ä. verzichtet, muß der Zahnstein entfernt werden, sonst können die Zähne ausfallen. Z. gehen meist zurück, wenn man das Zahnfleisch alle drei Stunden mit einem in abgekühlten Kamillentee getauchten Wattebausch leicht abtupft.

Zahnwechsel Katzenkinder verlieren ihre Milchzähne meist unauffällig und ohne Schwierigkeiten im Alter von 14 Wochen. Mit 28 Wochen haben sie das vollständige, bleibende Gebiß.

Zamachschari (1075–1144), persischer Korankommentator, meinte, daß die Katze deshalb ihren Unrat vergräbt, damit der Mensch lernt, es ihr gleichzutun. →Rabbi Jochanan, →Sauberkeit.

Zanardelli Nach einem früheren italienischen Ministerpräsidenten hieß ein im italienischen Staatsarchiv in Rom zum Mäusefang angestellter Kater. Er trug ein Halsband und versäumte keine Wachablösung am Quirinal. →Arbeit.

Zauberei In der arabischen Welt glaubte man früher, daß schwarze Katzen dem Magier bei der Z. helfen können. Beispiele: Wenn man das Fleisch einer schwarzen Katze ißt, kann man zaubern, →Katzenfleisch. Wenn man die Augen einer schwarzen Katze trocknet und damit räuchert, wird einem jeder Wunsch erfüllt. Wenn man das Herz einer schwarzen Katze in ein Stück ihres Fells einwickelt und bei sich trägt, kann man von keinem Feind überwältigt werden. →Dreckapotheke.

Zauberkatzen An Z. glaubte man früher in China und Japan. Ihre bloße Anwesenheit genügte angeblich, um sämtliche Ratten und Mäuse zu vertreiben. In Japan begnügten sich arme Leute mit einer primitiven Katzennachbildung aus Lehm und Stroh. Die kostbaren Katzen wurden an Leinen gehalten, damit sie nur ja nicht auf Jagd und verlorengehen konnten. Erst 1602 wurde die freiheitsliebende Katze in Japan durch kaiserlichen Befehl von der Leine befreit. Folgendes war geschehen: Vor den Augen des gesamten Hofstaats hatte eine Maus versucht, den Ohrring der Kaiserin zu verschleppen, bis ihr Sohn geistesgegenwärtig die Katzenleine zerschnitt. In China wurden Z. sogar gezüchtet, und zwar in Kinechownan. Man war überzeugt davon, daß sie auch die Rechenkunst beherrschten. Dem Schutz der Maulbeerbaumplantagen sollten aufgehängte Katzenporträts dienen. →Chats d'Argent, Matagots.

Zebrakatze nennt man eine →Tigerkatze mit besonders scharf und leuchtend abgesetzten Tigerstreifen.

Zecken Im Sommer leben diese blutsaugenden →Milben in Gebüschen und Gräsern. Sie lassen sich auf vorübergehende Tiere oder auch Menschen fallen. Vollgesogen mit Blut, erreichen die Z. die Größe einer Bohne. Der Körper ist grauweiß, Kopf und Beine sind dunkelbraun. Man reibt den Zeckenkörper völlig mit Öl ein, jedes Öl ist geeignet, auch Sonnenöl. Nach einer halben Stunde läßt der kleine Schmarotzer sich mit der Pinzette herausziehen. Versucht man es ohne Einölen, so bleibt der Kopf mit den Sauginstrumenten im Katzenkörper haften und verursacht schmerzhafte Entzündungen. →Flohhalsbänder helfen gegen Z. nur bedingt.

Zedernspäne als Füllung von Katzenkissen vertreiben Flöhe.

Zehengänger Katzen gehen mit eingezogenen Krallen auf Zehenspitzen, fast lautlos, auf dick gepolsterten Zehenballen.

Zeichentrickfilme Die Karriere der Katzen in Z.n begann um 1920 in Amerika mit →Felix, dem Kater. Die erste Katze des Zeichentrick-Filmemachers Walt Disney war der Kater Pete, in der deutschen Fassung Carlo, eine überwiegend negative Figur. Hinreißende Katzen schuf Disney dann für seinen hochkarätigen Z. →«Aristocats». Weltberühmt wurden die Z. um «Tom und Jerry» von Loew, in denen Tom, der Kater, auf tausenderlei Art und stets vergeblich versucht, Jerry, die Maus, ins Jenseits zu befördern. Später erschienen die beiden auch als →Comic-Serie. Ähnlich vom Thema her, aber härter noch geht's zu bei dem Z.- und Comic-Kater Sylvester, der laufend Anschläge auf das Leben von Tweetie Pie unternimmt, sich aber auch bemerkenswert intelligent gegen →Tierversuche ausspricht. Ein anderer berühmter Z.-Kater ist Topcat, kurz TC genannt, der gleichfalls aus Amerika stammt, und zwar aus den frühen sechziger Jahren. Ein romantisches Katzenpärchen begegnet uns in dem amerikanischen Z. «Gay Puree», in dem ein schwarzer Kater um eine weiße Katzenschönheit wirbt. Modern und unsentimental ist der schwedische Z. «Pelle Ohneschwanz», 1981. Er schildert das Schicksal eines schwarz-weißen Katers, der auf dem Lande ertränkt werden soll, sich in ein Auto rettet, in die Stadt kommt und dort als erster einen Brand entdeckt.

Zeitsinn Nach M. →Fox besitzt die Katze eine natürliche «innere Uhr», die auf die Ortszeit ihres Heims eingestellt ist. In einer Entfernung von etwa 100 Kilometern stimmt die Position der Sonne nicht mehr mit der inneren Uhr überein. Die Katze findet dann den Rückweg, indem sie den Zeitunterschied «berechnet» bzw. ausgleicht. →Orientierungssinn.

Zeller Schwarze Katz ist wohl die bekannteste unter den zahlreichen Weinsorten, die mit Katzen werben. →Werbung.

Zibetkatzen gehören zu den →Schleichkatzen. Das Sekret ihrer Duftdrüsen ist begehrt für die Parfümherstellung. Die afrikanische Z. oder Civette (civettictis civetta) lebt südlich der Sahara und besitzt eine schwarzbraune Rückenmähne, die sie aufrichten kann. Das Fell ist grau mit schwarzbraunen Flecken. Die indische Z. (viverra zibetha) ist schmächtiger und hat nur einen breiten →Aalstrich auf dem Rücken. Das Fell ist gelblichgrau mit rostroten Flecken.

Zigeunermärchen «Der alte Mann und die Katze»: Ein alter Mann kommt mit seiner Katze in eine katzenlose Stadt voller Mäuse. Der König kauft sie ihm ab für ein Schiff, halb aus Gold, halb aus Silber, und für die Hälfte des Goldes der Stadt. Aber alle haben Angst vor der Katze, man glaubt, sie will Menschenfleisch, obwohl sie zwei eigens dafür getötete Zigeuner nicht anrührt. Nach vielen weiteren Mißverständnissen läuft die Katze davon und kehrt zu ihrem Besitzer zurück. →Katzenmärchen 2b. «Die Katze»: Ein Königspaar sehnt sich nach einem Kind. Durch einen Zauber bekommt die Königin endlich eine Tochter, die aber mit 17 Jahren in eine Katze verwandelt wird und mit ihr der ganze Hofstaat. Schließlich wird sie von einem Prinzen, der ihr Schwanz und Kopf abschlagen muß, erlöst (Variante zu «Die weiße Katze» →Aulnoy) →Katzenmärchen 9a.

Zimmer Acht dürfte der originellste Name für einen Kater sein. Er starb 1968 und erhielt einen Nachruf in der Los Angeles Times, als die berühmteste Schulkatze der USA. 15 Jahre lang war er das Maskottchen der 8. Klasse der Elysian-Heights-Grundschule. Der grauweiße Tigerkater trat mehrmals im Fernsehen auf, war der Held eines Kinderbuches und erhielt über 10000 Briefe als Verehrerpost.

Zimmerpflanzen sind für Katzen oft giftig. Vorsicht! Wohnungskatzen brauchen einen →Grastopf. Knabbern sie trotzdem an Z., so sollte alles, was schädlich für sie ist, aus ihrer Reichweite fortgeräumt werden. Die giftigen Z. sind unter den jeweiligen Namen aufgeführt. Für Katzen- und Blumenliebhaber empfiehlt sich die Einrichtung eines geschlossenen Blumenfensters.

Zink gehört zu den auch für Katzen lebenswichtigen →Spurenelementen, in Minidosierung, versteht sich. Z.-Mangel kann Haarausfall und Hautentzündungen sowie Anfälligkeit gegen Infektionskrankheiten hervorrufen. Z. ist enthalten in Rind- und Schweinefleisch, Leber, Herz und Eigelb.

Zirkuskatzen Katzen sind geborene Artisten und sehr gelehrig. Aber sie arbeiten ungern auf Kommando und haben in der Manege grundsätzlich nichts zu suchen. Mit viel Geduld gelang es dem russischen Clown Juri Kuklatschow, das heimatlose Kätzchen Strelka zirkusreif auszubilden. Andere Katzen folgten. Sie können u. a. Radschlagen und beherrschen perfekt den Salto mortale. Berühmt wurde der russische Artist mit der Nummer «Das Kätzchen und der Koch», frei nach →Krylow, für das Strelka sich sogar kostümieren ließ. Schon 1955 hatte Paul Waldner, ein Nilpferdwärter im Baseler Zoo, begonnen, seine beiden Kater Happy und Jockel zu Artisten auszubilden. Er belohnte sie mit gekochten Fischstückchen. Hier und da tauchen in verschiedenen Zirkusprogrammen immer mal Katzennummern auf. Häufig treten die Katzen zusammen mit Tauben oder weißen Ratten auf, mit denen sie aufgezogen wurden. Für seine Tochter Marita bildete der holländische Dompteur Jos Uyterlinde in jüngster Zeit zwölf Hauskatzen zu Artisten aus. Star der Truppe ist der weiße Kater Bruno, der sogar durch einen brennenden Reifen springt. →Dressur.

Zistel, Era, gab das schöne Buch «Liebe zu Katzen» heraus, eine Sammlung von Katzengeschichten aus aller Welt, übersetzt aus dem Amerikanischen. Die Herausgeberin steuerte auch eine eigene Story bei: «Einer Katze Lebenslauf», in der sie vom schwarzweißen Kater Chris erzählt, dem mickrigsten Kätzchen der schwarzen Muschi aus dem Obstladen, das Liebe und Geborgenheit bei einer Katzenfreundin findet, bis diese es über einer größeren Liebe vergißt.

Zisterzienser-Orden Die frommen Einsiedlerinnen durften als einzige Gesellschafterin eine Katze zu sich nehmen.

Zittern Wenn eine Katze zittert, hat sie →Fieber oder sie friert, oder sie ist sehr aufgeregt, oder sie hat Angst (bei Angst hechelt sie zusätzlich). Dauert das Z. länger als eine halbe Stunde an, sollte man die Temperatur messen.

Wahrscheinlich bahnt sich eine ernste Erkrankung an. Die Katze braucht →fachkundige Hilfe.

Zitronen- oder Zitronellenöl hält Katzen davon ab, sich außerhalb der Katzentoilette zu erleichtern. Putzen Sie die betroffenen Stellen gründlich mit Z.

Ziza ist ungarisch und heißt Mieze.

Zoe, byzantinische Kaiserin um 1030, liebte ihre Katze über alles, ließ sie in ihrem Bett schlafen und bei der kaiserlichen Tafel neben sich von goldenen Tellern speisen. Per Gesetz hielt sie ihre Untertanen dazu an, alle Katzen in Konstantinopel (heute Istanbul) gut zu behandeln.

Zola, Emile (1840–1902), hatte von seiner Tante einen «bornierten« Angorakater geerbt, der immerhin clever genug war, den berühmten französischen Schriftsteller nach allen Regeln der Kunst zu dressieren. An langen Winterabenden mußte Z. daheimbleiben, damit sein Kater ihm Märchen am Kamin erzählen konnte. In seiner Erzählung «Paradies der Katzen» rächt er sich literarisch …

Zopfi, Emil, schrieb das nachdenklich stimmende Jugendbuch «Musettina, mein Kätzchen», 1981, von einem Mädchen, das seine Katze hergeben soll, weil im Mietvertrag Katzen kein Wohnrecht besitzen.

Zoohandlungen dürfen in der BRD Katzen mit und ohne Stammbaum über den Ladentisch verkaufen wie ein Pfund Äpfel. In sehr vielen Fällen zum Schaden der Tiere. Oft werden die Kleinen der Mutter zu früh weggenommen, selten sind sie im Geschäft artgerecht untergebracht, der liebevolle Kontakt mit Menschen fehlt ihnen. Die meisten Käufe in Z. werden aus verständlichem Mitleid getätigt. Man befreit ein Kätzchen aus seiner mißlichen Lage, ohne zu bedenken, daß schon Stunden später ein anderes seine Stelle einnimmt. Oft bereitet das Kätzchen dem Besitzer viel Kummer und Sorgen, weil es so krank ist, daß selbst erfahrene Tierärzte es nicht mehr retten können. Der Stammbaum erweist sich häufig als ein ebenso phantasievolles wie wertloses Dokument. Es ist höchste Zeit, daß der Gesetzgeber Schluß macht mit dem Unfug. Die äußerst sensiblen Katzen haben in Schaufenstern und Hinterzimmern von Z. nichts zu suchen. Wenn es unbedingt eine Siam-, Birma- oder Colourpointkatze sein muß, wende man sich an einen anerkannten Züchter, die entsprechenden Inserate findet man in jeder Katzenzeitschrift. Empfehlenswert ist, sich beim Züchter gründlich umzuschauen, bevor man sich zum Kauf entschließt. Die Jungen müssen rundum sauber, lebhaft, verspielt und zutraulich sein. Achten Sie darauf, daß die Äuglein klar und sauber sind. Wenn die Mutterkatze nicht vorgezeigt wird, ist meist etwas nicht in Ordnung. →Anschaffung.

Zschokke, Fee, junge deutsche Autorin, die mit ihrem Buch «ER oder ICH» – Männergeschichten», 1980, schnell bekannt wurde, hat ein sehr persönliches Katzenbuch geschrieben: «Sieben Leben hat die Katze», erschienen 1985.

Zuchtkatzen mit Stammbaum werden lediglich der Schönheit wegen gezüchtet – oder was der Züchter dafür hält. Charakter ist Nebensache, auch wenn wortreich das Gegenteil behauptet wird. Sie sind anspruchsvoll in Pflege und Haltung, anfällig, problematisch und überdies gelegentlich ganz massiv erbgeschädigt. Der amerikanische Verhaltensforscher und Tierarzt M. →Fox empfiehlt deshalb sehr richtig: «Holen Sie sich eine Promenadenmischung aus dem Tierheim. Die nicht reinrassigen Katzen sind meist gegen Krankheiten widerstandsfähiger und auch psychisch belastbarer.» Jede Katze, die liebevoll behandelt und artgerecht gepflegt wird, ist schön. «Häßliche» Katzen sind krank, unglücklich, vernachlässigt – und das läßt sich ändern.

Zuckerkrankheit (Diabetes mellitus) tritt leider gelegentlich auch bei Katzen auf, und zwar vorwiegend bei älteren Tieren. Symptome: Appetitlosigkeit oder auch Heißhunger, Gewichtsabnahme, großer Durst, Erbrechen. Es kann zum diabetischen Koma kommen (Ohnmacht oder Krampfzustände). In diesem Fall muß man dem Tier sofort ein bis zwei Teelöffel Honig oder Fruchtsirup direkt in das Mäulchen geben. Der Dauerbehandlung mit Insulin ist wegen des gleichzeitigen Fortschreitens der Krankheit, die sehr gravierende Endschäden mit sich bringt, und wegen der schwierigen Durchführung (tägliche Injektionen!) eine radikale Umstellung auf geeignete Diät (mageres Fleisch, vornehmlich vom Huhn, Eier, Magermilch) vorzuziehen. In jedem Fall von Z. ist →fachkundige Hilfe unverzichtbar.

Zugelaufene Katzen sind nicht immer herrenlos. Erkundigen Sie sich in der Nachbarschaft, manche Katzen führen ein →Doppelleben. Heimatlose Katzen sind viel besser als ihr Ruf. Nimmt man sie auf, so gewöhnen sie sich rasch ein und neigen nicht mehr zum Streunen als andere Katzen. Gegen die →Parasiten, die sie meist mitbringen, läßt sich rasch und wirkungsvoll etwas tun. Futter und Wasser wird wohl kein Katzenfreund einem heimatlosen Tier verweigern. Wer es nicht behalten kann, sucht am besten bei Bekannten nach einem guten Platz. Ins Tierheim gibt man es nur im äußersten Notfall. Vielerorts gibt es spezielle →Katzenschutzvereine, die mit Rat und Tat helfen.

Zugluft Katzen reagieren sehr empfindlich auf Z. Futter- und Ruheplätze sollten stets frei davon sein.

Zündholzetiketten Als Motiv auf Z. findet man immer wieder Katzenbilder, z. B. auf russischen, polnischen, japanischen und schwedischen Zündholzschachteln.

Zuneigung zu ihrem Menschen und anderen Familienmitgliedern zeigt jede Katze anders. →Perserkatzen verhalten sich im allgemeinen reserviert und sind keine «Schoßkatzen». Aber auch unter allen anderen findet man immer einige, die nichts davon halten, auf den Arm oder Schoß genommen zu werden. Da hilft nur eins, auf die Katze eingehen und sie so akzeptieren, wie sie ist. Auch an den vielleicht zurückhaltenden Zeichen ihrer Z. kann man sich erfreuen. Auf gar keinen Fall sollte man sie jemals zum Schmusen zwingen, das geht schief. Und wenn die sich in die Enge getrieben fühlende Katze dann kratzt und beißt, sollte nicht sie bestraft werden, sondern der Besitzer. Lassen Sie die Katze kommen, und genießen Sie die Liebe, die sie Ihnen freiwillig gibt.

Zunge a. die Z. der Katze ist rauh wegen der vielen kleinen Hornplättchen (Papillen), die ihre Oberfläche bedekken. Sie dient der Katze zum Putzen und beim Abschaben von Fleischstükken. Beim Aufschlecken von Flüssigkeiten benutzt die Katze ihre Z. als Löffel. b. Z. vom Schwein oder gar Rind ist für Katzen ein begehrter Lekkerbissen. Wer Gelegenheit hat, Schweinezunge preisgünstig zu bekommen, sollte sie ab und zu auf den Katzen-Speisezettel setzen, aber nur gar gekocht. →Schweinefleisch.

Zungenentzündungen sind leider relativ häufig und fast immer gefährlich. Symptome: Speichelfluß, Mundgeruch, Appetitlosigkeit, rote Flecken auf der Zunge, brauner Mundausfluß. Man wäscht das Mäulchen immer wieder mit abgekühltem Kamillentee aus. Spätestens nach 24 Stunden →fachkundige Hilfe anfordern, wenn keine Besserung eintritt. Z. treten vorwiegend bei jungen Katzen auf.

Zungenverletzungen sind bei starker Blutung (Biß in die Zunge) ein Notfall. Die Katze kann verbluten. Versuchen Sie, die Blutung mit einem Wattebausch einzudämmen, und fahren Sie sofort zum →Tierarzt. Z. durch Knochen, andere Fremdkörper, Schnitte an Konservendosen o. ä. äußern sich durch starken Speichelfluß und Schwierigkeiten beim Essen.

Zupacken Zwischen →Anschleichen und Z. liegt das ganze Ritual des Beutefangs mit →Hemmungsspiel, →Stauungsspiel und →Erleichterungsspiel.

Zürich Im Züricher Katzenrecht war bis zum Jahre 1780 ein gerichtliches Bußgeld für die Verletzung einer Katze festgelegt.

Zurückhaltung ist eines der obersten Gebote für Katzenfreunde. Unsere Samtpfoten verabscheuen jede Aufdringlichkeit und schätzen es ganz und gar nicht, mit Liebkosungen überschüttet zu werden, wenn sie sich vielleicht gerade putzen wollen. Wer wartet, bis die Katze freiwillig zum Schmusen oder Spielen kommt, gewinnt ihr Herz und ihr Vertrauen. Nie sollte man eine schlafende Katze stören.

Zwangsfütterung kann erforderlich werden bei vergifteten oder schwerkranken Katzen. Man wickelt das Tier in ein Badetuch oder eine Decke, so daß nur der Kopf hervorschaut. Die linke Hand von oben auf den Kopf legen, so daß Daumen und Zeigefinger rechts und links hinter den Reißzähnen liegen. Mit beharrlichem Druck die Katze zwingen, das Mäulchen zu öffnen. Dann die betreffende Flüssigkeit mit einem Plastiklöffel eingeben, und zwar sehr langsam, so weit wie möglich hinten in den Schlund gießen. Festfutter vorher in pillengroße Stückchen schneiden und einzeln weit hinten ins Mäulchen geben. Nach jedem «Bissen» das Mäulchen schließen, bis die Katze geschluckt hat. Handelt es sich nur um schwere Appetitlosigkeit, kann man der Katze etwas Fleischextrakt (oder →Boviserin) aufs Näschen streichen. Sie wird ihn weglecken, und dabei kommt sie vielleicht wieder auf den Geschmack.

Zweig, Stefanie, beschreibt in «Katze fürs Leben», 1997, wie die Siamkatze Sissi ihrem Frauchen, einer Psychotherapeutin, bei der Arbeit hilft.

Zweitkatze – ein nicht sehr liebevoller Name für eine Katze, die im Grunde der bereits vorhandenen zuliebe aufgenommen wird. Einer Einzelkatze einen Gefährten zu geben, ist vor allem dann sinnvoll, wenn die Katze oft allein und/oder sehr temperamentvoll ist und mit Vorliebe mit den Beinen des Besitzers spielt. →Alleinsein. Ältere Katzen, die ihre festen Gewohnheiten haben, gewöhnen sich oft nur schwer an eine andere Katze. Auf keinen Fall darf man irgendein Vorrecht der älteren antasten (Schlafplatz, Spielstunde, Futterschälchen). Man muß ihr vor allem im Anfang das Gefühl geben, die Nummer eins zu bleiben, und darf das jüngere Tier nicht vorziehen und nicht stärker beachten. Andererseits soll auch die zweite voll zu ihrem Recht kommen und nicht das «fünfte Rad am Wagen» oder eben die «Zweitkatze» werden. Ein ziemlich schwierig zu lösendes Problem, das viel Einfühlungsvermögen verlangt. Ein Tip: viel mit beiden spielen.

Zwerenz, Ingrid (geb. 1934), gab 1974 das schöne Buch «Von Katzen und Menschen» heraus, in dem sie nicht nur Erlebnisse mit eigenen und fremden Katzen erzählt, sondern auch viel Kulturgeschichtliches rund um die Katze einflicht.

Zwergkatzen zu züchten, ist bisher glücklicherweise nicht gelungen. Als Mutation tritt Zwergwuchs bei Katzen nicht auf. Es bleibt also nur die Möglichkeit, immer wieder besonders kleine, körperlich zurückgebliebene Katzen in möglichst jugendlichem Alter miteinander zu paaren, wenn sie noch nicht voll ausgewachsen sind. Versucht hat man oft, auf diese Weise Kümmerlinge heranzuzüchten, gelungen ist es bisher nie. Als Z. unter den Wildkatzen gilt die →Nachtkatze oder Chilenische Waldkatze.

Zwergtigerkatze Die südamerikanische Z. ist noch zierlicher gebaut als die →Siamkatze. Ihre Fellzeichnung ähnelt der des →Ozelots.

Zwiebelgewächse sind in aller Regel für Katzen giftig.

Zwillinge In den Bereich des →Aberglaubens gehört die Vorstellung, daß von Zwillingen immer einer in der Lage sei, sich jederzeit in eine Katze zu verwandeln. Im Mittelalter wurden Z. deswegen verfolgt. Im Orient ist dieser Aberglaube z. T. heute noch lebendig, aber dort kommt er den Katzen zugute. Wer einer Katze ein Leid antut, muß befürchten, damit einem der Z. Schaden zuzufügen. Deshalb läßt man die Katzen in Ruhe.

Zwinger Im Z. mit eingezäuntem Auslauf werden in der Regel Zucht- oder Deckkater gehalten, weil der penetrante Duft, den sie beim Markieren überall hinterlassen, in Wohnräumen unerträglich ist. Da unkastrierte Kater nicht gerade sehr verträglich sind, hält man sie in Einzelhaft. Ein trostloses Leben, das nur unterbrochen wird, wenn «Damenbesuch» zum Decken kommt.

Zypern Im Kloster des heiligen Nikolaus der Katzen auf der Halbinsel Akrotiri Kata versorgen noch heute vier Nonnen alle Katzen, die aufs Klostergelände kommen, mit Futter und Wasser. Das «Katzenkloster» wurde im 4. Jahrhundert gegründet, mit Unterstützung der heiligen Helena. Tausende von Katzen wurden damals eingesetzt, um einer Schlangenplage Herr zu werden. Besucher und Spender sind im Kloster jederzeit herzlich willkommen.

Zyperngras dürfen Katzen unbesorgt futtern. Im Winter ist Z. durchaus geeignet als →Grasersatz.

Zypernkatzen nennt man in England, vorwiegend in Norfolk und Suffolk, braun-schwarz getigerte Katzen, die möglicherweise schon in römischer Zeit von zypriotischen Kaufleuten auf die Insel gebracht wurden. Im Mittelalter wurden die Z. als «Hexenkatzen» in England weitgehend ausgerottet. Heute noch haben sie Seltenheitswert. Im Idealfall stellt die schöne Z. den Übergang zwischen →Brauntigern und →Räderkatzen dar.

Zypressen sind als Kletterbäume im →Katzengarten fehl am Platz, da sie für unsere Katzen leider giftig sind.

Katzennamen-Verzeichnis

Wie nenne ich meinen Kater? Wie rufe ich meine Katze? Peter heißt der Nachbarskater, Nicki seine Braut. Japhet ist zu hochgestochen, Miezerl klingt zu flau – Nöte, die jeder Katzenfreund kennt.

Hier eine Auswahl von Katzennamen aus verschiedenen Jahrhunderten und Kulturkreisen, für anspruchsvolle, philosophische, verschmuste, quirlige, kleine, große, brave, selbstbewußte und auch alle anderen Katzen. Übrigens, Katzen lieben Namen, in denen ein «I» vorkommt…

Männlich

Aaga
Abelard
Aeneas
Ali
Aljoscha
Alonzo
Amadeo
Amarillo
Ambrosius
Ameleto
Ami
Anatol
Angel
Apoll(o)
Arabal
Archibald
Archie
Ariel

Armitage
Attila
August(us)

Baggins
Balduin
Balthasar
Banana
Bapu
Bär(li)(chen)
Barnaby
Baron
Basil
Bébert
Belaud
Belfagor
Bellis
Bellyfeet

Weiblich

Aaga
Abby
Abigail
Afra
Aglaja
Agrippina
Aimee
Algalfa
Amathea
Anthea
Amber
Amrei
Anastasia
Angelina
Annina
Anuschka
Aphra
April

Arletty
Aquila
Aspasia
Atja
Auntie
Aurica
Azuela

Babale
Babsie
Baby
Bahtiyar
Bambola
Barby
Beauregarde
Beauty
Becaja
Becky

Männlich		Weiblich	
Ben(no)(ny)	Bubu	Bella	Chin-Chin
Benerl	Bü-Bü	Benji	Chrissy
Beppi	Buddha	Berenice	Chula
Bernie	Buele	Berri	Cinderella
Bertie	Buffy	Beryll	Cindu
Biali	Bunky	Betty	Cindy
Biddimü	Bürschli	Bibimchen	Ci-Nin
Big Boy	Burli	Bienchen	Clarence
Bill(y)	Büschel	Bijou	Clarissa
Bimbo	Buster	Bi Koklo	Clementine
Bimmy	Butschi	Billie	Columbine
Bimsel	Butsu	Bimmy	Conny
Bing	Butzi	Biriau	Coppy
Blackbeard		Birl	Crazy
Blackberry	Caesar	Blanche	Cuiku
Blacky	Calvin	Blandou	
Blauli	Candide	Blondie	Dadi
Blondie	Carlino	Bluebell	Daimusch
Blossom	Carlo(s)	Bonnie	Daisy
Blue Boy	Caramello	Boule	Dany
Bobby	Cartier	Bunny	Daphne
Bodo	Cassius	Büsi	Debbie
Bombadille	Ceetah	Butterblümchen	Dele
Bommel	Cefalu		Delila
Bonny	Celestino	Cali	Demonette
Bonzo	Cesare	Camilla	Denise
Boris	Chanku	Candy	Desiree
Bourget	Charly	Carla	Deta
Boule	Chef	Carmela	Didi
Bowie	Chefren	Cassie	Didima
Boy	Chico	Catalina	Dido
Brandy	Childebrand	Cathy	Dina
Brendan	Chipper	Cha-Cha	Distel
Brisquet	Cirrus	Chaos	Djibi
Brownie	Cleary	Chelsea	Djuna
Brummer	Cleveland	Chéri	Doreas
Brutus	Cooli	Cheshire	Dorina
Buale	Conny	Chichiboo	Dotty
Bubi	Cosimo	Chiffon	Du
Bubsi	Cottontail	Chilla	Duchesse

Männlich		Weiblich	
Curry	Filou	Dunja	Gerti
	Fips	Dunkelschön	Gescha
Damnio	Fleckle		Giada
Dandy	Flicky	Eboli	Gigi
Danilo	Floh	Effi	Ginger
Darian	Flori(an)	Elfe, Elfchen	Gioconda
Dempsey	Forio	Eliza	Gipsy
Dennis	Fortunato	Elmira	Gisi
Denoraille	Foss	Eponine	Goldfaden
Derwisch	Franklin	Erla	Goldi
Diamond	Franky	Euridice, Eurydike	Gozi
Dicky	Fränze		Grauchen
Diddums	Franz-Joseph	Fanny	Graziella
Dimitri	Freddy	Fatima	Grisette
Ding-Ding	Freitag	Fear	Gris-Gris
Dingo	Frido(lin)	Fee	Gucky
Dixie	Fritti	Felicitas	Guda
Domino	Fritz	Felicula	Grünauge
Donald	Fröschchen	Felida	
Dümpel	Füchslein, Füchsle	Felimare	Hajal
	Fünf	Feline	Hamar
Eddy	Fuzzy	Fellchen	Hansi
Eins		Fifi	Happy
Electric	Ganymed	Finette	Harriet
Elvis	Garroche	Fingal	Häschen
Enjolras	Gattamelata	Fiona	Hedy
Ephraim	Geißlein	Flämmchen	Helena
Erni	Geoffrey	Fleur	Heloise
Esso	Georgie	Flo	Hendrikje
Eusebius	Gin	Flocki	Henriette
	Gino	Flora	Hera
Fabian	Giso	Flower	Heta
Fadir	Giudetto	Fluffy	Hexi
Faninal	Goldi	Fonteyn	Hille
Feirefix	Graustirn	Fourrure	Honey
Feisal	Grayson	Fräulein	Hortense
Felix	Gregory	Freya	Hula
Ferry	Grigri	Frieda	
Fettucini	Grimm		Ida
Fidelio	Grischa	Galathea	Iduna

Männlich

Gucky
Guido
Guru
Gustl

Hadrian
Hafis
Haimo
Hamilcar
Hamlet, Hammet
Hanky
Hannibal
Hanno
Hansli
Harlekin
Harpo
Harras
Harry
Hektor
Henry
Herby
Herkules
Herr Katz
Herr Meier
Herr Schwarz
Herr Verdatterich
Hias, Hiasl
Hidalgo
Hiddigeigei
Higeo
Himmy
Hinz
Hippie
Hobbit
Hobo
Hopsi
Horatio
Howard

Il Cattivo
Igor
Ink
Isidor
Ivo

Jaboo
Jacky
Jago
James
Janko
Japhet
Jappy
Jascha
Jason
Jasper
Jefferson
Jekkel
Jennings
Jeremy
Jerry
Jessup
Jetter
Jibby
Jimmy
Jockel
Jo-Jo
Joker
Jonathan
Johnny
Joringel
Joschi
Joschka
Juniper
Jupiter
Juschny
Jussuf

Kador
Kallibunker
Kamaralzaman

Weiblich

Ilka
Illa
Imma
Inky
Ira
Isabella
Isadora
Isis

Jade
Jana
Janine
Jantille
Jelka
Jella
Jemina
Jenny
Jessy
Jette
Jill
Jola
Jorinde
Josephine
Josie
Judy
Julchen
Jüli
Julischka

Kaja
Katalina
Kati
Katinka
Keema
Kessi
Kiki
Kikite
Kimba
King-Kong
Kismet
Kissy
Kita
Kitten
Kitty(maus)
Kleo(patra)
Knuspi
Koma
Koschka
Krabbe
Kralle
Kralletta

Lady
Laetitia
Laika
Lana
Lara
Leila
Leni
Leslie
Lieschen
Lightning
Lilith
Lillian
Lilly
Limpy
Lisenka
Lita
Livia
Liz(zy)
Lola
Lolita
Lollo
Lolly
Loreley
Loretta
Lottchen
Loulou
Lu
Ludovica

Männlich

Karlchen
Karo
Kasimir
Kaspar, Kasper
Kiko
Kilian
Kim
King
Kisse Mons
Kit
Kiu
Kobold
Kotschik
Kokoschka
Kolibri
Kolja
Kolumbus
Kracherl
Kralle
Krazy Cat
Kriko
Krümel
Kubbi
Kunz
Kym

Lafcadio
Lampe
Larry
Leander
Leo
Leonardo
Leslie
Lester
Linus
Lion
Little John
Loisi
Lord
Lorenz
Louis
Loulou
Love
Löwe
Lucky
Lui
Luigi
Lunik
Lumen
Lumpazi
Lumpi

Macaco
Mafioso
Mandalay
Manetto
Manku
Mao
Marian
Marius
Marmaduke
Marquis
Marramaquiz
Mastic
Matakichi
Matz Katz
Matze
Maunz(i)
Maurice
Mausi
Mauz(i)
Maxi
McMurdock
Meiki
Melvin
Menin
Merlin
Micetto
Micky
Miezislaus

Weiblich

Ludmilla
Lukretia
Lulu
Lulua
Luna
Lustrée

Ma
Madame
Mädi
Maili
Maja
Malvina
Manda, Mandy
Mandala
Mandalay
Mandula
Manschettenmieze
Maretta
Marigold
Marilyn
Marita
Marlamain
Marnie
Martini
Mascha
Maschka
Mauky
Mäuschen
Mausi
Mauva
Mauzetta
Mawie
Medea
Meikel
Melody
Menine
Messalina
Micette
Miesemutz
Miesmies
Miez(el)
Mignon
Mii-Au
Mika
Mila
Milly
Mimi
Mimsi
Mina
Minka
Minnie
Minouchet
Mippe
Mira
Mirka
Mirzl
Misa
Mischka
Mischmisch
Misi
Miss (Piggy)
Missa
Mistigris
Misumi
Mitou
Mitsou
Mitzi
Miyou
Mizzi
Moa
Moffi
Moggie
Mohrchen
Mohrle
Molly
Mona Lisa
Moni
Mommousse

Männlich		Weiblich	
Mii-Au	Murke	Mouchi	Pala
Mikado	Murner	Moumoutte	Paloma
Mikesch	Murr	Moune	Pancake
Mikula	Murrle	Mucki	Patchy
Mikusch	Musch(i)	Muessa	Patty
Mim	Mustik	Muka	Peare
Minagrobis	Mützchen	Mumu	Penelope
Minet	Muzius	Muna, Muni	Penny
Ming(o)		Muschka	Peppina
Mini	Nal	Musettina	Perdita
Minko	Nano	Mutz(i)	Petronella
Minnagold	Nanouk		Philine
Minnaloushe	Napoleon	Nana	Philipine
Minos	Nasi	Nanette	Phoebe
Minz	Nathan	Nanny	Piccola
Mirko	Nebu(kadnezar)	Nasi	Pilar
Mi Rööh	Negus	Nath	Pinkie
Mischa	Nello	Nefertiti	Pinkibuff
Misimica	Nelson	Negri	Pinzi
Mister	Nemo	Neige	Pipe
Mistigris	Nepomuk	Nele	Piroli
Mitja	Nestor	Nelly	Pitscho
Mitternacht	Nico	Netty	Pleti
Mius	Nicolino	Nicky	Plüsch
Mizifuf	Nijinsky	Nike	Pola
Moffi	Nikita	Ninifee	Polly
Mohr(le)	Nikolaus	Nitchevo	Pommetje
Monkey	Nini	Nobi	Pom-Pom
Mons	Nino	Nofretete	Pony
Montaigne	Njan-Njan	Nofri	Poppea
Monty	Numa	Nola	Poppée
Moozie		Nyanta	Poussy
Moricaud	Oberon		Powder
Mortimer	Odie	Oktavia	Primavera
Mucki	Odysseus	Olly	Prinzessin
Mudschiburr	Okima	Oona	Prrou
Mufti	O'Henry	Ophelia	Prudence
Mumi	O'Malley	Ornata	Pünktchen
Munk(i)	Omar	Otis	Purpurblume
Munkel	O'Neill	Otti	Purzel

Männlich

Onofrio
Ossi
Othello

Paff
Palladio
Pangur (Ban)
Panther
Papillon
Pardos
Pascal
Pasch(a)
Patch
Patou
Pelle
Pemberton
Pele
Pepe
Pépère
Perlino
Pete
Petronius
Petruschka
Pfaff
Phönix
Pickles
Pierrot
Piet
Pimpe
Pimsel
Pinceau
Pinky
Piperoo
Pippo
Pirat
Pit(schi)
Pizzi
Pluto
Poes
Poldi
Pollux
Pompon
Pooh
Poupouch
Pretty Face
Prinz(i)
Prümel
Puck
Pudding
Pummel
Punki
Pus
Puschel
Pützchen
Putzi
Pythagoras

Quaste
Quaxo
Quintus
Quirin

Raby
Rädolon
Raki
Ramses
Rasputin
Rasso
Ratzi
Razzle
Rex(i)
Rhubarb
Ricky
Riese
Robby
Robin
Rocky
Roddy
Rodilardus
Rolly

Weiblich

Pussy
Putti
Putzi
Pythia

Quabbi
Queen(y)
Quicky
Quirl(y)

Radieschen
Rani
Rapunzel
Raute
Raya
Resi
Ria
Rike
Rixta
Rosinante
Roxane
Runa

Saba
Sabrina
Sadie
Saha
Sakina
Salome
Samantha
Sandy
Saravane
Scheckerl
Schicko
Schneeflöckchen
Schneeweißchen
Schnurrle
Selima
Selli
Semolina
Séraphita
Sheba
Sherpa
Sherry
Shoshi
Shulamit
Sinti
Sìny
Sira
Sirikit
Sissi
Skimby
Snooky
Spätzchen
Speedy
Squaw
Squeaky
Sternchen
Stiefelchen
Strelka
Stupsi
Sugieh
Suleika
Sultanine
Suri
Sutty

Tabitha
Taki
Talitha
Tallulah
Tamina
Tammany
Tara
Tenni
Tessie
Theophila
Tibia
Tiffany
Tigerlilly

Männlich

Romeo
Romulus
Rosamundus
Rufus
Rum(i)
Rumpel(stilzchen)

Salomon
Sam(my)
Samson
Sascha
Scamp
Schah
Schlumpi
Schmuser
Schneepfötchen
Schnurr(i)
Schnurrdiburr
Schnurreputz
Schorsche
Schwarzer
Scipio
Senu
Shadow
Sheytan
Shinga
Shirakichi
Sidi
Silver
Simba
Sindbad
Skipper
Slippers
Sluki
Smiley
Smokey
Söhnchen
Sokrates
Solo
Sonnenblümchen
Sonny
Sophus
Speed
Spiegel
Spotty
Sputnik
Squirrel
Stanislaus
Stiefelchen
Stoffel
Strolch
Stromerle
Struppi
Struwwel
Sugar
Sylvester

Taki
Tamasaburo
Tamino
Tappy
Tarzan
Tasso
Tatzitus
Teddy
Tiberius
Tiddles
Tiger
Tigger
Tiggo
Tilden
Tim(my)
Timothy
Timtetater
Timur
Titus
Tobermory
Toby
Tom(my)
Toni

Weiblich

Tinkerbelle
Tinta
Tipsy
Ti-Puss
Tirka
Titi
Tixi
Toto
Trixie
Trudel
Turandot
Tütel
Twinkle
Tzi-Tza

Ulli
Una
Undine

Vashti
Veja
Vicky
Virginia
Vroni

Wally
Weißchen
Wilhelmina
Winnie
Wölkchen
Wolli
Wong Mau
Wubbel

Xanthi
Xenia
Xyla

Yrsa
Yoko
Yola
Yoyo
Yvonne

Zapaquilda
Zaza
Zézé
Ziza
Zora
Zsa Zsa
Zula
Zusi

Männlich

Tonto
Tootoo
Topcat
Torro
Tramp
Trill
Troll
Tschiar
Tsching-Tschong
Tschitschu
Tüffel
Tusch

Uli
Unband
Uria

Valentin
Vaslo
Vier
Vinzenz
Vitus

Wajka
Wanderer
Wanja
Wassili
Wassinka
Weißbart
Wendelin
Wenzel
Whisky
Whitey
Willy
Winni
Wito
Wölfchen
Wotan
Wully
Wurschtl
Wuschel

Xaver
Xerxes
Xingu

Yaqaqa

Zampus
Zanardelli
Zankerle
Zimmer Acht
Zimt
Zinzino
Zizi
Zuiku
Zwerg
Zwinkeler

Verzeichnis der Abbildungen